U0209651

战争状态下的人与自然

华北根据地
环境史研究

程森◎著

（1935—1949）

齐鲁书社
·济南·

图书在版编目（CIP）数据

战争状态下的人与自然：华北根据地环境史研究：
1935-1949 / 程森著. -- 济南：齐鲁书社，2023.9
　　ISBN 978-7-5333-4779-6

　　Ⅰ.①战… Ⅱ.①程… Ⅲ.①环境－历史－研究－华
北地区 Ⅳ.①X-092.2

中国国家版本馆CIP数据核字(2023)第177841号

责任编辑　刘　强
装帧设计　亓旭欣

战争状态下的人与自然：华北根据地环境史研究（1935—1949）

ZHANZHENG ZHUANGTAI XIA DE REN YU ZIRAN:HUABEI GENJUDI HUANJINGSHI YANJIU

程　森　著

主管单位	山东出版传媒股份有限公司
出版发行	齐鲁书社
社　　址	济南市市中区舜耕路517号
邮　　编	250003
网　　址	www.qlss.com.cn
电子邮箱	qilupress@126.com
营销中心	（0531）82098521　82098519　82098517
印　　刷	山东临沂新华印刷物流集团有限责任公司
开　　本	710mm×1000mm　1/16
印　　张	29
插　　页	4
字　　数	416千
版　　次	2023年9月第1版
印　　次	2023年9月第1次印刷
标准书号	ISBN 978-7-5333-4779-6
定　　价	128.00元

本书为 2017 年国家社科基金西部项目

"中国共产党华北根据地环境史研究（1935—1949）"

（17XZS033）最终结项成果

本书获陕西师范大学优秀学术著作出版资助

紧扣战争双方互动界面的环境史研究

（代序）

今年 5 月，程森教授的书稿——《战争状态下的人与自然：华北根据地环境史研究（1935—1949）》送到了我的手里，我在慢慢看，并没有马上去写序言。我手头还有很紧的"文债"要花时间，这是一方面；另一方面，我知道，写序言还需要很特别的感触才好。慢慢地，我从这部书稿的名称中读出了"战争环境史"五个字，心中不由得为之一喜，感觉这五个字提出了这部书稿的魂儿。

然而，现代地理学里有军事地理学（具体是在人文地理学内），连历史地理学里也有历史军事地理学（相应地，也是存在于历史人文地理学内），这部书稿透露出的"战争环境史"思考，为什么没有考虑将"军事"术语与环境史表达联系在一起呢？从"战争""军事"术语本身的不同，是否可以解释清楚作者倾向于"战争环境史"表达的若干道理呢？我感觉可以做到。试看一下，所谓"战争"，《现代汉语词典》（第 7 版）的解释是"民族与民族之间、国家与国家之间、阶级与阶级之间或政治集团与政治集团之间的武装斗争"，是谓战争；所谓"军事"，《现代汉语词典》（第 7 版）的解释是"与军队或战争有关的事情"，是谓军事；由于此处需要展现或表达的是人类社会里矛盾激化后双方那种你死我活的战斗场面，而且经常是直接面对、厮杀和减员的场景，也只有"战争"术语可以满足这种研究的需要，而"军事"一词就显得过于庄重和外在，难以被这一类研究学者所考虑。那整个情况为什么又会是这样呢？这里我再提出一孔之见：近代学科及其各个分支（包括衍生的学科）无不具有相当强的知识性和学术性，而环境科学等现代学科的问世，除了知识性和学术性，所展示的还有相当强的应用性，就此点或许可以触及一些可取的理解思路。

既然是要展开战争环境史的研究，首先必须熟悉战争全过程。与诸多古代战争不同，本书所面对的 1935—1949 年的战争，是 1949 年中华人民共和国建立之前的全民抗战和救国之战，属于中国战争史上的大战，故而有许多资料可供采撷和参考，投身于其中的学者可以据之做出新领域的研究论著。既然做的是 1935—1949 年的抗日战争和解放战争的环境史研究，那就需要熟悉和了解这两场战争的全过程，整理出这两场战争的共同点和不同点，战争进度和阶段性特征，战争发生的主要区域，战争过程所牵扯的双方兵要地理、军需供应、火炮配置、兵员补充等方面都需要了解到案。譬如说抗日战争，不仅要了解 1939 年 9 月日军华北方面军实施的"囚笼政策"，还要了解日本军方提出的"大东亚补给战""华北治安战"等战略意图及实施步骤，将其作为那个时间段，我华北敌后抗日根据地军民合力粉碎敌军军事"围剿"的大背景。

我凭借自己有限的想象力，在脑海里费劲儿地往"战争环境史"框架里添加内容：首先是战争的展开方式很多，诸如游击战、阵地战、突袭战、包围战、夜战、海战、空战等，各有各的不同特点。就抗日战争来说，来自岛国的日本侵略军被派遣到华北地区，遭到华北根据地军民的顽强抵抗，尤其是这些军民利用自己十分熟悉的国土的地理条件，构筑起抵御侵略军的阵地。这些阵地是什么情形的阵地呢？记得 1965

年八一电影制片厂出品的战争电影《地道战》，讲述抗日战争时期，为了粉碎日伪联军的"扫荡"，河北省冀中军民在中国共产党的领导下，利用地道战的斗争方式，巧妙打击日本侵略者的故事。再就是近年在中国人民志愿军出国作战 70 周年的纪念活动中，抗美援朝战争中志愿军发明的"马蹄形坑道"阵地工事被介绍出来，反映的是当敌军强大的炮火轰炸我方阵地时，战士们就躲进坑道中，当敌人步兵进攻到我方阵地时，战士们就从坑道中钻出去，出其不意地打击敌人，以此作为我军将士在上甘岭战役中的生存手段。后来，经过志愿军司令部的技术总结，确定的坑道规格标准，要求顶部的厚度一般在 30 米以上，坑道口的防护厚度为 10~15 米，坑道宽 2 米，高 1.7 米。每条坑道至少有 2 个以上出口……坑道内须有火力点、观察孔、住室、粮弹库、储水池、防毒门……需要达到防空、防炮、防毒（疫）、防雨、防潮、防火、防寒的"七防"标准。这些规格标准，都是参照了美军火炮对我方阵地的轰炸强度，才制定出来的。

还是让我们回到手头这部著作来吧。

应当这样说，程森博士 2011 年走上工作岗位后，在用力思考如何将自己的专业——历史地理学及读书期间所学知识，与马克思主义理论、革命史、中共党史结合起来这方面，尤其是在思考党史、革命史中的"地理""空间""环境"等问题上，是有不少收获的，研究本身是别开生面的。2017 年，当他以"中国共产党华北根据地环境史研究（1935—1949）"为题申报国家社科基金项目（批准为西部项目），更加激发了自身的科研干劲儿。近年，程森撰写的《战争、地貌改造与社会动员——华北平原抗日根据地军民挖道沟运动研究》（以下简称《挖道沟运动》）、《中国共产党领导下的冀西河滩地开发与环境治理（1937—1949）》两篇论文在《近代史研究》期刊上发表后，谅已受到有兴趣读者的关注。

　　这里可以《挖道沟运动》一文为例，来看一看论文在什么地方别开生面。该文的"内容提要"是：华北平原抗日根据地的创建与发展是中国共产党自抗战后逐步崛起的关键因素之一，但是平原地貌有利于日军的行动和进攻，并不利于根据地军民的防御和坚守。中国共产党自创建平原根据地之初，即投入到大规模的改造平原地貌、地物的运动之中，其中挖道沟运动规模最大，持续时间最长。道沟是战争环境下人为创造的人工地貌，最先起源于冀中，后向冀南、冀鲁豫、冀东、冀鲁边、山东、淮北、苏北等平原地区扩展。道沟具有一定的规格和内部构造，不仅能阻滞日军行进、截断敌方运输补给，还具有隐蔽自己、打击敌人及战时便于我方运输、转移和突围等多种功能。中国共产党依靠其强大的组织动员能力，保障了道沟的修造和维护。道沟具有网状的结构和地上隆起的景观形态，使平原变成了"丘陵"，最终成为华北平原抗日根据地军民持久抗战的地理依托。

　　按照自然地理的特点，提要所做"平原地貌有利于日军的行动和进攻，并不利于根据地军民的防御和坚守"的论述是有充分道理的，但根本的不同之处在于中国共产党领导抗日军民在平原根据地搞起了"挖道沟"的运动，创造出了一般情形下料想不到的隐蔽自己、打击敌人的斗争方式。"挖道沟运动"是怎么一回事？据程森教授的论述，道沟又称凹沟、凹道、抗日沟、抗日交通沟、抗日道等，是抗战时期以华北平原根据地军民为代表的抗日力量在平原地区道路或平地上开挖的深沟或壕沟。这种道沟具有一定的标准，沟内能通行农村车辆，作战时又能运输、隐蔽、转移、伏击、设防等，在平原敌后抗战中发挥了重要作用。他还说明道沟起源于冀中抗日根据地，是有《八路军冀中军区司令部关于再次全力发动挖掘壕沟的命令》（1941年10月9日）为证的，在延安抗日军政大学也有过"抗日道沟与地道战"课程的讲授。所以，这挖掘道沟的地方，这每寸必争的土地，就是抗日战争之中双方互动的界面，是战争环境史研究的对象。

很明显，挖道沟不同于挖地道，程森教授依据《中共定南县委关于开展地道修理道沟工作的报告》等资料，已说明"地道开挖则需要首先考虑土质、地下水位。华北平原很多地方土质松散，地势低洼，地下水位偏高，并不适合开挖地道。其次，挖地道'是一个浩大的工程'，需要丰富的物质和众多的人口，代价高昂"。尽管挖道沟与挖地道也有相似的地方或结合之处，但论文并没有将二者不加区别、任其混淆，这就是作者在明辨事物本质之后做出来的创新性判断，体现出别开生面的学术眼光，促使论文具有独到的学术价值。在《挖道沟运动》一文的末尾，作者还做了这样的论述："在此，我们并非强调认识和改造自然地理条件在华北平原敌后抗战史中具有决定作用，而是认为中国共产党敌后抗战史的叙事和研究应补充一个重要的缺失环节——自然地理条件及其被抗日力量认识、利用和改造的历史，从而使敌后抗战史更为丰富和完整。"这当然是很严谨的认识表述。事实上，这正是共产党人善于运用马克思主义思想方法，遇事充分发挥人的主观能动性，善于化不利条件为有利条件，由精神注入变为物质结果的实例，其间当然不可缺少科学合理的实践过程和人的积极努力与付出。

"道沟"之名应该是来自冀中地区的实际情况。20 世纪 20 年代后期，我国社会学家李景汉先生等在冀中定县农村做社会调查，曾认识到"大车的用途很广，如拉土拉粪，运送庄稼装载粮食柴草等等，为农家一年四季时常必不可少的"，"定县普通的土路大半低于两旁田地，并且凹凸不平。每遇雨水泥泞难行，甚至积水若小河；天旱时每遇起风沙土飞扬，行路运输很感困难"。1930 年中国农村经济研究专家陈翰笙先生在清苑领导过的农村调查，今人侯建新教授评价当时所选村庄的交通都还算方便，薛庄、大祝泽村离保定最近，何家桥村、谢庄横跨高保（高阳—保定）、保安（保定—安国）公路；固上村东南 5 里便是汽车停靠点及水路码头。日本侵略军占据冀中主要城市后，利用较为发达的交通路线，对周边根据地反复进行"扫荡"蚕食，逼迫抗日军民想出了"挖道沟"的"奇招"，来阻击敌人和保卫家园。华北平原本属地平民稠之地，定县、清苑县人口都超过了40万，这就是冀中根据地挖道沟运动所需要的大批人力。程森教授介绍军民们起初的做法是"拦路挖横沟或挖方形土坑，但是群众往来和耕作、运输极为不便，且敌人部队仍可由路旁耕地绕行"，抗日军民后来就改为顺道挖沟，即顺着道路走向在路中间挖掘一定深、宽尺寸的壕沟，使敌人的汽车、坦克、装甲车无法行驶，这样的挖法就叫作"挖道沟"或"挖道沟运动"。那种使平原变成了"丘陵"的说法，自然是就挖道沟时所抛出的大量土方，堆砌在道沟两侧或不远处，形成了众多的土包或连续的土梁，造成了地面的不平坦而言的。

除了"挖道沟运动"方面的阻敌举措，在这部著作里，还有陕甘宁边区为壮大自己所开展的垦荒活动、"打山"除"兽害"活动，抗日战争中华北根据地开展的河滩地开发活动、植树造林运动和环境卫生整治活动，解放战争时期围绕黄河将要回归故道，国共两党就堵口与复堤问题展开的激烈而复杂的斗争过程等内容，各有各的历史环境背景，作者均能发掘资料，不断整理思路，勤勉撰写成文，贡献于学界，亦求教于学界。

在历史上的不少时期及地区，战争好似家常便饭，如郭润宇先生在《陕西民国战争史·前言》（三秦出版社1992年版）所言："陕西民国战争史，在整个陕西民国史中占有极为重要的一页；甚至可以说，陕西民国史就是一部战争史；因为在陕西民国年间，从辛亥举义到人民政权的建立，几乎年年、月月、天天都在打仗。"放眼全国，1949年以前战争发生的次数是相当多的，战争固然因有性质之不同而有各自的研究方式，一旦开战，作为战争环境史的内容却是不会缺少的，需要的是学界内外有志者的努力和坚持。

如今学界流行的论文写作方式，是先确定题目（或大致确定），在谋篇布局的基础上，列出写作提纲，再逐渐利用各种条件，完成论文的写作。建议根据环境史学的特点，不断尝试新的写法，认清资料记录历史的价值，突出原始材料的真实性，以这类材料作为论文的突出部分，发挥其开路、主证的作用，辅以佐证材料，配以精练的导论或解说文字，结合讨论、评论的方式，渐习渐进，促使具有新风格的论文问世。

侯甬坚

2023 年 8 月中旬，西安

目　录

紧扣战争双方互动界面的环境史研究（代序）　……… 侯甬坚　（1）

绪　论……………………………………………………………（1）

　　一、选题背景与时空界定　……………………………………（1）

　　二、学术史回顾　…………………………………………………（3）

　　三、研究内容与章节安排　………………………………………（12）

第一章　华北根据地的辖区、人口与自然环境　………………（15）

　第一节　华北根据地的辖区与人口　……………………………（16）

　　一、华北根据地的"大本营"　………………………………（16）

　　二、东部四大根据地　……………………………………………（19）

　第二节　华北根据地的自然环境　………………………………（28）

　　一、各大根据地的自然环境　……………………………………（28）

　　二、气候变化与自然灾害　………………………………………（35）

　　三、战争对自然环境的影响　……………………………………（48）

　小　结　………………………………………………………………（58）

第二章　华北根据地的垦荒与荒野生态的简化　………………（59）

　第一节　垦荒的驱动力、阶段性特征与环境效应　……………（60）

一、垦荒的政策驱动 ……………………………………………（60）

二、垦荒的组织实施 ……………………………………………（69）

三、垦荒的阶段性特征与环境效应分析 ………………………（76）

第二节　荒野向田园转化的个案研究：南泥湾垦区的演变 ……（91）

一、南泥湾的荒野环境与屯垦背景 ……………………………（91）

二、各类人口、组织"填充"荒野与垦区的政区化 …………（97）

三、农业生产的拓展方式与规模 ……………………………（107）

四、景观转变、环境效应与行为调适 ………………………（117）

小　结 ………………………………………………………………（125）

第三章　华北根据地河滩地开发与流域环境治理 ……………（127）

第一节　1937 年前河滩地的营造、生产与环境退化 ………（129）

一、水浊泥肥：冀西河滩地营造的水质基础 ………………（129）

二、清代以来滩地开发的技术与制度 ………………………（130）

三、环境退化与滩地萎缩 ……………………………………（136）

第二节　滩地开发与治理的方法、技术和制度变革 …………（140）

一、修滩与护滩：滩地恢复与治理 …………………………（141）

二、放淤：洪水期灌溉制度与环境管理的成熟 ……………（147）

三、滩地治理的民主化与集体化：管理制度与耕种方式变革 ……（150）

第三节　滩地开发中的生态反思与环境治理 …………………（156）

一、河滩地开发中的生态反思 ………………………………（156）

二、流域环境治理的实践 ……………………………………（160）

小　结 ………………………………………………………………（165）

第四章　华北根据地的植树造林运动 …………………………（167）

第一节　植树造林：生态困境下的应对与思考 ………………（168）

一、华北根据地的生态困境与森林损耗 ……………………（168）

二、植树造林：中国共产党应对生态困境的认识与选择 ………（173）

三、宣传植树造林的功用 ………………………………………（178）

第二节　植树造林运动在各地的实践 ………………………（182）

一、晋察冀 ………………………………………………………（182）

二、晋绥 …………………………………………………………（193）

三、晋冀鲁豫 ……………………………………………………（200）

第三节　植树造林的现实困境、思想转变与政策调整 ………（208）

一、植树造林的现实困境与反思 ………………………………（208）

二、长期建设：植树造林运动的思想转变 ……………………（214）

三、植树造林政策的调整 ………………………………………（219）

小　结 ……………………………………………………………（230）

第五章　华北根据地疫灾流行与环境卫生整治 ……………（232）

第一节　自然流行：主要传染病的传播 ……………………（234）

一、抗战时期的传染病流行 ……………………………………（234）

二、解放战争时期的传染病流行 ………………………………（242）

第二节　人为施毒：日军细菌战与华北根据地疫灾流行 ………（247）

一、晋绥 …………………………………………………………（247）

二、晋察冀 ………………………………………………………（249）

三、晋冀鲁豫 ……………………………………………………（251）

第三节　华北根据地的环境卫生整治 ………………………（253）

一、环境卫生整治的总体特征 …………………………………（254）

二、城乡环境卫生综合整治 ……………………………………（262）

小　结 ……………………………………………………………（280）

第六章　华北平原根据地的地貌改造与河道环境治理 ············ （282）

　第一节　战争、地貌改造与社会动员：平原抗日根据地

　　　　　挖道沟运动 ·· （283）

　　一、道沟的兴起与空间拓展 ································· （284）

　　二、因地制宜：道沟的规格、内部构造和种类 ············· （290）

　　三、"平原变山地，人造新长城"：道沟的功能与实际效果 ······ （295）

　　四、平原地貌改造中的人：挖道沟与社会动员 ············· （301）

　第二节　黄水归来：平原解放区黄河故道的环境治理

　　　　　（1946—1947） ·· （311）

　　一、计划与协议：国共双方围绕黄河堵口与复堤的斗争过程 ····· （312）

　　二、解放区黄河故道的生态环境与民生 ··················· （326）

　　三、解放区黄河故道的环境治理 ·························· （331）

　小　结 ·· （351）

第七章　华北根据地的人与野生动物关系 ·················· （352）

　第一节　打山与除害：陕甘宁边区的人与野生动物 ·········· （353）

　　一、"打山"：野生动物资源的利用 ·················· （353）

　　二、"兽害"的分布、表现与成因 ·················· （358）

　　三、除害：人与野生动物关系的进一步紧张 ·············· （370）

　第二节　东部四大根据地的除"害兽"运动 ················ （377）

　　一、兽害：生态危机下的野生动物活动 ················· （378）

　　二、除害、生产与练兵：抗日战争时期的除害兽运动 ··········· （385）

　　三、以生产为中心：解放战争时期的除害兽运动 ··········· （393）

　小　结 ·· （403）

结论与展望 ·· (405)

　一、华北根据地时期人与自然互动的主要媒介 ········· (405)

　二、华北根据地时期中国共产党的环境治理思想 ······· (409)

　三、华北根据地环境史研究的展望 ······················· (417)

参考文献 ··· (420)

后 记··· (447)

绪　论

一、选题背景与时空界定

（一）选题背景

近代以来，在全球气候变化和人类活动双重影响下，中国环境问题日益突出。进入民国以后，极端气候事件频发，旱、涝、虫、疫等灾害不断，加之内外部政治、军事形势变化频繁，社会动荡不定。其间，自然环境施与人类社会的影响和人类活动反作用于自然环境的力度均不断加大，人与自然环境的关系较之以往更趋紧张。国内环境史学界已经注意到加强中国近代环境史研究的重要性问题，如最近王利华指出，中国近代环境史"从资料整理、知识储备、工具运用到课题研究，迄今缺乏系统规划，有分量、有深度的论著仍然寡少，亟需组织队伍大力推进"。①

自 1935 年 10 月工农红军落脚陕北开始，历经局部抗战、全面抗战和解放战争，中国共产党逐步建立了陕甘宁、晋绥、晋察冀、晋冀鲁豫、山东等根据地。② 由于承继近代以来中国环境变化的余绪，加之战争频繁，华北各大根据地始终面临着严峻的生存困境。在此影响下，一方面，各大根据地自然灾害频繁发生，周期性"阻断"根据地群众正常的生产、生

---

① 王利华：《关于中国近代环境史研究的若干思考》，《近代史研究》2022 年第 2 期。
② 本书将中国共产党在抗战时期和解放战争时期建立的根据地、边区、解放区，统称为根据地。

活；另一方面，为建立抗击强敌的经济基础，根据地群众不断加大向自然索取的力度，"尽地力而为"，由此也引发了一系列生态环境问题。不过，在向自然进军的过程中，党中央和各根据地政府、领导人也注意到了这些环境问题，并通过动员、宣传、教育及制定相关法律、法规的方式加强生态环境的治理与保护，取得了一定成绩。因此，这一时期既是一段党领导根据地人民"战天斗地"的激情岁月，又是党形成生态环境意识，付诸环境治理实践，酝酿生态文明思想的特殊时期，对 1949 年以后的中国影响深远。

中华人民共和国成立以来，中国共产党不断加强环境保护工作。党的十七大报告在阐述全面建设小康社会时首次提出了"建设生态文明"的目标。党的十八大报告以一个单独的篇幅，系统阐述了生态文明建设的意义、目标、内容和手段，党的十八届三中全会又就生态文明体制改革做出了周密的部署。不过，目前关注中国共产党生态文明建设的思想和历程研究多只从 1949 以后主要是改革开放以来开始，对中华人民共和国成立以前中国共产党的环境意识、根据地的环境问题和保护、治理举措缺乏深入而系统的研究。历史学界越来越多的学者意识到，1949 年并不能成为研究中国革命的分水岭，因为无论是从组织形态、政治运作以及文化等各方面，苏区、抗日根据地及战后解放区与 1949 年后的中国有着太多的共性。英国史学家爱德华·霍列特·卡尔曾说："我们只有根据现在，才能理解过去；我们也只有借助于过去，才能理解现在。"又说："根据过去研究现在，也意味着根据现在理解过去。历史的功能就在于通过过去与现在之间的相互关系来促进对这两者的进一步理解。"① 因此，开展华北根据地环境史研究，对中国革命史、近代环境史和中国共产党生态文明思想史、建设史的研究都具有重要的意义。

（二）时空界定

自 1935 年以来，中国共产党领导各阶层在华北广袤的区域内先后建立

---

① E. H. 卡尔著，陈恒译：《历史是什么》，北京：商务印书馆，2007 年，第 146、163 页。

了陕甘宁（前身为西北革命根据地）、晋察冀、晋绥、晋冀鲁豫、山东等根据地和解放区，这些根据地、解放区在本书中统称为"华北根据地"。显然，这一区划与民国时人所说的华北不尽相同，也与抗战时期国人所说的华北根据地区域不完全相同，一般来说陕甘宁边区不包括在当时所说的华北根据地之内。本书所确定的华北根据地区域主要考虑以下两点：一是这些根据地所在区域在我国自然地理区划上处于同一区域——华北区。华北区约位于北纬 32°~42°，大部属于我国东部暖温带。北部大致沿 3000℃活动积温等值线与东北区、内蒙区相接；西部在黄河青铜峡至乌鞘岭一段与西北区相接，自乌鞘岭以南沿祁连山东麓、洮河以西至白龙江；南以秦岭北麓、伏牛山、淮河与华中区为界；东及于渤海和黄海。① 这一广大区域囊括乌鞘岭、子午岭、吕梁山、太岳山、太行山、燕山、鲁中山地等山脉和黄土高原、华北平原等地貌单元。抗日战争至解放战争时期的陕甘宁、晋察冀、晋绥、晋冀鲁豫、山东等根据地基本上都处于这一区域。二是自 1935 年长征胜利以来，陕甘宁、晋绥、晋察冀、晋冀鲁豫、山东等是中国共产党在北方地区建立的主要根据地，陕甘宁边区是大本营和"发动机"，其他根据地则是发展方向，二者无法割裂。中共中央制定的一系列方针、政策自陕甘宁边区"出发"，在晋绥、晋察冀、晋冀鲁豫、山东根据地"落脚"、发展。

本书研究时段为 1935—1949 年，其间中国经历局部抗战、全面抗战和解放战争，最终完成了全国性政权转换。这一时期是中国共产党从艰难转折到成熟、成功的关键时期，无论是在中共党史、中国革命史还是在中国近代史上都占据极为重要的地位。

二、学术史回顾

一般来说，环境史的兴起是在 20 世纪 60—70 年代国际环境保护

---

① 任美锷：《中国自然地理纲要》，北京：商务印书馆，1992 年，第 160 页。

运动之后，以北美（尤其是美国）和欧洲学者研究成就和功力最著。环境史学界一大批著名学者，如唐纳德·沃斯特（Donald Worster）、唐纳德·休斯（J. Donald Hughes）、伊懋可（Mark Elvin）、马立博（Robert B. Marks）、约阿希姆·拉德考（Joachim Radkau）等人的著作成为国内学者研究中国环境史的思想来源。尽管国内学者们积极呼吁环境史研究的本土思想和本土化体系构建，但不可否认国外环境史研究成果的影响在较长时间内必然是持续性的。与50余年的环境史研究历程相反，国内外学术界对环境史的定义并没有一致的意见。一些学者将自己的研究名为"环境史""生态史"或"生态环境史"，名称各异正反映了对于环境史的定义和研究主旨的认识差异。正如美国环境史学家唐纳德·沃斯特（Donald Worster）所说："在环境史领域，有多少学者就有多少环境史的定义。"[①]

那么，通过梳理代表性学者对环境史概念及其研究内容的界定，能否找到一个共同点——环境史研究的核心内容和主旨？答案应是肯定的。

我们首先来梳理"环境"的概念。根据我国环境保护部门和环境科学研究者的定义，广义的环境"是指某一特定生物体或群体以外的空间，以及直接或间接影响该生物体或群体生产与活动的外部条件的总合"。对于人类社会来说，"环境是指凡是人以外的空间及其全部自然因素和人工要素"[②]。简而言之，环境是生物体（包括人类）或群体之外的空间、条件和要素的总合。这些空间、条件、要素也被称为构成环境的因素，根据2014年修订的《中华人民共和国环境保护法》的定义，环境是指影响人类生存和发展的各种天然的和经过人工改造的自然因素的总体，包括大气、水、土地、矿藏、森林、草原、野生生物、自然遗迹、人文遗迹、自然保护

[①] 包茂宏：《唐纳德·沃斯特和美国的环境史研究》，《史学理论研究》2003年第4期。

[②] 环境保护部科技标准司、中国环境科学学会主编：《环境管理知识问答》，北京：中国环境出版集团，2018年，第2页。

区、风景名胜区、城市和乡村等。① 按此定义，环境的构成要素是多样的。各要素之间以及要素与生物体或群体之间发生各种关联，构成环境关系。显然，环境史并不是研究各单个要素及其发展、变化的历程，这是相关专门学科研究的内容，环境史是研究各种环境关系的历史。

不过，环境史是研究人类之外的生物体或群体与各环境因素之间关系的历史，还是人类与各环境因素之间关系的历史？这就需要从考察环境史学产生的背景中寻求答案。环境史学的产生源于 20 世纪环境危机的不断加剧，尤其是 20 世纪 70 年代。王利华指出："在漫长的人与自然关系演变史上，20 世纪 70 年代是一个巨大的转折点。从那时起，地球生态系统进入'透支模式'，工业文明飞速发展导致自然环境破坏日益加剧，我们所在的星球，从大气圈、水圈、生物圈到岩石圈，都发生了自进入农业时代以来最具颠覆性的巨大改变，即使称之为万年未有之大变局也不为过。也就是从那时起，越来越多的人们不再一味赞美和欢庆人类对大自然的胜利，相反，对自然资源匮乏和生态系统恶化的忧惧与日俱增，风起云涌的环境保护运动开始席卷全球，历史学家也以自己的方式参与其中。"② 因此，正是人类给地球环境造成愈发严重的破坏，才促使有识之士认识到如不加以干预，必将危及人类自身，因而高举环境保护运动大旗，这股浪潮最终推动了环境史学的兴起。环境史学关注的主要议题是人类与各环境因素之间关系的历史。环境史关注这些自然因素的变化对于人类的作用与影响，以及人类及其活动对于自然因素的作用和结果，从中汲取历史智慧和认识，作为当代推动人与自然和谐共生的思想镜鉴。简言之，环境史学主要研究人与自然相互关系的历史。

我们可由一些代表性环境史学家对环境史的定义来进一步明晰这一认

---

① 《中华人民共和国环境保护法》，1989 年 12 月 26 日第七届全国人民代表大会常务委员会第十一次会议通过，2014 年 4 月 24 日第十二届全国人民代表大会常务委员会第八次会议修订。

② 王利华：《从历史的第一个前提出发——中国环境史研究的思想起点、进路和旨归》，《华中师范大学学报（人文社会科学版）》2023 年第 2 期。

识。唐纳德·沃斯特曾为环境史下了一个简洁的定义："环境史是有关自然在人类生活中之角色与地位。"① 在环境史学兴起之前，自然在历史研究和叙述中主要是以一种背景存在，史家并未赋予其主要角色和地位。美国环境史学的开创者之一——J. 唐纳德·休斯给环境史的定义则更为具体："环境史的任务是纵观历史长河来研究人类与其所从属的大自然之间的关系，并旨在解释变化过程是如何影响二者之间的关系的。"② 他还认为，环境史是一种研究方法，主要通过生态分析的手段来理解人类历史，并"研究其他物种、自然力量和生态循环与人类的相互作用，以及人类行为对非人类有机体和自然存在的关系网的影响"。英国环境史学家伊懋可则认为环境史的主题"是人与生物、化学和地质等系统之间不断变化的关系，这些系统曾以复杂的方式既支撑着人们又威胁着人们。具体来说，则有气候、岩石和矿藏、土壤、水、树木和植物、动物和鸟类、昆虫以及万物之基的微生物等。所有这些都以种种方式互为不可或缺的朋友，有时候也互为致命的敌人。技术、经济、社会与政治制度，以及信仰、观念、知识和表述都在不断地与这个自然背景相互作用。"③ 由这个定义来看，就个体层面来说，研究人与人之外的其他自然因素之间的关系（朋友或敌人的关系）是环境史研究的主题；而在群体或社会层面，人类发展过程中形成的技术、经济、社会、政治、制度、信仰、观念等都与自然因素相互作用，研究这些相互作用的关系也是环境史研究的主题。

通过以上梳理可以发现，尽管西方环境史学家在给环境史定义的一些细节上有所差异，但他们都认为探讨历史上人与自然之间的相互关系是环

---

① Donald Worster. "Appendix：Doing Environmental History，" in Donald Worster（ed.），*The Ends of the Earth：Perspectives on Modern Environmental History*，Cambridge and New York：Cambridge University Press，1988，p. 293.

② ［美］J. 唐纳德·休斯著，赵长凤等译：《世界环境史：人类在地球生命中的角色转变》，北京：电子工业出版社，2014 年第 2 版，第 4~5 页。

③ ［英］伊懋可著，梅雪芹等译：《大象的退却：一部中国环境史》，南京：江苏人民出版社，2014 年，第 5 页。

境史研究的主题。这个"自然"一般称为自然环境或自然因素——自环境史兴起以来被赋予了历史研究的主角地位。而环境史中的"人"一方面从个体来说是具体的、活生生的人，正如侯甬坚所说的，环境史把大自然从"舞台"转为"主要角色"，环境史"强调人与自然的互动，其中的人就是非常具体的人"①；另一方面，也可以是群体的或社会的人，但在研究中主要考察作为群体的人的技术、经济、制度、思想、观念、信仰与自然因素之间的相互关系。总之，环境史主要研究历史时期人与自然的相互关系，探究人类及其发展对自然施加的影响与结果，以及自然环境自身变化和在人类影响之后的变化对人的影响与作用。"环境史研究当然必须关注历史上的自然环境及其变化，这是它作为一个新的史学分支出现和存在的主要理由。但环境史家并不试图研究整个自然界的历史，他们主要关注那些曾经与人类活动发生了历史关联的方面或者部分，即曾经影响了人类和受到人类影响的那些部分。环境史的主要任务是叙述和解说人类经济、社会系统与所在自然环境之间交相作用和协同演变的历史关系，主要目的是对人类环境思想和环境行为进行历史反思，为更好地调适人与自然关系，实现环境—经济—社会协调、持续发展提供历史文化资源。"②

本书主要探讨华北根据地的环境史，因而又涉及中共党史、中国近代史等学科知识。现就国内外以往研究与本书所涉内容相关者，拣择其要，评述如下：

(一) 国外研究

20 世纪 70 年代，环境史研究悄然兴起并日益受到世人的关注，渐成史学研究的新热点。20 世纪 80 年代以来，在美国学者唐纳德·沃斯特 (Donald Worster)、唐纳德·休斯 (J. Donald Hughes) 等人的推动下，环境

---

① 侯甬坚、杨秋萍：《从历史地理学到环境史的关注——侯甬坚教授专访》，《原生态民族文化学刊》2019 年第 1 期。

② 王利华编著：《中国环境通史》第 1 卷《史前—秦汉》，北京：中国环境出版集团，2019 年，第 16 页。

史的理论、研究主题在学术界逐渐成为共识。20 世纪 90 年代初，环境史学传入中国。尽管西方学者对中国古代环境史研究用力较多，但仍有部分学者注意到近代以来尤其是华北地区的生态环境问题。

美国学者裴宜理（Elizabeth J. Perry）观察苏鲁豫皖交界的淮北地区生态环境与农民动乱的关系，归纳出淮北农民的生存策略，并对复杂的淮北共产主义革命进行了解析。[①] 周锡瑞（Joseph W. Esherick）较早阐述过陕北自然环境与农民对中国共产党的态度，指出陕北落后的乡村经济和严酷的自然环境，以及在中国共产党正确的政策和动员方式下，陕北民众最终走向革命，并取得成功。[②] 马克·赛尔登（Mark Selden）的《革命中的中国：延安道路》一定程度上探讨了陕北的自然环境特点及其对革命活动的影响。[③] 彭慕兰（Kenneth Pomeranz）研究了清末民国时期山东西部与河南、河北交界的"黄运"地区的燃料匮乏和森林砍伐、水患等生态危机，指出生态上的贫困加剧了人民生活的困苦，也认为华北地区经历了长期的生态退化过程。[④] 黄宗智则以"满铁"调查资料研究清至民国时期冀—鲁西北平原农村经济，注意到自然环境在乡村凋敝、贫困中的作用，不过总体上自然环境处于一个"背景"角色。[⑤] 李明珠（Lillian M. Li）考察了清代以来华北平原粮食价格与市场整合度问题，阐述了环境变迁与自然灾害的关系，以及对经济社会的长期影响，认为几千年来人类进行的大量水利工程致使环境退化，加剧了帝制晚期灾害暴发的频

① ［美］裴宜理著，池子华等译：《华北的叛乱者与革命者（1845—1945）》，北京：商务印书馆，2007 年。

② 周锡瑞：《从农村调查看陕北早期革命史》，南开大学历史系中国近现代史教研室编：《中外学者论抗日根据地——南开大学第二届中国抗日根据地史国际学术讨论会论文集》，北京：档案出版社，1993 年。

③ ［美］马克·赛尔登著，魏晓明、冯崇义译：《革命中的中国：延安道路》，北京：社会科学文献出版社，2002 年。

④ ［美］彭慕兰著，马俊亚译：《腹地的构建：华北内地的国家、社会和经济（1853—1937）》，上海：上海人民出版社，2017 年。

⑤ ［美］黄宗智著，叶汉明译：《华北的小农经济与社会变迁》，北京：中华书局，2000 年。

度和烈度。① 马立博（Robert B. Marks）在其撰写的中国环境通史中，关注了近代以来北方地区森林砍伐和灾荒对中国经济社会的深重影响。② 穆盛博（Micah S. Muscolino）从环境史角度研究中国的抗日战争，尤其关注1938 年国民党军队对黄河进行的战略性改道及其对环境的深重影响。③

（二）国内研究

根据地史一直是中国近代史和中共党史研究的重要内容，以往的研究在根据地政治、军事、社会、经济、教育、文化、灾害等方面均取得了大量成就，但系统开展根据地环境史研究的著作则一直未见问世。现将与华北根据地环境史研究有关论题的成果择要归纳为下列五个方面：

1. 植树造林与环境保护。张希坡较早从法律角度叙述 20 世纪 20 年代以来中国共产党南方、北方根据地的森林立法、护林法规，是国内较早述及根据地森林保护的文章。④ 倪根金则从宏观层面探讨了革命根据地的植树节、植树造林等问题。⑤ 黄正林、栗晓斌认为抗战时期陕甘宁边区政府和人民为渡过难关对大面积森林进行砍伐，造成了环境恶化。后来虽有保护措施，但收效甚微。⑥ 岳谦厚、张玮利用大量山西省档案资料及口述史料，对晋西北的生态环境变化、抗战前后一些典型村庄的经济及社会实态以及民众生活的变化进行了认真的梳理。⑦ 朱鸿召从陕甘宁边区烧炭角度

---

① ［美］李明珠著，石涛等译：《华北的饥荒：国家、市场与环境退化（1690—1949）》，北京：人民出版社，2016 年。

② ［美］马立博著，关永强、高丽洁译：《中国环境史：从史前到现代》，北京：中国人民大学出版社，2015 年。

③ ［美］穆盛博著，亓民帅、林炫羽译：《洪水与饥荒：1938 至 1950 年河南黄泛区的战争与生态》，北京：九州出版社，2021 年。

④ 张希坡：《革命根据地的森林法规概述》，《法学》1984 年第 3 期。

⑤ 倪根金：《中国革命根据地植树造林论述》，《古今农业》1995 年第 3 期；倪根金：《第二次国内革命战争时期的苏区植树造林》，《江西社会科学》1995 年第 1 期。

⑥ 黄正林、栗晓斌：《关于陕甘宁边区森林开发和保护的几个问题》，《中国历史地理论丛》2002 年第 3 辑。

⑦ 岳谦厚、张玮：《黄土、革命与日本入侵——20 世纪三四十年代的晋西北农村社会》，太原：书海出版社，2005 年。

出发，探讨边区烧炭与生态环境破坏之间的关系。① 江心、王希群等人全面考察了陕甘宁边区林业（1937—1950）的演变过程及其原因。② 谭虎娃、高尚斌认为还原陕甘宁边区植树造林与林木保护的历史，既可以看到走向成熟的中国共产党的强烈生态文明意识，又可以懂得生态保护和生态环境建设取得实效的根基在于人们的生计必须得到有效的保障，还可以明白陕甘宁边区植树造林与林木保护的经验教训具有深远的影响。③ 牛建立、吴云峰的研究指出华北抗日根据地自然环境恶劣，为改善生态环境，根据地颁布了保护林木的法令政策，大力提倡植树造林，减少了灾荒，给群众带来了经济效益，并为游击战争提供了有利的环境。④

2. 农业生产与水利建设。李芳认为陕甘宁边区的农业开发虽保障了军需民用，为抗战胜利做出贡献，但同时也造成了森林、植被的破坏，水土流失、土地沙漠化加剧。⑤ 张晓丽对北方抗日根据地的水利建设进行比较全面的探索，但对抗日根据地水利建设与自然环境的关系讨论不足。⑥ 严艳、吴宏岐认为抗战时期陕甘宁边区的农业生产虽然取得了显著成效，但林草的破坏造成整体环境质量下降，局部生态环境破坏严重，自然灾害频发。⑦ 邓群刚以邢台县西部山区乡村干部的工作笔记为史料基础，对集体化时代山区水土保持工作及其与政治、经济、文化、环境之间互动关系进行了深入探讨。⑧

---

① 朱鸿召：《伐木烧炭的运作机制》，《书城》2007 年第 10 期。

② 江心等：《陕甘宁边区林业发展史研究（1937—1950）》，《北京林业大学学报（社会科学版）》2012 年第 1 期。

③ 谭虎娃、高尚斌：《陕甘宁边区植树造林与林木保护》，《中共党史研究》2012 年第 10 期。

④ 牛建立：《二十世纪三四十年代中共在华北地区的林业建设》，《中共党史研究》2011 年第 3 期；吴云峰：《华北抗日根据地林业工作研究》，《西南交通大学学报（社会科学版）》2014 年第 5 期。

⑤ 李芳：《试论陕甘宁边区的农业开发及对生态环境的影响》，《固原师专学报》2003 年第 2 期。

⑥ 张晓丽：《抗战时期抗日根据地的水利建设初探》，《中国农史》2004 年第 2 期。

⑦ 严艳、吴宏岐：《抗战时期陕甘宁边区的农业生产与环境保护》，《干旱区资源与环境》2004 年第 3 期。

⑧ 邓群刚：《集体化时代的山区建设与环境演变——以河北省邢台县西部山区为中心》，南开大学博士学位论文，2010 年。

3. 灾荒与社会应对。张水良认为华北各根据地面对不同时期、不同地区的不同灾情，采取了切实有效的生产救灾措施。① 李金铮详细论证了1939 年华北大水灾和晋察冀边区政府应对灾荒的生产自救工作。② 段建荣等认为太行山抗日根据地的抗旱救灾成效是非常显著的，但鼓励垦荒与采摘代食品等救灾措施使森林植被破坏加剧，为新的灾害发生埋下隐患。③ 张同乐对晋冀鲁豫边区、晋察冀边区与沦陷区治蝗工作的比较研究指出，边区政府广泛的社会动员工作促成了大规模群众性治蝗运动，预示了中国的治蝗体制正在由传统向现代转型。④ 马维强、邓宏琴则阐述了抗战时期太行根据地抗日民主政权和社会两个层面对蝗灾的积极应对和互动治蝗。⑤

4. 疾疫与医疗卫生。卢希谦、李忠全较早对陕甘宁边区的卫生防疫工作进行整体研究。⑥ 温金童、李飞龙认为抗战时期陕甘宁边区政府通过多种渠道，调动一切积极因素，制定了卫生防疫的方针政策，开展各类卫生防疫活动，使边区的人畜发病率、死亡率都逐渐下降。⑦ 李洪河等的研究指出抗战时期华北根据地疾疫流行广泛，各根据地政府和军队积极建立各级卫生组织，颁布卫生防疫法规，开展积极的卫生防疫宣传和广泛的群众性卫生运动，增进了广大民众对根据地政府和军队普遍的政治认同，转变了根据地民众的卫生观念，为其后的卫生防疫工作尤其是中华人民共和国的疾疫救治和卫生防疫体系的建立提供了丰富的经验。⑧

5. 战争与生态环境。傅以君对抗战时期日本细菌战对中国环境的污染

① 张水良：《华北抗日根据地的生产救灾斗争》，《历史教学》1982 年第 12 期。
② 李金铮：《晋察冀边区 1939 年的救灾渡荒工作》，《抗日战争研究》1994 年第 4 期。
③ 段建荣等：《1942 年至 1943 年太行山抗日根据地抗旱救灾成效评述》，《山西大同大学学报（社会科学版）》2007 年第 3 期。
④ 张同乐：《1940 年代前期的华北蝗灾与社会动员——以晋冀鲁豫、晋察冀边区与沦陷区为例》，《抗日战争研究》2008 年第 1 期。
⑤ 马维强、邓宏琴：《抗战时期太行根据地的蝗灾与社会应对》，《中共党史研究》2010 年第 7 期。
⑥ 卢希谦、李忠全主编：《陕甘宁边区医药卫生史稿》，西安：陕西人民出版社，1994 年。
⑦ 温金童、李飞龙：《抗战时期陕甘宁边区的卫生防疫》，《抗日战争研究》2005 年第 3 期。
⑧ 李洪河等：《抗战时期华北根据地的卫生防疫工作述论》，《史学集刊》2012 年第 3 期。

和破坏加以研究，指出细菌战严重损害了中国环境，影响华北地区的水源，造成土壤污染。① 徐有礼、朱兰兰从生态环境角度出发研究了花园口决堤引发的严重生态环境灾难，涉及抗战与生态环境间的关系。② 冯斐认为陕甘宁边区大生产运动促进了农村生产力的复苏，但在客观上也淡化了人们的环境保护意识。③

　　总体来说，已有研究虽涉及根据地环境史研究的若干论题，但完整而系统的华北根据地环境史研究成果尚付阙如。虽然部分学者注意到了华北根据地时期的环境问题，但多从农业开发—环境破坏或灾害发生—社会应对的单一视角出发去解读和分析，没有从人与自然相互作用的双重视角去分析相关环境问题。而且已有研究对中国共产党在华北根据地时期的环境意识、环境治理思想等都缺乏系统而深入的归纳。基于此，本书将从环境史视角整体上综合研究华北革命根据地的人与自然关系史，尝试搭建根据地环境史研究的基本框架和初步结论。本书也试图回答以下几个重要问题：华北根据地时期人是如何利用和改造自然环境的；自然环境又是如何影响人的；华北根据地时期中国共产党对自然环境的态度和思想是怎样的，采取了哪些环境治理举措等。

三、研究内容与章节安排

　　在对相关学术概念和学术研究梳理基础上，本书确立了如下研究目标：探究 1935—1949 年中国共产党领导下华北根据地内的人与自然环境的相互关系，以便深化中国近代环境史和中共党史等方面的研究。本书主要通过考察华北根据地时期的垦荒、修滩、植树、地貌改造、河道治理、环境卫生整治、除"兽害"及其反映的人与自然的关系，来完成这一研究

---

① 傅以君：《日本细菌战对中国环境的污染和破坏》，《江西社会科学》2003 年第 5 期。

② 徐有礼、朱兰兰：《略论花园口决堤与泛区生态环境的恶化》，《抗日战争研究》2005 年第 2 期。

③ 冯斐：《试论陕甘宁边区大生产运动的"双面效应"》，《延安大学学报（社会科学版）》2008 年第 3 期。

任务。

环境史研究需要借助多个学科的知识和方法，本书主要运用历史学、生态学、地理学等多种学科的理论和方法开展研究。通过历史学的方法对搜集到的历史文献加以整理、考辨，然后运用生态学、地理学的理论和概念去解读相关史料并加以分析与阐释；本书也将使用综合研究、个案研究、比较研究相结合的方法对相关史料进行整理与研究。由于人与自然关系问题涉及面广泛，不可能对所有问题都能进行面面俱到的深入分析，为避免泛泛而谈，本书主要从专题或问题研究出发，尝试搭建华北根据地环境史研究的基本框架和内容，具体内容如下：

华北根据地的自然、人文特点深刻地影响着人与自然互动的进程。本书第一章首先概述华北根据地建立、发展的过程，进而阐述各根据地的行政区划、地貌、水环境、人口、矿产、植被、自然灾害等情况，以及战争对于华北根据地自然环境的影响，以之作为进一步展开分析的基础。

第二章和第三章通过对华北根据地两大农业活动——垦荒和修滩的深入考察，探讨农业生产对自然环境的利用、改造、影响和人的行为调适——环境治理问题。包括垦荒中的政策激励、劳动组织方式、时空过程和环境效应；河滩地的营造、环境退化及中国共产党领导下的滩地技术、制度成熟和流域环境治理等问题。

华北根据地时期最大规模的环境治理实践无疑是植树造林运动，第四章以晋绥、晋察冀、晋冀鲁豫为中心考察植树造林运动的组织实施过程，包括法律、法规制定，造林护林机构的建立，植树造林的效果与影响等问题，以之作为考察中国共产党在华北根据地时期环境保护思想的窗口。

第五章考察华北根据地疫灾流行与环境卫生整治问题。以往研究对于华北根据地时期的水、旱、虫等自然灾害研究较为深入，而对疫灾流行及各根据地采取的环境卫生整治问题关注不够，亟待深入研究。疫灾流行既有自然环境包括水文、地貌、气候、虫媒分布等因素使然，也与战争频发密切相关，本章将详细考察这两大因素在疫灾流行过程中扮演的角色，进而分析各根据地采取的环境卫生整治举措。

除了生产、生活，战争也对人与自然关系产生重要影响。第六章重点探讨战争环境下人对地貌的改造和河道治理问题：一方面，探讨华北平原抗日根据地军民对平原地貌改造的方式、途径及其对战争的影响；另一方面，考察抗战胜利之后，围绕"黄河归故"中国共产党领导冀鲁豫解放区和山东解放区人民对黄河故道的生态环境治理举措。

华北根据地主要分布于农村地区，野生动物与人的生产、生活关系密切。华北根据地时期人与野生动物关系的研究几乎是个空白。第七章将通过深入挖掘相关史料，从资源利用与灾害应对角度深入考察华北根据地时期人与野生动物的关系，以期弥补已有研究的不足。

在前面几章研究之后，本书最后总结出华北根据地时期人与自然交互的三种媒介和这一时期中国共产党的环境治理思想，并对今后开展华北根据地环境史研究加以展望。

第一章　华北根据地的辖区、
人口与自然环境

　　黄宗智曾说："研究朝廷政治、士绅意识形态或城市发展的史学家，不一定要考察气候、地形、水利等因素。研究农村人民的史学家，却不可忽略这些因素，因为农民生活是受自然环境支配的。要写农村社会史，就得注意环境与社会政治经济的相互关系。"[①] 环境史关注人与自然的相互关系，研究者更应投入极大精力关注历史时期的自然环境和其他研究对象背后所关联的自然环境问题。当然，正如历史学其他学科那样，环境史也是研究"时过境迁"的历史问题，今人无法重回过去，是以用文字描摹过往自然地理无异于竹篮打水。不过，人事虽有代谢，江山终留胜迹，历史时期的自然环境总有变与不变的问题，今人依托历史文献记录，仍可体会、反馈当时的一些自然地理景观。本章在复原华北根据地人文环境之后，对各根据地的自然环境也将着重考察，以之作为考察华北根据地人与自然互动的历史地理舞台。

---

　　① ［美］黄宗智：《华北的小农经济与社会变迁》，第51页。

第一节　华北根据地的辖区与人口

一、华北根据地的"大本营"

陕甘宁边区是华北根据地的大本营，作为中共中央和中央军委的长期所在地，中共中央在边区制定的各种方针、政策指导和影响着其他根据地。陕甘宁边区横跨陕西北部、甘肃东部和宁夏东部，这一地区自明末李自成起义以来迭经战乱，影响西北乃至全国。清末回民起义与捻军配合，均波及这一地区。进入民国，军阀、土匪、民团、哥老会在这一地区轮番演义，各方势力相互角逐，也为革命力量的统战提供了空间。1939 年 1月，陕甘宁边区政府副主席高自立在边区第一届参议会上这样报告：

> 边区还未成立以前，为最落后最复杂的区域，名义上归国民政府管理，实际上是军阀地主的割据地，政治上的黑暗为任何区域所不及。从民国十六年以后，便开始了反军阀地主的斗争，迄民国二十年先后组织了陕甘边（包括关中）陕北（包括神府）两苏维埃政权。①

当时，井岳秀、杨虎城和甘肃陇东军阀陈珪璋、苏雨生等军政势力均在这一地区犬牙错处。陕甘宁边区源自陕甘边、陕北两大根据地，在刘志丹、谢子长、习仲勋、王世泰、马文瑞、张秀山、高朗亭等人的领导下，两大根据地逐步壮大，并于 1935 年 1 月合并为西北革命根据地，在 1937年秋更名为陕甘宁边区，成为国民政府的"特区"。边区的创建是武装斗争的结果，正如林伯渠在 1941 年 4 月陕甘宁边区政府工作报告中所指出

---

① 高自立：《边区政府对边区第一届参议会报告》（1939 年 1 月），陕甘宁边区财政经济史编写组：《抗日战争时期陕甘宁边区财政经济史料摘编》第 1 编《总论》，西安：陕西人民出版社，1981 年，第 16 页。

的："武装创造了与正在创造着边区革命，武装也保护了与正在保护着边区革命。"① 随着中央红军的到来，这里再次成为西北乃至全国革命的中心。

1937 年 9 月 6 日，中共中央遵照国共谈判的协议，将中华苏维埃共和国临时中央政府西北办事处改组为陕甘宁边区政府，宣告陕甘宁边区政府正式成立。10 月 12 日，国民政府行政院召开第 333 次会议，以通过任命的形式间接承认陕甘宁边区政府是受国民政府行政院直接管辖的省级行政机构。11 月，国民政府将陕甘宁边区政府改称为陕甘宁特区政府。1938 年 1 月，复称陕甘宁边区政府。最初，根据国民政府行政院第 333 次会议，确定边区管辖范围为 18 县，即陕西的延安、甘泉、富县、延长、延川、安塞、安定、保安、定边、靖边、旬邑、淳化、神府，甘肃的庆阳、合水、宁县、正宁，宁夏的盐池。12 月，经中国共产党与国民政府谈判商定，又增加清涧、米脂、绥德、佳县、吴堡 5 个县，共计 23 个县。不久，经蒋介石指定，国民政府又划定宁夏的豫旺和甘肃的镇原、环县为八路军募补区，共 26 个县。总面积近 13 万平方公里，人口 200 万。不过，国民政府一直未明文规定边区辖区，甚至出尔反尔，不承认边区政府的合法地位。②

从 1937 年至 1943 年底，在国民党军队的持续封锁和入侵下，淳化、旬邑、正宁、宁县、镇原、豫旺 6 个县城及村镇数千处，共计面积约30640 平方公里被侵占。被侵占地区的面积占边区总面积的 24%，人口约50 万，占边区总人口四分之一。

1941 年 11 月，为适应新的形势，边区政府将所辖区域重新划分为 29个县（市），266 个区，1549 个乡，包括直属县（市）：延安市、延安县、鄜县（今富县）、甘泉、固临（由宜川 4 个区、甘泉 1 个区组成）、延川、

---

① 陕甘宁边区财政经济史编写组：《抗日战争时期陕甘宁边区财政经济史料摘编》第 1 编《总论》，第 8 页。

② 中共陕西省委党史研究室编，梁星亮等主编：《陕甘宁边区史纲》，西安：陕西人民出版社，2012 年，第 103~104 页。

安塞、安定、延长、志丹、靖边、神府；三边分区：盐池、定边；绥德分区：绥德、米脂、葭县（今佳县）、吴堡、清涧；关中分区：新正（由甘肃正宁1个区、陕西旬邑4个区组成）、新宁（甘肃宁县与正宁的一部分）、赤水（陕西旬邑与淳化的一部分）、淳耀（由淳化3个区、耀县2个区组成）、同宜耀（由陕西同官、宜君、耀县组成，称关中东行政区）；陇东分区：庆阳、合水、镇原（甘肃镇原一部分）、曲子（由庆阳马岭区、固原三岔区、环县5个区组成）、环县、华池（甘肃庆阳大部、陕西定边、靖边各一部分）。① 至1944年，除被侵占地区外，边区面积达98960平方公里，人口约有150万。边区人口密度每平方公里15.2人，而同期全国人口密度为每平方公里39.54人，陕西省是每平方公里60.5人。② 因此，地广人稀是陕甘宁边区的主要地理特征。

1948年，随着解放战争的胜利和边区地域的扩大，陕甘宁边区先后设置了黄龙分区、西府分区、榆林分区、大荔分区等。1949年3月，陕甘宁、晋绥两区行政管理归于统一，成立了晋西北和晋南两个行政公署。至此，陕甘宁边区辖16个分区、114个县市，总面积28万平方公里，人口达到800多万。随着西安的解放，1949年5月20日，陕甘宁边区政务会议决定：（1）成立西安市人民政府和宝鸡市人民政府，直属边区政府领导；（2）正式设置宝鸡、渭南、咸阳、邠县、三原5个分区，成立宝鸡、渭南、咸阳3个专署，原西府分区行政督察专员公署改称邠县分区专署，原关中分区专署改称三原分区专署；（3）撤销晋西北行政公署，另成立五寨中心专署，负责领导雁南、雁北、离石等专署以及其他直属县的工作，并受晋南行政公署直接领导。1950年1月，陕甘宁边区政府撤销。本书所论内容主要为1948年前的陕甘宁边区。

---

① 张建儒、杨健主编：《陕甘宁边区的创建与发展》，西安：陕西人民出版社，2008年，第45页。

② 《陕甘宁边区幅员的说明》（1944年），陕甘宁边区财政经济史编写组：《抗日战争时期陕甘宁边区财政经济史料摘编》第1编《总论》，第10页。

二、东部四大根据地

（一）建立过程

中共中央到达陕北以后，通过东征、西征，逐步稳定了中国革命大本营。其间，日军对中国的咄咄逼人使得毛泽东及中共中央敏锐地预见到民族矛盾的急剧上升，并适时地调整对国民党的策略，由"反蒋抗日"转向"逼蒋抗日"。1936 年 12 月 12 日，"西安事变"爆发，国共第二次合作迎来契机。在经过一番艰苦而复杂的斗争之后，以国共为首的抗日民族统一战线得以建立。

遵照国共合作的协定，中国共产党力量主要负责在敌后对日军的打击牵制，于是红军主力改编为国民革命军第八路军，不久东渡黄河奔赴华北敌后抗敌。早在 1937 年 8 月初，毛泽东就提出中国共产党的整个战略方针是"执行独立自主的分散作战的游击战争"。8 月下旬，在洛川会议上，毛泽东又指出，红军的作战方针是独立自主的山地游击战，红军的作战区域主要位于晋、察、冀三省交界处。9 月中旬，毛泽东对八路军在山西抗战的部署进一步调整：一一五师进入恒山南段；一二〇师准备进入管涔山地区；一二九师择机进入吕梁山脉。①

1937 年 11 月太原失陷后，八路军三大主力逐步奔赴华北敌后，开辟敌后战场，着手建立敌后抗日根据地。敌后抗战是没有后方的战争，若无根据地的支撑，游击战争是不可能长期维持和发展下去的。八路军三大主力建立根据地的方向是晋西北、晋东北和晋东南，山西成为中国共产党抗战的最初战略支点。此后，八路军陆续建立了晋察冀、晋冀豫、晋绥抗日根据地，以山西山地为中心的山地根据地陆续建立起来。

在这一基础上，根据地开始向华北、华中的平原、河湖港汊地区波浪式推进下去。在平原地区建立抗日根据地对于中国共产党来说是缺乏经验

---

① 《毛泽东同志在抗日战争初期关于坚持独立自主的游击战争的五个电报》，《人民日报》1981 年 7 月 7 日，第 1 版。

的，毛泽东一再强调抗日战争以山地游击战为中心，这是对南方根据地时期斗争经验的继承和面对强大敌人所采取正确战略方针的考量。但山地也有其天然的劣势——耕地有限、人口不足，而平原地区人口众多，是天然的粮仓，如冀中根据地在 1938 年就有约 800 万人口①。可以说，中国共产党抗战由山地发端，而真正走向辉煌的关键则是平原根据地的建立。早在1937 年 10 月，原东北军五十三军一一六师六四七团吕正操率部在冀中坚持敌后抗战，次年 4 月，建立了中国共产党在平原地区的第一个根据地——冀中抗日根据地，隶属晋察冀边区。4 月 21 日，毛泽东、张闻天、刘少奇联名向前线刘伯承、徐向前、邓小平等发出关于开展平原游击战的指示，指出："根据抗战以来的经验，在目前全国坚持抗战与正在深入的群众工作两个条件之下，在河北，山东平原地区扩大的发展抗日游击战争是可能的，而且坚持平原地区的游击战争，也是可能的。""党与八路军部队在河北，山东平原地区，应坚决采取尽量广大发展游击战争的方针，尽量发动最广大的群众走上公开的武装抗日斗争。"② 在挺进平原地区的过程中，华北平原的白洋淀、微山湖、渤海边缘等地区的抗日斗争也陆续开展，小区域的根据地也得以建立。

（二）各根据地的发展

1. 晋察冀

晋察冀是抗日战争中中国共产党在华北敌后最早建立的根据地，也是抗日战争战略反攻时最重要的前进阵地之一。八路军一一五师开赴晋东北后即着手开展创建根据地的工作。1937 年 10 月下旬，聂荣臻率领 3000 人以五台、阜平为中心，着手创建敌后第一个抗日根据地。11 月 7 日，晋察冀军区在五台县宣布成立，聂荣臻为军区司令员兼政委。11 月 18 日，军区领导机关移至阜平县城。随后，黄敬任晋察冀省委书记。在多次打退日

---

① 吕正操：《冀中回忆录》，北京：解放军出版社，1984 年，第 91 页。
② 中央档案馆编：《中共中央文件选集》（11），北京：中共中央党校出版社，1991 年，第505～506 页。

军进攻后，以五台、阜平为中心的根据地得以初步创立。1938 年 1 月 10 日，晋察冀边区军政民代表大会在阜平县城召开。1 月 31 日，国民政府行政院与军事委员会正式承认和批准晋察冀边区行政委员会及各委员，边区政府正式成立。至 1938 年 10 月，晋察冀边区拥有 2 个政治主任公署、3 个专署、72 个县政府，约 1200 万人口。10 月 5 日，中共中央扩大的六届六中全会对晋察冀边区高度赞誉——"敌后模范的抗日根据地及统一战线的模范区"。据 1944 年出版的《中国敌后解放区概况》，晋察冀边区当时已包括山西、河北、察哈尔、热河、辽宁五省之各一部，在行政区划上划分有北岳、冀中、冀热辽三个区，地处同蒲路以东，正太、德石路以北，张家口、多伦、宁城、锦州以南，渤海以西，面积 80 万平方华里，人口 2500 万，县治 108 个。① 到抗战胜利，晋察冀边区拥有 4 个区行署、164 个县、27 个旗、4 个自治区（县）和近 4000 万人口，并与晋冀鲁豫等根据地连接起来，奠定了华北解放的基础。② 1948 年 8 月，晋察冀边区和晋冀鲁豫边区在解放战争时期合并，称为华北解放区，9 月 26 日，成立华北人民政府。③ 华北人民政府辖北岳、冀中、冀南、太行、太岳、晋中、冀鲁豫、冀东④ 8 个行政区，直辖石家庄市。这两大区域主要包括长城一线以南、陇海铁路以北、同蒲铁路以东、北宁铁路两侧及津浦铁路以西这一片广阔的土地，总面积 30 余万平方公里，总人口约 5000 万，耕地 2 亿多亩。

　　2. 晋绥边区

　　1937 年 10 月，八路军一二〇师师长贺龙、政委关向应率部进入晋西

---

　　① 新华书店编：《中国敌后解放区概况》，新华书店，1944 年，第 3~4 页。
　　② 谢忠厚：《敌后第一个抗日根据地——晋察冀边区》，《中共中央北方局》资料丛书编审委员会：《中共中央北方局·抗日战争时期卷（下册）》，北京：中共党史出版社，1999 年，第 891 页。
　　③ 中央档案馆编：《华北人民政府成立布告》（1948 年 9 月 27 日），《共和国六十年珍贵档案（上）》，北京：中国档案出版社，2009 年，第 4 页。
　　④ 1949 年 2 月 26 日，冀东由东北行政委员会划归华北人民政府领导。河北省人大常委会研究室编：《华北临时人民代表大会召开的前前后后》，石家庄：河北人民出版社，2015 年，第 128 页。

北地区，着手创立晋西北抗日根据地。1938 年 9 月，一二〇师和地方武装组成大青山支队，挺进绥远北部，开辟了大青山抗日根据地。1940 年 1 月 15 日正式建立晋西北抗日民主革命政权，组成新的山西省第二游击区行政公署，领导机关驻在山西的兴县。全区东起同蒲、平绥（大同至集宁段）铁路，与晋察冀边区和晋冀鲁豫边区相接；西至黄河，与陕甘宁边区相接；南至汾（阳）离（石）公路，与阎锡山管区相接；北达绥远之包头、百灵庙、武川、陶林一线，纵长 500 多公里，横宽 150 多公里，面积约 82750 平方公里，人口 322 万余。全区行政上分为晋西北和绥远大青山两大战略区。

　　1940 年抗日民主政权建立时，仍维持旧的行政区划，即原二、四、八 3 个专署，辖 32 个县。根据地各县总共有 350 万人，抗日力量实际控制的约百万。① 1941 年 8 月 1 日，根据地改称晋西北行政公署，辖 6 个专区、36 个县。1943 年 11 月，晋西北行政公署改为晋绥边区行政公署。1944 年 8 月，晋绥边区行政公署除兴县、岚县为直属县，神府为代管县外，其余 47 个县划为 8 个专区，即二专区、三专区、五专区、六专区、八专区、绥西专区、绥中专区、绥南专区（绥西、绥中、绥南归属绥蒙行署）。1945 年 9 月，晋绥边区行政公署为适应抗战胜利后的发展形势，决定在边区行政公署之下，绥蒙区设绥蒙政府，吕梁区、雁门区各设行署。吕梁行署辖三、四、七、八 4 个专署，24 个县；雁门行署辖二、五、六、十一（即绥南）4 个专署，20 个县；绥蒙政府辖平绥路以北地区的 10 个县，即丰凉、萨县、和托清、武川、武固、武归、陶林、归绥、归凉、归武，以上共计 54 个县。1946 年，晋绥边区又增设九专区，辖洪洞、赵城、汾西、蒲县。1948 年 3 月，晋绥边区辖一、二、三、五、六、八、九、十 8 个专区，共 53 个县。1949 年 2 月 15 日，陕甘宁边区与晋绥边区合并，晋绥划为晋南、晋西北 2 个行署，归属陕甘宁边区政府统一领导，原晋绥边区行政公署撤

---

　　① 晋绥边区财政经济史编写组：《晋绥边区财政经济史资料选编·总论编》，太原：山西人民出版社，1986 年，第 2 页。

销。晋南行署辖 31 个县市，面积 32600 平方公里，人口 263 万余；晋西北行署辖 23 个县，面积 45700 平方公里，人口近 214 万。[①]

3. 晋冀鲁豫

晋冀鲁豫边区在晋察冀边区南边，由于全面抗战以来国民党军队由北向南败退后，在此地滞留，使得中国共产党开辟晋冀鲁豫边区的过程较晋察冀复杂。国民党方面给中国共产党造成的挑战和打击较晋察冀为重。八路军一二九师根据中央军委以太行山为依托，创建晋冀豫抗日根据地的指示精神，经过艰苦奋斗，至 1938 年 4 月，相继创建了以晋东南为中心的晋冀豫和冀南、冀鲁豫抗日游击区。此后，随着抗日战争形势的发展，迫切需要将各地政权统一，建立整体的政权组织。1940 年 8 月，冀南、太行、太岳行政联合办事处（简称冀太联，晋冀鲁豫边区前身）在涉县成立，为晋冀豫根据地政权建设由分散走向统一奠定了关键一步。办事处下辖冀南、太行、太岳 3 个行政区，15 个专区，115 个县。1941 年 7 月 1 日，冀鲁豫边区与鲁西边区合并。7 月 7 日，晋冀豫边区临时参议会在辽县桐峪镇开幕，会议根据中共中央北方局建议，同意将鲁西 33 个县划入本区，遂决定改晋冀豫边区为晋冀鲁豫边区，成立晋冀鲁豫边区政府。8 月 15 日，参议会圆满结束，边区政府主席和全体委员宣誓就职。24 日，边区政府召开首次全体委员会议，决议边区划为太行、太岳、冀南、冀鲁豫 4 个行署、22 个专区、156 个县，其中太行区为边区政府直辖区，辖 6 个专区、37 个县。[②] 四个行署辖区为位于正太铁路以南、平汉铁路以西、白晋铁路以东、黄河以北的太行区（包括山西的晋东南及冀西、豫北各一部）；位于同蒲铁路以东、白晋铁路以西、黄河以北三角地带的太岳区（包括岳北、岳南及晋豫边界的中条地区）；位于滏阳河与德石铁路以南、漳河以北、平汉铁路以东之冀南平原及津浦铁路以西、徒骇河以北之山东境内一小部分地

---

① 山西省工商行政管理局编：《晋绥边区工商行政管理史料选编》，太原：山西省工商行政管理局，1985 年，第 2~5 页。

② 宋学民：《太行记忆》，石家庄：河北人民出版社，2017 年，第 188 页。

区之冀南区；位于津浦铁路以西、徒骇河与漳河以南、平汉铁路以东、陇海铁路以北冀鲁豫三省交界大平原上的冀鲁豫区。[①] 至此，晋冀鲁豫根据地基本实现了统一，逐步完成了建党、建军、建政三大建设任务。

晋冀鲁豫根据地处于华北、华中、华东接合部，属于人口稠密地区。抗日战争前，这一地区无精确人口统计，一般认为约在 2800 万～3000 万。晋冀鲁豫边区是抗战时期中国共产党在华北建立的最大的根据地。1941 年7 月 14 日的《解放日报》社论《敌后民主政治的伟大贡献》这样说：晋冀鲁豫边区"所辖地区内，东自津浦，西临汾河，南起苏豫，北迄冀晋，幅员之大，人口之多，在华北各抗日根据地，堪称第一"。由于战争频繁，形势多变，根据地疆域变动不定，所辖各县有完整县，也有不完整县，有的县是两县或三县交界处新设县，有些县则时设时废，时分时合。1945 年8 月，晋冀鲁豫边区举行大反攻，全边区中小城市和广大农村基本被收复，边区仍辖太行、太岳、冀南、冀鲁豫 4 个行政区，设 4 个行署、22 个专署、193 个县、8 个市，总人口 2800 万。[②] 据 1946 年 3 月的统计，全区人口 2800 万（豫皖苏不计在内），大部分为汉族人，少数回族民众散居于豫北、晋南和冀鲁豫一带。[③] 至 1947 年末，除了个别城镇，边区全境已基本解放。全区面积共有 15 万平方公里，人口共有 2962.3 万。加上"豫皖苏"和"晋南三角地带"，全区面积为 23.3 万平方公里，人口为 3676.4万。1948 年 5 月，晋冀鲁豫边区与晋察冀边区合并，9 月 26 日归属华北人民政府领导。

4. 山东

1937 年 11 月，日军攻占太原后，向南线进攻，对山东韩复榘军加强攻势。因非蒋介石中央军系统，为保存实力，韩并不打算在山东率领所部

①　《中共中央北方局》资料丛书编审委员会编：《中共中央北方局：抗日战争时期卷（下册）》，第 894~895 页。

②　赵秀山等：《华北解放区财经纪事》，北京：中国档案出版社，2002 年，第 8 页。

③　齐武：《一个革命根据地的成长：抗日战争和解放战争时期的晋冀鲁豫边区概况》，北京：人民出版社，1957 年，第 3 页。

拼死抵抗，于是在黄河以北略作抵抗后，即撤往黄河以南。12 月 13 日，日军攻占南京后，决定扩大在华北的侵略，南北军队沿京浦路夹击，不久即攻占济南。年末，日军攻至黄河以南不久，韩复榘即率 10 万军队仓皇逃窜，国民党在山东的统治迅速土崩瓦解。

早在 1937 年 8 月的洛川会议上，中共中央就提出坚持发动和武装人民，实行全面抗战政治路线，坚持独立自主的山地游击战战略。当时，八路军作战区域主要在山西，尚无力东顾。9 月 25 日，毛泽东指示北方局及八路军前方军分会：“整个华北工作，应以游击战争为唯一方向。……应令河北党注全力于游击战争，借着红军抗战的声威，发动华北全党（包括山东在内）动员群众，收编散兵散枪，普遍地但是有计划地组成游击队。”① 根据洛川会议及毛泽东的指示精神，中共北方局于 9 月间在太原召开华北各省代表会议，会议传达了中央关于政治上坚持独立自主和发动群众，军事上实行游击战争，主要靠地方党组织的力量发动武装起义，建立根据地和军队的指示精神，部署了各地开展武装起义和游击战争工作。会议号召“共产党员脱下长衫到游击队去”。这样，党的独立自主游击战争的战略方针和发动群众实行人民战争的抗战路线就贯彻到山东党内。

于是，自 1937 年 10 月至 1938 年终，中国共产党在山东地区领导了大量抗日武装起义，较为著名者有冀鲁边区起义、鲁西北起义、天福山起义、黑铁山起义、鲁东地区起义、徂徕山起义、泰西起义、鲁东南起义、湖西起义等。各地游击队迅速发展壮大，发展到 4 万余人。

1938 年 12 月 27 日，遵照中共中央决定，八路军山东纵队在沂水县王庄正式成立，全军 2.45 万人，所属地方武装万余人。从 1938 年中至年末，中国共产党领导各地武装起义力量，初步建立起鲁中、滨海、胶东、清河、泰西等抗日游击根据地。其间，以八路军一一五师一部为主，包括一

---

① 毛泽东：《整个华北工作应以游击战争为唯一方向》（1937 年 9 月 25 日），中共中央文献研究室编：《毛泽东军事文集》第 2 卷，北京：军事科学出版社，1993 年，第 57 页。

二〇、一二九师部分主力先后进入山东，协助地方党政军开展创建、扩大和巩固根据地的工作，逐步扩大和巩固了冀鲁边、鲁西北、鲁西南、苏鲁豫等根据地。1939 年 8 月 9 日，经中共北方局批准，山东军政委员会正式成立，该委员会为全省党政军民最高领导机关。此后，中国共产党不断加强建立地方政权工作，至 1940 年 7 月，山东抗日根据地已建立 1 个主任公署——鲁西，8 个专署——泰西、运西、运东、鲁西北、北海、泰山、鲁南、湖西，共 70 多个县政府。抗战前，山东全省人口为 3719.7 万，平均每平方公里有 243 人。[①] 至 1940 年末，山东根据地人口达 1200 余万，占全省总人口的 31.6%；根据地面积 3.6 万平方公里，占省总面积的 24%。[②] 此后，历经 1942 年至 1943 年抗战最艰难的时期，根据地不断缩小，到 1942 年末根据地包括游击根据地人口减少到 730 万，减少了约 40%。解放区村庄 1 万个、人口 400 万、面积 2 万平方公里。游击区村庄 1.6 万个、人口 677 万，面积 3.4 万平方公里。敌占区村庄 4.4 万个、人口 3075 万、面积 14.8 万平方公里。[③]

1943 年，山东对敌对顽斗争成效显著。解放区面积较上年扩大 2.5 万平方公里，达到 4.6 万平方公里，超过了 1940 年的水平；人口增加 448 万，达到 848 万；村庄增加 1.5 万个，达到 2.5 万个。三项指标均增加一倍以上。游击区面积扩大 0.8 万方公里，人口增加 139 万。1944 年，解放区面积、人口、村庄数分别占全省的 56%、52%、48%，而敌占区面积、人口、村庄数分别占全省的 26%、28%、30%，山东解放区首次对日伪取得了优势地位，为进一步对日战略反攻奠定了坚实基础。1945 年，在战略反攻之后，到抗战胜利时山东解放区军队发展到 1 个省军区、5 个大区军区、22 个军分区，包括正规军 27 万人、民兵 71 万人、自卫队 200 余万

---

① 《山东省农业生产调查》（1949 年 4 月），山东省档案馆等编：《山东革命历史档案资料选编》第 22 辑，济南：山东人民出版社，1986 年，第 402 页。

② 岳海鹰、唐致卿：《山东解放区史稿·抗日战争卷》，北京：中国物资出版社，1998 年，第 79 页。

③ 岳海鹰、唐致卿：《山东解放区史稿·抗日战争卷》，第 128 页。

人。我党领导的根据地发展到 1 个省政府、5 个行政公署、22 个专署、129 个县政府。山东解放区有 12.5 万平方公里，占全山东省总面积的 85%。根据地人口 2600 余万，占全省总数的 80% 以上。另外，在冀鲁豫边区，人民军队发展到 10 万人，建立了 2000 万人口的根据地，解放县城 75 座。①

1946 年 1 月，津浦前线野战军改组为山东野战军，陈毅任司令员。同年 5 月，国民党三个正规军及其收编的伪军 20 余万人向山东解放区进行"蚕食"。同年 6 月 7 日至 16 日，山东野战军在津浦、胶济沿线实行反击，攻克了德州、泰安、枣庄、周村、张店、胶县、高密、即墨等城镇，除了青岛、潍县、济南、兖州等孤立据点，山东全境均成为解放区。1948 年 3 月至 7 月，华东野战军山东兵团组织了胶济铁路西段、中段、津浦铁路中段等战役，解放了周村、张店、潍县、兖州等重要城镇和大片地区，使胶东、渤海、鲁中、鲁南、滨海等解放区基本上连成一片。这时，山东解放区行政区划进行了一次较大的调整，将鲁中、鲁南两行政区和滨海专区以及原属冀鲁豫区的泰西专区合并为鲁中南行政区（习称大鲁南），设立了潍坊特别市、昌潍专区。9 月，济南解放，设济南特别市。1949 年 3 月，山东省政府改称山东省人民政府。4 月 15 日，山东省人民政府机关全部移驻济南。8 月，解放长山列岛后实现了山东全境解放。至此，山东省除了津浦铁路以西隶属于平原省②的 9 个专区、2 个市（泰西专区已划归鲁中南行政区），共辖胶东、渤海、鲁中南三大行政区，一个直辖专区（昌潍）、济南、青岛两个市、一个特别市（潍坊）。③

---

① 岳海鹰、唐致卿：《山东解放区史稿·抗日战争卷》，第 289 页。

② 1949 年 8 月 20 日，平原省人民政府在新乡成立，属于山东的菏泽、湖西、聊城 3 个地区划归平原省，1952 年平原省撤销后复归山东。

③ 赵延庆主编：《山东省志·建置志》，济南：山东人民出版社，2003 年，第 170 页。

第二节　华北根据地的自然环境

人类活动需要自然环境作为舞台，这个舞台不仅为人类提供生产、生活的基础物质条件，很大程度上也限制了人类活动的"度"，甚至可以说为人类活动天然地设置了"增长的极限"。华北根据地境内分布着高原、山地、平原、丘陵、河流、森林等，大部分区域地处生态交错地带。一方面，其具有生态环境敏感性，易受根据地民众生产、生活等活动的干扰，从而引发各类灾害，给各根据地的发展以阶段性打击；另一方面，又能为根据地民众的生存、发展提供必要的物质来源，支持着根据地的发展。由此，自然环境并非作为华北根据地发展的"背景"存在，而是深刻"参与"到了根据地的发展中，在华北根据地史研究中应予以充分的考量。

一、各大根据地的自然环境

（一）陕甘宁边区

陕甘宁边区东靠黄河，西接六盘山，北起长城，南临泾水，地处黄土高原，群山起伏，沟壑交错。主要水系有洛河、延河、泾河、无定河，河水流量变化大，汛期猛涨，旱季少水。边区居民稀少，交通不便。唯河谷地带农产较为丰富，村落较多。边区春季温暖干燥，气温回升快，降水极少；夏季炎热多雨；秋季较短，气温下降快；冬季寒冷干燥，气温低。全年盛行西南风，春季多风沙。居民主食为小米，多饮用河水、井水，缺水地区亦有饮窖贮雨雪水的习惯。

边区境内绝大部分地区为黄土覆盖，平均海拔约 1000 米，黄土区地形复杂，塬、梁、峁、沟各种地貌兼而有之。1940 年，中外记者团访问延安，其间考察南泥湾生产情况。记者陈学昭这样记下了其对陕北土地的观察："陕北的山，实在太丑了，它们没有山峰，只是一堆一堆的极高的黄泥堆，好像用人工削平了的，像男子的平头，就是所谓'台状形'，没有一棵树，只是长些乱草"。① 陈学昭由重庆而来，习惯了满眼的南方景致，在她看来，黄土台地自然毫无"美丽"可言。黄土由风积而成，始于远古时代，由亚洲中北部风吹而来。黄土颜色淡黄或棕黄，表土、心土一致，层次不明显，颗粒极细而均匀，具有直立特性。黄土由石英、长石、方解石、云母和陆上动物骨壳碎末形成，含有大量碳酸钙，故也称钙质土，呈弱碱性。黄土中所含的大量矿物盐，易为植物所吸收，但是有机质和氮缺乏，若雨水调匀，虽无充分肥料，也能生长农作物。② 但是，黄土结构松散，透水不保水，极易水土流失。陕甘宁边区的气候是大陆性、高原性的干燥寒冷气候，东南季风因秦岭、中条山的阻挡，吹到陕北风势已衰，而从西伯利亚吹来的大陆气团却很势猛。边区雨量在 400~500 毫米，西北三边地区雨量更少。雨量不均匀，夏季易成暴雨，因黄土土质松散，加以森林缺乏，土壤极易冲刷。所以，尽管黄土易于耕种，但农业生产具有天然的劣势。更因陕北苦寒，边区无霜期不足。一般晚霜期约在 4 月下旬，早霜期约在 10 月中旬，一年无霜期约 5 个月，在三边一带霜期更长，因而生长期长的农作物根本不适宜种植。③

陕甘宁边区主要山脉有北部的横山山脉，延安东南的梁山山脉和边区西部的桥山山脉（子午岭）。这些山脉保存了一定的自然植被和次生植被。1940 年乐天宇等人的调查表明，边区森林分为七大林区，包括九源林区、洛南林区、华池林区、分水岭林区、南桥山林区、关中林区和曲西林区。"大致东至临真，西至曲子，南至淳耀，西北至志丹，全部森林面积为40000 平方里。"④

---

① 陈学昭：《延安访问记》，北京：中国国际广播出版社，2013 年，第 86~87 页。
② 陕甘宁边区财政经济史编写组：《抗日战争时期陕甘宁边区财政经济史料摘编》第 1 编《总论》，第 18~19 页。
③ 陕甘宁边区财政经济史编写组：《抗日战争时期陕甘宁边区财政经济史料摘编》第 1 编《总论》，第 19 页。
④ 乐天宇：《陕甘宁边区森林考察团报告书（1940 年）》，《北京林业大学学报（社会科学版）》2012 年第 1 期。

在华北平原地区，因人口密集，农业生产历史悠久，自然生态的保存极为不易，一些河、湖、堤坝地带或能保存一些野生动植物。① 而在陕甘宁边区，由于黄土高原地貌支离破碎，很多林地、灌丛、草地等自然荒野"残存"于人迹罕至的森林和黄土丘陵地貌内，其分布呈现多元化、立体性的特点，具有山上、沟内四散分布的特征。这些荒野往往是自然生态良好、动植物资源丰富的天然区域。这些处于农业生态系统之外仅存的自然生态系统，为各类野生动物的栖息提供了条件。边区野生动物的种类虽无法全面统计，但由笔者所见资料来看，主要有豹、狼、野猪、狐狸、豺、石貂、黄喉貂、金猫、黄羊、狍、豪猪、獾、麝、鹿、黄鼠狼等。② 以往研究认为陕甘宁边区在抗战以来整体生态环境质量下降，生态环境破坏严重。不过这些论断忽视了边区内部生态环境的区域差异性，边区不同地区一直保存了大量的动植物资源。因地貌多样，农田与森林、草地相间分布形成各类生态交错带，这些生态交错带为"边缘物种"提供了理想的栖息环境。③

我们可举例。1939 年 4 月，陕甘宁边区农业学校建立，校址选在延安南三十里铺西边的一个山沟里（距公路三公里）名叫红寺的地方。"该处山大沟深，有草有水。……漫山遍野树木成林，春天桃花、杏花盛开，上山劳动可以采食各种清香美味的鲜果。在辽阔的荒山树林中有野猪、野羊、山鹿、兔子，还有成群结队的野鸡等飞鸟。夜间狼嚎，白天只有很少的人来伐木打柴"。④ 边区农校师生要将红寺四面荒山开垦为"肥沃良田"。这则材料揭示两点信息：一是即使在延安这样的边区大城市附近仍分布有

① 《介绍几个治獾的办法》，《冀中导报》1948 年 7 月 21 日，第 2 版。
② 埃德加·斯诺于 1936 年 10 月在边区南部看见过老虎（见［美］埃德加·斯诺著，董乐山译：《西行漫记》，北京：生活·读书·新知三联书店，1979 年，第 353 页），但在 20 世纪 40 年代的文献中虎已属罕见之物，估计已经绝迹。
③ Eugene P. Odum, Gary W. Barrett 著，陆健健等译：《生态学基础（第 5 版）》，北京：高等教育出版社，2009 年，第 21 页。
④ 宜瑞珍：《陕甘宁边区农业学校与农事试验场》，武衡主编：《抗日战争时期解放区科学技术发展史资料》第 1 辑，北京：中国学术出版社，1983 年，第 155 页。

一些非农业的自然荒野区域，动植物资源丰富；二是人的活动已经存在，且将成为荒野面貌改变的驱动力。

（二）东部四大根据地

东部四大根据地处于我国中南部湿热地区向北方干寒地区的过渡地带，气候温和，雨量适中。辽阔的华北平原对发展农业生产极为有利，而山地丘陵地区又存在大量的地下资源，尤其是煤矿和金属矿蕴藏丰富，成为各根据地工业生产和缓解经济压力的依靠。中生代的燕山运动塑造了本区的地形基础，第四纪黄土及各河流作用下的黄土冲积层构成了本区地表主要组成物质。本区自西向东可以分为三大地带：西部由冀北经山西全境至豫西是广泛覆盖黄土的丘陵、高原和山地，中部是广阔的冲积平原，东部是起伏平缓的山东丘陵。全区平原和盆地面积约占总面积的五分之二，丘陵、山地和高原面积约占五分之三。四大根据地内天然植被类型为温带阔叶林和森林草原，少数高山有针叶林，滨海和内陆洼地则有盐碱性植物群落。由于长期的开垦，大部地区的原生植被被破坏殆尽，只有少数较高山岭和不宜农耕的地区还保存着一些自然植被。成片的森林只见于少数高山如五台山、管涔山等，林地面积有限。低山丘陵和广大平原地区一般缺乏森林植被，只有一些杨、柳、榆、槐、臭椿等常见树木零星分布，以及一些灌木如柠条、荆条、酸枣等。草本植物主要是禾本科草类，滨海地区则盛产沙参、盐蓬、碱蓬等。①

具体来说，晋察冀边区地形复杂多样，西部和北部多山地、高原，有太行、恒山、燕山等山脉，其间有许多小盆地，地势险要。冀中和冀东为平原，地形坦荡。山地平原互为依辅，互为支持，对开展敌后游击战争有地形上的便利。河流大者有大清河、滏阳河、永定河、滹沱河、大运河及滦河等，水资源较为丰富，但也因平原地势低平，水患频仍，尤以1939年水灾为大。边区物产比较丰富，农产以小米、麦子、高粱、棉花为大宗，

_____

① 孙敬之主编：《华北经济地理》，北京：科学出版社，1957年，第1~7页。

保障了抗日军民衣食能够自给；矿产以煤为最多，开滦、滦县、井陉、临榆、门头沟、唐山等矿坑，均甚著名。铁以易县、井陉、滦县、临榆、宣化等地为产区。沿海一带为产盐区，尤以沧县为大宗，呼作长芦盐。①

晋绥边区全境南北纵长 2000 里，东西横广 500 里②，境内主要是绵亘不断的山脉，到处可见层叠矗立的峰峦，虽有平原分布，但属敌人长期控制的核心地带。边区主要山脉一是吕梁山脉，北起于岢岚、岚县一带，南至晋西南，形成汾河与黄河之间的一大分水岭。分水岭以西是晋绥抗日根据地的中心地带。因此，吕梁山脉实为抗日力量御敌的天然屏障和陕甘宁边区的东部防线。另一条山脉是管涔山脉，北起宁武一带，往东经雁门关、繁峙县与五台山脉相连。边区主要大河有汾河、桑干河。汾河发源于宁武管涔山麓，往东南流经太原，汇集众多支流成为汾水流域，南注黄河。桑干河也发源于管涔山，东北经察哈尔省至河北省称为永定河，是海河的主要输水河流。此外，边区境内还有纵横交织的小河流，或汇注桑干河，或汇注汾河，或汇注黄河。吕梁以西各小河流均流入黄河；以东之各支流投入汾河；以北之支流则大部流入桑干河。边区境内还有三大平原，即大同平原、崞县平原和太原平原。平原地势平坦，耕地丰富，物产多样，人口稠密，但也是敌人统治最强的地区。③ 晋西北气候比较寒冷干燥，降雨少，风沙多，年平均气温 9.3℃，夏季 23℃，冬季 -7℃，最高气温 38.9℃，最低气温 -29.3℃。一年中以 7、8 月相对湿度最高（多数在 60%~70%），2~5 月最低（40%~50%）。④

晋绥边区经济落后，地理位置偏僻，不过森林资源、矿产丰富，也出产大宗药材。边区是山西木材主要出产地。此前同蒲铁路修筑的枕木、各地的电线杆，以及太原等城市的建筑与器具用的木材，大半均采自晋西北

① 新华书店编：《中国敌后解放区概况》，第 3~4 页。
② 穆欣：《晋绥解放区鸟瞰》，兴县：吕梁文化教育出版社，1946 年，第 1 页。
③ 晋绥边区财政经济史编写组：《晋绥边区财政经济史资料选编·总论编》，第 1~2 页。
④ 《新中国预防医学历史经验》编委会编：《新中国预防医学历史经验》第 1 卷，北京：人民卫生出版社，1991 年，第 102 页。

的宁武、方山、交城。这些森林都是天然林，是晋绥边区的重要资源。据说在方山、交城间前后高低有四十八道大沟，每道大沟还有若干小沟，在20世纪40年代仍存在繁多栉比的森林。"在这里的树种，据说只有四种杠杆、松杆，在山的下层生长着杨柳，山头及半腰生长着松杆"①。宁武的森林颇为著名。此外，在岚、兴两县交界的白龙山上也保存着大片天然林。边区矿产资源丰富，主要蕴藏煤、铁、锰、陶土、硫磺、火硝等。晋西北也是药材的主要产地，其种类有67种。方山县1939年一年运销河北各处药材的总价值就达四五万之巨。岚县、静乐、岢岚、五寨、神池、宁武、兴县均有大批的药材出产。②

晋冀鲁豫边区全区地形三分之一为山地，三分之二为平原，以太行山为界，西有太岳、中条、王屋、太行诸山脉，上党盆地居中，东有冀南、冀豫、苏淮、豫东诸平原。境内河流有沁河、丹河、卫河、漳河、滏阳河、汾河等，此外山东西部还有微山湖、东平湖等平原湖泊。边区山地植被因长期受人类活动影响，保存不多，又因地处黄土高原东部，雨季水土流失严重。出山河流漫溢于平原之上，常给平原地区造成灾荒。此外，黄河自花园口决堤后东南流，黄河故道横亘于冀鲁豫平原之上，大量沙碛裸露，风沙较为严重。1947年3月，黄河之花园口堵口后，河流回归故道，成为边区东南部的天然壕堑。边区东部湖泊区如东平湖"占地颇大，芦草遍地，村落很多"③，呈现一派水乡景观。本区粮食作物主要为小麦、小米、玉米和大豆；经济作物以冀南棉花为大宗，抗战前，该区棉产占华北全部产量的40%，此外有麻和烟叶。副业产品，山区有核桃、柿子、花椒、药材、蚕丝等，平原则有皮毛、鸡蛋和草帽辫等。矿产主要集中于山区，以煤为大宗，在冀西临城、沙河、磁县，豫北武安、安阳、汤阴、焦

---

① 《晋西北的自然地理社会政治经济概况》（1940年6月29日），晋绥边区财政经济史编写组：《晋绥边区财政经济史资料选编·总论编》，第9页。

② 《关于晋西北经济建设的建议》（1940年6月29日），晋绥边区财政经济史编写组：《晋绥边区财政经济史资料选编·总论编》，第465页。

③ 《一二九师与晋冀鲁豫边区（续完）》，《解放日报》1944年8月19日，第4版。

作、博爱、济源，山西平定、昔阳、辽县、武乡、襄垣、潞城、长治、高平、壶关、阳城、陵川、晋城等都有煤炭分布。此外，山岳地带的太行山区煤的蕴藏量达 350 亿吨，铁的蕴藏量为 1 亿 5000 万吨，此外有硫磺、硝、石灰石、银、铜、铝、石膏、云母、石棉、石英、长石等。①

　　山东根据地囊括中山、低山、丘陵和平原地区。在胶济铁路以北、昌邑以西的渤海区为一片辽阔平原，其余各区均为群山起伏的地形，如鲁中区的泰山、沂山、蒙山、鲁山；滨海区的五连山；鲁东区的昆嵛山、崂山、艾山；鲁南的抱犊崮等。在山区之间又有平原阻隔，形成山地与平原交错掺杂的地形，具备敌后游击力量在山地和平原相互渗透、相互配合的有利条件。山东根据地气候温和，耕地面积较大，人口众多，以农业经济为主。② 国外学者认为山东根据地具有极度多元化的地理及经济条件，除了在水患、盐害地区及高山上，山东省遍植小麦、小米、高粱、玉米、大豆、甜马铃薯，而在情况允许之下，更种植蔬菜、棉花、烟草、水果及坚果。果园及花圃的种植可追溯至明朝初年，而至 20 世纪 30 年代中叶，仍然存在着。③ 不过，山东自然地理上丰富的潜能也很容易被恶劣的气候、水患、黄河改道及战祸所破坏，尤其是水患。山东境内河流长达万里，多至百余，著名者有黄河、小清河、徒骇河、马颊河、万福河、洙水河、沂河、沭河、泗水、汶河、弥河、潍河、卫河、运河、胶莱河等。湖泊也不少，尤以运河南段为最多，对于调蓄鲁西地区洪水，大有功用，正所谓"受夏秋汛涨之有余，济冬春之不足"。不过境内南旺、东平、蜀山、独山、马场、南阳、昭阳、微山、麻大诸湖虽能调蓄诸河水量，被称为"水柜"，但因年久失于维护，日渐淤塞，居民又不断在湖边垦

---

　　① 戎子和：《晋冀鲁豫边区财政简史》，北京：中国财政经济出版社，1987 年，第 2 页。
　　② 黄文主等编：《抗日根据地军民大生产运动》，北京：军事谊文出版社，1993 年，第 15 页。
　　③ Thorp and Taschau, *Soil Bulletin of the Geological Survey*, p. 75. 转引自爱丽丝·戴纬多：《山东抗日根据地的创建》，冯崇义、古德曼编：《华北抗日根据地与社会生态》，北京：当代中国出版社，1998 年，第 211 页。

荒，一遇盛雨，则泛滥成灾。因此山东诸湖，除麻大湖外，已失去其原有价值。[①]

二、气候变化与自然灾害

华北根据地地处我国黄河中下游地区和中东部季风区，处于东亚"气候脆弱区"，自古以来自然灾害就频繁发生。在我国整体气候演化的大环境下，1935—1949 年华北根据地极端气候事件层出不穷，旱、涝、虫、雹、风、霜冻等多灾并发，"全面"影响各大根据地。

（一）气候变化的整体特征

自然气候造成的灾害被称为气候灾害或灾害性气候，华北地区气候灾害形成的原因一方面是全球气候变化在不同区域的直接影响，另一方面，地球海洋表面的热力异常严重影响东亚大气环流，也会诱发华北地区气候灾害。此外，陆地下垫面热力异常也会导致大气环流异常，在我国的具体表现就是夏季风异常，造成夏季风年际变化，影响雨量的时空变化，进而导致旱涝灾害。

气候变化及其影响是多尺度、全方位、多层次的。已有研究表明，1911—1950 年黄河中下游地区进入明显的少雨期。在 1915 年前后，黄河中下游地区的降水发生了一次由多雨向少雨的突变。1916—1945 年降水明显偏少。[②] 也有研究指出，19 世纪末到 20 世纪初，华北地区相继从涝相气候跃变为旱相气候，干旱持续近百年，是我国北方干旱最严重的地区之一。不过华北地区旱涝变化呈现准 10 年时间尺度的周期性振荡。[③]

---

① 山东省人民政府实业厅：《山东省农业生产调查》（1949 年 4 月），山东省档案馆等编：《山东革命历史档案资料选编》第 22 辑，第 420~421 页。

② 郑景云、郝志新、葛全胜：《黄河中下游地区过去 300 年降水变化》，《中国科学（D 辑：地球科学）》2005 年第 8 期。

③ 朱亚芬：《530 年来中国东部旱涝分区及北方旱涝演变》，《地理学报》2003 年第 58 卷增刊。

在这种气候变化的大环境下，以旱、涝为代表的极端气候事件时有发生，且频率较前代更趋密集。研究指出，与清代相比，民国时期洪涝死亡千人以上频度由 3.5 年到 0.7 年，快了 4 倍；死亡万人以上频度由 9.4 年到 2.4 年，快了 2.9 倍；死亡十万人以上频度由 25.1 年到 8.8 年，快了 1.9 倍。干旱死亡千人以上频度由 1.7 年到 2.5 年，慢了 0.5 倍；死亡万人以上频度由 14.0 年到 5.0 年，快了 1.8 倍；死亡十万人以上频度由 118.1 年到 10.0 年，快了 10.8 倍。民国大灾的比例显著增加了，以死亡十万人以上频度为例，洪涝快了 1.9 倍，干旱快了 10.8 倍。[①]

那么，1935—1949 年华北根据地旱涝情况是怎样的？通过由《中国近五百年旱涝分布图集》提取的 16 个站点的旱涝数据，并加以统计分析，能展现 1935—1949 年华北根据地区域旱涝情况的基本面貌。这 16 个站点分别为榆林、延安、大同、太原、临汾、长治、保定、石家庄、沧州、邯郸、德州、济南、菏泽、临沂、莱阳和安阳，每个站点的旱涝数据代表了当时（1981 年）的 1 至 2 个地区[②]，总体来说基本涵盖了华北根据地的范围。（见表 1-1）

表 1-1　1935—1949 年华北根据地主要站点旱涝等级统计

年　代	旱涝等级				
	1 级	2 级	3 级	4 级	5 级
1935	1	3	0	6	6
1936	0	1	3	6	6

---

① 高文学主编:《中国自然灾害史（总论）》，北京:地震出版社，1997 年，第 488 页。
② 中央气象局气象科学研究院主编:《中国近五百年旱涝分布图集》说明，北京:地图出版社，1981 年。

（续表）

年　代	旱涝等级				
	1 级	2 级	3 级	4 级	5 级
1937	2	8	3	3	0
1938	2	3	3	6	2
1939	3	3	2	4	4
1940	2	7	4	3	0
1941	0	2	1	8	5
1942	1	1	1	11	2
1943	1	3	2	8	2
1944	2	6	1	6	1
1945	0	3	6	5	2
1946	1	2	9	4	0
1947	3	2	3	8	0
1948	0	2	6	7	1
1949	2	8	3	3	0
合计	20	54	47	88	31

　　说明：据中央气象局气象科学研究院主编《中国近五百年旱涝分布图集》第 238~245 页"各年旱涝分布图"数据统计而来。

　　该图集将旱涝分为 5 级，用以表示各地降水情况，1 级涝，2 级偏涝，3 级正常，4 级偏旱，5 级旱。通过统计，1935 至 1949 年上述 16 个站点中，1 级共 20 个，2 级 54 个，3 级 47 个，4 级 88 个，5 级 31 个，旱涝等级总体分布如图 1-1 所示。

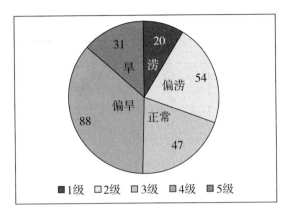

图 1-1　1935—1949 年华北根据地旱涝等级总体统计

由此来看，1935 年至 1949 年华北根据地偏旱、旱地区分布最多，共计 119 个站点，偏涝、涝共有 74 个站点，这就说明 15 年间华北根据地总体以旱灾分布为最多。不过也应看出，在总体以旱灾为主的华北根据地，水灾分布也较为广泛，与旱灾共时或交替作用。

（二）自然灾害的具体表现

尽管在近代以来我国气候变化的大背景下，华北根据地整体偏旱，旱灾为主要气候灾害，但因季风进退异常和年际变化、气温变化及下垫面生态环境的脆弱等因素，华北根据地自然灾害又有突出的特点。这不仅导致根据地民众生存环境变得更加脆弱，也严重影响经济和社会的可持续发展。

首先，大旱、大涝等极端气候事件多发。旱涝灾害属于气候灾害，指大范围、长时间的、持续性的气候异常所导致的灾害，如长时间气温偏高、偏低或降水量偏多、偏少等就属于气候异常，这些气候异常往往会带来干旱、涝灾、低温、冷害等。严重气候灾害会对农业、工业、牧业、水利、交通等产生极大影响，造成巨大经济损失。华北地区具有全年降水集中在夏季且年际、月际变率大等特点，受到来自极端干旱事件的影响更为剧烈。华北地区相对偏干的时期，北方地区极端干旱事件的发生概率普遍偏高，反之则偏低。东亚夏季风偏弱的时期，极端干旱事件多发。[1] 如1939 年晋察冀边区大水灾，1941—1943 年华北根据地连续多年干旱等。此外，气象灾害与下垫面也有直接关系，以旱灾为例，太行区以山地为主，地势高亢，素有"十年九旱"之说。[2]

其次，旱、涝、虫、雹、风、冷湿多灾并发。气候变化对于作物病虫害的发生也有影响。一般来说，影响病虫害的主要气候因素是气温的变化。就冷暖变化来说，郝志新等学者的研究表明，我国东中部地区在 20 世纪进入增暖过程，出现了两个暖峰，第一个暖峰为 1921—1950 年，黄淮平原以干旱为主要特征。[3] 气候变暖导致病虫害发生世代数增加，危害范围扩大，为害程度加重，给农业病虫害的综合防治带来困难，而降水量的变化尤其是极端干旱事件发生后一般又有虫灾发生，故民间又有"大旱之后必有蝗"的说法。

最后，降水正常年份中一些区域旱涝灾害严重，而偏旱之年局部地区却水灾泛滥，甚至多灾并发。

由表 1-1 和图 1-2 来看，华北根据地范围内 1935 年、1936 年、1938 年、1941 年、1942 年、1943 年、1945 年、1947 年、1948 年为偏旱、旱年，1937 年、1940 年、1949 年为涝和偏涝年，其余各年旱涝基本持平。

由表 1-1 来看，1946 年 9 个站点为正常等级，旱涝基本持平，该年总体来说是降水正常年份。但在局部区域，旱、涝灾又有发生，且表现出极大的破坏性，一方面说明了旱涝灾害危害程度的区域差异性，另一方面也反映出区域社会应对灾害能力的差异。该年，冀南部分地区入夏前遭遇严重水灾，"麦收减成，禾稼被淹"。但入夏以来，又"天久缺雨，各地均曾

① 韩健夫、杨煜达、满志敏：《公元 1000—2000 年中国北方地区极端干旱事件序列重建与分析》，《古地理学报》2019 年第 4 期。

② 《太行行署指示总结全年增产斗争》，《人民日报》1947 年 11 月 15 日，第 2 版。

③ 郝志新等：《过去千年中国年代和百年尺度冷暖阶段的干湿格局变化研究》，《地球科学进展》2020 年第 1 期。

苦旱"，平原各地旱象已成。①

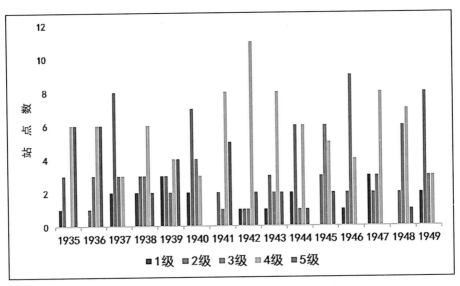

图1-2　1935—1949年华北根据地旱涝等级逐年统计

说明：图依据表1-1绘制。

由表1-1来看，1948年有7个站点为偏旱等级，1个站点为旱，正常等级站点有6个，偏涝等级仅2个，可见该年整体以旱为主。由该年旱涝分布图来看，旱、偏旱地区分布于陕北、晋中南和鲁东南，而河北平原中部则为正常等级。② 但华北区（原晋察冀边区与晋冀鲁豫边区）雹、风、旱、病害、虫、水等灾害均在不同地区发生，全区有217县受灾，受灾面积达16155179亩。（见表1-2、表1-3）

---

① 《晋冀鲁豫边区政府紧急号召防灾备荒积极生产严禁粮食走私输出》，《人民日报》1946年7月24日，第2版。

② 中央气象局气象科学研究院主编：《中国近五百年旱涝分布图集》，第245页。

表 1-2 华北区 1948 年受灾地区统计表

行署	灾害种类	受灾县	受灾亩数	损 失	备 注
太行	雹 灾	太谷、榆社、平顺、襄垣、和顺、潞城、长治、陵川、武乡、武安	60207.3		被毁多系麦田或秋苗
	风旱灾	内丘、赞皇	2332.7	20%~50%（死苗）	除毁禾苗外，毁果树 3010 棵
	病 害	襄垣、左权、黎城、潞城	48235.4	25%	大部系小麦之黑疸、黄疸
	合 计	14 个县	110775.4		
冀鲁豫	旱 灾	昆吾、清丰、南乐、内黄、濮阳、尚和、卫河、阳谷、寿张、濮、范	2268300.0	减收粗粮 680490 石	毁树木 9908 棵
	雹 灾	博平、茌县	99479.9		
	合 计	13 个县	2367779.9		
太岳	病 灾	晋城、高平、垣曲	2741379	43.8%（产量）	以小麦之黑疸、黄疸为主
太原	旱 灾	五台、定襄、平定	82748.0	20%~50%（产量）	
	雹 灾	五台、平襄、定襄、盂、阳曲、寿阳、忻、文水、汾阳、交城、孝义	130618.4	20%~40%（产量）	
	风 灾	五台、平定	60178.0	15%（产量）	
	湿 灾	平遥、榆次、太谷、介休	240776.0	50%（产量）	受灾作物主要是高粱
	合 计	15 个县	514320.4		

（续表）

行署	灾害种类	受灾县	受灾亩数	损失	备考
察哈尔	雹灾	繁峙、应、浑源、灵丘、广灵		50%	受灾作物多为小麦、莜麦
	风灾	繁峙、应、浑源		20%~50%	
	虫灾	繁峙、灵丘、浑源、阳高、应、广灵、完、易、满城、徐水、唐、望都、定兴	128164.8	30%	害虫以黏虫为主，其次是蚜虫、花媳妇、大绿虫等
	合计	10个县	128164.8		
冀南	虫灾	肥乡、永年、广平、鸡泽、成磁、邯市、临漳、曲周、大名、魏	127092.0	30%	害虫以黏虫、蝗蛹为多
冀中	虫灾	包括八、九、十一专区，共28个县	3705551.7	减收30%~50%	主要虫害为火蜘蛛，其次为蝗蛹、钻心虫、密虫、毛虫等

资料来源：华北人民政府农业部编《华北农业生产统计资料（1）》，华北人民政府农业部，1949年，第121页。

表1-3　华北区1948年各种灾害损失统计表

类别	受灾县数	受灾面积（亩）	损失情形
雹灾	27	290305.0	减收40%
风旱灾	18	2413558.0	减收35%
病虫害	30	577630.0	
湿灾	4	240776.0	减收50%

（续表）

类　别	受灾县数	受灾面积（亩）	损失情形
虫　害	48	1475093.0	减收 4.4%
水　灾	88	11157817.0	
合　计	215	16155179.0	减收 32.3%

资料来源：华北人民政府农业部编《华北农业生产统计资料（1）》，第 122 页。

由表 1-3 来看，1948 年华北区各类灾害中以水灾影响范围最大，受灾面积最广，旱灾受灾县数不多，但其影响力很大，受灾面积仅次于水灾。

由 1948 年华北各区水灾统计表来看，即使以旱为主的年代，华北根据地局部地区仍会有水灾的危害，反映了当年季风气候的不稳定和对局部地区的严重影响。当年，华北各区因水灾损失耕地 11157817 亩，160465 间房屋倒塌，有 149 人死亡。（见表 1-4）

表 1-4　1948 年华北各区的水灾统计表

区　别	水灾损失		
	地　亩	房　屋	人
北　岳	392664	98920	89
冀　中	4954144	39385	29
冀　南	3128368	15160	31
太　行	738814	7000	
冀鲁豫	1941827		
石家庄	2000		
总　计	11157817	160465	149

资料来源：华北人民政府农业部编《华北农业生产统计资料（1）》，第 122 页。

　　下面我们以晋冀鲁豫和山东根据地为例，来进一步考察自然灾害在各地的发生与严重影响。

　　晋冀鲁豫根据地自建立以来，几乎有一半时间在严重灾荒中度过，水、旱、蝗、雹、疫五种灾害"轮番"袭击边区。最严重的是 1939 年的大水灾，1942 年、1943 年两年的旱灾及 1944 年的蝗灾。在抗战前，冀南地区就流行一首民歌，描绘水灾影响之惨烈："大水浪滔天，十年倒有九年淹，卖掉儿郎换把米，卖掉妮子好上捐，饿死黄牛打死狗，背着包裹走天边。"① 1939 年夏，华北地区遭遇极端气候事件，淫雨连绵，酿成百年未见的水灾。日军又挖掘运河、潴龙河、滏阳河，致使边区二十几个县几成泽国，有的地方平地水深达 1 丈 4 尺，300 万灾民流离失所。水灾过后，1942 年又来了空前的大旱灾，一直延续至 1943 年。其间，敌人实行"三光政策"，人民积蓄濒于枯竭，对于天灾缺乏抵抗能力，从而进一步加剧了灾害的影响。边区仅太行区五、六两专区就有灾民 30 余万；太岳区接纳敌占区和大后方灾民前后不下 20 万人。旱灾过后，1944 年蝗灾又袭击边区各地，在中国共产党领导下，各地发动了声势浩大的捕蝗运动，"创造了历史上的奇迹"。②

　　山东气候类型属暖温带季风型，晚秋至翌年初夏降水稀少③，干旱频率高，加之各地地形差异影响降水分配，山岭、丘陵地带旱年受旱尤重。就降雨量而言，与华北其他地区类似，山东雨季主要集中在 7、8、9 三个月，降水量几乎占据了全年的 80%。山东群众有几句俗语，如"刮春风下秋雨"，"七月十五（旧历）定旱涝，八月十五定太平"等。根据青岛 1898 年至 1924 年的雨量记载，其一般的年降雨量为 660 毫米，最大的月雨量竟达 418 毫米，已接近每年雨量的三分之二，最大的日雨量为 167 毫

---

　　① 《一二九师与晋冀鲁豫边区（三续）》，《解放日报》1944 年 8 月 17 日，第 4 版。

　　② 《一二九师与晋冀鲁豫边区（三续）》，《解放日报》1944 年 8 月 17 日，第 4 版。

　　③ 中共山东省委党史研究室编：《中共山东专题史稿》第 3 辑，济南：山东人民出版社，2015 年，第 203 页。

米，约每年雨量的四分之一。因此每次急雨由高而下，河流很容易达到最
大流量而发生水灾。① 由于过去水政废弛，堤岸残缺，水道淤塞，再加雨
量集中的自然原因，导致山东水灾不断。山东各河流多是自山区发源而来
的自然河流，上游比降很大，到中游比降减少。再加有的尾闾不畅，堤岸
失修，每年雨季就泛滥成灾。② 据史料记载，明清至抗战前，山东较大水
灾有 72 次，灾区达 10 县以上者也有 15 次之多。③ 民国时期，山东地区发
生较大涝年有 6 年，分别为 1914、1921、1926、1935、1940 和 1947 年。

表 1-5 山东省鲁南灾区水灾周期统计

年 份	受灾人口（人数）	受灾面积（亩）	损失统计（银元）
1916 年	38725	618545	2549170
1921 年	540049	3868157	8614922
1926 年	638615	4420238	18216304
1931 年	1192750	12644965	23786746

资料来源：《山东人民政府实业厅 1946 年至 1948 年水利工作报告》
（1949 年 7 月），山东省档案馆等编《山东革命历史档案资料选编》第 23
辑，第 260 页。

由表 1-5 所列数字来看，1916 年以来鲁南水灾灾情日渐扩大。尽管时
人认为山东水灾一般五年一个周期，但至 1946 年以后，"则连年水灾，五
年的水灾周期已不复见"。

解放战争前，山东较大旱年也有 6 年，分别为 1929、1930、1931、

---

① 《山东人民政府实业厅 1946 年至 1948 年水利工作报告》（1949 年 7 月），山东省档案馆等
编：《山东革命历史档案资料选编》第 23 辑，济南：山东人民出版社，1986 年，第 259 页。
② 山东省人民政府实业厅：《山东省农业生产调查》（1949 年 4 月），山东省档案馆等编：
《山东革命历史档案资料选编》第 22 辑，第 423、429 页。
③ 《山东省农业合作化史》编辑委员会编：《山东省农业合作化史料集》（续编），济南：山
东人民出版社，1991 年，第 835 页。

1936、1942 和 1944 年，尤以 1930、1931 两年最重，有 48 个县收成为一至三成，被灾人口 4106031，占全省总人口的 12% 以上。① 1940 年，全省共有 82 个县受水、旱、虫、风灾。其中乐陵县 6 月连阴雨 7 天 7 夜，"淹死庄稼十之五"。1942 年，山东入夏以来，天气亢旱，禾苗枯槁，旱区广阔，救济困难。② 当年，鲁北发生特大旱灾，连续 150 天未下雨，树叶树皮被吃光。1945 年 7 月，渤海区发生大面积蝗灾，其中沾化、垦利、广饶、寿光、潍县、昌邑、博兴等 7 个县受灾最重，灾区达 432 万亩。③

解放战争以来，在自然灾害和国民党军队袭扰双重"夹击"下，山东根据地更是灾荒不断。1947 年山东成为国民党军队重点进攻的主要战场，山东全境除了黄河以北的渤海地区和胶东的荣成、文登二县，没有一县没有到过敌人，人力物力的损失较日寇侵占时期还要厉害。华东解放军于 1947 年秋大举反攻，但自然灾象已成。加之各地水灾，灾情更为严重，"灾荒地区之大，灾情之重，为从来所未有，各地灾民达二三百万人"。在战争影响下，解放区人力、畜力损失严重。鲁中区，1947 年 120 万亩以上土地因无力耕种而荒芜，百余万人沦为灾民。鲁南区，从 1947 年 6 月到 8 月淫雨为灾，个别县十室九空。郯城县桃林区荒地 10010 亩，有的花生、地瓜扔在地里没有收获。全县共有灾民 35000 人（包括外来灾民在内），荒地 3 万余亩，耕牛大部被蒋军抢走。竹亭县估计荒地有 3 万亩，东海荒地有 2 万余亩。据专署估计，全区有荒地 21 万亩，麦收前灾民估计达 30 万人。胶东以西海、南海、滨北分区灾情最重，灾民约有数十万人，1947 年秋种麦仅及往年二分之一，部分区县水灾严重。④

---

① 中共山东省委党史研究室编：《中共山东专题史稿》第 3 辑，第 203 页。

② 《山东省战工会关于救济旱灾预防粮荒的指示》（1942 年 7 月 18 日），中国社会科学院经济研究所中国现代经济史组编：《革命根据地经济史料选编（中）》，南昌：江西人民出版社，1986 年，第 339 页。

③ 中共山东省委党史研究室编：《中共山东专题史稿》第 3 辑，第 204 页。

④ 《山东省人民政府实业厅关于山东解放区 1945 年至 1948 年农业生产工作报告》（1949 年 7 月），山东省档案馆等编：《山东革命历史档案资料选编》第 23 辑，第 241~242 页。

1948 年入秋以来，山东、苏北两地有 34 个县遭受水灾，受灾严重的地区，该年年底即有断炊和逃荒现象。[①] 1949 年，山东根据地又爆发大规模旱灾。该年入春缺雨，因旱成灾。全境约 8 个专署 40 多个县，在不同程度上都有旱灾。有些县区，春苗未能全部下种，麦子一般歉收；有的县区已种上春苗，但也因旱成灾，加上雹灾、虫灾，也受到不同程度的损失。在灾荒较重的地区，由于麦子歉收或被雹子打光，灾荒已成定局。[②] 入夏以来，山东继部分地区严重春荒之后，又发生旱灾、雹灾、虫灾。据各地报告，渤海一分区全部，二、四分区大部，胶东东海七县一市，鲁中南四专署及七分区全部、二分区西部，及昌潍一部地区，共约 8 个专署区、49 个县、3 个市均遭旱灾。渤海乐陵县每中亩减产二分之一到三分之二者约占 70% 的面积，少数地方每中亩仅能产 10 斤到 20 斤，甚至有将麦田翻种者。雹灾波及 11 个专署区约 39 个县的大部或小部村庄。此外，有 5 个专署约 16 个县的部分区村发生蝼蛄、大蚜、土蚕等虫灾，有的春苗全被咬死。[③]

总之，在上述气候变化的作用下，1935—1949 年华北根据地自然灾害以旱灾居多，不同年份水、旱、虫、雹、风各类灾害又呈现交替"上演"的态势。同时，极端气候事件如持续干旱、短期强降雨不时冲击根据地，给各地民众以沉重打击，也进一步加剧了生态危机。在此影响下，频繁的自然灾害一方面考验了党领导民众抵御自然灾害的能力，另一方面也给敌方以可乘之机，内外压力共同作用于党和根据地民众。为了生存，党领导各地民众一方面与敌对力量进行斗争，另一方面也向自然进军、与灾害斗争，这些为了生存的抗争行为进而反作用于根据地自然环境。

---

① 《中共华东中央局关于贯彻 1949 年华东农业生产计划的指示》（1949 年 2 月），山东省档案馆等编：《山东革命历史档案资料选编》第 22 辑，第 175 页。

② 《中共中央山东分局山东省人民政府关于目前抗旱救灾工作的紧急指示》（1949 年 5 月 30 日），山东省档案馆等编：《山东革命历史档案资料选编》第 22 辑，第 495 页。

③ 《中共中央山东分局关于旱雹虫灾的报告》（1949 年 5 月 27 日），山东省档案馆等编：《山东革命历史档案资料选编》第 22 辑，第 493~494 页。

三、战争对自然环境的影响

生态系统存在相对健康的生态系统（healthy ecosystem）和退化生态系统（degraded ecosystem）。[1] 自然干扰和人为干扰是生态系统退化的两大触发因子。自然干扰是指一些天文因素变异而引起的全球环境变化，以及地球自身的地质地貌过程和区域气候变异。人为干扰主要包括人类社会中所发生的一系列社会、经济、文化生活或过程，如工农业活动、城市化、商业、旅游和战争等。作为特殊的干扰因素，战争对生态系统的干扰强度、烈度更大，战争期间人对自然生态资源的破坏、攫取更超过常态，又通过叠加在自然干扰之上，共同加速生态系统的退化。

华北根据地时期，战争与天灾长期并存，这种双重干扰可直接破坏或毁灭环境和生态系统的某些组成部分，造成系统资源短缺和某些生态过程或生态链的断裂，最终导致生态系统的崩溃，具体表现为：战争直接摧毁林木、农田设施，导致农业生态系统崩溃；人民流离失所，身体抵抗力下降，为获取更多能量，加大对自然资源索取的力度和广度。穆盛博对抗战时期黄泛区的研究认为，20 世纪 30 年代和 40 年代，军事冲突导致能量流动转向，并进而造成环境退化与混乱。不过他所说的"退化"主要是指对人工改良环境的破坏，即人工农业生态系统，它既不是纯"自然的"，也不是完全的人工产物，包括耕地、农场、田野和水利管理系统。[2]

（一）战争对自然环境的整体影响

常言道，战争会导致生灵涂炭、满目疮痍，这既是针对人的生命而言，也指出了战争对自然环境、人工环境的综合打击。战争等人为因素都能破坏生态系统的结构和功能，使生态系统丧失自我调节能力，导致生态失调，使人类的生态环境质量下降，以致产生生态危机。

---

[1] 胡荣桂、刘康主编：《环境生态学》，武汉：华中科技大学出版社，2018 年，第 275 页。
[2] ［美］穆盛博：《洪水与饥荒：1938 至 1950 年河南黄泛区的战争与生态》，第 22~23 页。

战争对自然环境的影响一般来说有直接影响和间接影响。直接影响是作用于生态系统的组成因素，引发生态失衡。就华北根据地时期来说，战争的直接影响主要包括林木破坏严重；人口过量死亡导致细菌、病毒易于孳生，诱发疫灾流行；因军事分割、防御需要而大规模改造地貌和改变河流流向等。间接影响主要是指战争期间社会动荡，人民流离失所，对于自然灾害的应对能力和自然因素的管控、治理能力下降。这首先促使饥寒交迫的民众为获取更多生存所需能量，通过逃荒、垦荒等行为加剧向自然索取的力度；其次，战争与自然灾害叠加，甚至助推自然灾害危害的行为也较为常见，不仅加剧灾荒的危害，而且进一步诱发民众对自然资源的索取力度。例如，冀西完县，当地民众日常生活较为朴素，"人民常年吃糠、树叶、榆皮者几占90%"。全面抗战八年间，人民流离失所，水利失修，田地荒芜，其间水灾、大旱频仍。尤其是1939年大水灾，所有梯田完全被山洪冲刷，稻田被冲毁30顷。百姓有的选择逃荒，有的则进入山地垦荒，从而加剧山地垦殖的力度，加剧水土流失。[①] 又如山东根据地渤海区乐陵县，抗战期间不仅城东、城北数十里果园被日伪砍伐殆尽，而且黄河两岸河堤树林被伐尽，各据点村和密如蛛网的汽车路两旁的树木也所剩无几。战祸又加剧灾荒。1944年该县遭遇大旱灾，饿殍载途，"向不为食的树叶、苦叶均已吃光无余，又加上敌人封锁，苛捐杂敛，灾情又加严重"[②]。最后，敌对力量的打击、控制和经济压迫，使得根据地对自然要素如河流的治理能力严重下降，加剧灾害发生的风险。例如，冀中区地处永定河、拒马河、唐河、滹沱河、沙河、慈河等河下游，自古河患频仍。"七七"事变后，随着国民党军队的南退，国民党政权瓦解，冀中"各河河务局相继解体，职员弃职逃散，河务无人负责。当年水势浩大，决口险堤触目皆

① 田苏苏、李翠艳主编：《日本侵略华北罪行档案·1·损失调查》，石家庄：河北人民出版社，2005年，第88、91页。
② 《渤海区八年战争损失调查报告》（1946年6月6日），山东省档案馆藏档案，档案号G034-01-0151。

是，临河各县尽成泽国，秋禾多被淹没"①。1937 年的水灾，造成全区各河决口 120 处，险工 28 处。在战争环境下，短时期难以恢复旧观。自 1938 年冬敌人开始"扫荡"冀中以来，环境日益残酷，"群众恐惧，人心不安"，根据地政府动员群众修堤也面临很大的困难。有的群众说"顾命还顾不过来，哪有心思去打堤"；也有的说"庄稼都种不了啦！打堤有什么用"。②

（二）战争对自然环境的具体影响

华北根据地时期战争对自然环境的影响，我们可由林木资源的损毁、地貌的改造、掘堤致灾几个方面进行具体而微的考察。

1. 战争破坏林木

战争除了对人类生命造成伤害，对林木的破坏也是其重要后果。原因有三：一是为打击对方和不让敌方隐蔽，于是直接烧毁林木；二是战争工事修筑、武器制造、交通设施修造的需要和战争期间经济利益的需求，进而加大对林木攫取和破坏力度；三是战争期间无目的的"癫狂"行为——烧山。1938 年，中山大学农学院林学系主任侯过在《抗战与森林》的演讲中指出，"我国森林事业，平时保护欠周，造林鲜效"，抗战中林业所蒙受之损害至为重大，"森林因战事关系而滥伐或遭火灾等之损失，每省以 200 万计，全国有森林被灾省区以 15 处计，则森林损失总数为 3000 万元"。③抗战期间，日军采取飞机大炮轰击和放火烧山的办法攻击中国军队，大量砍伐森林以修筑工事，战争期间 21 省森林被直接破坏，间接破坏者遍及 26 省，直接、间接破坏森林 18.8 亿立方尺，达全国森林蓄积量的 10% 以上。④

---

① 中共河北省委党史研究室、冀中人民抗日斗争史资料研究会编：《冀中抗日政权工作七项五年总结（1937.7—1942.5）》，北京：中共党史出版社，1994 年，第 243 页。

② 中共河北省委党史研究室、冀中人民抗日斗争史资料研究会编：《冀中抗日政权工作七项五年总结（1937.7—1942.5）》，第 244 页。

③ 侯过：《抗战与森林》，《农声月刊》1938 年第 215 期。

④ 陈嵘：《中国森林史料》，北京：中国林业出版社，1983 年，第 203~204 页。

战争期间所破坏的林木包括自然植被和次生植被。对自然植被的破坏以人为烧山、林业采伐、破坏性砍伐和交通设施修筑采伐为主。在山西，日本侵占时期，大部分县的森林遭受毁灭性的掠夺。沁县龙王山的松林、灵石县介庙一带的"神林"（柏树）被全部砍光。1938 年，日军在盂县将郑沟 12000 亩油松林放火焚烧，三天三夜后化为灰烬。① 日军为了掠夺华北地区的物资，于 1939 年由日本各个资本集团联合组织，在太原成立山西产业株式会社，综合经营煤、铁、洋灰、森林采伐等 37 个部门。会社下辖宁武县四三木厂（本部约 150 人），又设东寨分厂、制作厂、木材采伐队等，最多时总人数达 900~1000 人，铺设了从宁武到东寨（60 里）的轻便铁路，用人力推驶平板车专门从事木材的掠夺运输，以低价收购，或用洋布、面粉折价给付。有的山已推了光头，还把风景林、寺庙古树大部砍光，使宁武的森林遭到空前的破坏。② 全面抗战八年，晋绥边区除了焚毁森林，被敌砍伐夺去用作枕木、电杆，建筑碉堡、工事或运走的树木达 685417 株。③

晋冀鲁豫边区在全面抗战八年中损失树木 810.3 万株，日军在其据点周围因修筑据点大肆砍伐树木，冀鲁豫茌平县被砍枣树 75 万株，其他树木 30 万株。④ 归属冀南行署领导的山东莘县、冠县、武训、清平、卫东、邱县、临清、馆陶、武城、夏津、高唐、恩县、平原等十几个县在全面抗战期间被毁树木达 400 多万株。⑤ 冀南 30 个县被砍伐树木 453.0545 万株；太

---

① 山西省地方志编纂委员会编：《山西通志》第 9 卷《林业志》，北京：中华书局，1992 年，第 288 页。

② 山西省地方志编纂委员会编：《山西通志》第 9 卷《林业志》，第 289 页。

③ 《晋绥边区八年来各项损失初步材料》（1946 年 7 月），《日本侵略华北罪行档案·1·损失调查》，第 226 页。

④ 《晋冀鲁豫边区八年抗战中人民遭受损失调查统计表》（1946 年 1 月），河南省财政厅等编：《晋冀鲁豫抗日根据地财经史料选编（河南部分，1）》，北京：档案出版社，1985 年，第 675、677 页。

⑤ 《冀南行署所辖山东各县八年来敌祸损失调查统计表》（1946 年 4 月 5 日），山东省档案馆等编：《山东革命历史档案资料选编》第 16 辑，济南：山东人民出版社，1984 年，第 308 页。

岳区损失树木 80 万株。① 豫北林县"自来是森林浓茂的地方"，但抗战时期由于敌伪盘踞摧残，"将郁郁森林，一变而为童山秃岭的荒坡"。② 晋察冀边区灵寿县"慈河沿岸及各处林木，每届春夏，苍翠遮天，空气潮润，调和气候，点缀风景，材木不可胜用，燃料充足。自日寇破坏以来，旦旦而伐，不久将全县稠密如麻之林木荡然无存"。据统计，该县南燕川村178 户，全村各种树木除了一株古槐，完全砍伐，共计 1.23 万棵；长峪村 43 户，该村土地很少，全靠果木树为生，被敌砍去 2100 棵，内有柿子 1100 株、核桃 1000 棵；孙家楼至北贤良村的树林宽 3 里、长 12 里共36 方里，每平方里按 1.23 万棵计，共 28.29 万棵。全县林木损失果木树 13 万棵、杂树 58 万棵。③ 日军在曲阳县修碉堡、据点时，不仅强拆人民房屋不下 8500 余间，而且强锯高大树木 2 万余株。堡垒与堡垒之间，强令去掉妨碍联络的障碍物，仅北洼里一个村即被砍掉 3200 余株树木。④ 在山东根据地，滨海区半年全面抗战期间损失林木 1976.9289 万棵⑤；鲁中区损失树木 3396.2771 万株⑥；胶东区被敌伪掠夺与毁坏树木373.4408 万棵。⑦

战争期间，各地林木的损失不利于区域小气候的调节、水土保持，加剧水旱灾，进而导致耕地被淹、禾稼绝收、农业减产，加剧社会动荡。正如 1949 年 12 月 18 日，中华人民共和国第一任林垦部部长梁希在林业座谈会上的报告中指出的，"森林是一大半为农田服务，与人民生活分

---

① 《日本侵略华北罪行档案·1·损失调查》，第 168、173、183 页。

② 《恢复林县的森林》，《人民日报》1949 年 3 月 13 日，第 4 版。

③ 《日寇八年来对灵寿各种建设的破坏》（1946 年），河北省档案馆藏民国档案，档案号236-1-14-7。

④ 《晋察冀边区抗战损失调查材料》（1946 年 2 月 18 日），田苏苏等主编：《日本侵略华北罪行档案·1·损失调查》，第 73~74 页。

⑤ 山东省档案馆馆藏档案，档案号 G008-01-0015。

⑥ 《鲁中区八年战争人口财务损失统计表（1946 年 4 月）》，山东省委党史研究室编：《山东省抗日战争时期人口伤亡和财产损失》，北京：中共党史出版社，2017 年，第 138 页。

⑦ 《胶东区抗战以来损失初步调查》（1946 年上半年），山东省档案馆藏档案，档案号G031-01-0343。

不开的"①。

2. 战争加剧水灾危害

战争期间，"以水代兵"自中国古代即为常见，近世国民党花园口掘堤最为典型。依靠水力产生的巨大能量，不仅能阻挡对手方军队的前进，而且能冲毁军事设施，吞噬农田、村墟、人口，从而加剧敌方社会经济危机和削弱战争反抗、动员能力。若此种军事策略与自然灾害共同作用，其危害更巨。

早在1937年9月初，国民党第五十三军南撤时，为阻滞日军追击，在大城县安庆屯、募门，献县念祖桥及边马坑扒堤放水，子牙河以西村庄水深达1.3米左右，直至翌年春方才干涸。②

抗战时期，河北平原最大规模的洪涝灾害则为1939年夏海河流域遭遇的特大洪灾，华北平原一片汪洋。深究此次水灾原因，既有气候原因，也有人祸——日军人为决堤，加剧洪涝泛滥。当年7月，河北全省连降三次大暴雨，西部太行山区大范围暴雨汇入冀西河流，各河奔流而下，水位猛涨。日伪军在沦陷区和游击区大肆掘河放水，推波助澜，在冀中安国县南的北流罗附近掘开了潴龙河，在安平县北满镇附近掘开滹沱河，"泛滥数百里，变成泽国"。此外，冀中之永定河、南北拒马河和唐河也被掘开；冀南滏阳河上游的"洨河、槐河、泜河、沙河与卫河均掘开泛滥为灾"。③日军在河北各河河堤共扒开决口182处。④在豫北武陟，日伪军也掘开了沁河，万里沃野尽成洪流。日军掘堤的原因，一是一年来对华北的"扫荡"毫无成效，便企图以水淹八路军抗日游击部队，来制造恐怖骚乱，

---

① 梁希：《目前的林业工作方针和任务》（1949年12月18日），梁希：《梁希文集》，北京：中国林业出版社，1983年，第196页。

② 河北省大城县地方志编纂委员会编，李玉川主编：《大城县志》，北京：华夏出版社，1995年，第139页。

③ 《敌寇施毒计水淹河北平原灾情奇重数十县平地水深七尺》，《新华日报》（华北版）1939年8月7日，第1版。

④ 蔡勤禹等主编：《中国灾害志·断代卷·民国卷》，北京：中国社会出版社，2018年，第88页。

缩小抗日军队机动周旋地区，以利其寻找主力而"扑灭"之；二是想保住日军在华北的侵略基地——天津，保住日军通向南方的主要通道——津浦路。[①]

当年，河北各县水灾情况可由表1-6看出。

表1-6　1939年河北省各县水灾情况

县　别	被灾村数	淹地亩数	灾民数目	倒房间数	被灾成数
任　丘	314	256000	94200	3600	8
固　安	304	576000	81200	6440	8
献　县	576	780000	107000	3200	7
定　县	298	787400	59880	6000	7
安　国	118	293000	59700	2000	7
大　城	209	652700	62600	17000	7
肃　宁	165	342000	49500	1000	7
容　城	99	175000	14700	584	7
栾　城	120	30000	2000	475	7
晋　县	40	120000	1800	175	7
赵　县	20	49000	1798	735	3
景　县	50	660000	160000	513	3
阜　城	66	47500	22669	1346	4
柏　乡	50	150000	3929	972	4
广　平	59	140000	11000	1496	5
曲　周	48	110000	47000	849	5
肥　乡	22	40200	9000	526	3
冀　县	140	183500	2000	2700	6
邢　台	130	862400	34000	11045	9

[①]　魏宏运：《1939年华北大水灾述评》，《史学月刊》1998年第5期。

（续表）

县　别	被灾村数	淹地亩数	灾民数目	倒房间数	被灾成数
文　安	305	690000	110200	27000	10
雄　县	180	465000	54700	9800	10
安　新	117	210000	45700	17500	10
新　安	63	200000	29600	4500	10

资料来源：冯世斌主编《1928—1949 河北省大事记》，石家庄：河北人民出版社，2012 年，第 210 页。

在冀中区，据统计，"总计此次大水灾敌共决堤 128 处，使全区 35 县无县无灾，全区平均在八成灾以上、只十成九成灾者即达 15 县，被灾村庄 6752 个，占全冀中及总村数 95%，被淹田园 153.82 万亩，被冲房屋为 16.8901 万间，损失财物值 1.6 亿元以上，灾民有 200 万人，是历史上的空前巨灾"。[①] 此次水灾河北省受灾地区共计 103 个县，灾民总数达到 446.25 万人。[②]

此次水灾给根据地造成严重困难，以冀中区"灾情最为奇重"，"冀中区之高阳、蠡县、安国、任丘、肃宁、安平、文安、深泽、饶阳等县，在冀南则为柏乡、隆平、尧山、任县、南和、平乡、永平、曲周等县，此两区数十县平地水深六七尺，人民房屋农产牲畜均被淹没，荡然一空，哀鸿遍野，待哺嗷嗷"。[③] 军事破坏叠加自然灾害，使得灾害与次生灾害的威力更大，不仅导致人口死亡，而且诱发生态系统服务能力下降，人们向自然攫取的力度加大。"冀中区三十五县，前因敌寇掘堤，已全部淹没，绝食

---

① 《冀中行署五年来政府工作报告》，《日本侵略华北罪行档案·1·损失调查》，第 136 页。

② 蔡勤禹等主编：《中国灾害志·断代卷·民国卷》，第 88 页。

③ 《敌寇施毒计水淹河北平原灾情奇重数十县平地水深七尺》，《新华日报》（华北版）1939 年 8 月 7 日，第 1 版。

断炊之灾民以三百万计"。①

3. 战争改变地貌

以抗战时期为例，敌我双方为占据有利地理环境，往往会挖沟、构筑防御工事、筑路等。在根据地方面以挖道沟为代表，我们将在第四章具体阐述。在日军方面则以挖各种阻断壕沟为代表。日军开挖"惠民壕"、县境壕、护路壕，不仅无偿占用大量耕地，而且深切改变地貌形态，使得平原地区沟路纵横。

日军在平原公路两侧修筑护路沟，护路沟一般宽 30 尺（约 10 米），深 15 尺（约 5 米）；在"治安区"和"非治安区"、平原与山地之间挖掘封锁沟，封锁沟同样一般宽 30 尺、深 15 尺。封锁沟美其名曰"惠民壕"，日军在华北挖"惠民壕"达 1.18 余万公里。② 日军所挖各类壕沟有的为干沟，有的直接灌水，主要目的是"交通阻绝"，以使其封锁、分割根据地、阻断抗日力量活动。在冀中区，日军华北方面军一一〇师团 1942 年 2 月报告指出，到 2 月末，"为了掩护铁路和主要交通道路，将其两侧的隔断壕（治安壕、惠民壕）加以延长"，这种隔断壕总长约达 3900 公里。③ 至 9 月 30 日，日本华北方面军所属各部在治安地区和非治安地区强迫民工挖掘的隔断壕，总长已达 1.186 万公里，华北"治安圈"逐渐扩大。④ 如表 1-7 所示，日军在冀南地区共强迫平原民工挖掘护路沟 1.317 万里、封锁沟 2200 里。各类壕沟对平原抗日力量的确产生极大的困扰，使根据地不断被切割。

---

① 《冀中灾情惨重捕鸽杀狗食尽青苗》，《新华日报》（华北版）1940 年 2 月 13 日，第 1 版。
② 刘泽民等主编：《山西通史》卷 8《抗日战争卷》，太原：山西人民出版社，2001 年，第 71 页。
③ 日本防卫厅战史室编：《华北治安战（下）》，天津：天津人民出版社，1982 年，第 149~150 页。
④ 日本防卫厅战史室编：《华北治安战（下）》，第 190~191 页。

表 1-7　冀南地区敌修碉堡、筑沟墙消费民力占用土地统计

名　称	个　数	面　积			折合土地	耗费民力
		宽（尺）	深（尺）	长（里）		
碉　堡	1103	—	—	—	16545	1103000
公　路	—	30	—	13170	118530	658500
护路沟	—	30	15	13170	118530	42670800
封锁沟	—	30	15	2200	24444	10732000
合　计	—	—	—	—	278049	55164300

资料来源：《晋冀鲁豫边区所属原河北省冀西十县、冀南三十县敌灾天灾损失报告书》（1946 年 4 月 15 日），《日本侵略华北罪行档案·1·损失调查》，第 175 页。

　　在山西，1942 年日军为对中条山驻军和游击队进行经济封锁，采取在平原和山区交界处挖遮断沟和设无人区的办法进行围困，日军称之为"惠民壕"，群众称之为"毁民壕"。在新绛、稷山、河津的北山脚下，就挖了一条 100 多里的封锁壕，宽 7 米，深 5 米。[①] 据山东抗日革命根据地各战区不完全统计，从 1937 年 12 月到 1943 年 5 月，日军在山东修建据点 2184 个，封锁沟墙 8494 华里。[②] 因此，在战争影响下，平原地区平坦的地貌已非旧观，平原自然地貌被人为地貌替代，雨季平原沟道积水尽管有行洪作用，但汇聚洪流加剧平原水系的变动，不仅不利于平原民众的生产、生活，甚至进一步诱发洪涝灾害。

---

　　① 景惠西：《侵华日军在山西运城地区的暴行》，中共中央党史研究室编：《中共党史资料》第 74 辑，北京：中共党史出版社，2000 年，第 108 页。
　　② 山东省档案馆等编：《山东革命历史档案资料选编》第 10 辑，济南：山东人民出版社，1983 年，第 233 页。

小　结

华北根据地的建立、发展呈现波浪式推进的空间发展模式。陕甘宁边区作为华北根据地的大本营是"发动机"，其他根据地则是发展方向。华北根据地处于多省交界地带，囊括黄土高原、内蒙古高原、吕梁山脉、太岳山脉、太行山脉、华北平原等多种地貌，横跨多个生态边缘交错带，为各根据地的生产与发展提供了一定的物质基础。就人口分布来说，华北根据地总体上呈现东部人口多、西部人口少的分布特征，尤其以冀中、冀南、冀鲁豫、山东几个根据地人口最为密集。这些根据地基本上处于平原地带，物资、人力资源等能有力地支持山地、高原根据地的发展，与之相互配合，相辅相成。不过，华北根据地整体来说地貌多样、自然禀赋不佳，尤其是西部高原、山地区地表植被覆盖率低，地貌支离破碎，水土流失严重，加之明清小冰期气候的余波影响，自然灾害频繁。在战争环境下，人为因素与自然因素叠加，自然生态系统更为脆弱，各地灾荒不断，生态系统服务能力日益下降。华北根据地这些人文、自然特点深刻地影响着人与自然互动的进程。

第二章　华北根据地的垦荒与
荒野生态的简化

　　无论是战时环境还是非战时状态，农业都是根据地经济的命脉，是支撑革命力量生存、发展的最根本的经济基础。华北各大根据地在开展生产运动过程中无不以农业生产为第一要务。传统时代，绝大多数情况下农业生产一直是人与自然交互的主要方式，人通过土地拓殖、作物布局、水利开发等方式将自然生态系统转化为农业生态系统。起初，自然环境都属于荒野生态，而农业生态系统出现后随着其规模、深度、力度的扩大，荒野生态逐步被简化为农业生态，自然植被、次生植被被清除，野生动物离散甚至消亡。在全面抗战前，华北根据地因自然气候波动、社会动荡等多种因素影响，大量土地抛荒后，次生植被得以恢复。1937年后，因战事频繁，尤其是1940年后各根据地面临严重的生存危机，为生产自救，农业大生产普遍开展。于是，土地垦殖力度、广度均超过以往，荒野生态再次发生转变，并产生诸多影响。

第一节 垦荒的驱动力、阶段性特征与环境效应

一、垦荒的政策驱动

在较长时间内，除了少数县城，华北各根据地主要控制农村地区。农村地区的村镇、田地是人与自然交互的基点，农民以此为中心，通过生产、生活与自然环境发生直接或间接的互动。这种互动也因农民生产、生活空间范围、活动力度的扩大不断加深，尤以生产活动为最。各根据地生产活动的中心无疑是农业，在战争环境下，保持农业生产的持续、稳定是支持战争，保证根据地生存、发展的大事，从中央乃至地方领导人对此均高度重视。马立博认为，根据博斯拉普（Boserup）所揭示的，农业产出的任何新的增长都只能通过耕种边际上的生产能力较低的土地才能实现。[①]也就是说，通过开垦原有耕地外生产能力低下的荒地以提高耕地面积，从而获取更多的农业产出。在农业技术落后的现实条件下，各根据地群众长期通过垦荒来扩大耕地面积成为增加农业产出的"理性"选择，这种农业生产策略也得到了各地政府的大力支持。

（一）垦荒的前提：荒地及其空间分布

博斯拉普还说："我们在分析农业系统时，并不能把土地截然分为新的土地和每年进行耕种的土地这两个部分，而是根据土地播种的频率进行分级。从古代到现在，我们的农业系统是一个联系的过程，从从来没有开垦过的土地逐渐过渡到连续不断进行耕种的土地。"[②]不过，根据地政府对于荒地类型的划分是明确的，在生产过程中对于不同荒地，耕作制度、奖

---

① ［美］马立博著，王玉茹、关永强译：《虎、米、丝、泥：帝制晚期华南的环境与经济》，南京：江苏人民出版社，2012年，第98页。

② Easter Boserup, "Agriculture Growth and Population Change", in Easter Boserup, *Economic and Demographic Relationships in Development*, T. Paul Schultz ed. And intro. (Baltimore：John Hopkins University Press, 1990), p. 12.

励办法也都不一样。在农业经济学中，荒地一般分为生荒地（简称生荒）和熟荒地（简称熟荒）。生荒是指宜于耕种而尚未开垦种植的土地，通常也包括虽经开垦但荒废年代已久的土地。熟荒则指曾经开垦种植，因故荒废而停止耕种不久的土地，大多由自然灾害、战争或耕作技术不当致使土壤肥力减退等原因造成。① 生荒和熟荒的共同点是土地都有耕种的价值，不同点则是生荒主要指未经开垦种植过的土地，也包括一些长期撂荒的土地，而熟荒主要指撂荒时间不长的可耕土地。在文献中，各根据地对生荒与熟荒的划定标准是明确的。1938 年 1 月，晋察冀边区行政委员会成立后，根据边区军民代表大会关于"扩大耕地面积，防止新荒，开垦荒地"的决议，于 1938 年 2 月 21 日公布了《晋察冀边区垦荒单行条例》，该条例首先规定了荒地范围：未开垦的土地、已开垦而连续两年未经耕种者一律以荒地论。两种荒地不论公有私有，准许人民无租垦种。② 1941 年 4 月，为扩大耕地面积，消灭荒地，增加农业生产，晋绥边区颁布了《晋绥边区垦荒条例》，条例首先规定了垦荒的对象：生荒、熟荒、滩荒。生荒指向未开垦的荒地或抗战前荒芜之地；熟荒为抗战后荒芜一年以上之地；滩荒则是被水漂没不能耕种之河滩地、沟岔地。③ 1943 年 1 月 21 日晋察冀颁布的《统一累进税税则施行细则》对"荒地""荒滩""轮荒地"有明确界定。其中荒地、荒滩是指不能耕作或未垦之土地，不能耕作之地则包括两种情况，一是因怠于耕作而致荒废之土地，二是因劳动力缺乏而致荒废的土地。轮荒地则是指连续耕作最多不超过三年即须荒废三年以上始能再种之山坡地、沙板地。④

①　上海百科全书出版社编：《辞海·经济分册》，上海：上海百科全书出版社，1980 年，第324 页。

②　魏宏运主编：《抗日战争时期晋察冀边区财政经济史资料选编》第 2 编，天津：南开大学出版社，1984 年，第 245 页。

③　《晋绥边区开荒条例》（1941 年），晋绥边区财政经济史编写组等编：《晋绥边区财政经济史资料选·农业编》，太原：山西人民出版社，1986 年，第 141 页。

④　《统一累进税税则施行细则》（1943 年 1 月 21 日），晋察冀边区阜平县红色档案丛书编委会编：《晋察冀边区法律法规文件汇编（上）》，北京：中共党史出版社，2017 年，第 243 页。

荒地分布要具备几个条件：以自然经济为主，商品经济不发达；人少地多的区域；耕作条件差的山地、高原；战争、灾害扰动频繁。当然，这几个条件不是同时并存的。

以自然经济为主、商品经济不发达的区域是荒地存在的主要地域。以晋察冀边区为例，晋察冀边区的经济发展很不平衡，有些地区商品经济比较好，有些地区则自然经济仍占优势。在商品经济、富农经营较好的地区，耕种技术较进步，灌溉施肥较发达，耕耘次数亦较多，因而收获量亦很大，生产高度集约，土地利用率高，商品交换发达，荒地少。晋察冀边区商品经济发达的地区主要分布于冀中平原。自然经济占优势的地区则与之相反①，主要分布在山区。不过，自然经济占优势地区的土地利用率不高，农业拓展的空间比较大。变动不居的战争环境下，易形成更多的土地垦殖空间。

其次，自然经济占优势的地区也多是人少地多的地区，荒地较多。这在陕甘宁边区及晋冀鲁豫、晋绥、晋察冀边区等普遍存在。以晋绥边区为例，晋绥边区 1941 年底统计，25 个县根据地及游击区共有可耕地 1314.821 万亩，内有荒地 188.5023 万亩，平均每人有耕地 10.24 亩，但各县差距明显，如兴县、岢岚、偏关等县每人平均 18 亩，而临南、河曲、保德等县每人平均 5.6 亩。根据部分材料推算，山地及塌地占耕地面积十分之九。1942 年 14 个县统计开荒 22.3546 万亩。②

再次，耕作条件差的山地、高原也是荒地分布的主要地区。华北根据地西有黄土高原，内部分布有子午岭、吕梁山、太岳山、太行山等山脉，东部有华北平原。山地土地利用密集度不如平地或平原，山地"人口稀

---

①　彭真：《关于晋察冀边区党的工作和具体政策报告》（1941 年 9 月），北京：中共中央党校出版社，1997 年，第 60 页。

②　晋绥地区行政公署：《晋西北三年来的生产建设》（1943 年），晋绥边区财政经济史编写组等编：《晋绥边区财政经济史资料选编·总论编》，第 491 页。

疏，土地贫瘠"①，生产很落后②，耕地面积扩展的空间要大于平地，有大量可开垦的荒地等待着生产者持续的农业投入。实际上，华北根据地开荒的主要区域都在山区（包括黄土山区）。

最后，战争和灾害扰动导致人口逃亡和土地抛荒、农作误时等，从而产生大量荒地。1939 年是晋察冀边区多灾多难的一年，春季大旱之后，继之水灾、虫灾，冬季又加上敌寇的残酷"扫荡"和烧杀，灾荒为数十年所仅见。在晋冀鲁豫，据 1940 年 12 月冀太联办第一次专员县长会议提供的材料：抗战以来，本地区农业生产普遍减低。冀西一带，粮食亩产量平均降低三分之一。三分区襄垣县，战前年产粮食 60 万石，1940 年仅产粮 27 万石；辽县战前年产量 27 万石，1940 年约 13 万至 15 万石。③ 1941 年，全区各地粮食产量继续下降。据武乡韩壁、榆次伽西、平顺东坡、太谷温家庄等 4 个典型村的调查，如以战前产量为 100，那么 1941 年 4 个村的中等土地的产量指数如下：韩壁 33.3，伽西 95，东坡 90，温家庄 60。4 个村中没有一个村的产量达到战前水平。温家庄的产量较战前降低了五分之二，韩壁降低了三分之二。

由上可知，华北根据地时期的荒地主要存在于自然经济发达的山地、高原，再加战争、灾害的影响，在抗日战争前后各根据地几乎遍地都有荒地。一般来说，荒地的开垦必须以清除植被为第一"要务"。熟荒以草本植物为主，生荒则以杂草、灌木甚至乔木为主。生荒开垦较难，但对于区域生态环境的价值更高。在一定时期内，各根据地最初以恢复熟荒土地为主，接着为开发生荒，尤其是在 1940 年至 1944 年，开发生荒的广度、力度逐年扩大。在地形上，由低地向坡地、山地和河滩地扩展，从而对自然

---

① 张侠编：《晋察冀介绍》，《晋察冀人民抗日斗争史参考资料》第 15 辑，（内部资料）1982 年，第 18~19 页。

② 黄克诚：《晋察冀边区概况》，《晋察冀人民抗日斗争史参考资料》第 15 辑，第 39 页。

③ 冀南太行太岳行政联合办事处编：《冀太联办第一次专员县长会议特刊》，1940 年，第 37~38 页。

和半自然生态的影响力持续增大，由此也引发了一定的环境效应。不过，1944 年以来，各根据地农业生产的方针有了调整，不能将整个抗战时期乃至解放战争时期都视为不断拓展的垦荒时期，并由此造成了较大的环境影响，这在以往研究中是缺乏注意和深刻考量的，笔者将在下文中具体分析。

（二）政策驱动

1. 减租减息

由于各大根据地农业生产的技术水平普遍较低，提高农业生产的主要手段是扩大根据地面积。根据地领导人明确指出加强与提高农业生产是根据地经济建设的中心一环，搞好农业生产必须从增加耕地面积和提高生产数量两个方面来着手，而为了增加耕地面积，应该进行开荒——消灭熟荒与开垦生荒。①

全面抗战以来，在国共合作、全民族抗战的大背景下，中国共产党土地革命的路线不再执行。"抗战前，广大农民没有地种，有些地主却拥有一些荒山，多数公荒、公产、公滩也由地主掌握，不让农民种"。②晋察冀边区尤其是晋东北，荒山荒地很多。有的荒山荒地是五台山寺庙的庙产，有的则尚未被人占有。抗战前，"或因迷信风水的关系，或因其他关系，任令荒芜，而却禁止贫民垦殖，即使有没有属主的荒地、荒山，亦因所有权没有保障，农民亦都懒去开垦"③。因此，旧的生产关系严重束缚了耕地面积的扩大，中国共产党政党、政权的性质使其对这种现状不可能漠视下去，而且在日益艰难的抗战局势下，各大根据地军民的吃饭问题亟待解决。因抗战时期民族统一战线的需要，中国共产党实施的土地政策中并未进行彻底的土地革命，于是通过减租减息的政策，在保障地主土地所有权

---

① 杨尚昆：《论华北抗日根据地的建立与巩固》（1944 年 7 月），魏宏运主编：《抗日战争时期晋察冀边区财政经济史资料选编》第 1 编，天津：南开大学出版社，1984 年，第 133 页。

② 晋察冀人民抗日斗争史编辑部编：《晋察冀人民翻身记》，（内部资料）1982 年，第 25 页。

③ 克寒：《模范抗日根据地晋察冀边区》，《新华日报》1938 年 9 月 2 日，第 4 版。

的基础上，扩大贫雇农的租佃权，刺激其垦荒的情绪和愿望，鼓励垦荒，扩大耕地面积，增加生产，以解决广大贫农、雇农没地种的困难就成为主要的政策方针。[①]

为此，在新政权领导下，农民翻身，生产关系的变革推动了向自然进取的力度。减租减息刺激了农民生产情绪，从而投入到大生产之中。[②] 1943 年，太岳区由于减租减息运动的展开，及政府救灾转移难民工作的进行，群众生产情绪高涨，扩大耕地面积 12 万亩。1944 年，行署制定生产方针，要求积极发展农业生产，大力提倡劳动互助，多犁多锄多上粪。同时，山岳地带，群众与部队、机关团体要共同开荒 15 万亩。[③] 太行区自 1944 年 8 月区党委召开的"八月会议"以后，逐步贯彻减租运动。运动中注意对农民进行生产教育与领导生产，农民生产情绪高涨，积极参加劳动互助；增加农具、畜力、肥料，进行精耕细作并扩大耕地面积。[④]

2. 垦荒条例与奖励政策

除了推动减租减息政策在各根据地的执行，制定垦荒条例及相应奖励政策也极大地推动了各地垦荒运动的发展。晋察冀边区在 1937 年前，广大农民没有地种。1938 年 2 月，《晋察冀边区垦荒单行条例》颁布后，规定了垦荒权利和手续，荒地面积在 5 亩以下者，由该地四邻分种或独种。四邻不全者，由靠近之地邻分种或独种；荒地面积在 5 亩以上者，由所在地贫苦农民合伙垦种或分种；无论公私或寺庙之山场未经垦种者，农民自由组合垦种；凡是愿意垦种荒山荒地者，须于事前报请区公所登记，转呈县政府备案，发给垦种执照。最后，对于荒地的所有权，也有明确规定。凡

---

① 晋察冀人民抗日斗争史编辑部编：《晋察冀人民翻身记》，第 12 页。

② 晋察冀人民抗日斗争史编辑部编：《晋察冀人民翻身记》，第 19 页。

③ 裴丽生：《积极准备展开今年全区的大规模生产运动》（1944 年 4 月），晋冀鲁豫边区财政经济史编辑组等编：《抗日战争时期晋冀鲁豫边区财政经济史资料选编》第 2 辑，北京：中国财政经济出版社，1990 年，第 20 页。

④ 《太行区社会经济调查》（1945 年），晋冀鲁豫边区财政经济史编辑组等编：《抗日战争时期晋冀鲁豫边区财政经济史资料选编》第 2 辑，第 1440 页。

公私荒地荒山，经承垦人垦竣后，其土地所有权属于承垦之农民。但须报请县政府转报边区政府备案，并发给执证。原私有荒山荒地交纳钱粮者，由垦种人继续照数交纳。① 这样，该条例奖励和帮助贫苦农民开荒修滩，让垦公荒的获得所有权，垦私荒的得有长期使用权，依法记约，免除一定年限的地租。1940 年 8 月 13 日，中共中央北方分局公布的《晋察冀边区目前施政纲领》之第十条，专门谈农业问题，包括发展农业，积极垦荒，防止新荒，扩大耕地面积。②

前文已述，晋绥边区于 1941 年 4 月颁布了《晋绥边区垦荒条例》，条例的核心内容是开荒奖励办法："（一）生荒开垦后免征公粮三年；（二）熟荒开垦后免征公粮 1 年；（三）滩荒开垦与淤坝成田后，免征公粮五年。"此外，凡开垦他人荒地，除了免征上述规定中的免征公粮，还可以减免地租："（一）生荒开垦后免交地租五年；（二）熟荒开垦后免交地租三年；（三）滩荒开垦与淤坝成田后，免交地租十年至二十年（具体年限由当地政府会同农会协商议定）。"③ 1944 年，武新宇在晋绥边区第三届群英大会上再次指出，要解决吃的问题，第一有荒地的要开荒："政府曾颁布奖励开荒条例，规定开荒地三年不交公粮，五年不交租，五年后给地主交公平合理的地租，同时政府保障开过的荒地的佃权许退不许夺。条例下去后，加以人民愿意开荒，荒地是一年比一年减少了……如晋西北有荒地的县区都能多开荒，晋西北就能增加很多粮食。……各地要把开荒重视起来，发动竞赛。"④

解放战争时期，因战争破坏，新、老解放区均有大量荒地存在，尤以

---

① 《晋察冀边区垦荒单行条例》（1938 年 2 月 21 日），晋察冀边区财政经济史编写组等编：《抗日战争时期晋察冀边区财政经济史资料选编》第 2 编，第 245~246 页。

② 《关于晋察冀边区目前施政纲领》（1940 年 8 月 13 日），晋察冀边区阜平县红色档案丛书编委会编：《晋察冀边区法律法规文件汇编（上）》，第 5 页。

③ 《晋绥边区开荒条例》（1941 年），晋绥边区财政经济史编写组等编：《晋绥边区财政经济史资料选编·农业编》，第 141 页。

④ 武新宇：《在晋绥边区第三届群英大会上的报告》（1944 年 1 月 7 日），中共吕梁地委党史资料征集办公室编：《晋绥根据地资料选编》第 2 集，1983 年，第 249~250 页。

老解放区为多。1948 年 4 月 7 日，晋绥边区行政公署颁布农业生产奖励办法，其中开荒奖励是主要内容之一。该办法规定，农民在耕种自己土地后，如有余力开荒，不论开垦自己的、他人的或公共地，生荒一律免征公粮五年，熟荒一律免征公粮三年。开垦他人荒地，生荒免租五年，熟荒免租三年，期满后或抽或退，双方商定，抽回之土地仍向外出租时，原开垦人有优先权，租额与农会共同决定。未分荒地一律归公，谁开地权归谁。河滩淤地及沟坝地，淤坝成地后从能种谷物时起，十年内免征公粮，地权归谁淤坝归谁。尤其需注意的是，为了防止洪水冲刷，坡度太陡之荒坡，禁止开垦。① 平原垦荒则集中于路旁、堤坝及沙荒、碱荒、水荒地带，其生态影响弱于山地、高原开荒。在解放战争后期，政府也积极鼓励垦荒。如 1948 年 5 月 15 日，冀中行政公署公布了发展、保护与奖励农业生产的七项办法，其中第五项为"奖励改造荒地"，规定：（一）凡无人耕种之沙荒、碱荒、水荒，属于公地者，无论何人，经向村政府登记批准，开垦为耕地者，该项耕地即为开垦人所有，政府保障其所有权，并发给土地证。但属于公共场所者，须经区以上政府批准；属于私人者，优先动员本主垦种和改造，如本主不愿垦种，并表示愿意出让者，在取得其同意后，经村政府证明批准，他人可以垦种，并取得土地所有权，政府予以保障，并发给土地证。（二）凡沙荒、碱荒、水荒，经开垦种植后，无论收益多少，五年内免纳一切负担。（三）凡耕地荒废四年以上者为生荒，该项荒地经垦种后，三年内不纳负担；耕地荒废二年至三年者为熟荒，该项荒地垦种后一年内不纳负担。②

显然，各地垦荒条例和相关政策的制定、颁布极大地刺激了农民垦荒的情绪，耕地面积不断扩大。晋察冀边区 1938 年春耕运动中，垦荒成为中

① 《晋绥边区行政公署农业生产奖励办法布告》（1948 年 4 月 7 日），晋绥边区财政经济史编写组等编：《晋绥边区财政经济史资料选编·农业编》，第 542 页。

② 《冀中行政公署关于发展、保护与奖励农业生产的七项办法》（1948 年 5 月 15 日），中央档案馆等编：《晋察冀解放区历史文献选编（1945—1949）》，北京：中国档案出版社，1998 年，第 419~421 页。

心任务之一。同时，边区政府知道必须动员组织农民，直接加以领导扶植，"多种多样的给他们想办法，才能使生产力提高"。1938 年、1939 年，边区各地到处都有垦荒团、互助团、突击队等群众劳动互助组织及生产竞赛运动，造成了农业生产的热潮。[①] 在政府号召和群众团体动员之下，开垦了大量荒地，增加了粮食产量，农耕区的范围向自然区挺进和扩张。1938 年、1939 年，冀西和晋东北随即掀起开荒热潮。两年间仅平山、阜平等 9 个县就开荒 1.5 万亩。同时，禁种大烟，限制植棉，冀中棉地仅占耕地十分之一，增加了粮食收获。[②] 1939 年第四专区垦荒 4.9 万多亩，第五专区垦荒 8.6 万多亩。[③] 平西地区，山多地少，劳动力缺乏，多年来耕地面积一直保持在 15.7 万亩左右，1939 年开荒以后耕地面积增加到 17 万亩以上，一年内增加耕地 1.3 万亩。[④] 至 1940 年，平山、行唐等 7 个县已垦荒 8.6 万亩，阜平、唐县等 7 个县已垦荒 3.3 万亩。[⑤] 冀西、平西、晋东北 29 个县共垦荒 19.995 万亩。[⑥] 从 1938 年到 1940 年两年多的时间里，仅北岳区的不完全统计，垦荒就达 27 万余亩。1940 年 8 月 30 日，中共中央北方分局公布了晋察冀边区施政纲领，其中第十条规定："发展农业，积极垦荒，防止新荒，扩大耕地面积。"[⑦] 1944 年，据晋冀鲁豫一分区和（顺）东、昔（阳）东、平（定）东、内丘、临城、赞皇、井陉等 7 个县 7 个典型村的调查，虽然 1942 年以来这些地区经历了前所未有的灾荒，但人民的收入还是逐年增加。计：7 个村共 4415 户，17565 人，1942 年总收入折小

① 刘奠基：《晋察冀边区九年来的农业生产运动》，史敬棠等编：《中国农业合作化运动史料（上）》，北京：生活·读书·新知三联书店，1957 年，第 346 页。

② 晋察冀人民抗日斗争史编辑部编：《晋察冀人民翻身记》，第 32~33 页。

③ 张苏：《生产与合作》（1940 年 8 月 6 日），转引自魏宏运主编：《晋察冀抗日根据地财政经济史稿》，北京：档案出版社，1990 年，第 108 页。

④ 魏宏运主编：《晋察冀抗日根据地财政经济史稿》，第 108 页。

⑤ 张希坡：《革命根据地的经济立法》，长春：吉林大学出版社，1994 年，第 112 页。

⑥ 张帆：《晋察冀边区的农林建设》，《晋察冀日报》1943 年 1 月 17 日，第 4 版。

⑦ 《中共中央北方分局关于晋察冀边区目前施政纲领》（1940 年 8 月 13 日），《中共中央北方局》资料丛书编审委员会编：《中共中央北方局：抗日战争时期卷（上册）》，北京：中共党史出版社，1999 年，第 267 页。

米 38832 石 8 斗 2 升，每人平均收入 2 石 2 斗 1 升；1943 年增至 47355 石 3 斗 2 升，每人平均 2 石 9 斗；1944 年再增至 56344 石 2 斗 8 升，每人平均 3 石 3 斗 7 升，比 1942 年大约增加了三分之一。到 1945 年抗战胜利后，一些生产先进村以至部分县，已经做到"耕三余一"。①

二、垦荒的组织实施

（一）春耕运动

1937 年冬，八路军主力在晋东南开辟根据地，1938 年春便发动农民开展春耕运动。之后，每年一度的春耕运动中，党、政、军、民、学随时随地帮助农民生产成为一种制度。

春耕运动中高度注意垦荒。晋察冀边区大水灾之前，1939 年的春耕主要目标是增加边区粮食生产，保障边区军民的给养，以应付长期残酷的战争，最紧迫的问题就是要积极扩大耕地面积，因此"大量开垦荒地，就成为当前首要的工作"。② 1938 年春耕运动中，公私开垦荒地约 3 万亩，增加了 3 万石左右的粮食。但是边区荒地很多，3 万亩的荒地数目显得太少。据调查，仅边区灵寿、曲阳、涞源、阜平、井陉 5 个县 26 个村可耕而未耕的粘土、黑土、壤土、砂土等荒地，就已达 183.774 万亩。因此，1939 年的春耕运动，边区政府强调"要用十百倍的努力"，加紧垦荒突击和竞赛。春耕的口号是"消灭荒地，增加今年二成的收获"。在实施过程中，首先制定垦荒计划，一方面要开垦公私荒地，另一方面要防止新荒。1938 年已成立的垦荒团应继续耕种已垦荒地，并参加新的荒地垦殖工作，更要广泛组织灾民、难民、失业者及无地少地的农民，普遍成立新的垦荒团。

在晋察冀边区，尤其是冀西、晋东北、平西本属山岳地带，地多贫瘠。1940 年，由于春耕运动热朝澎湃而高涨，冀西、平西、晋东北 29 个县，开垦 19.995 万亩荒地；24 个县修整了 17.9105 万亩滩地。22 个县开

---

① 齐武：《晋冀鲁豫边区史》，北京：当代中国出版社，1995 年，第 430 页。
② 《今年春耕中的垦荒问题》，《晋察冀日报》1939 年 2 月 21 日，第 1 版。

渠 2573 道。其他如凿井、造林、牲畜等方面，也取得大量成果。^① 1940 年 8 月颁布的边区施政纲领之第十条着重提出："发展农业，积极垦荒，防止新荒，扩大耕地面积……"^②

晋冀鲁豫边区的春耕运动同样注重开荒问题。1941 年 2 月，晋冀豫区党委关于春耕运动的指示，强调扩大耕地面积，首先要彻底消灭熟荒。熟荒的出现，有的出于战争原因，有的则是故意荒芜。区党委强调要真正做到"不荒一亩地"。^③ 1942 年 3 月，边区政府制定当年太行区农业生产计划，要求不断消灭熟荒，增加耕地面积，开荒 2517 亩。^④ 平原垦荒着重于消灭熟荒，冀鲁豫行署关于春耕工作的指示信强调，特别注意消灭道旁荒地；河流大堤、民埝、河滩、沙荒等一律依据荒地暂行条例，鼓励群众登记垦种，或由政府将无人垦种的土地分给灾民垦荒，并强调在大堤、民埝、沙荒上及大道两旁植树、种麻子，造一个沙荒防风林。^⑤

（二）劳动互助

荒地、劳力的多寡和地力肥瘠各地不一，影响垦荒的方向和成效。以晋冀鲁豫边区太行区为例，各地土地分布与产量不平衡，晋东南各县一般土地多产量小，冀西、豫北各县土地少产量较大，且能一年两季收获。晋东南各县产量小的一个重要原因是劳力不足，不能深耕细作。要克服劳动力不足的问题，组织劳力进行互助劳动是主要方法。它不仅在解决劳力缺乏上有重大作用，而且在土地少的地区增加收入上更有意义，且能结余很

---

① 《更加发展边区的经济建设——祝农林牧殖局成立》，《晋察冀日报》1941 年 1 月 5 日，第 1 版。

② 《关于晋察冀边区目前施政纲领》（1940 年 8 月 13 日），晋察冀边区阜平县红色档案丛书编委会编：《晋察冀边区法律法规文件汇编（上）》，第 5 页。

③ 《晋冀豫区党委关于春耕运动的指示》（1941 年 2 月 12 日），晋冀鲁豫边区财政经济史编辑组等编：《抗日战争时期晋冀鲁豫边区财政经济史资料选编》第 2 辑，第 7 页。

④ 《晋冀鲁豫边区政府决定 1942 年度太行区农业生产计划》（1942 年 3 月 15 日），晋冀鲁豫边区财政经济史编辑组等编：《抗日战争时期晋冀鲁豫边区财政经济史资料选编》第 2 辑，第 13 页。

⑤ 《冀鲁豫行署关于春耕工作的指示信》（1943 年 2 月 19 日），晋冀鲁豫边区财政经济史编辑组等编：《抗日战争时期晋冀鲁豫边区财政经济史资料选编》第 2 辑，第 20 页。

多劳动力，有计划地用于各种农闲活动与其他副业生产。[1]

　　根据地农业生产多是个体劳动，在自然生产状态下，劳力调节不能有效实现，也就是说，多劳动力农户与少劳动力农户不能很好地结合、互助，一定程度上造成劳力浪费。劳动互助则是一种生产合作形式，能将农民组织起来，使以散漫著称的农民，逐步树立起集体劳动的观念和合作互助的意识。[2] 通过这种方式，农民开始自觉改变劳动组织手段，依靠互助合作，提高了劳动生产力及发展各种生产事业。在无机械设备和劳力普遍缺乏的条件下，改善劳动组织、采取有计划的协同劳动几乎是唯一可行的办法。此外，在战争环境下，为控制和缩短生产时间，有组织的集体劳动能做到不误农时。

　　由于严重灾荒，劳动力、畜力减少相当惊人，各地在党的领导下，相继建立互助组，组织形式多样。以太行区第五分区为例，有以下几种互助组：一是临时性的互助组，规模可以很大，100 人至 300 人都可以。互助组集体劳动，集体开荒，集体下种，集体收割，按工分粮。二是拨工组，人数不多，3~5 人者都有，自愿结合，参加的人以男劳动力为主，办法是以工换工，等价交换。以开荒为例，谁有荒地就给谁开，最后算账还工，中农、富农没有工，每工可拿出 1 斤半至 2 斤粮食来顶工。三是包工队。穷人居多，种完自己的地就做包工活，由领导者类似包工头包工，集体去干。当然，有的互助组成效较好，一般由劳动英雄牵头；也有的互助组是用行政命令方式组建的，徒具形式。[3]

　　在晋冀鲁豫，最初的劳动互助是对农村旧有的"扎工""换工""拼犋（合用耕畜）""卖晌"等加以组织化和普遍推广。经过发展，逐渐形

---

　　[1] 《太行区国民财富概况》（1944 年），晋冀鲁豫边区财政经济史编辑组等编：《抗日战争时期晋冀鲁豫边区财政经济史资料选编》第 2 辑，第 1340 页。

　　[2] 齐武：《晋冀鲁豫边区史》，第 425 页。

　　[3] 《太行第五分区生产工作报告》（1944 年 5 月），晋冀鲁豫边区财政经济史编辑组等编：《抗日战争时期晋冀鲁豫边区财政经济史资料选编》第 2 辑，第 139 页。

成结构较为复杂的互助大队或拨工队，进而成为以自然村为单位的劳动互助合作社。各根据地成功的劳动互助组织一般具有三个条件：自愿结合；等价交换和精确记工、折工；灵活的拨工、换工，合理调剂劳动力。拨工、换工的通常方法是"整拨零还、零拨整还"，以解决人力、畜力间的换工；有牲口户与无牲口户彼此间的欠工，都可以拨到互助社的账上建立户头，由互助社根据各该户的需要，抽还或总还；妇女老弱等半劳力，可以通过"大拨小还""男拨女还"，参加农业生产的互助合作。这样，壮年男子的田间劳作，可以换回他所缺少的缝纫，女工多而不大习惯于田间耕作的妇女，可以用代人缝洗、做衣服鞋袜，换回她所需要的田间劳动。其次，"随拨随还""忙拨闲还"，使及时的农作与农闲的剩余劳动可以调剂使用。此外，"以工折米""以工折价"的办法，使生活困难的劳动力随时有工可做，且能得到合理的报酬。这种灵活的拨工、换工，是劳动互助组织的一个突出优点。它使农村的剩余劳动得以在较大的范围内实现调剂。①

　　劳动互助运动"声势浩大"，迅速成为各根据地农业生产的重要生产方式。在晋冀鲁豫太行区，1944 年，武乡、左权、偏城等 24 县长期和临时的互助组、队已有 23366 个，参加人数为 219841 人，占这些县份有劳力人口的 20%。1945 年，18 个县中参加互助组织的劳力达 369000 人，占全部有劳动力人口的约 40%。② 劳动互助使各根据地集体化生产规模越来越大，较之以往个体农业生产方式，无疑使生产效率提升，农业产量增加。其基本原理在于通过扩大耕地面积实现产量提升，而耕地面积的扩大主要是通过垦荒来实现的。也就是说，其根据地垦荒的基本模式是：劳动互助（集体生产）—耕地面积扩大—农业产量提升。太岳区 1944 年上半年全区开荒 19 万亩，其中一分区 10.812 万亩、二分区 1.86 万亩、三分区 4.5 万亩、四分区 1.7493 万亩，以一分区安泽县最多，达 4.2421 万亩。部队机关团体半年开荒达 8 万亩。全区一切分地群众都自动开荒，有的绝户的老

---

　　① 齐武：《晋冀鲁豫边区史》，第 428 页。
　　② 齐武：《晋冀鲁豫边区史》，第 428 页。

坟堆都被平了耕种，群众生产情绪高涨。农业劳动互助组织普遍发展，互助组数有统计的达 4922 组，估计全区当在 8000 组以上。每组人数约 5 至 8 人，则参加互助人数在 4 万至 6 万左右。[①]

那么，依靠劳动互助开荒，其工作"效率"到底有多高？晋绥边区的案例可以对此进行说明。1944 年，在劳动互助变工中，有不少地区开始由个体劳动进入集体劳动和生产合作，突破了旧有劳动互助与农业生产的范围。集体开荒、按股分粮在各地普遍开展，其做法是将劳力和耕牛分组组合，集体开荒。规模最大的是组织"五一"集体开荒突击运动。静乐县男女老少儿童参加者计 11391 人，其中男人 6563 人、女人 2155 人、儿童 2673 人，占全人口 30%。牲畜上，牛 1774 头，驴 951 头，合计占全部牲口的 50%。运动过后，统计共开生荒 2856 亩、熟荒 2825 亩、淤地 245 亩，共计 5926 亩。[②] 总体来说，劳动互助的作用一是提高劳动效率从而节省人力、畜力，提高耕地效率 23% 至 100%。如偏关县西尚裕村往年一犋牛耕 125 垧，1944 年劳动互助中合犋一牛耕 155 垧，效率提高了 24%。二是在开荒方面，提高效率 20% 到 87%。三是增开荒地扩大了耕地面积。原因在于变工互助，提高劳动效率，节省了人力畜力，从而把剩余的劳动力组织起来进行开荒，扩大了耕地面积。不过，集体劳动互助开荒会突破已有耕作空间，将一些山地、陡坡本不太适合耕种的荒地进行耕垦或重新垦荒，进而加剧水土流失风险。如神府县上庄子乡群众 5 天内开完了中峁山三四十年的老荒地四五十亩，这块山地，不仅山高路远，而且土地分散，此前个别农户虽然想开，但均无力开荒。这次通过互助变工集体开荒，用了 86 个人工，终将荒山开垦出来。[③] 再结合垦荒奖励政策，群众对开荒积极投

① 《太岳区 1944 年上半年生产运动成果》（1944 年 7 月 10 日），晋冀鲁豫边区财政经济史编辑组等编：《抗日战争时期晋冀鲁豫边区财政经济史资料选编》第 2 辑，第 145 页。

② 《晋绥边区的劳动互助（摘要）》（1944 年 7 月），晋绥边区财政经济史编写组等编：《晋绥边区财政经济史资料选编·农业编》，第 732 页。

③ 《晋绥边区的劳动互助（摘要）》（1944 年 7 月），晋绥边区财政经济史编写组等编：《晋绥边区财政经济史资料选编·农业编》，第 732~736 页。

入，至 1944 年共开荒 60.0475 万亩（内有机关部队开荒共 17.168 万亩）。①

（三）移民、难民垦荒

1935 至 1949 年间，因战争、灾荒、劳动力调节需要等原因，各根据地境内外人口迁移频繁，总体上分为区域内部人口迁移和区域外人口向区域内人口迁移两种情况。第一种情况包括河流下游地区向上游地区迁移，如 1939 年冀西大河流域水灾，下游民众大量进入上游山地、高原垦荒；人稠地少地区人口向人少地多地区迁移，这种情况总体上都在根据地内移动。第二种情况是日占区、国统区人口因灾荒、战争影响，为寻求出路向各根据地内迁移，这类人口主要是难民。无论是移民还是难民，对调剂和补充根据地人力、畜力都有着重要的作用，是垦荒的生力军。此外，有一类特殊的移民——垦荒部队。军队屯垦的政策后来被概括为"南泥湾政策"，是抗日战争时期中国共产党制定的一项著名军屯政策。军队屯垦因组织性、纪律性强，集体劳动，垦荒的规模和力度都较大，在单位面积上的荒野作用力最强，如陕甘宁边区的南泥湾、大凤川、小凤川、槐树庄等地区都是著名的军垦区域。

以陕甘宁边区为例，边区除了绥德分区的绥德、米脂，陇东分区的庆阳等少数地区人多地少，多数地区都是人少地多。如延属分区的延安、鄜县、甘泉，陇东分区的华池、合水等县，"土地荒芜很多，是开荒生产的好地方"。边区政府制定了一系列奖励政策，并为移民、难民提供安家费，解决口粮、种子、农具等，大量组织外来移民进行垦荒，又进一步吸引了外来人口流入边区。陕甘宁边区政府早在 1940 年 3 月就公布了关于优待移民、难民的决定，1941 年连续两次发出布告。1942 年，边区政府又颁布了优待移民、难民的条例，主要内容有：（1）移民、难民开公荒可以取得土

---

① 晋绥边区行政公署：《晋绥边区的农业》（1945 年 1 月），晋绥边区财政经济史编写组等编：《晋绥边区财政经济史资料选编·农业编》，第 827 页。

地所有权；垦私荒则三年不交租；（2）移民、难民三年不交公粮，并减轻其他负担，第一年完全免去义务劳动；（3）政府尽力帮助移民、难民解决吃住困难，借贷或调剂耕牛、农具、种子等；（4）移民有选举权，可以自己建立移民聚居处，自选乡长、行政村主任，自己管理自己的事务等。①据研究，从 1937 年至 1945 年，陕甘宁边区共安置各地外来移民 63850 户，共 266619 人。其中，除了一部分为边区内部人口迁移外，主要是从敌占区山西、河北、河南、宁夏等地迁移而来。② 正如李维汉所说，移民、难民是大生产运动中的一支劳动大军，在陕甘宁边区的开荒运动中作用很大。在移民、难民中，劳动力占三分之一。如果以每人开荒 20 亩计，上万个劳动力可开荒 20 多万亩。③

　　移民和难民垦荒效果很明显。晋冀鲁豫太岳区 1943 年春耕运动中，客籍难民的增多使根据地人力、畜力得到很大的补充，造成了扩大耕地面积的有利条件。加上减租减息运动普遍开展，根据地中心地区的群众生活问题与土地问题得到适当解决。于是，春耕过程中扩大耕地面积方面取得了较大成绩，据绵上、安泽、沁源、沁县、屯留、冀氏、士敏、长子、沁水 9 个县的不完全统计，共开熟荒地 4.9878 万亩，生荒地 7.07361 万亩，这个成绩在战后是空前的，在战前也很少见。④ 晋绥边区政府也组织群众到人少地多的地方进行开荒，如二分区河曲、保德因荒地很少，政府发动 762 户农民移到岢岚开荒；临县窑头村群众集体到兴县开荒等。⑤

　　各根据地政府也制定安置移民办法，帮助其调剂粮食，借贷粮款，解

　　① 李维汉：《回忆与研究（下）》，北京：中共党史资料出版社，1986 年，第 545 页。
　　② 秦燕、胡红安：《清代以来的陕北宗族与社会变迁》，西安：西北工业大学出版社，2014 年，第 188 页。
　　③ 李维汉：《回忆与研究（下）》，第 546 页。
　　④ 《太岳区 1943 年春耕工作总结》（1944 年 1 月），晋冀鲁豫边区财政经济史编辑组等编：《抗日战争时期晋冀鲁豫边区财政经济史资料选编》第 2 辑，第 131~132 页。
　　⑤ 晋绥边区行政公署：《晋绥边区的农业》（1945 年 1 月），晋绥边区财政经济史编写组等编：《晋绥边区财政经济史资料选编·农业编》，第 827 页。

决土地、种子、食粮、工具等问题。这样，移民和难民生活、生产资料得到基本保障，垦荒热情也随之高涨。根据地政府也制定政策组织群众到人少地多的区域垦荒，如晋绥边区1944年开春荒75万亩、伏荒23万亩。边区推行消灭荒地政策，计划1945年除了临南无荒地，兴县、临县、河曲、保德应把荒地消灭光，其他如岢岚、偏关、神池、岚县及六、八分区有荒地的地区，可尽量开荒。根据各县计划，1945年可开荒62万亩。完成这一目标的办法，第一是从变工互助组中抽出劳动力进行开荒；第二靠组织开荒队，到外村开荒；第三组织移民开荒。①

三、垦荒的阶段性特征与环境效应分析

（一）垦荒的阶段性特征

以往研究认为，华北根据地时期农业生产运动中的持续性垦荒给生态环境造成了严重的破坏，尤其以大生产运动为最。不过，进一步分析各根据地垦荒的时空过程，可以发现垦荒具有显著的阶段性特征。总体来说，1944年前后各根据地农业生产的政策是不完全一致的，垦荒并不一直是根据地农业生产始终不变的方式。此外，加之战乱、灾荒和疾疫等的影响，各大根据地仍不断有群众流亡、田地荒芜的情况，因此垦荒并非持续性进行，而是因时因地出现"割断"。

1. 1935—1944年的垦荒

自中共中央到达陕北开始，农业生产即被高度重视。因地广人稀，地貌多样，中央和各边区政府鼓励通过开荒来扩大耕地面积，增加农业产出。1937年以来，随着抗战形势的日益严峻，各根据地及八路军面临日益严重的财政危机，财政政策由临时筹措转向常态化依靠农业生产等方式。②

---

① 吴新宇：《在晋绥边区第四届群英大会上的总结报告（摘要）》（1945年1月6日），晋绥边区财政经济史编写组等编：《晋绥边区财政经济史资料选编·农业编》，第834页。

② 李玉蓉：《从进入山西到立足华北——1937—1940年八路军的粮饷筹措与军事财政》，《抗日战争研究》2017年第4期。

于是，垦荒这一不需复杂农业技术的生产方式逐渐受到各根据地的青睐，成为增加农业收入的主要方式。

华北各根据地在开荒方针上有共同点，也有差异。在 1941 年前，各根据地都以消灭熟荒、积极开生荒并重，而 1941 年后除了少数根据地以消灭熟荒为主、防止新荒、不轻易开生荒尤其是山荒外，其他根据地仍以积极开生荒为主。

在晋察冀，1938 年 1 月 10 日，阜平县召开晋察冀边区军政民代表大会，在通过的经济问题决议案中，有关扩大和改进农业生产方面，提出要扩张耕地面积。其方式，一是要开垦荒地。鼓励农民抢荒，不论官私荒地经地方政府核定准许农民自由开垦，在战争期间不纳地租。同时，实行集体垦荒，由各地农会及各群众团体组织农民及难民失业者成立垦荒团，采用突击方式，集体耕垦。二是要防止新荒。通过无代价分给因战火失去耕畜、农具、种子的农户各种必要的生产物资的方式，促其迅速恢复生产。在条件允许的情况下实行军屯政策。[①] 2 月，《晋察冀边区垦荒单行条例》的颁布进一步掀起了边区垦荒的热潮。于是，1938 年至 1939 年，冀西、晋东北和北岳区随即掀起开荒热潮。两年间，只平山、阜平等 9 个县即开荒 1.5 万余亩。[②] 至 1940 年，平山、行唐等 7 个县已垦荒 8.6 万亩，阜平、唐县等 7 个县已垦荒 3.3 万亩。[③] 1943 年开生荒 1.5612 万亩、熟荒 2.89117 万亩。1944 年开生荒 23.5796 万亩、开熟荒 20.17558 万亩。1944 年比 1943 年多开生荒 22.0184 万亩。[④]

晋冀鲁豫太行区 1941 年春耕中，漳北、太南、漳西、晋中、冀西五区 19 个县消灭熟荒 4.44701 万亩，平均消灭三分之二以上，除了休耕地，几乎全部消灭。开垦生荒方面，太行五区 22 个县共开荒 3.37668 万亩，原计

① 《晋察冀边区军政民代表大会》（1938 年 1 月），魏宏运主编：《抗日战争时期晋察冀边区财政经济史资料选编》第 1 编，第 36~37 页。
② 晋察冀人民抗日斗争史编辑部编：《晋察冀人民翻身记》，第 33 页。
③ 张希坡：《革命根据地的经济立法》，第 112 页。
④ 华北人民政府农业部编：《华北农业生产统计资料（1）》，第 120 页。

划为 1.33 万亩，合原计划二倍半多。① 太岳区 1942 年春耕消灭熟荒 4195 亩，开生荒 1314.5 亩。② 1943 年，太行区全区群众共开生荒 25.2096 万亩，开熟荒 9.6406 万亩，部队机关垦荒未计入内。③ 1943 年，晋冀鲁豫边区政府指出，1942 年春季以来政府即强调消灭熟荒，维持原有耕地面积，但对于开生荒注意不够。因此，虽然边区注意了消灭熟荒，很多地方却未曾积极帮助开生荒。不过，根据少数县的不完全统计，开生荒、熟荒的规模都很大。表 2-1 统计范围虽不及太行区十分之一，但估计 1943 年群众开荒加上部队开荒和 8 月的补种，总数约在 5 万亩以上。④ 1944 年，太行区 6 个分区共开生荒 20.9726 万亩，消灭熟荒 3.0358 万亩。若包括机关、团体及部队所开荒地 9.5802 万亩（不完全统计），共为 33.5886 万亩，约相当于 6 个分区原耕地的 13%。⑤

表 2-1   1942 年太行区部分县开荒统计（单位：亩）

项目 县名	开生荒	开熟荒	材料来源
武　西	342	538.1	全　县
昔　东	359	9371	二、三两区
赞　皇	2371.8	3880.1	五个区
平　东		1214	五、六两区
偏　城	652		全　县
壶　关	903.5		24 个村

① 《冀太联办公布 1941 年太行区春耕总结》（1941 年 8 月 1 日），《太行革命根据地史料之六》；邓辰西：《财政经济建设》（上、下册），太原：山西人民出版社，1987 年，第 1138 页。

② 《太岳区 1942 年春耕总结》（1942 年），晋冀鲁豫边区财政经济史编辑组等编：《抗日战争时期晋冀鲁豫边区财政经济史资料选编》第 2 辑，第 99 页。

③ 《生产运动的初步总结——赖若愚在地委联席会议上的报告》（1943 年 8 月），晋冀鲁豫边区财政经济史编辑组等编：《抗日战争时期晋冀鲁豫边区财政经济史资料选编》第 2 辑，第 101 页。

④ 《一年来太行区生产建设》（1943 年 9 月 12 日），晋冀鲁豫边区财政经济史编辑组等编：《抗日战争时期晋冀鲁豫边区财政经济史资料选编》第 2 辑，第 119 页。

⑤ 齐武：《晋冀鲁豫边区史》，第 429 页。

（续表）

项目 县名	开生荒	开熟荒	材料来源
辽　西	495.4	143.6	三区及二区两村
合　计	5123.7	15146.8	共计 20270.5 亩

资料来源：《一年来太行区生产建设》（1943 年 9 月 12 日），晋冀鲁豫边区财政经济史编辑组等编《抗日战争时期晋冀鲁豫边区财政经济史资料选编》第 2 辑，第 119 页。

在晋绥边区，1939 年是"最坏的歉收年"，加之日军的破坏，农业生产困难至极，土地大量荒芜。1940 年，日军对晋绥边区四次大"扫荡"，根据地损失相当大，大量土地抛荒。当年，边区耕地仅相当于战前的 84.5%，而荒地中大半是 1934—1940 年的新荒地，山地产量降低三分之一以上。1941 年，边区农业生产"转向回涨的道路"。边区开始把经济建设提到党的重要议事日程上来，以农业生产为经济建设的中心环节。① 具体方针包括奖励开荒、扩大耕地面积等。1942 年，边区农业生产继续巩固发展，边区党召集政民干部共同讨论，决定春耕是各地唯一中心工作。三年来，晋绥边区耕地面积的变化如下：1940 年耕地面积缩小，产生大批新荒。据 24 个县的统计，1940 年有耕地 1112.1707 万亩，而荒地则有 212.6061 万亩，约等于耕地面积的五分之一。以兴县第三区为例，1940 年荒地占耕地面积 31.7%，其中 8% 是旧荒，23.7% 是新荒。个别人稠地少的县也在开荒，甚至开坟扩大耕地。如临县开荒 9046 亩，保德 2.9298 万亩。1941 年，边区 25 个县开荒 30.509 万亩。1942 年，据 13 个县的不完全统

---

① 《农业生产调查（1940—1942）》（1943 年），晋绥边区财政经济史写组等编：《晋绥边区财政经济史资料选编·农业编》，第 672 页。

计，共开荒 19.5645 万亩，其中包括许多生荒和老荒在内。① 边区 1941 年的开荒奖励条例起到了积极作用，如保德县春耕时发生争夺荒地案件达 46 件之多，群众开荒情绪很高。群众认为开荒不交公粮、地租，又不用上粪，利益很大，特别是给缺乏土地的贫农找到了生活的出路。② 边区调查人员在 1943 年指出，今后农业政策的主要内容仍是组织开荒，认为边区只有保德、临南、离石数县人多地少，而大多数地方都有大批荒地。在山地区域，用精耕方法增加产量，是极有限度的，还不如用同样的力量扩大面积更为有利。今后应根据各地所有荒地和劳动力的状况，有计划地组织集体开荒。一个县里也有许多不同情况，必须组织较大的群众开荒队或小块土地的互助开垦。军队有大量的集体劳动力，也适于参加开荒。政府应发动物质力量，并动员和组织群众的力量解决开荒中的困难，提倡劳动互助运动。③

　　而自 1941 年以来，晋察冀边区的垦荒则呈现出明显的差异性——以消灭熟荒为主，防止新荒，注重提高农业技术。1941 年春耕，边区行政委员会指出：各地迎击内奸外寇的夹攻，坚持敌后抗日根据地，是当前边区最紧急的政治任务，而要完成这一政治任务的紧急工作是"开发物资的源泉，增加物资的生产"。边区的"物资源泉"主要是农业，农业若能保障收获也就解决了抗战物力的最大部分。边区政府认为，尽管边区一直没有放松农业生产，"但还没有做到人尽其力，地尽其用，把农业生产提到应有的高度"。④ 为此，本年春耕布置任务之一是"消灭熟荒与增加水田并重"。这一指示反映了晋察冀边区在抗日战争困难时期对垦荒工作的思维

---

①　《农业生产调查（1940—1942）》（1943 年），晋绥边区财政经济史编写组等编：《晋绥边区财政经济史资料选编·农业编》，第 675 页。

②　《农业生产调查（1940—1942）》（1943 年），晋绥边区财政经济史编写组等编：《晋绥边区财政经济史资料选编·农业编》，第 696 页。

③　《农业生产调查（1940—1942）》（1943 年），晋绥边区财政经济史编写组等编：《晋绥边区财政经济史资料选编·农业编》，第 712 页。

④　《晋察冀边区行政委员会关于春耕运动的指示信》（1941 年 2 月 9 日），魏宏运主编：《抗日战争时期晋察冀边区财政经济史资料选编》第 2 编，第 287 页。

转换——由大规模垦荒向消灭熟荒转化，对农业生产技术更为注重。正如该指示所说："提高农业生产量的方法之一是扩大耕地面积，另一个更重要的是提高农业技术。"因此，当年春耕主要精力集中在现有耕地上面，如增加耕作次数、施放肥料、增加灌溉次数、试验种子、及时播种等，以提高与恢复耕地生产力，提高产量。在扩大耕地面积上，以消灭熟荒与增加水田面积并重，而开垦生荒则为次要工作。这个垦荒方针也蕴含着重要的环境意识，边区政府注意到过去开荒工作着重于生荒的开垦，特别是开山荒而未能"防止与垦拓熟荒"。自全面抗战以来，因地主逃亡和劳动力不足，很多地方耕地荒芜，产生大量熟荒。这些熟荒包括河滩地及其他耕地，熟荒大多经过此前多年耕种，耕作层深厚，易于复垦，且产量较高。边区政府强调，生荒"特别是山荒的生产价值要比熟荒，特别是滩荒小得多"。更为重要的是，该指示明确注意到了开垦生荒造成的环境效应，生荒开垦不利水土保持，植被的破坏使地面不能拦蓄径流，雨季易引发洪水。为此，该指示指出本年山荒应有限制地开垦，坡度在30度以上的山荒不能开垦，而应造林。[①] 1942 年的春耕，是在 1941 年敌人秋季大"扫荡"之后，边区农具、牲畜、粮食、人力的破坏与掠夺相当严重的背景下展开的。由于生产动力、工具的减少与不足，更由于战争的原因，本年春耕的中心任务是"保证不发生一亩新荒"，保证高于去年的生产水平。[②] 1943 年，农业生产仍以"消灭熟荒，防止新荒，开展小型水利"为重点。

除了农民生产，军队生产规模也很大。在晋冀鲁豫，从 1943 年冬到 1944 年 6 月底止，太行区部队共开新荒地 8.1778 万亩（有少数单位未统计在内），连熟荒地及租入的土地在内，各部队共种地 10.1877 万亩，占本区垦荒总数的三分之一。太岳区部队 1943 年开荒 6362 亩，产粮 1677 石，收获蔬

---

① 《晋察冀边区行政委员会关于春耕运动的指示信》（1941 年 2 月 9 日），魏宏运主编：《抗日战争时期晋察冀边区财政经济史资料选编》第 2 编，第 290 页。

② 《晋察冀边区行政委员会关于春耕准备工作的指示》（1942 年 1 月 19 日），魏宏运主编：《抗日战争时期晋察冀边区财政经济史资料选编》第 2 编，第 306 页。

菜 83.9446 万市斤；1944 年，开荒 5.8052 万亩，产粮 2.5409 万石，收获蔬菜 403.136 万市斤。1945 年，尽管对敌反攻战斗次数增多，部队仍然开荒 3.0945 万亩，产粮 1.5472 万石。从 1943 年起，太行区许多部队已经做到全年蔬菜和三个月粮食自给，食用油盐、肉类，日常的办公杂支费用，及干部、战士的津贴等，也大部或全部由部队生产所得来解决。①

图 2-1　晋察冀边区大生产运动中的八路军开荒（1942）

说明：图片源自王雁主编《沙飞摄影全集》，北京：长城出版社，2005 年，第 174 页。

2. 1945 年以来的垦荒

上文已言，晋察冀边区 1941 年以来即注意到消灭熟荒、提高农业技术问题，不过整体来说，华北根据地仍主要采取开荒尤其是开生荒来扩大耕

_____

① 齐武：《晋冀鲁豫边区史》，第 444 页。

地面积的农业生产政策。不过，1945 年以来，随着抗日战争的胜利，各根据地农业生产政策发生了明显的转向——开始注重精耕细作、提高农业生产技术层面，垦荒尤其是开生荒成为辅助策略。

1944 年 12 月 5 日，晋冀鲁豫边区太行区制定了 1945 年的生产方针和计划，强调深耕细作是今后农业生产发展的最主要道路，其方法一是多耕、多锄、多上粪；二是改善耕作方法，包括怎样下种、施肥、锄苗、收割、改良耕具等；三是兴修水利、整理田地。尤其要注意的是，为防止水患保存耕地，各地要继续垒堰、修坝、填壑、修堤，尤其要着重修梯田，特别是在新开荒地内，更要注意。政府认为今后一般不强制开荒，但应看具体条件来决定，如某些地积土肥厚，坡度不陡，不是森林或禁山、禁坡地带，仍可以开荒。某些贫穷人户，因无地可种，村公所还可以给他们代找荒地开。[①]

晋察冀边区 1945 年以来更加注重精耕细作。1945 年，边区水、旱、虫灾不断，春天久旱不雨，秋天又雨涝成灾，边区灾荒严重。但即使在这样的形势下，边区农业生产着力于精耕细作，而非盲目扩大耕地面积。边区大部做到了耕二锄三。在扩大耕地面积上，其方向在消灭熟荒、修滩、修梯田、平（道沟）毁路上。据冀晋区 11 个县的不完全统计，共消灭熟荒 1.5 万亩，修滩 5.4 万亩，修梯田 1.1864 万亩，平沟毁路 8290 亩。[②] 边区对 1945 年大生产运动的方针和任务明确指出，农业增产的方法是实行精耕细作，改良技术。其中，主要是兴修水利，防洪治河；推广优良品种，增植特种作物；防除虫害，改良工作方法；大量制造补充与逐渐改良农具；开展施肥积肥，增加耕畜。在新解放区及受敌人长期破坏摧残、荒地

---

① 《1945 年太行区生产方针和计划——戎副主席在劳动英雄大会上的报告》（1944 年 12 月 5 日），晋冀鲁豫边区财政经济史编辑组等编：《抗日战争时期晋冀鲁豫边区财政经济史资料选编》第 2 辑，第 24~25 页。

② 《宋劭文在边区财政会议上关于晋察冀边区 1946 年经济工作的方针任务的报告（摘要）》（1946 年 1 月 31 日），华北解放区财政经济史资料选编编辑组等编：《华北解放区财政经济史资料选编》第 1 辑，北京：中国财政经济出版社，1996 年，第 9 页。

特别多的地区，必须有效地及时解决群众劳动力（人力、畜力）、农具、籽种的困难，以消灭熟荒，恢复耕地。有荒山、沙滩、河堤、河畔的地方，要组织群众造林，对现有森林要特别加以保护，并奖励群众栽培果木树及各种林木。30 度以上的山坡仍严格禁止开荒，应奖励群众荒山造林、修梯田、修滩。① 1946 年，晋察冀边区开生荒 4.52403 万亩，开熟荒达26.7148 万亩。②

晋绥边区 1947 年实行了《中国土地法大纲》，彻底废除了地主阶级的土地财产所有权，消灭了封建半封建剥削的土地制度。但在 1947 年，晋绥边区有 190 万人口的地区内普遍歉收，另外在约有 46 万人口的地区遭受了40 年来未遇的灾害，造成 1948 年春耕最大困难。不过，在政府发动群众生产自救等各种救灾运动下，最终战胜灾荒。1947 年因灾荒减少的耕地，在 1948 年除了个别地区尚未恢复，绝大部分地区耕地不仅恢复，而且有所扩大。全边区 1948 年耕地面积共达 1926.83 万亩，已接近于 1946 年的1931.24 万亩的水平，夏田耕种面积比往年增加了 40%，部分地区增加了 1倍以上。③

在山东解放区，省政府 1946 年 1 月发出的生产工作指示也明确指出要改进耕作方法，其重点在于精耕细作和水利灌溉。老根据地历年已将荒地开尽，今后不再强调开荒，而应奖励精耕细作、植树造林；新解放区如有大量荒地，仍应奖励开荒。④

综合来看，1946 年以后，各地以恢复熟荒为主，当然也有小部分区域存在开生荒甚至山荒的现象。1948 年以来，土改完成后各解放区进入了新

① 《宋劭文在边区财政会议上关于晋察冀边区 1946 年经济工作的方针任务的报告（摘要）》（1946 年 1 月 31 日），华北解放区财政经济史资料选编编辑组等编：《华北解放区财政经济史资料选编》第 1 辑，第 11 页。

② 华北人民政府农业部编：《华北农业生产统计资料（1）》，第 120 页。

③ 《1948 年的晋绥解放区》（1949 年 2 月 14 日），晋绥边区财政经济史编写组等编：《晋绥边区财政经济史资料选编·总论编》，第 652~653 页。

④ 《山东省政府关于 1946 年生产工作的指示》（1946 年 1 月 30 日），山东省档案馆等编：《山东革命历史档案资料选编》第 16 辑，第 136 页。

的开荒增长阶段，不过地方政府对于精耕细作也更加重视。以离石县为例，群众自动开荒者相当多，有的村庄在本村开小块荒地，有的村组织劳力到外村或山上开荒。这种情况具有一定盲目性，同时部分地区精耕细作不够，"有的土地做的比较粗糙，如耕地时地垄留得太宽，没有溜崖拍畔"等。① 在陕甘宁边区，1947 年 10 个月的内线作战及严重的灾荒，导致边区经济急剧下滑。以农业为例，在耕地面积上由战前 1946 年的 1600 余万亩，降为 1200 余万亩，减少了 20% 左右，粮食产量减少了一半。1949 年，后方大部分区域进入了安全环境，加上 1948 年大部分地区已经进行彻底的土改，农民生产情绪高涨。对此，边区农业生产的方针是响应毛泽东"生产长一寸"的号召，发动组织全体人民进行大生产。增产粮食成为农业生产的核心任务，要完成这一任务，"即在有荒地区（不论生熟荒）应以扩大耕地面积为主，辅以改良农作，而在无荒地区主要靠改良农作法及兴修水利或水土保持等办法，求得增产"②。

　　1949 年 1 月，晋绥边区生产会议结束后确定了当年农业生产计划。该计划要求，从 1949 年起，争取两三年内恢复和超过抗日战争前的农业生产水平。为此，当年晋西北 23 个县奋斗目标包括恢复现有熟荒地 460 余万亩的 25%——即 110 余万亩为耕地。边区当时现有耕地，较战前降低约 20%，若要达成此目标，并不是通过粗放的扩大耕地来完成，边区领导层面尤其强调："必须从长远的观点出发，提倡精耕细作，多种特产，发展水利，繁殖牲畜，植树造林……创办生产推进社，并且克服容易受旱区和容易受冻区的灾荒。"而在 1949 年，即眼前的一年尤须特别注意精耕细作，提前送粪，争取早种，不违农时，多种特产，增加收入。③ 2 月 26 日，

①《离石县委关于生产问题的报告》（1948 年 5 月 10 日），晋绥边区财政经济史编写组等编：《晋绥边区财政经济史资料选编·农业编》，第 616~617 页。

②贾拓夫：《关于 1948 年财经工作的检讨及 1949 年财经工作的任务与方针问题》（1949 年 2 月 27 日、3 月 18 日），晋绥边区财政经济史编写组等编：《晋绥边区财政经济史资料选编·总论编》，第 812、837~838 页。

③《边区生产会议结束确定今年农业生产计划》，《晋绥日报》1949 年 2 月 3 日，第 1 版。

中共中央西北局对当年农业生产也做出指示，指出因战争和天灾影响，边区生产基础遭受严重破坏，广大农村普遍食粮不足，劳力减少，畜力缺乏。陕甘宁有近 40 万人陷入饥饿状态，晋绥有 46 万人口遭受严重灾荒。经过努力，陕甘宁增种熟荒 240 万亩，耕地面积恢复达 1500 余万亩，产细粮 300 余万石，耕地面积和产量均达 1946 年的 70%。晋绥已超过 1946 年的农业生产水平，耕地达 3180 余万亩。西北局指示，1949 年一般以精耕细作提高产量为主，以恢复与扩大耕地面积及大量兴修水利为辅，各地应根据实际情况制定增产计划，改良生产技术，注意积粪施肥、选择优良品种、保持水土、改良农具、防除虫害等重要方面。① 中共中央华东局制定了 1949 年华东农业生产计划，指出消灭荒地，扩大耕地面积，特别是新解放区、新恢复区、灾区应继续贯彻"生产不荒一亩地"的口号，消灭熟荒以及多年的老荒，但应注意禁止在山地开垦生荒。②

（二）垦荒的环境效应分析

1. 垦荒的波动性

尽管以往研究认为大生产运动中各根据地的垦荒造成了植被清除、生态环境退化，但是对于垦荒的波动性并未考察。以晋绥边区为例，开荒的过程会因战争时期各种因素干扰而阻滞、波动。晋绥边区抗战后生产事业受到经常性的威胁破坏，特别是 1940 年，日军一年内 4 次大规模"扫荡"，加上"晋西事变"后社会秩序的暂时混乱，农业生产遭遇严重困难。劳动力也因武装动员及敌人杀害、强拉，估计比战前减少三分之一以上，畜力也大为减少，从而造成大量土地荒芜，垦荒也就无从谈起。1940 年，晋绥边区耕地面积减至战前的 84.5%；土地产量也明显降低，一般山地比战前产量少三分之一，有的地方如兴县 14 个自然村，详细调查表明，1941 年农业产量降低至战前的 80% 至 50%，平均

---

① 《中共中央西北局关于今年农业生产的指示》，《晋绥日报》1949 年 3 月 14 日，第 1 版。
② 《中共中央华东局 1949 年华东农业生产计划》，山东省档案馆等编：《山东革命历史档案资料选编》第 22 辑，第 158 页。

降低 62.5%。① 1947 年以来，虽然边区三分之二的地区完成了土改，各地农民生产情绪有很大提高，但"又因严重的灾荒与军勤负担过重，以及边缘区经常遭受敌人残酷的抢掠"，使得 1948 年生产存在更多的困难。② 这两年间，因灾荒和劳力不足而导致的土地荒芜必不可免，垦荒规模自然萎缩，间接对荒野的恢复有一定作用。因此，1947—1948 年处于一个波谷，即垦荒萎缩的阶段。

再看晋冀鲁豫边区。1940 年春天，太行区有严重的春荒，平顺、辽县等 4 个县统计灾民达 48449 人。此外，疾病流行也会导致农忙时期"荒苗"，引发土地荒芜。总体来说，1939—1941 年，太行区整体农业生产呈降低趋势，尽管生荒有所开垦，但熟地有因产量降低甚至荒废的。③ 1942 年，边区遭遇严重灾荒，粮食普遍歉收，人口普遍逃亡，如据武（安）东调查，不少受灾村庄人口逃亡达 40% 以上。究其原因，一是天灾，二是敌人掠夺，二者结合起来，使得根据地生产元气遭受空前损伤。④ 因此，由于战争环境和各地劳动力的不足，实际上开荒与新荒的产生是个交替的过程，并不是以往研究中所说的持续性开荒。1943 年 6 月，晋冀鲁豫边区政府指出，1942 年有不少荒地，有的生产较好的村庄"荒了三分之一"，主要是因日军"扫荡"导致农民无工夫锄苗所致。⑤

总之，在战争、灾荒的干扰下，华北根据地并不能一直保持长期而持续的垦荒，无论是熟荒耕地恢复，还是生荒的开垦都受到间歇性的干扰。

---

① 晋绥地区行政公署：《晋西北三年来的生产建设》（1943 年），晋绥边区财政经济史编写组等编：《晋绥边区财政经济史资料选编·总论编》，第 493 页。

② 《行署关于发展生产的指示》（1948 年 5 月 10 日），晋绥边区财政经济史编写组等编：《晋绥边区财政经济史资料选编·总论编》，第 690 页。

③ 《太行区社会经济调查（第 1 集）》（1944 年 8 月），晋冀鲁豫边区财政经济史编辑组等编：《抗日战争时期晋冀鲁豫边区财政经济史资料选编》第 2 辑，第 1371~1372 页。

④ 《太行区社会经济调查（第 1 集）》（1944 年 8 月），晋冀鲁豫边区财政经济史编辑组等编：《抗日战争时期晋冀鲁豫边区财政经济史资料选编》第 2 辑，第 1388 页。

⑤ 李雪峰：《为什么开展生产运动是贯串全年各方面的中心环节》（1943 年 6 月 1 日），晋冀鲁豫边区财政经济史编辑组等编：《抗日战争时期晋冀鲁豫边区财政经济史资料选编》第 2 辑，第 15 页。

垦荒过程的间隔和阻断，说明考量华北根据地垦荒运动对环境的影响，要结合具体时空尺度及战争环境来评估，具体问题具体分析，不能一概而论。正如1942年，晋察冀边区行政委员会所指出的，日军"几年来无数次的摧残破坏，以及水旱天灾的频频侵袭，人民受到很大的创伤，土地部分的荒芜，生产严重下降着"。① 农业生产的外部环境不平静，垦荒进程必然有所缓和。在战争破坏、灾荒严重的特定时期，各根据地农业方针主要是在已有耕地上"做文章"，即"消灭熟荒，防止新荒"，农业垦殖向自然区域扩展的进程进入缓和期。反之，在相对稳定的时期则开熟荒、生荒并重，这一时期对环境的影响最大。当然这种情况也要结合具体区域和地貌条件来分析，不能一概而论。

2. 垦荒的环境效应分析

大规模垦荒增加了农业收入，为各根据地财政经济的恢复与发展奠定了基础。如上所述，在根据地政府各项政策的推动、引领和民众动员下，垦荒在一定时期内保持持续性。客观来说，当垦荒成为一种浪潮时，身处其中的地方民众开展垦荒运动时具有一定的盲目性。一方面，民众垦荒行为是一种"尽地力而为"的农作行为，认为只要发挥人的积极作用，就可以最大限度地从土地中获取收入。抗日民歌很清晰地揭示了这个问题，如"大家团结一条心，开出荒地强似金；黄金有尽土无尽，今年种来明年种"；"春季里来农忙天，又开荒地又耕田；荒地多开粮多种，不让一寸土地闲。"② 另一方面，民众秉持"多开荒地多打粮"的观念，甚至也明白生荒开过后一般只能种五年，所谓"村东山上开荒田，生荒开后种五年；二年谷子一年菜，三年过去种荞麦"③，但对有的地方不宜开荒则认识不足，尤其是超过30度的陡坡及林地。

---

① 《晋察冀边区行政委员会关于春耕准备工作的指示》（1942年1月19日），魏宏运主编：《抗日战争时期晋察冀边区财政经济史资料选编》第2编，第306页。

② 袁同兴辑：《晋察冀根据地抗日民歌选》，上海：上海文化出版社，1956年，第78、80页。

③ 袁同兴辑：《晋察冀根据地抗日民歌选》，第78页。

从耕地扩张对自然环境的影响角度来说，开垦生荒比熟荒对自然植被的影响更大。熟荒地曾经耕种，经过撂荒，次生植被有所恢复，开荒后则对其进行清除；而生荒地主要分布于熟地、熟荒地之外，虽有可耕种价值，但主要是因耕种不便而任其荒芜，虽有一定的次生植被，自然植被应更多。大规模的垦荒是以恢复熟荒、增加生荒为中心的，其对自然植被的破坏是可以预见的。晋察冀边区农林牧殖局局长陈凤桐曾撰文系统总结了北岳区农业生产的各种经验得失，指出："开垦必须注意林政。"[①] 这类经验的总结说明各地前期垦荒对植被的保留与否可能未加注意，进而引发了水土流失问题，而今后的工作必须注意保护林木问题。根据地垦荒的环境效应，正如齐武所说："军队及农民大量垦荒，开始当然可以增加粮食生产。但有些地方地势陡峭，坡度过大，有的还砍伐森林，破坏植被，致使水源难于涵蓄，雨水冲刷，土壤流失。每当夏秋，暴雨骤降，洪水泛滥成灾。从长远说，得不偿失。这是战争逼出来的一种做法。"[②]

各根据地积极推动大规模集体化的开荒运动，最终将相对多样的荒野生态环境简化为单一的农业生态环境。垦荒扩大了耕地面积，增加了粮食产量，保障了根据地人口的繁衍，最终支持了战争，在当时的时空环境下具有合理性。不过，开荒必然毁林（草），再加上陡坡垦荒"严重破坏了水土保持"[③]，从长远来看，需要政府力量加强对开荒行为的干预和引导，对无序而盲目的开生荒行为尤应加以限制甚至禁止。对此，各根据地在农业生产过程中逐步加大了对垦荒行为的调适，制定了一系列法律、法规。

1939 年以后，华北根据地政府和科技工作者逐步认识到垦荒引发的一系列环境问题，积极制定相关政策，对垦荒行为进行调适。1941 年 10 月，

① 陈凤桐：《北岳区的农业推广》，《解放日报》1944 年 12 月 2 日，第 4 版。

② 齐武：《晋冀鲁豫边区史》，第 462 页。

③ 黄河水利委员会等编：《黄河水土保持大事记》，西安：陕西人民出版社，1996 年，第 74 页。

晋绥边区颁布《晋绥边区修正垦荒条例》，规定荒地的种类，其中生荒是指尚未开垦的荒地及林地，但明确指出林地开荒只限林间之地，不得砍伐树木。① 晋察冀边区最具代表性。1939 年，边区遭遇大水灾。在反思这次水灾发生的原因之后，政府对公私林木的保护、禁山的设立逐步重视。1939 年 9 月 29 日公布的《晋察冀边区保护公私林木办法》明确规定边区山间所有林木根株一律不得掘采，使能固结土壤，以防水患。② 10 月 2 日，边区政府为"繁殖林木，防止水荒"，又颁布了《晋察冀边区禁山造林办法》，规定边区境内所有公私林木均由县政府督同区、村公所负责保护；凡 50 度以上的山坡，逐段划为禁山，无论林地或禁山，只准造林，不得垦荒，未经开放，一律禁止放牧；山间林木根株，未经同意，一律不得采掘，以固结土壤、防止水患。对于保护林木有功和植树造林成绩显著者，予以奖励。违犯林地及禁山规定者，处以罚金乃至徒刑。③

　　1946 年 3 月 7 日，晋察冀边区行政委员会又颁布了《荒山荒地荒滩垦殖暂行办法》，从题名来看，该办法不涉及林木问题，其内容却含有大量垦荒与植树、造林的条文。该办法制定的目的是"鼓励扩人与巩固耕地，培植林木果树，增进国民收入及福利"，而对于不能垦种的荒山坡地的利用要求更为严格："凡本边区境内不论公私荒山，其坡度在 30 度以上者，只许植树造林，不得垦种谷物。……个别贫农非垦种 30 度以上山坡不能维持当时生活者，须经当地区公所批准，并限于三年内修成梯田。现已垦种之山坡，其坡度在 30 度以上者，须改植树木或在三年内修成梯田。"④

----

① 《晋绥边区修正垦荒条例》（1941 年 10 月 10 日），晋西北行政公署编委：《法令辑要》，1942 年。

② 《晋察冀边区保护公私林木办法》（1939 年 9 月 29 日），魏宏运主编：《抗日战争时期晋察冀边区财政经济史资料选编》第 2 编，第 250 页。

③ 《晋察冀边区禁山造林办法》（1939 年 10 月 2 日），魏宏运主编：《抗日战争时期晋察冀边区财政经济史资料选编》第 2 编，第 252 页。

④ 《晋察冀边区行政委员会颁发晋察冀边区荒山荒田垦殖暂行办法》（1946 年 3 月 7 日），华北解放区财政经济史资料选编编辑组等编：《华北解放区财政经济史资料选编》第 1 辑，第 765 页。

第二节 荒野向田园转化的个案研究：南泥湾垦区的演变

对于垦荒及其所在区域的景观转变及环境变化，我们可以选定某一特定区域做深入考察。南泥湾垦区的演变无疑是一个典型案例。南泥湾于1940年末被中共中央确立为军屯区域，又在1941年初被陕甘宁边区政府划作移民垦荒区。随着人口的增多，垦区垦殖活动的力度和广度不断提升、扩大，南泥湾的荒野景观逐步向田园转变。其间，边区政府不断充实垦区的行政建置，先后设置了南泥湾农场管理处、南泥湾乡政府、南泥湾垦区政府；在政区等级上由乡级、区级向县级转变；在辖区面积上，也由小变大，逐步拓展。① 迄今为止，学界论著主要关注南泥湾军民垦荒的成就、革命军队的优良作风、大生产运动的社会记忆与革命话语的体系化建构等问题。实则南泥湾大生产运动在抗战时期人地关系史研究、环境史研究上也具有重要的考察意义。本节即以南泥湾垦区演变为例，考察华北根据地由荒野生态向田园转化的地方实态。

一、南泥湾的荒野环境与屯垦背景

（一）南泥湾的荒野环境

1. 南泥湾的发现

南泥湾，原名南泥洼，俗称烂泥洼、烂泥湾。1940年6月14日至7月30日，陕甘宁边区农校教师乐天宇等人在中央财政经济部支持下考察边区森林状况。乐天宇等人于延安东南梁山山脉考察时发现了"南泥洼"这块适合垦荒的地域。在《陕甘宁边区森林考察团报告书》中，乐天宇指出

---

① 学术界对于南泥湾垦区的范围、行政建置与政区演变的整体进程研究尚未见到，个别论著虽涉及少量议题，但大多语焉不详，或与史实错讹。相关研究参见任勇编著：《南泥湾》，西安：陕西人民出版社，1999年；傅林祥、郑宝恒：《中国行政区划通史·中华民国卷》，上海：复旦大学出版社，2017年；李顺民、赵阿利编著：《陕甘宁边区行政区划变迁》，西安：陕西人民出版社，1994年。

南泥洼地区水利、土质条件甚佳，可种植水稻和杂粮，建议将南泥洼地区划作林垦区域。据其调查，南泥洼有农户 20 户，可移民 220 户，水稻、杂粮皆可种植，面积 12960 亩。[①] 时任边区农校教育主任兼农艺股长的方悴农也忆述，乐天宇等人在考察中"发现边区农校往东南方向不到 50 华里，属于临镇川上游就有一大片撂荒已久的大洼地，方圆 80 里内，只有几户人家。这片大洼地周围是缓坡丘陵，有茂密的次生林，水源充足，被称为'烂泥洼'，还可以开辟稻田"。[②] 总之，在抗战相持阶段的大环境下，乐天宇提出了边区林地保护与利用并举的详细计划，为后来边区屯垦政策的制定提供了重要的启发，而"烂泥洼"对于当时面临严重经济困难的陕甘宁边区来说颇具开垦价值。

2. 南泥湾的荒野环境

荒野（wildness），狭义上指荒野地（荒丘、荒地）；广义上，它是指陆地上自然生态良好、人迹稀少，或没有人迹，或有人到过、干预过，但都没有制约或影响自然生态规律起主导作用的非人工自然环境。荒野概念含有两个要点，其一是荒野环境中没有人迹，是无人区；其二是荒野环境有少量人居住，但人与荒野环境形成相互依存、相互作用的关系，体现可居住性、可持续性以及和谐性特征。自工业革命以来，荒野一直被当作征服的对象，但随着 20 世纪环境保护运动的兴起，荒野环境成为主要保护对象。在美国，早在 20 世纪 30 年代以后林业部门就掀起了保护荒野的运动。1933 年利奥波德在《林业杂志》发表《保护伦理》论文，认为保护荒野在本质上是保护其非经济价值，特别是荒野的完整、稳定和美丽的存在方式。1962 年卡逊发表《寂静的春天》后，全球环境革命爆发，美国被压制

[①] 乐天宇等：《陕甘宁边区森林考察团报告书（1940）》，《北京林业大学学报（社会科学版）》2012 年第 1 期。

[②] 方悴农：《情系三农七十年——方悴农文集》，北京：人民日报出版社，2006 年，第 38 页。

的荒野保护论又卷土重来。[①]

　　荒野由自然与半自然环境组成，其主要存在方式是原始森林、湿地、草原、丘陵和野生动物，在自然生态系统中具有多样性特点。南泥湾屯垦前的环境是典型的荒野环境。南泥湾荒野环境的总体景观特征是"河川纵横，林木茂密，人烟稀少，遍地荒凉"[②]。这里植被茂密，野生动物繁多。时人指出："不论山高山低，沟宽沟窄，满是黑压压的大森林，几乎看不见天的。连蓬蒿都长得丈把高，烂树叶味儿的气味冲着鼻子。而黄羊在奔，狐狸在跑，长蛇在乱爬，什么地方狼和豹子在嗥叫。"[③] 当年的一首歌谣这样说："南泥湾呀烂泥湾，荒山臭水黑泥潭。方圆百里山连山，只见梢林不见天。狼豹黄羊满山窜，一片荒凉少人烟。"[④]

　　南泥湾地区的植被主要由原始森林和次生林组成，植被结构以乔木、灌木和草类为主。空间分布上一般是白草地—灌木（狼牙刺等）—乔木，由低到高，层次明显。森林存在于沟内人迹罕至之区，以松树、桦树、柏树、青冈树、杜梨树、榆树、杨树、杏树、木瓜树、野葡萄、山楂、海棠、栗树、红枫等为主。森林的分布从现有的记载来看没有规律，有的离军队驻地 20 里[⑤]，而有的就在驻地周边。719 团驻地九龙泉，"山坡上尽是没膝的荆棘、野草，参差茂密的枫树、桦树、青冈树，覆盖了整个山峦"[⑥]。乔木之外，灌木和草本植物分布最多，如狼牙刺、酸枣、野蔷薇、黑格兰、马兰草、蒿草、蒲草、蝎子草、羊胡子草

　　① 叶平：《环境科学及其特殊对象的哲学与伦理学问题研究》，北京：中国环境科学出版社，2014 年，第 105 页。

　　② 贺庆积：《回忆南泥湾大生产运动》，中国人民解放军六九一九部队政治部编：《战斗在南泥湾》，长沙：湖南人民出版社，1962 年，第 16 页。

　　③ 孔厥：《南泥湾好风光》，《解放日报》1944 年 4 月 14 日，第 4 版。

　　④ 石邦智：《战斗在陕甘宁边区》，饶弘范主编：《南泥湾续集》，长沙：湖南人民出版社，2006 年，第 85 页。

　　⑤ 石邦智：《南泥湾大生产的回顾》，中共湖南省委宣传部、湖南省南泥湾精神研究会：《南泥湾》，长沙：湖南出版社，1995 年，第 141 页。

　　⑥ 吴东江：《九龙泉安家》，中共湖南省委宣传部、湖南省南泥湾精神研究会：《南泥湾》，第 151 页。

等。此外，南泥湾各沟内有水，存在湿地环境，水生植物分布较多，如芦苇、水芹菜等。湿地内游鱼很多，"存水的地方长着一人多高的芦苇，野猪、野羊成群的跑来跑去"，河沟、水渠中有鱼、鳖、虾、蟹、泥鳅、黄鳝，"样样都有"。

图 2-2　南泥湾的初始环境

说明：图片源自吴印咸编《南泥湾》，西安：陕西人民出版社，1975 年，第 10 页。

由于常年人烟稀少、植被茂密，南泥湾地区野生动物很多，主要有狼、豹子、野猪、狐狸、野羊、山鸡、野兔、豪猪、黄鼠狼、鹰子等，飞禽类最多。八路军战士开始进入南泥湾时由于粮食吃紧，除了挖野菜，改善伙食的主要途径是狩猎："到山上打野猪、山羊和抓野鸡，有时只需出动一些人，从这个山头到那个山头，一阵包围追赶，几个来回，把野鸡弄的精疲力尽，一下就可以抓到成百只甚至上千只，用来改善生活，别有风味。"①

如果我们将观察的尺度缩小，可以垦区内的史家岔、金盆湾为例。南泥湾西南端的史家岔三面环山，是一条南北不到十里长的山沟，中有溪水，缓缓流过。北面大山顶上，有一片遮天蔽日的大森林。史家岔荆棘遍野，满目荒凉。沟里有芦苇秆，荒地有野羊、野兔、野鸡还有狼。土质为黑土，"实是良田沃土"。② 史家岔有山沟、溪流、森林、湿地植物和野生动物，近乎纯自然状态。溪流的水质也能进一步表明这里是人迹罕至的自然生态："溪中横着腐烂的百年古树，水面上死兔子、豪猪屎、野鸡毛缓缓漂流、浮沉。水底不时冒起一串黑色水泡，冲出一股难闻的臭味。"③ 金盆湾的环境同样"蛮荒"，李吉生说："荒原上到处是近一人高的蒿草和一簇簇的灌木丛，湾子两边的山坡上到处都是桦、榆、柳、杏、松柏等参天古树，虽然还是冬季，野猪、野鸡、野兔、山鸡仍然成群，山边沟底流淌着哗哗作响的溪水，浸泡着腐烂的古木和野兽的尸骨。"④

（二）军队屯垦的背景

1938 年以后，在日军进攻、国民党逐步封锁之下，陕甘宁边区的经济压力持续增大，边区经济入不敷出，"各机关、学校、军队几乎断炊"。⑤ 1939 年 1 月，毛泽东在陕甘宁边区第一届参议会上发出了"自力更生，发展生产"的号召。此后，边区政府一面号召党政军机关干部、部队、学校学员等行动起来投入生产运动，一面实行优待移民、难民政策，以增加劳动力，扩大垦荒面积。三五九旅原在绥德防区加强河防并就地屯田生产，但苦于没有合适的可开垦荒地，收获不大。

---

① 中国人民解放军六九一九部队政治部编：《战斗在南泥湾》，第 17 页。
② 中国人民解放军六九一九部队政治部编：《战斗在南泥湾》，第 2 页。
③ 中国人民解放军六九一九部队政治部编：《战斗在南泥湾》，第 3 页。
④ 李吉生口述，史文元整理：《世纪沧桑话今昔：一个红军老战士的自述》，乌鲁木齐：新疆人民出版社，2010 年，第 76 页。
⑤ 吴殿尧主编：《朱德年谱：新编本 1886—1976（中）》，北京：中央文献出版社，2016 年，第 1000 页。

　　《陕甘宁边区森林考察团报告书》经中央财政经济部副部长李富春批示后送交毛泽东、朱德等人。毛泽东在随后与乐天宇的交谈中认可其提出的在南泥湾地区垦荒的建议，并指示邓洁、王首道与乐天宇再次考察南泥湾。朱德则直接推动了军队屯垦南泥湾政策的出台。1940 年 5 月，朱德从华北前线回到延安后非常关心部队生产，主张以部队强壮众多的劳动力投入到生产运动中去，以减轻人民负担，密切军民关系，同时帮助边区建设，也改善部队本身的生活。① 听闻南泥湾适合屯垦，朱德又邀请乐天宇与其考察南泥湾，时在 1940 年 9 月 2 日。② 据康克清回忆，从南泥湾回来后，朱德"向党中央、毛主席提出了有名的'南泥湾政策'，很快得到同意"③。后在毛泽东主持的中央会议上，通过了开发南泥湾的决定。④ 11 月初，朱德赴绥德三五九旅防地视察。12 月，朱德指示三五九旅旅长王震率军屯垦南泥湾，用军人劳动的双手，"建立起革命的家务"。⑤

　　此外，八路军屯垦南泥湾的另一个重要原因是守卫陕甘宁边区的南大门。南泥湾地区是延安的南大门，具有重要的战略地位。其东南方向的茶坊镇与国民党军队所驻洛川县接壤，彼军驻有 1 个军部和 1 个师的部队。南泥湾是国民党军队进犯延安的必经之路。因此，三五九旅屯垦南泥湾，不仅具有粉碎国民党对陕甘宁边区实行经济封锁图谋的目的，还担负着保卫延安、保卫党中央的重要任务。早在 1940 年 11 月 20 日，刚刚由百团大战前线归来的三五九旅 717 团，于 12 月初奉命开赴边区南部，守卫固临县临真镇一带防线，与南泥湾地区接壤。这一防线位于延安东南五六十公里处，与顽军防御的洛川接壤。717 团固守南线防区，有力地保障了边区南

---

　　① 李维汉：《回忆与研究（下）》，第 546 页。

　　② 吴殿尧主编：《朱德年谱：新编本 1886—1976（中）》，第 989 页。

　　③ 康克清：《康克清回忆录》，北京：中国妇女出版社，2011 年，第 168 页。

　　④ 赵海洲：《发现南泥湾的前前后后》，《世纪》1997 年第 5 期。该文是作者在采访乐天宇之后撰写的。

　　⑤ 吴殿尧主编：《朱德年谱：新编本 1886—1976（中）》，第 1026 页。

线的安全。① 因此，屯垦战士"真正是一边生产、一边准备战斗"②。

总之，南泥湾成为军队屯田垦荒区域是在边区经济困难的大环境下，由中央领导人认可并直接推动下确立的，而乐天宇等人对南泥湾的"发现"无疑为军队执行屯垦政策提供了地理舞台。

二、各类人口、组织"填充"荒野与垦区的政区化

（一）军队、机关单位、移民屯垦荒野

1940 年春，遵照中央指示，从前线回到边区的三五九旅战士一面守卫河防，一面开展自力更生、克服困难的生产运动。当时，三五九旅回到边区的部队只有 717 团和 718 团。由于绥德防区人多地少，军队屯垦的空间有限。

图 2-3　屯垦前的动员

说明：图片源自吴印咸编《南泥湾》，第 14 页。

---

① 新疆生产建设兵团农四师七十二团史志编纂委员会编：《从湘赣苏区到伊犁河谷：新疆兵团农四师七十二团征尘录》，乌鲁木齐：新疆人民出版社，1999 年，第 76 页。

② 李吉生口述，史文元整理：《世纪沧桑话今昔、一个红军老战士的自述》，第 76 页。

12月，南泥湾屯垦政策提出以后，王震率717团首先进驻南泥湾。此后，各团陆续开赴南泥湾地区。三五九旅共有6个单位，11958人，进驻南泥湾后各单位驻地分别是：旅部驻金盆湾；1940年12月初，717团开赴南泥湾驻临镇，后赴三边地区驻防；1942年3月，718团开赴南泥湾驻马坊；1942年8月，719团开赴南泥湾驻九龙泉；补充团也称四支队驻南泥湾，后移驻延长；特务团驻金盆湾、马坊一带；旅直属团驻金盆湾。为了保密，屯垦各部队都有代号：三五九旅——团结部；717团——徐堡部、陈李部、亚洲部、7团；718团——平山团、刘堡部、陈左部、8团；719团——王堡部、张曾部、非洲部、9团；特务团——苏龙部、美洲部；四支队——澳洲部。

除了三五九旅，当年在垦区开荒、开办农场的还有八路军总部炮兵学校、中央组织部、中央管理局南泥湾办事处、中央西北局、边区政府财政厅、边区文协、中央党校、中央警卫团、延安大学、泽东青年干部学校，以及十八集团军兵站农场、总政治部农场、中组部与中财部合办的新中国农场等19个单位。[①] 1941年初，南泥湾境内仅有“中秘、中财、中组、中青四个农场”，7月增至14个。7月，八路军直属炮兵团来到南盘龙川。11月中央警卫营也来到南泥湾垦荒。本年居民增至101户。[②] 至1942年，南泥湾地区有农场34个，计有“粮食局、独一旅、留政、中研、敌工、第三科、总政、郿特、政秘、平枭、财厅、后勤、联勤、延大、秘书厅、俄校、供校、警班、军委、中央、留司、中山、蒙委、回委、民族学院、军事学院、兵站、第二林场、前骑、联警、管秘、管供、一局、马厂”。[③]

---

① 任勇：《南泥湾》，西安：陕西人民出版社，1999年，第4页；孙德山、许飞清：《开垦中的南泥湾》，《解放日报》1942年5月9日，第2版。

② 佚名：《南泥湾调查》，中央档案馆等编：《中共中央西北局文件汇集·1943年（一）》，北京：中央档案馆，1994年，第269~270页。

③ 佚名：《南泥湾调查》，中央档案馆等编：《中共中央西北局文件汇集·1943年（一）》，第282页。

此外，边区政府又组织榆林、神木、横山、葭县等地的移民、难民进入南泥湾垦荒。于是南泥湾地区"这块寂寞了八九十年的地方马上活跃起来了"①。1942 年，南泥湾普通民户由 101 户增至 243 户，主要是难民和移民。② 不过，南泥湾地区荒地很多，边区政府不久又将其划作延安各机关事业单位和边区移民、难民的垦荒区。1943 年 2 月 2 日的《解放日报》也这样说："南泥湾垦区以部队为生产之主力军，居民仅占少数，但欲完成南泥湾的全部开发工作，尚有待于大量移民。"③

于是，边区党、政、民、学各类人群也相继奔赴南泥湾，进行垦荒生产。当然，这些人口的规模较三五九旅等部队的总规模为少，南泥湾一直是以军队屯垦为主的垦荒区域。

（二）垦区的政区化

1. 乡级垦区的划定

各类文献所说的南泥湾垦区实际上有狭义和广义之分，以往论著并未阐明，时人所说南泥湾垦区实际上多以广义而言。1941 年 1 月 11 日，陕甘宁边区政府的命令清晰地揭示了南泥湾最初的归属和地理区位：

> 令延安县政府
>
> 查延安、固临间之烂泥洼、松树林一带，业经本府划定为第一移民垦荒区，并由八路军在该地区创设新中国大农场，青救会在该地区创办青年农校。今为便于施政，利于工作进行计，应划该地区归延安县行政系统管辖。除令固临县着手办理交代外，仰令到后即派员前往该地区实地勘查，会同固临县划分境界，接手管辖，设立乡政府，并

---

① 何维忠：《南泥湾屯垦记》，天津：天津人民出版社，1959 年，第 8 页。

② 佚名：《南泥湾调查》，中央档案馆等编：《中共中央西北局文件汇集·1943 年（一）》，第 278~279 页。

③ 《南泥湾垦区新气象》，《解放日报》1943 年 2 月 2 日，第 2 版。

须迅速计划与开展该地区之各项事业设置为要。①

　　该命令指出，"烂泥洼"原属固临县金盆区，此时要划归延安县管辖。当时该地区荒无人烟，并无乡镇，而现在被划定为军队生产和移民垦荒区域后，即将成立乡政府。1941 年 7 月 27 日，《解放日报》说南泥湾于该年被"辟为移民垦殖区，并由新中国大农场等先在该处垦荒"②。因此，至迟到 1941 年 7 月"烂泥洼"已被称为"南泥湾"了，一般认为这是朱德所改。不过，可能因当地民户不多，移民和难民的迁入也需要一个过程，直至 1942 年 11 月南泥湾地区方划为一个乡并建立乡政府，乡政府驻于南阳府川下游的马坊。③

　　南泥湾乡归属延安县的哪个区尚不得而知，极有可能为延安县直接管辖。但 1941 年 4 月，固临县金盆区又划归延安县管辖④，于是南泥湾乡再次归属金盆区。所以 1943 年的《南泥湾调查》说南泥湾是延安县金盆区的一个乡。⑤ 柯蓝在其日记中也指出自己当年和《群众报》、边区文协在"金盆区南泥湾垦区"分得一片好地垦荒。⑥

　　狭义的南泥湾垦区即为由"烂泥洼"演变而来的南泥湾乡，该处"地面辽阔，西界鄜、甘二县境延水与洛水分水岭的大动梁，北靠延水与临镇川的分水岭，东与金盆湾本区接壤，南迄固临境内黑蛇川与临镇川的分水

---

① 《陕甘宁边区政府训令——令接手管辖烂泥洼松树林一带地区》（1941 年 1 月 11 日），陕西省档案馆编：《陕甘宁边区政府文件选编》第 3 辑，西安：陕西人民教育出版社，2013 年，第 101~102 页。
② 《兵工修筑延南路》，《解放日报》1941 年 7 月 27 日，第 2 版。
③ 佚名：《南泥湾调查》，中央档案馆等编：《中共中央西北局文件汇集·1943 年（一）》，第 270、283 页。
④ 陕西省地方志编纂委员会编：《陕西省志》第 2 卷《行政建置志》，西安：三秦出版社，1992 年，第 510 页。
⑤ 佚名：《南泥湾调查》，中央档案馆等编：《中共中央西北局文件汇集·1943 年（一）》，第 268 页。
⑥ 柯蓝：《回忆我在金盆区山地》，《柯蓝文集·5》，石家庄：河北人民出版社，1996 年，第 609 页。

岭。纵横各约 80 里，计 6400 方里，中心地区由三道河川构成：南盘龙川自西而东约 35 里，九龙川自南而北约 20 余里，在南泥湾会合称南阳府川，东北向约 25 里至金盆湾"①。

不过，如上所述，三五九旅等部队和中央各机构、学校、农场屯垦所在地并不限于南泥湾乡的辖境。屯垦期间，三五九旅 717 团曾驻临镇、718 团一部驻马坊、三五九旅旅部和特务团驻金盆湾、719 团一部驻鄜县史家岔、八路军总部炮兵团驻桃宝峪，而各类人士追述当年屯垦所在地时均称之为南泥湾。这一广大地区就是广义的南泥湾垦区，囊括甘泉、鄜县、延安、固临四县接壤地区，主要乡镇自西向东有九龙泉、南泥湾、马坊、金盆湾、临镇等。这个区域即为后来县级南泥湾垦区政府的管辖范围，时人所谓南泥湾垦区多是指这个广义的南泥湾而言。如 1940 年三五九旅 717 团战士李吉生随部队开赴南泥湾，而屯垦地点确切地说是在金盆湾，在其后来的忆述中则说"广义的南泥湾也包括金盆湾"。②

广义、狭义的南泥湾垦区是就其地域范围而言的。南泥湾乡当时只是军队垦荒为主，移民、难民垦荒为辅的乡级垦殖区域。在行政上归属延安县金盆区管辖，尚未成为一个与边区各县、区并立的独立垦区，属于"虚"的军垦区、"难民区"。③ 直至 1944 年 5 月 1 日，南泥湾垦区政府建立，直属陕甘宁边区延属分区管辖，在行政建置上独立的南泥湾垦区方得以最终建立，不过其辖区范围仍未超越南泥湾乡的辖境。因此，从行政建置角度来说，南泥湾乡是南泥湾垦区的雏形，但从移民垦荒和时人的认识来说，狭义、广义的南泥湾都可以叫做南泥湾垦区。④

---

① 佚名：《南泥湾调查》，中央档案馆等编：《中共中央西北局文件汇集·1943 年（一）》，第 268~269 页。鄜即鄜县，甘即甘泉县。

② 李吉生口述，史文元整理：《世纪沧桑话今昔：一个红军老战士的自述》，第 76 页。

③ 孙德山、许飞清：《开垦中的南泥洼》，《解放日报》1942 年 5 月 9 日，第 2 版。

④ 如时人在南泥湾垦区政府建立之前就已称南泥湾为"南泥湾垦区"，见《南泥湾垦区新气象》，《解放日报》1943 年 2 月 2 日，第 2 版。

2. 南泥湾农场管理处

1941 年以来，边区党、政、军、民、学各类人群相继进入南泥湾乡及其周边地区垦荒生产，南泥湾实际上成了一个大农场。边区政府为有效推进该地区各类群体的垦荒工作，首先成立了南泥湾农场管理处。因文献来源不同，南泥湾农场管理处有多种称谓：南泥湾垦殖处[①]、南泥湾垦殖办事处[②]、南泥湾农场（垦殖）管理局。"南泥湾农场管理处"的称谓来源于《南泥湾调查》，该文保存于中共中央西北局文件之中，因而其说法较为"官方"。

三五九旅在南泥湾创设新中国大农场后，南泥湾农场管理处也于 1942 年成立，由军委农场场长李世俊任主任。[③] 南泥湾农场管理处成立的具体时间是在 1942 年春季。1942 年 5 月 9 日，《解放日报》载："自政府号召垦殖后，去年移来的难民，就有几十家。今春便猛然迁来了一百四十余户，建立了总行政领导机关——管理局，直属边区政府，下设东、西、南三分区，共辖三十个村。"[④] 这也说明，1942 年以来南泥湾农场管理处除了担负三五九旅等单位农场的垦荒指导、协调工作，还承担移民管理等民政事务。

南泥湾农场管理处最初直属十八集团军总司令部，主要为指导军队垦荒而设置。李世俊（1901—1962），山西省万荣县人，1932 年毕业于北平大学农学院农化系不久，即投身于包头晋绥军屯垦事业，负责组织实施绥西的农业开发。1937 年 9 月奔赴延安。1938 年经刘少奇介绍加入中国共产党，不久任边区建设厅技术室主任。[⑤] 李世俊由绥远军垦出名，

---

① 罗迅：《延安自然科学院的科系和实习工厂》，《延安自然科学院史料》，北京：中共党史资料出版社，北京工业学院出版社，1986 年，第 420 页。

② 方悴农：《情系三农七十年——方悴农文集》，第 38 页。

③ 佚名：《南泥湾调查》，中央档案馆等编：《中共中央西北局文件汇集·1943 年（一）》，第 270 页。

④ 《开垦中的南泥洼》，《解放日报》1942 年 5 月 9 日，第 2 版。

⑤ 中国科学技术协会编：《中国科学技术专家传略·农学编（综合卷 1）》，北京：中国农业科技出版社，1996 年，第 286 页。

南泥湾农场管理处主任由他担任，说明南泥湾垦荒一开始就带有很强的军垦色彩。

随着边区各类机关事业单位人员的到来，南泥湾农场管理处逐渐成为一个指导、协调进入南泥湾的党、政、军、学各类机关单位生产垦荒工作的重要机构。在移民、难民进入南泥湾以后，南泥湾农场管理处又组织、帮助移民、难民生产开荒和安家落户，从而承担了乡政府的部分职能。

3. 区级垦区的建立

南泥湾农场管理处并非地方政府单位，而它的存在又客观上分担了一部分政府行政功能。久之，管理处与乡政府、区政府之间必然产生矛盾。《南泥湾调查》的作者已明确指出了垦区面临的主要问题：经济建设与政权工作的统一问题。自1942年3月起，"政权工作即由管理处作，十一月交与区政府。但当地大多数新户与管理处有密切联系，所以李世俊与区长商议，经济建设归管理处管，政权工作归区政府管。于是现在存在两种现象：（1）管理处在南泥湾中心地方，领导干部与群众联系密切；乡政府在南阳府川下游马坊，乡长赵忠信住在陈子沟（非南泥湾境内），与群众联系差。（2）经济建设为中心工作，但管理处不能行使政府权力，可能推动力量减弱，乡政府除经建工作外，只做动员工作，不能在群众中建立威信"①。可见，南泥湾垦殖管理处与乡政府同时存在却又不协调，该调查的作者明确建议乡政府须与管理处靠近或合并，"这也可以作为将来成立垦区的准备，过迟将使工作受些影响"。显然，作者所说的这个垦区是一个具有独立政府机关、行政区域的特殊屯垦政区。

1944年5月1日，南泥湾垦区政府最终建立。王震在垦区政府成立当天代表延属分区地委、专署讲话，指出了垦区政府建立的原因、垦区范围和垦区政府的隶属关系。据王震所述，自1940年以来，南泥湾党、政、

_____

① 佚名：《南泥湾调查》，中央档案馆等编：《中共中央西北局文件汇集·1943年（一）》，第283页。

军、民、学各界开垦的地区，从东到西，从南到北，纵横 120 余里，总计约有 14000 平方里。而这样广阔的区域在行政上却由延安县的金盆区、固临县的临镇区、鄜县的牛武区、甘泉县的清泉区管辖，"实在不大方便"。其次，外来人口多，老户甚少，问题不断。这些外来人口有军队和机关学校人员，有从敌后抗战回来的八路军、新四军残废军人和老年军人，有各省各地逃来的难民。经过几年的开垦建设，原本"梢林野草，成为虎豹豺狼、野猪野鸡的世界"的南泥湾已"改换了面貌"。"在沟川里、山岗上，涌现了许许多多新的村庄农场和兵营；山岗川野，到处生长着小米、包谷、山药蛋、草烟、麻子、菜蔬和稻禾"，南泥湾成了"名胜之地"，成了"陕北江南"。① 但是，在这样一个景观变化的过程中，因大量人口移入而产生的土地纠纷、滥砍森林等问题层出不穷。医疗卫生、文化娱乐、兴修水利、修路护路等工作都要有计划地进行。因此，为贯彻边区政府的政策法令，发展生产建设事业，需要成立垦区政府来统一领导。垦区政府的任务是要根据边区发展生产的方针，总结南泥湾政策执行中的经验教训，来加强南泥湾的建设。

南泥湾垦区政府建立后，农场管理处应即被裁撤，其功能自然由政府承担。② 南泥湾垦区政府委员共 15 人，由参加垦区政府成立大会的党、政、军、民、学 50 余名代表选出。其中，军队干部 4 人，农场干部 6 人，居民 5 人。南泥湾垦区政府的隶属关系，《中国共产党陕西省组织史资料》认为归陕甘宁边区政府直接领导。③《陕甘宁边区行政区划变迁》也与此同。④ 但是王震的讲话明确指出，南泥湾垦区成立垦区党委和政府，直属

① 王震：《南泥湾垦区政府成立的意义及其工作方针——五月一日在南泥湾垦区政府成立会上的讲话》，《解放日报》1944 年 5 月 19 日，第 2 版。
② 《中国科学技术专家传略》也指出 1941—1943 年李世俊任南泥湾垦区管理委员会主任。见中国科学技术协会编：《中国科学技术专家传略·农学编（综合卷 1）》，第 296 页。
③ 中共陕西省委组织部等编：《中国共产党陕西省组织史资料（1925.10—1987.10）》，西安：陕西人民出版社，1994 年，第 250 页。
④ 李顺民、赵阿利编著：《陕甘宁边区行政区划变迁》，第 81 页。

延属分区地委、专署领导。边区政府委任三五九旅 719 团团长张仲瀚为区长，边区办公厅农场主任杨正斋为副区长、区委书记。①

垦区政府建立后，"由于地广人稀"，垦区政府将南泥湾"暂划分为两个乡"，乡名为一乡和二乡。② 截至 1946 年 5 月延属分区专员提出将南泥湾垦区辖区扩大，升级为县级垦区时，垦区仍只有 2 个乡，6 个行政村，民户人口 1200 人。③ 因此，南泥湾垦区政府的管辖范围仍然沿袭此前南泥湾乡的辖区。

4. 县级垦区的设置与裁撤

抗战胜利后不久，陕甘宁边区又发布移民垦荒的命令，鼓励民众向南泥湾、金盆湾二区移民，当地"有已开过的土地十万余亩，窑洞一千余孔，均适于安置移民"。④ 这十万余亩土地绝大多数是三五九旅战士曾经开辟的。随着三五九旅的离开⑤、抗战胜利后政府持续鼓励移民垦荒，南泥湾垦区由军事垦荒为主的区域也逐步向正常的民众生产区域转化，于是县级意义上的垦区应运而生。

1946 年 5 月 23 日，延属分区专署专员李景林、副专员张育民联名呈报边区政府，建议扩大南泥湾垦区辖区面积，将临镇、金盆两区划归垦区政府管理，将垦区升级为县级政区，5 月 30 日获得边区政府批准。

边区政府要求延属分区专署领导"协同各该县区办理接交手续"。因此，接下来的工作，就是将新垦区内的户口、人事配备、辖区范围等进行调查、规划。7 月 5 日，李景林等再次就县级垦区的区名、首任区长、辖

---

①　《南泥湾军民代表集会成立垦区政府》，《解放日报》1944 年 5 月 19 日，第 2 版。

②　林间：《南泥湾之行》，《解放日报》1946 年 5 月 21 日，第 4 版。

③　陕西省档案馆编：《陕甘宁边区政府文件选编》第 11 辑，北京：档案出版社，1991 年，第 246 页。

④　《1946 年移民计划及实施办法》，陕西省档案馆编：《陕甘宁边区政府文件选编》第 9 辑，北京：档案出版社，1990 年，第 335 页。

⑤　1944 年 11 月 9 日三五九旅南下第一支队由王震率领由延安出发南下华南。1945 年 6 月 11 日南下第二支队从延安出发，后奔赴东北，参加创建东北根据地。见中共湖南省委宣传部、湖南省南泥湾精神研究会编：《南泥湾》，第 342~343 页。

区户口和人事等问题呈报边区政府，边区政府 7 月 22 日对该报告表示同意。这样，新的南泥湾垦区囊括了南泥湾、金盆湾、临镇三个区，作为县级政区的南泥湾垦区的确立是在 1946 年 5 月 30 日，而具体区划、人口调查、人事工作的完成则在 1946 年 7 月 22 日。①《中国行政区划通史·中华民国卷》在论述陕甘宁边区行政区划中"县的置废情况"时认为 1944 年 5 月，"边区政府第 74 次政务会议决定成立南泥湾垦区，由延属专署领导"②。这句话应采自《陕甘宁边区政府大事记》③，显然认为南泥湾垦区政府成立时即等同于县级政区单位，这是不正确的。

　　1947 年 3 月，胡宗南部进攻延安，延安地区县、市机关和党政人员纷纷撤离。胡宗南部由南向北进攻，南泥湾垦区一直是边区防御的南线地带，自然受其冲击④，民众逃亡、撤离是可以想见的。于是，"陕北江南一片荒凉"，仅金盆湾区 1947 年 3 月至 9 月半年中，"被胡匪抢走细粮五百三十七石八斗，粗粮七百二十三石五斗，耕牛一六四头，骡马驴八十五头，猪羊七百七十八只，农具三零二八件……繁荣的农村变得一片荒凉"。⑤ 1948 年，随着胡宗南部败退，边区各地行政、生产、建设等事业逐步稳定，南泥湾垦区民众必然又有回流。随着西北战事的向好发展，边区地方行政也逐步向常态化转变。那些因敌我斗争而设置的跨县政区、屯垦政区也逐渐被取消、调整、归并。1948 年 7 月，为便于行政上的管理，

---

　　① 中华人民共和国成立之后，离休干部石清泉也说 1947 年胡宗南部侵占延安时，自己"当时是垦区县金盆湾区政府文书"。见政协延安市委员会文史资料研究委员会：《延安文史资料》第 4 辑，1988 年，第 17 页。
　　② 傅林祥、郑宝恒：《中国行政区划通史·中华民国卷》，第 543 页。
　　③ 陕西省档案馆编：《陕甘宁边区政府大事记》，北京：档案出版社，1991 年，第 205 页。该书认为 1944 年 5 月 9 日成立南泥湾垦区政府，显然时间有误，不过并未认为当时的垦区是县级垦区。
　　④ 1947 年 3 月，胡宗南部进攻延安的重兵主力右兵团由宜川、洛川一线向北，途经金盆湾、南泥湾进攻延安。参见范忾摘：《蒋胡军进占延安时几次大的部署》，中国人民政治协商会议延安市委员会文史资料研究委员会编：《延安文史资料》第 5 辑，（内部资料）1989 年，第 204～205 页。
　　⑤《陕北江南一片荒凉》，《晋绥日报》1948 年 4 月 20 日，第 4 版。

陕甘宁边区民政厅决定将边区区划作部分调整，其原则是照顾旧县设置，合并临时设置，统一区划等级。关于县的等级划分标准为：人口 12 万以上者为甲等县；7 万以上者为乙等县；3 万以上者为丙等县。[①]

由上文可知，截至 1946 年 7 月南泥湾垦区三个区的人口共计 1200 余人，即使到 1948 年 7 月，其人口规模恐也与丙等县标准有较大差距。固临县 1946 年的人口为 23129 人[②]，金盆区划归南泥湾垦区后人口则进一步减少。于是，1948 年 7 月 16 日，陕甘宁边区政府命令取消南泥湾垦区、固临县县制，新设临镇县。[③] 这样，作为县级政区的南泥湾垦区最终被裁撤，原垦区所辖三区全部划归临镇县。当然，临镇县也是临时设置，并非陕西旧县。至 1949 年 1 月 31 日，边区政府对相关地区行政区划再做调整，其中之一是"取消临镇县设置，将金盆、南泥湾、临镇等三区十二个乡划归延安县管辖；赤峰、庆源、洞儿湾等三区十四个乡划归延长县管辖"[④]。

三、农业生产的拓展方式与规模

(一) 从窝棚到窑洞：屯垦农业文化核心的构建

国内外学者对中国环境史研究的旨趣和主题虽不尽相同，但已形成一个重要共识——中国农业的发展及其可持续性是导致中国自然生态环境改变的主要驱动因素。文化核心是特定文化景观的起源地。美国著名文化地理学者索尔认为，文化核心代表了扩散过程的中心地区，在扩散过程新的文化实践（特别是农业实践）通过人类作用向外扩散并创造新的文

---

① 胡新民等编著：《陕甘宁边区民政工作史》，西安：西北大学出版社，1995 年，第 33 页。

② 胡新民等编著：《陕甘宁边区民政工作史》，第 46 页。

③ 《陕甘宁边区政府命令——取消中宜、垦区及固临县制，新设临镇县》，陕西省档案馆编：《陕甘宁边区政府文件选编》第 12 辑，北京：档案出版社，1991 年，第 152 页。《陕甘宁边区行政区划变迁》一书认为 1948 年 8 月南泥湾垦区建制撤销，其辖区划归临镇县，这是不正确的，见李顺民、赵阿利编著：《陕甘宁边区行政区划变迁》，第 122 页。

④ 《陕甘宁边区政府批答——调整延属分区行政区划》，陕西省档案馆编：《陕甘宁边区政府文件选编》第 13 辑，北京：档案出版社，1991 年，第 33~34 页。

化区域。① 从空间上来说，围绕农业生产的农民、农家和农业构成了一个农业生产的文化核心，由核心向周边扩展，逐步改变自然面貌。南泥湾屯垦军队农业生产的开展，使荒野景观向农业文化景观转变，屯垦农业文化的核心是居址及周边农副业设施。

图 2-4　屯垦战士挖窑洞

说明：图片源自吴印咸编《南泥湾》，第 28 页。

屯垦人员农业生产的开展一般以居址为中心。战士们说："首先要解决的就是居住问题"②；"大抵每一部分开到后，先要解决住的问题，才能从事生产"。③ 三五九旅战士称之为"建家"（见表 2-2），再以之为中心开

① ［英］R.J. 约翰斯顿主编，柴彦威等译：《人文地理学词典》，北京：商务印书馆，2005 年，第 133 页。

② 黎原：《黎原回忆录》，北京：解放军出版社，2009 年，第 109 页。

③ 佚名：《南泥湾调查》，中央档案馆等编：《中共中央西北局文件汇集·1943 年（一）》，第 270 页。

展农副业生产，由近及远。

三五九旅进入南泥湾地区后，住所的建立经过了一个过程。起初，"大部分部队都住在临时用树枝搭起的草棚里，有的甚至露营在野地上"[①]。也有的战士是先挤在百姓家里的。不过，丛林中的窝棚不太能遮风避雨，并非长久之计；住进老乡家里，又易引起群众不满。为解决住的问题，三五九旅旅部提出"建造我们的阵地，建造我们的家园"，要求各团抽出一定力量突击打窑洞。窑洞选在驻地阳坡的地方，因此，"部队在这里的建筑事业是费去巨量劳动力，且规模很大的"。垦荒地区与窑洞分布有一定关系，目的在于就近垦荒，缩短工作半径。

表 2-2　1943 年 2 月屯垦军队建房统计

单　位	窑　洞	房　子
718 团	364	70
特务团	180	20
四支队	62	70
警卫营	51	20
719 团	191	100
炮兵团	178	157
合　计	1026	437

资料来源：佚名《南泥湾调查》，中央档案馆等编《中共中央西北局文件汇集·1943 年（一）》，第 271 页。

建立住家，尤其是挖窑洞，对于屯垦战士来说是前所未有的考验。"打窑洞可真苦啊，陕北那个土不像咱们这个土，那个土比石头还硬，要

---

① 何维忠：《南泥湾屯垦记》，第 9 页。

不怎么他打的窑洞不垮？"① 但那时候"主要靠动员，靠思想工作，没什么经济报酬。不怕苦、不怕累，为了革命，达到共产主义"②。四年间，三五九旅战士共打窑洞 1048 孔，建平房 602 间。③ 窑洞建好后，部队一般在平川的河边上修一个大操场，作为开展军事和体育运动的场所。战士自造篮球架子、木马、跳箱、单杠、双杠、跳台等。④ 其次，还会修筑打谷场、猪圈、鸡舍等"农家"设施。

（二）耕地拓展：土地利用与作物结构

1. 土地利用

将荒野变成耕地，是南泥湾垦荒的根本目标。耕地的开辟，在空间上一方面是由低到高，"半山坡上，平川里，山顶上，密密的林子里，到处响亮着劳动的歌声"⑤；另一方面则由近及远，即以居址为中心逐步扩展开来。

随着垦荒的推进，屯垦部队对于不同地块适宜农作的认知也逐渐熟悉，土地利用方式产生差异。南泥湾地区的耕地按地形来分，有山地、平地、川地和水地。山地是由开垦山荒而来，坡度最高。平地坡度较山地为小，是河滩地向山地的过渡地带，地势低平，适宜各种农作。水地和川地是河谷中的河滩地，地势最低。由于水源充足，水地和川地不靠雨水即可播种。例如，至 1943 年 2 月，南泥湾垦区已开垦土地共约 1.5 万余亩（金盆湾区临镇区除外），其中川地约 9000 亩，山地 6000 余亩，稻田将近 300 亩。⑥

屯垦军队的农业生产几乎完全与农民相同，为提高产量，也大量收集、制造肥料，并非单纯靠天收。肥料来源包括拾粪、烧粪（用土、杂

---

① 陈燕楠主编：《口述历史·延安的红色岁月·南泥湾》，北京：中共中央党校出版社，2012 年，第 30 页。

② 陈燕楠主编：《口述历史·延安的红色岁月·南泥湾》，第 31 页。

③ 继昌：《三五九旅的生产创造》，《解放日报》1945 年 1 月 8 日，第 2 版。

④ 苏哲：《在南泥湾的日子》，中国人民解放军六九一九部队政治部编：《战斗在南泥湾》，第 29 页。

⑤ 赵力：《上山去》，《解放日报》1942 年 4 月 29 日，第 2 版。

⑥ 《南泥湾垦区新气象》，《解放日报》1943 年 2 月 2 日，第 2 版。

草、树枝等)、调粪（人粪、马粪)。① 综合来看，三五九旅开荒经历了从
1940—1941 年的初步盲目开荒，到 1942 年的计划开荒，再到 1943 年在地
块选择、作物选择等方面日益成熟的过程。在 1943 年后，屯垦军队对地块
的选择使土地利用更为精细化。王恩茂指出，1943 年所开荒地主要是阳坡
地，没有阳地才找少数阴坡地。阳坡地阳光充足粮食长得好，成熟较早。
南泥湾早霜，阴坡地粮食作物成熟晚，且易遭霜冻而绝收。其次，尽量找
荒废二十年甚至百多年的老荒地，这种地土较肥，庄稼长得好。最后，狼
牙刺地、小树枝地、老蒿子地、二蒿子地等四种地地面发黑且松弛，肥
沃，好挖，庄稼长得好，最适合开荒。②

　　"在缺少重大的技术革新的情况下，中国农民与新土地斗争的主要武
器是作物"。③ 不同类型的地块上种植着不同的作物，因按作物结构来划分
耕地类型，屯垦战士又称之为菜地、麻地、粮食地、棉花地等。屯垦军队
所种作物有水稻、玉米、大麻、小麻、糜子（斜坡)、谷子（川地、山
地)、荞麦、高粱、豆子（山坡)、小麦、小米、黍子等。④ 这些作物中粮
食作物占大多数，其中谷子、糜子种植一般占耕地的 70%，其次是豆类。
谷子、糜子、大米为正粮，苞谷、豆子、荞麦等为杂粮。⑤

　　不同地块作物种植的空间布局是：水地种稻，川地种蔬菜、苞谷、大
麻、小麻、烟叶，山地种谷子、糜子、洋芋和杂粮。"还没有开垦完的水
草丰茂的地方，就是天然的牧场"。⑥ 洋芋（马铃薯）在 1943 年以来部队
逐步重视，并推广到边区各地。王震在 11 月劳动英雄代表大会上提议多种
洋芋："洋芋一方面可以使人发胖，另一方面可以节省粮食。" 他曾计算，

　　① 《关中专署分委派遣干部分赴各县指导春耕工作南泥洼某团生产成绩良好》，《解放日报》
1942 年 4 月 29 日，第 2 版。
　　② 王恩茂：《三五九旅的开荒工作》，《解放日报》1943 年 5 月 6 日，第 4 版。
　　③ 何炳棣著，葛剑雄译：《明初以降人口及其相关问题（1368—1953)》，北京：生活·读
书·新知三联书店，2000 年，第 206 页。
　　④ 刘亚生：《谈某部在边区三年来的经济建设》，《解放日报》1943 年 4 月 7 日，第 2、3 版。
　　⑤ 侯静波：《一九四三年的"亚洲"部》，《解放日报》1943 年 12 月 31 日，第 4 版。
　　⑥ 吴伯箫：《丰饶的战斗的南泥湾》，《解放日报》1943 年 10 月 24 日，第 4 版。

三斤洋芋能顶一斤小米。一亩洋芋可收一千余斤，能顶一石多小米。而且种洋芋不需要专选好地，收获后容易保存，还能喂猪。号召今后每人保证要种五分洋芋。① 12月，林伯渠在第三届生产展览会上对劳动英雄们强调，今后"每人多种半亩洋芋"。② 除了洋芋，产量较高的玉米、南瓜也受到重视。1944年，"非洲"部特别强调精耕细作，提高质量，要求每人种一亩洋芋，争取多种苞谷，每个单位至少种五亩南瓜，越多越好。③

　　2. 开辟稻田——湿地环境的改造

　　南泥湾各类土地中以水田的开发利用最有特点和影响。陕北江南——南泥湾的主要景观构造就是稻田，先有稻田再有我们熟知的"陕北江南"的南泥湾意象。稻田的开辟改造了南泥湾河谷地带的湿地环境，也让来自南方的战士甚至党中央领导人吃上了大米。

　　稻田的开辟始于屯垦军队中一些南方战士，他们将南方水稻种植技术移植到了陕北这块黄土高原的河谷之中，原因自然是为了"吃"。水稻种植应始于1942年。王恩茂说："1942年我们又开始在河沟两旁平整土地，引水灌溉，种上了稻子。"④ 开辟稻田远较旱地为难，费工，费时，也需要比开山荒更多的镢头、锄头等生产工具。但水稻产量较旱地粮食作物为高，王震旅长号召多修水田种水稻，"每亩可收一石多大米"，还可以改善部队生活。⑤ 大体一亩稻田可抵七亩谷地，而且大米比小米、杂粮市价高。部队劳动英雄们在总结生产经验时也指出"大米好吃，产量高"，比"旱地增加数倍，因此我们明年要多种大米"。⑥

---

　　① 《劳动英雄代表大会第三日》，《解放日报》1943年11月29日，第1版。
　　② 《两大盛会隆重举行闭幕典礼》，《解放日报》1943年12月19日，第1版。
　　③ 《"亚洲"部已开荒二万亩 "非洲"部强调精耕细作》，《解放日报》1944年4月18日，第2版。
　　④ 王恩茂：《忆南泥湾大生产》，《八路军·回忆史料（5）》，北京：解放军出版社，2015年，第150页。
　　⑤ 《劳动英雄代表大会第三日》，《解放日报》1943年11月29日，第1版。
　　⑥ 《劳动英雄代表大会上部队英雄报告生产经验》，《解放日报》1943年12月10日，第1版。

图 2-5　开辟稻田

说明：图片源自吴印咸编《南泥湾》，第 37 页。

　　稻田分布在南泥湾垦区军队驻地附近的各河沟，各部队主要根据地势、水量开辟水田。开辟稻田整理了南泥湾境内的河沟，需要将沟内原有的湿地植被蒲草、芦苇等加以清除。但水地被"荒草和芦苇绞得结结实实"，"锄头是砍不下去的"。战士们从老乡处借来耕牛，用牛踩踏，"草根和芦苇根绞着的稀泥，才松得有一尺来深了，再用锄头开、修，那才成功的"。① 通过测量水位，设计渠坝，然后动工打坝、修水渠、打田界、挖地。② 1943 年，全旅各部开辟水田达 2000 余亩，同时还疏通了不少水渠，在田畔修建了一些水坝，引水汇合成塘，灌溉稻田。③ 1944 年春，

①　师田手：《战士的秋收》，《解放日报》1942 年 11 月 28 日，第 4 版。
②　《"团结"部大量开垦稻田合作社出资获得地权》，《解放日报》1944 年 6 月 10 日，第 2 版。
③　何维忠：《南泥湾屯垦记》，第 26 页。

三五九旅在山地播种完毕后，"即转移主力大量开辟水田，凿井筑堤，引水成渠，变南泥湾川溪为稻田"。① 至 6 月 10 日，717 团新开稻田 100 余亩，718 团完成 800 余亩，719 团和四支队各种 200 余亩，特务团种 400 余亩，旅直 400 余亩，总计开稻田 2000 余亩，完成了生产计划。

开辟稻田，使原来河中漂着腐物、芦苇茂盛的湿地景观转变为稻田景观。在战士们的眼中，这种景观是美丽的。718 团将水稻川地中一条小河改名胜利河，河上修筑大水坝 4 个、小水坝 4 个，所储之水，汇合成塘。坝两旁水渠纵横如小溪，胜利河两岸河堤上遍栽杨柳，景致极美。②

（三）军队垦荒的规模

屯垦部队开荒的主要工作，中央军委 1941 年 5 月有明确指示："积极经营农业生产，多种秋菜，多饲牲畜，保证全年全部蔬菜油料及肉食自给。"③ 三五九旅屯垦事业响应了大生产运动的指导方针：以农业为第一位，工业与运输业为第二位，商业为第三位。

依据边区气候和农作时间，屯垦军队一般全年两个月生产，八个月整训。军队给养主要依靠粮食，吃饱肚子才能打仗。农副业生产中粮食作物种植最为重要，但产量一般。为了提高粮食产量，军队屯垦的主要方式就是扩大开荒面积。

1940 年的农业生产因经验不足，加上误了农时，全旅收获不多，"粮食生产是失败了"。1941 年因初到南泥湾，"耕种误了农时，缺少工具，没有经验，南泥湾早寒，把山沟山腰里的庄稼未成熟就冻死了。这一年收的粮食只够一个月吃"④。本年全旅开荒种地 1120 亩，年底收细粮 1200 石，所收粮食只够吃一个月。尽管粮食自给率不高，但衣服、油盐、津贴等项自给率达到 80% 左右。

---

① 《"团结"部在生产热潮中》，《解放日报》1944 年 4 月 18 日，第 2 版。
② 《"团结"部大量开垦稻田合作社出资获得地权》，《解放日报》1944 年 6 月 10 日，第 2 版。
③ 《中央军委关于陕甘宁边区部队生产工作的指示》，中央档案馆编：《中共中央文件选集》第 13 册，北京：中共中央党校出版社，1991 年，第 115 页。
④ 继昌：《三五九旅的生产创造》，《解放日报》1945 年 1 月 8 日，第 2 版。

1942 年开始，部队开荒规模逐年增大。旅首长提出"不让一个人站在生产战线之外"的口号，部队机关只留几个女同志和身残体弱的男同志值班，每个连队只留三名炊事员，一名饲养员，其余一律编为生产小组。为实现粮食、菜蔬等的自给，三五九旅自 1942 年逐步制定生产计划和开荒规模。驻军各单位的农业生产在种地总量、时间分配、作物选择乃至农具、肥料的准备等方面，都制定了详细的计划。1942 年种地 1.1808 万亩，部队生活、整训、军民关系等均大有改善。1943 年计划全旅扩大耕地至 3.9 万亩，这一年的口号是"耕二余一"，即生产两年要能够用三年。① 也有记载说口号是"耕一余一"。② 旅部要求每一生产单位种哪些土地、山地多少、川地多少、熟地多少、荒地多少，都要登记清楚。同时，对土地状况，哪里适合种什么粮食，一般应种谷、粟、高粱、苞谷、豆类、稻等，都要计划、调查清楚。③ 计划生产细粮 5200 石，草 580 余万斤。棉麻之外，菜蔬全部自给自足。这些都反映了军队屯垦的计划性、大规模、集体化劳动特点。

军队开荒是大规模、有组织的集体化劳作，其速度和规模令人吃惊。正如毛泽东指出的："几年来边区部队之所以能够实行生产自给，解决很大的问题，是由于部队的庞大的劳动力和更好的组织力，以及边区内具有丰富的物力可资开发的原故。"④ 例如，金盆湾驻军在 1942 年一个月就开辟荒地近一万亩，各单位自己种的菜地尚不包括在内。⑤ 此外，通过政治动员、劳动竞赛、首长带头、选拔开荒突击手等方式，"驻军全部有生力量投入巨大之春耕战斗中"，起初平均一人每天完成开荒五分。在"劳动

① 谢光智：《羊司令》，《战斗在南泥湾》，第 72 页。
② 新疆生产建设兵团农四师七十二团史志编纂委员会编：《从湘赣苏区到伊犁河谷：新疆兵团农四师七十二团征尘录》，第 84 页。
③ 《推行总司令屯田政策三五九旅制定计划》，《解放日报》1942 年 12 月 12 日，第 1 版。
④ 毛泽东：《关于发展军队的生产事业》（1942 年 12 月），中国人民解放军政治学院党史教研室：《中共党史参考资料》第 9 册，（内部资料）1979 年，第 238 页。
⑤ 约吾：《金盆湾半年》，《解放日报》1942 年 1 月 1 日，第 4 版。

高于一切”的原则下，旅长王震带头开荒，并与战士竞赛，“全旅指战员，生产情绪百倍高涨”，战士们黎明即起，终日劳作不息，至日落时方收工回营，“均面露劳动者欢欣之色”。718 团一天开出生荒八分，并且深入土层都在六寸以上。① 到后来，开荒一亩、一亩半，土深七寸等各种记录被打破，719 团甚至创造了一天挖地一亩八分三的最高记录。不仅各屯垦部队单位之间开展友谊竞赛，甚至各单位内部连与连、排与排、班与班之间也展开开荒竞赛，“你开五分，我开七分，你开九分，我开十二分……”②。开荒中熟地仅占十分之一，生荒十分之九。717 团两周间完成开荒任务，挖地 1.7 万亩，其中生荒 8000 亩，熟地 9000 亩。③ 至 1943 年 4 月 12 日，南泥湾垦区驻军实际完成耕地面积 7.22 万亩，其中生荒 5.2896 万亩，熟地 1.9304 万亩。这个数据还不包括该部所属各经济机关、营业部门、骡马大店的农业副业生产在内。④ 然而，到了 4 月 23 日，全旅结束春耕时，实际完成春耕数字竟达 10 万亩，投入 90% 以上的有生力量，平均每人 35 个劳动工作日。⑤ 1943 年旅部指示，每人种地 23 亩，后来改为 26 亩，要求精耕细作，做到“耕一余一”。⑥ 不过，因为生产经验不足、片面强调开荒规模，1941—1943 年，三五九旅一直没有实现军队粮食的全部自给。⑦ 直至 1944 年，全旅最终达到全部经费、物资自给，粮食并有积余，做到了“耕二余一”，开始向边区政府交公粮。据 1944 年底统计：全旅存栏猪5624 头，牛 820 头，羊 8784 只，鸡鸭鹅数万只，全旅基本达到了平均两人一头猪、一人两只羊。⑧ 全旅 4 年共开荒 35.4 万多亩土地，收粮 3.7 万

---

① 《南泥湾驻军努力春耕》，《解放日报》1943 年 3 月 20 日，第 2 版。

② 《南泥湾垦区热烈竞赛“陈左”部开荒完毕》，《解放日报》1943 年 3 月 20 日，第 1 版。

③ 《“徐堡”部开荒完毕两周挖地万七千亩》，《解放日报》1943 年 4 月 6 日，第 1 版。

④ 《南泥湾驻军完成挖地七万亩》，《解放日报》1943 年 4 月 12 日，第 1 版。

⑤ 《南泥湾驻军完成十万亩春耕任务》，《解放日报》1943 年 5 月 9 日，第 2 版。按十万亩应包括 1941—1942 年已开垦的“熟地”，加上 1973 年的七万亩合计而来。

⑥ 张东辰：《红九连在南泥湾》，饶弘范主编：《南泥湾续集》，第 213 页。

⑦ 侠静波：《一九四三年的“亚洲”部》，《解放日报》1943 年 12 月 31 日，第 4 版。

⑧ 中共湖南省委宣传部、湖南省南泥湾精神研究会编：《南泥湾》，长沙：湖南出版社，1995 年，第 85 页。

多石，打窑洞 1048 孔，建平房 602 间。① 从此，南泥湾披上了新装，庄稼油绿，鸡鸭成群，欣欣向荣，成了"陕北江南"。②

表 2-3　三五九旅农业生产统计表

项　　目	耕地面积 （亩）	收获粮食 （石）	收获蔬菜 （万斤）	自给率
1940	2450	200	115.5	—
1941	11200	1200	164.8	肉、油、菜 100%
1942	26800	3050	362	肉、油、菜 100%
1943	100000	12000	595.5	肉、油、菜、粮 100%
1944	261000	37000	—	粮 200%

资料来源：任勇编著《南泥湾》，第 24 页。

总之，开荒是"征服自然，而又是改造自然"，开荒的"胜利"是"集体主义的威力，是革命的英雄主义"。③ 为解决吃饭问题，在荒山面前，屯垦军队战士相信通过双手改造自然的能力，自然是可以战胜的。正如他们所说："我们每个人有两只手，这些手改造和创造了我们的生活；我们大家都有一颗心，这颗心引导着我们走向胜利。"④

四、景观转变、环境效应与行为调适

与前线将士紧张的战事相比，南泥湾屯垦军队则过着相对"静"的农

---

① 继昌：《三五九旅的生产创造——部队建设展览会参观记之一》，《解放日报》1945 年 1 月 8 日，第 2 版。

② 贺庆积：《回忆南泥湾大生产运动》，中国人民解放军六九一一九部队政治部编：《战斗在南泥湾》，第 18 页。

③ 吴伯箫：《丰饶的战斗的南泥湾》，《解放日报》1943 年 10 月 24 日，第 4 版。

④ 李伟：《山中一年》，《解放日报》1942 年 12 月 25 日，第 4 版。

家生活。当然，相对静谧的农家生活中也有"动"的屯垦生产。南泥湾屯垦政策的执行不仅改善了军队生活，一定程度上缓解了边区政府的财政压力，也塑造了陕北江南——边区最著名的景观"名片"。随着垦区农业生产的扩展和政区化，南泥湾的荒野景观逐渐被农业生产所改造，必不可免地产生一系列环境效应。不过，随着相关管理政策的日益完善，垦区政府也对各类群体的屯垦行为逐步加以调适，以降低环境效应的危害。

（一）南泥湾的景观转变

南泥湾自然、半自然的荒野景观在各类人群的农业垦荒行为作用下，逐步向田园景观转变。这个过程本质上是人类依托农业生产，将荒野生态环境简化为农业生态系统的过程。

以农业为中心的田园景观，主要由田地、居处（窑洞、瓦房等）、圈舍、打谷场、园圃、仓库、磨坊等农业景观"构件"组成。受地貌条件的影响，垦荒沿着平川—山坡—山顶的空间方向推进，田地的分布也逐渐立体化，南泥湾地区的农业景观也就呈现出立体性特征。正如1942年吴玉章在诗歌中所说的"平原种嘉禾，斜坡播黄麦"[①]。

另一方面，在军事屯垦主导和移民、难民垦荒的共同推动下，南泥湾地区的道路、运动场、澡堂、合作社、工厂、市场等基础设施和其他附属设施、场所也渐次修造，进而也成为农业景观的重要组成部分。吴伯箫1943年的文字较为完整地概括了这些景观：

> 上下屯直到九龙泉，一连一二十里都是排列整齐的窑洞，窑里窑口用石灰粉粉的雪白。列在山脚下的房屋顶泥了白垩，或盖了青瓦；一条山沟，成了宽阔绵长的街衢。山沟溪流的两岸，自然修齐的树行，伸展着清幽的林荫路。另一处有造纸厂，木工厂，铁工厂。……又一处有闹市，三十户至六十户的商家，有合作社，

[①]　吴玉章：《和朱总司令游南泥湾》，《吴玉章诗选》，成都：四川人民出版社，1983年，第20页。

也有私人营业。①

　　南泥湾的农业景观在屯垦战士们看来，是一种奋斗出来的幸福——这种幸福是人为改造自然的结果，是屯垦之前的荒野环境所不能提供的。换言之，只有通过改造自然的辛勤劳动，才能获得美丽的"陕北江南"。正如屯垦战士所说："荒芜的景象被一扫而光：从前是野鸡、野羊、狼豹成伙，现在是牛羊、鸡鸭成群；从前是一片杂树乱草的荒地，现在是碧波千顷的良田；从前是处处污水满山流，现在是条条清溪灌沃田；从前是凸凹光秃的山坡，现在是排排窑洞、平房。"②

　　（二）垦荒的环境效应

　　在当时的技术、社会条件和黄土高原独特的地貌、气候条件制约下，南泥湾的军民垦荒较为粗放——通过扩大耕地面积以提高农作物收获量，这不仅是陕北农民的生产理性，也是屯垦战士的现实选择。

　　在荒野环境下发展农业生产，第一步就是开荒。而开荒必不可免会带来环境影响，因为开荒是"克服自然的一场大战"③，而这个"自然"首当其冲的即为植被。开荒是屯垦军队一项最艰巨、最困难的任务④，为此，屯垦军队在开荒过程中"发明"了各种清除植被的"战术"。有的采取火攻战术，"凡遇草深、荆棘多的荒地"开荒前先放火，火烧之处"就出现一片片黑越越的平地"⑤。有的部队还开创了梳子式挖地法，全连一起，一齐前进，成为一个不可分的大集体，互相监督，互相帮助，左右摆动，向前竞走⑥，"远近的山上山下，只见人山人海"⑦。这种地毯式、集体化、

　　①　吴伯箫：《丰饶的战斗的南泥湾》，《解放日报》1943 年 10 月 24 日，第 4 版。
　　②　何维忠：《南泥湾屯垦记》，第 33 页。
　　③　侠静波：《一九四三年的"亚洲"部》，《解放日报》1943 年 12 月 31 日，第 4 版。
　　④　何维忠：《南泥湾屯垦记》，第 14 页。
　　⑤　何维忠：《南泥湾屯垦记》，第 16 页。
　　⑥　《南泥湾驻军某部保证全部粮食自给》，《解放日报》1943 年 4 月 28 日，第 2 版。
　　⑦　刘智通：《同班战友》，《战斗在南泥湾》，第 93 页。

大规模的开荒，有助于快速地将荒野植被清除。清除植被的空间过程一般首先是从低地的灌丛、野草开始，再推进到中高部山坡的乔木。开荒劳动者"把密生的丛林变为肥沃的川地"。①

在 1943 年之前，军队开荒主要着眼于扩大耕地面积，具有盲动性。屯垦战士说："开始我们不懂。挖树林，哪里树多我们就挖哪里，（以为）那个树林很肥，实际上不对。"② 1943 年以来，开荒部队对于地块的选择逐渐明晰——开荒应在向阳的多烂草的山面。③ "太阳晒哪个地方，哪个地方呢就好，就是跟老百姓学起来的，这是选择土地"。④ 此外，开荒过程中战士们还开展了劳动竞赛，不仅提高了开荒积极性和生产效率，在竞赛过程中对开荒的质量也有明确要求。如 717 团 1943 年春耕时节向各地驻军提议生产竞赛挑战，竞赛条件之一是"挖地七寸深，树根草根一律除尽"⑤。这种对土壤的深翻从作物种植的角度来说是有利的，但植被根系的清除和土壤层的深翻在黄土高原地区不利于水土保持。

1944 年，部队进一步扩大了开荒面积，但各生产单位在开荒地块的选择、开荒的质量和农作法等方面也更加注重计划性和精细化。首先，老荒地是各单位主要开荒对象。老荒，是指经多年抛荒，植被以灌木如狼牙刺、黑蒿子以及次生低矮林木等为主，这种地较为肥沃，粮食产量较其它地为高。狼牙刺地打的粮食最多，"一亩可以打六七斗粗粮"，可是这种地也最难挖，不到一二步远，"就有一丛树，砍树，挖根，差不多要和掏地花同样多的时间"⑥。本年度开荒也特别强调深耕细作，"所以选的都是老荒、梢林、狼牙刺地，树砍了，根根挖净，草根朝天"⑦。"每一镢头要挖

---

① 杨清：《南泥湾劳军观感》，《解放日报》1943 年 3 月 13 日，第 1 版。
② 陈燕楠主编：《口述历史·延安的红色岁月·南泥湾》，第 62 页。
③ 《南泥湾驻军努力屯垦》，《解放日报》1943 年 3 月 12 日，第 1 版。
④ 陈燕楠主编：《口述历史·延安的红色岁月·南泥湾》，第 62 页。
⑤ 《"徐堡"春耕准备完成向各地驻军提议比赛》，《解放日报》1943 年 3 月 14 日，第 2 版。
⑥ 侯静：《开荒散记》，《解放日报》1944 年 4 月 17 日，第 4 版。
⑦ 《南泥湾驻军选开老荒地深耕细作》，《解放日报》1944 年 4 月 9 日，第 2 版。

六七寸深，每一块都要翻转过来，挖树根子要挖得一点也不留"。① 这一年，在开荒地块选择上，屯垦战士更注重向边区农民劳动英雄请教，开荒前要"品地质，品气候"②，注重选择向阳的坡、梁、平坝子等"生着大小梢的狼牙刺地"开荒。③

图 2-6　战士们在垦荒

说明：图片源自吴印咸编《南泥湾》，第 23 页。

总体来说，南泥湾地区的垦荒产生了两方面的环境效应。一方面，开荒造成了大量乔、灌、草植被的减退，由此引发了野生动物退避、减少，水土流失加剧等问题。1943 年前，南泥湾地区的开荒没有多少规律和计划性，开荒的主要方向是扩大耕地面积，因而当地植被的减退应是连片化、

---

① 段寿堂：《我们在紧张的挖地》，《解放日报》1944 年 4 月 12 日，第 2 版。
② 孔厥：《人民的军队》，《解放日报》1944 年 3 月 23 日，第 4 版。
③ 《掌握农业生产技术"坚决"部开荒一万七千亩"欧洲"部每人要收细粮八石》，《解放日报》1944 年 4 月 4 日，第 2 版。

大规模的。其间，乔木更易受到砍伐。此后，开荒注重地块选择，阳坡的灌丛、草本植物、乔木成为主要清除对象，阴坡乔木、灌草等植被应得以保存。总体来说，在完成生产计划和集体化开荒中的竞争意识作用下，开荒不注意保护森林，甚至盲目砍伐的现象是必不可免的。1943 年的调查表明，屯垦军队个别单位"保护森林保护公产还有某些松懈，有些部分砍伐树木计划性差"。[1] 尤其是在开荒过程中，为扩大耕地面积，不加区别地砍伐梢林，"不少果树在开荒的时候砍掉了，实在可惜的很！"[2] 此外，植被减退引发水灾和水土流失问题，在屯垦期间已经出现。1942 年，三五九旅培植的水稻正值扬花时期却蒙受水灾，造成很大损失。[3] 植被清除之后，缺乏植被根株固结土壤，即使不是雨季黄土也会顺地势而坠落沟谷，"树木被从山坡上砍伐下来，黄土从山腰滚向山脚"。[4]

但另一方面，从垦区民众的生产、生活角度来说，荒野地带的开发也带来一些积极影响。在垦荒之前，南泥湾以"三害"闻名——野兽伤人害稼、土匪横行、水质不佳。"南泥湾的森林里，有不少野兽，像狼啦、豹子、野猪、野山羊啦，等等，这些东西常常出来糟蹋庄稼，危害人畜"。[5] 植被大量清除以后，南泥湾地区的野兽逐渐减退。屯垦部队的打猎队也"满山遍野猎取山羊、豪猪、狍子、豹子和黄鼠狼。于是，吃肉不再发愁，也断绝了野兽伤人的事故，庄稼也减少了兽害"。[6] 因植被减少和军队的进驻，南泥湾地区土匪也已绝迹。野兽退避、植被减少以后，南泥湾沟谷的河流内也减少了枯枝败叶和动物尸体，水质得以改善。此外，因植被减少，区域小气候也开始有了一些变化，南泥湾全年无霜期增加了。[7] 这也

---

① 杨清：《南泥湾劳军观感》，《解放日报》1943 年 3 月 13 日，第 1~2 版。
② 刘大祥：《把南泥湾变成果子园》，《解放日报》1944 年 4 月 9 日，第 2 版。
③ 《军民合作进行金盆区开始秋收》，《解放日报》1942 年 10 月 4 日，第 2 版。
④ 史骥：《文彬庄》，《解放日报》1943 年 1 月 28 日，第 4 版。
⑤ 苏哲：《在南泥湾的日子里》，中国人民解放军六九一九部队政治部编：《战斗在南泥湾》，第 37 页。
⑥ 颜德明：《陕北好江南——史家岔屯垦记》，《战斗在南泥湾》，第 6 页。
⑦ 杨清：《南泥湾劳军观感》，《解放日报》1943 年 3 月 13 日，第 1 版。

表明，对南泥湾地区屯垦开发带来环境效应的评价要放在当时人的认识下加以分析考量。

（三）行为调适

今日来看，荒野生态向农业生态简化的过程中，清除植被带来的消极影响是主要的。不过，荒野向田园转变的过程打上了那个时代的思想烙印。在当时的战争环境和时代语境下，战胜自然、征服自然是屯垦军民的价值取向和时代主题，正如时人所说"布尔什维克不相信'自然'替人类安排下的命运！"[①] 这种认识付诸实践，产生了积极和消极两方面作用：积极方面，满足了垦荒群体的生存需要，解决了抗战力量的吃饭问题，为抗战最终成功创造了物质条件；消极方面，则是在战胜自然的理念下，集体化、大规模的垦荒活动对自然环境造成了伤害，这无须讳言。不过，边区政府通过建立行政机关、调整行政区划，又反过来促使南泥湾垦区军民荒野开发活动走向秩序化。

自南泥湾农场管理处成立以来，行政力量不断加强对南泥湾垦区土地开发的管理。1943 年 4 月 24 日，《解放日报》发表了李世俊《怎样领导与执行南泥湾政策——南泥湾全部工作的展望》一文。该文包括"关于全部土地分配区划整理问题""关于疏浚河道治水节流蓄水等方面""关于森林树木开发与保护方面""关于这一地区社会发展前途的展望"四个部分，以宽广的视野对南泥湾垦区山（土地、田）、水、林、人各自发展及其相互关系进行了整体认识与规划，其展示的环境治理思想反映了垦区管理者超前而长远的思考。[②] 1944 年 10 月 16 日，《解放日报》又发表了垦区政府制定的垦区护林办法，具体内容有三：建立公林，由群众共同负责保管；在村庄附近的森林，划归群众，由其自己负责；在区政府领导下，由各部

---

① 《南泥湾的风光》，《解放日报》1942 年 12 月 20 日，第 4 版。

② 李世俊：《怎样领导与执行南泥湾政策——南泥湾全部工作的展望》，《解放日报》1943 年 4 月 24 日，第 4 版。

队、机关及群众代表组织森林保管委员会，定期检查，共同负责管理。①
此外，有药用价值的植物也得以保护。如当时人注意到寄生在老柳树上的
寄生枝叫做柳树寄，柳树寄熬水是治疗猪牛羊病疫的好药方，王震要求
"凡长有柳树寄的柳树，军民应注意保护，切勿砍伐，希各开荒伐木军
民人员，注意收集柳树寄"②。王震还指出："茂盛的森林，由于伐木料、
烧木炭，几年来的砍伐是很大的；许多杏、桃、梨、枣、桑、槐、榆、
桦、松、柏、杨柳等花果树木，被任意砍伐，实在太可惜了。边区政府
年年号召植树运动，边区许多村庄植树，获得了成绩。在南泥湾的茂盛
森林，只见大肆砍伐，没有有计划的蓄留培植，这是一个很大的
损失！"③

　　南泥湾垦区政府的建立是南泥湾屯垦事业发展史上的一个重要节点，
其任务是根据边区发展生产的方针，总结"南泥湾政策执行中的经验教
训，来加强南泥湾的建设"。边区政府强调，南泥湾垦区政府直属延属地
委、专署领导，成立之后各机关、学校、部队等单位除了受原来主管机关
领导管理，还须受垦区党委和政府的领导，各农场不仅要完成其直属主管
机关下达的生产任务，同时还须服从垦区政府法令。垦区政府今后的主要
工作是土地建设，其具体问题有：首先，禁止乱砍林木，使人人应负责保
护森林，培植果木树，保护水渠水坝，要使河水两旁杨柳成材，而柳条树
木用处尤广。其次，所有井泉都要掏掘，以保证水稻种植所需水源。再
次，要有计划地蓄留草地，如山沟、背地，目的在于缓和开荒与畜牧的矛
盾。因为民众畜牧需要一定的土地，而开荒初期并未考虑这点，从而不利
于军民关系。"应蓄留树木，多种苜蓿，某些草山应予蓄留，以作各个村
庄的公共牧场，规定保留牛羊路（通草地小沟不要开荒），使马牛羊有路

---

①　《南泥湾垦区规定护林办法》，《解放日报》1944年10月16日，第2版。
②　王震：《治疗家畜的良药》，《解放日报》1944年4月15日，第2版。
③　王震：《南泥湾垦区政府成立的意义及其工作方针——五月一日在南泥湾垦区政府成立会
上的讲话》，《解放日报》1944年5月19日，第2版。

畅达牧场"。[1]

总之，面对诸多环境问题的出现，垦区的管理者逐渐加以反思，并采取了一些调适行为，反映了南泥湾开发领导者的环境意识。这些政策的制定都反映了革命者对垦区盲目开荒行为做出的规制与应对。也就是说，在荒野向田园转化的过程中，屯垦区域的管理者已经认识到自然环境变化的消极影响，并设法修补，以便可持续地利用垦区的自然资源。

小　结

近代以来，在自然灾害与社会动荡等各种因素的影响下，华北根据地境内有大量荒野存在，成为潜在的耕地资源。全面抗战爆发以后，各抗日根据地成为抗日力量生存、发展和打击敌人的战略基地，于是建设根据地以保持这个基地的可持续性成为抗日力量开展活动的主要目标之一。根据地建设中以经济建设最为重要，而经济建设又以农业生产为第一要务。在农业技术条件限制和社会环境的制约下，各根据地农业生产以垦荒为中心任务，以此来扩大耕地面积，增加农产品收获量。

随着荒野垦殖力度、广度的加大，荒野生态逐步被简化为农业生态。在这一过程中，大量植被被清除，野生动物消亡、退避。由此，一方面造成了生物多样性降低、水旱灾害频发、水土流失加剧等环境效应；另一方面又增加了粮食产量，保障和支持了根据地军民的生存，具有积极意义。荆山棘野固然重要，但在当时人看来，荒野环境中所"夹杂着"的"田陌如织"[2]的田园景观也同样是"美丽"的。如时人对南泥湾的景观转变是这样评述的："现在，在南泥洼，田里差不多都下了种子，傍晚的时候，你可以看到牛羊成群的归来，炊烟萦绕着树林，愈加显得葱葱了，被垦殖

---

① 王震：《南泥湾垦区政府成立的意义及其工作方针——五月一日在南泥湾垦区政府成立会上的讲话》，《解放日报》1944年5月19日，第2版。

② 赵超构：《延安一月》，成都：南京新民报社，1944年，第52页。

着的新地，更呈现出一幅丰美姿态来。"① 因此，在考量各根据地垦荒运动的环境效应时并不能以简单的"破坏"来加以定论，而应从尊重生命、生存的角度，将保护自然与尊重人类生命、生存发展等量齐观，立足于当时的时空背景下加以分析，通过总结历史经验，为当下坚持人与自然的和谐共生提供反思。

---

① 孙德山、许飞清：《开垦中的南泥洼》，《解放日报》1942 年 5 月 9 日，第 2 版。

第三章　华北根据地河滩地开发与
流域环境治理

在环境史研究中，有一个广为人知的核心概念——退化。[①] 国内外学者将华北地区的环境问题看成一首退化的"悲歌"，愈往近代愈发悲伤，这近乎成了一种共识。彭慕兰（Kenneth Pomeranz）以"黄运"地区为例，指出 19 世纪后半期至 20 世纪，一直作为中华帝国战略中心的华北平原，完全陷入了一个经济、人口和环境恶化的时期。[②] 李明珠（Lillian M. Li）则认为以海河流域为代表的华北地区的生态退化，不仅是一种周期性过程，更是几个世纪以来长时期的环境退化累积的结果，"作为人类最早持续定居的地区之一，华北很可能经历了最为严重的环境退化过程"。[③] 国内王建革也认为清代华北生态系统已经极其脆弱，20 世纪 20 年代至 40 年代

---

① ［英］威廉·贝纳特等著，包茂红译：《环境与历史：美国和南非驯化自然的比较》，南京：译林出版社，2011 年，第 3 页。

② ［美］彭慕兰著，马俊亚译：《腹地的构建：华北内地的国家、社会和经济（1853—1937）》，2005 年。

③ ［美］李明珠著，石涛等译：《华北的饥荒：国家、市场与环境退化（1690—1949）》，第 1、27 页。

华北生态系统更是难以经得起自然灾害的打击。① 不过，华北地区稳定的结构性生态退化是否固化或束缚了区域人群与自然交互、应对环境变迁的能动性？

自雍正五年（1727）国家水利营田以来，在政府和民众的共同努力下，冀西唐河、大沙河、磁河、滹沱河流域河滩地得到开发，并形成和延续了独特的修滩、护滩、用水、种植、管理技术和制度。不过，这些河流上游山地、高原长期不合理的土地利用，使冀西各县②滩地水灾频次和烈度进一步加剧，冀西大河流域生态持续退化，滩地不断萎缩，近代以后尤为严重。当代一些学者认为，生态退化与贫困之间有着逻辑联系，贫困发生地区与生态环境脆弱区存在高度耦合性，这些地区人群的生计更为密切地依赖对自然资源的攫取和对生态系统服务的使用。③ 尽管如此，也有不少学者认为生态退化与贫困发生之间并不存在必然的因果关系，其背后的决定性因素是"环境管理"。全面抗战爆发以后，中国共产党领导晋察冀边区冀西各阶层一方面通过持续的政策、技术、人力等的投入和管理制度变革，滩地逐步恢复；另一方面又不断反思滩地水灾频发的原因，进而开展科学的流域环境治理实践，冀西滩地得以持续开发，成为晋察冀边区稻麦飘香的"腰窝油"。④ 本章以 1937—1949 年中国共产党领导下的冀西滩地开发和环境治理为例，探讨生态退化背景下华北内地农业生产中，人应对环境变迁和对环境管理的能动性，进而为丰富华北根据地环境史研究贡

---

① 王建革：《传统社会末期华北的生态与社会》，北京：生活·读书·新知三联书店，2009 年，第 4 页。

② 唐河、大沙河、磁河（旧称滋河或慈河）、滹沱河及其支流在太行山以东与河北平原交界的阜平、唐县、顺平、曲阳、平山、井陉、行唐、灵寿等县境内形成了大量河滩，经过人工营造成为能耕作的滩地。冀西范围虽广，但若言冀西滩地地区则主要指这些县内滩地，1937 年后这些县逐渐归属晋察冀边区管辖，见农林牧殖局：《北岳区的荒滩富源》，《晋察冀日报》1942 年 12 月 25 日，第 1 版。

③ J. A. Fisher etc., "Strengthening Conceptual Foundations: Analysing Frameworks for Ecosystem Services and Poverty Alleviation Research", *Global Environmental Change*, Vol. 23, No. 5, 2013.

④ 《生产互助战胜灾难阜平作出治水建设计划书》，《冀晋日报》1945 年 9 月 11 日，第 1 版。

献另一种视角。①

第一节　1937 年前河滩地的营造、生产与环境退化

冀西唐河、大沙河、磁河、滹沱河四大河汇聚于河北平原后以善淤、善决闻名于世，"乘峻坂而下平原，挟泥带沙，随处淤淀，河床淀池，逐渐高仰，遂致停洄无所"②。不仅摧毁田园、庐舍，也淤平了平原上的诸多湖泊，对河北平原的生态退化"负有"责任，尤以滹沱河最为著名。然而，这些河流所经冀西各县因处山地与平原的交界地带，受地形限制，除了在洪水期易于"冲压"两岸河漫滩，尚不能如在平原地区那样频繁摆动、溃决为害，这些荒滩成为农业开发的潜在土地资源。

一、水浊泥肥：冀西河滩地营造的水质基础

河流水质是指河流水体的物理、化学和生物学特征和性质，受自然因素和人类活动的双重影响，河流水质对河水的用途和利用价值有决定性影响，冀西滩地开发的存续与冀西四大河的水质有关。并非所有的河漫滩都能变成可耕地，冀西滩地营造的秘诀在于这些河流普遍富含泥质，且洪水期较浅水期更为浑浊，文献中称之为"水浊泥肥"。那么，冀西河流为何"泥肥"？这是冀西大河上游山西高原和冀晋交界山区长期垦荒、砍伐林木后，山地、高原大量浅表土壤和有机质在洪水期顺流而下所致。元明以降，冀西太行山区森林砍伐日趋严重。永乐以后，五台山入山伐木者"川

---

① 以往对冀西滩地的研究并不多见，且都以宏观论述为主，将之作为晋察冀边区农业生产的一部分来探讨，滩地开发的渊源、技术、制度和环境治理等问题都没有深入而系统的讨论。参见魏宏运主编：《晋察冀抗日根据地财政经济史稿》，北京：档案出版社，1990 年；李金铮：《抗日战争时期晋察冀边区的农业》，《中共党史研究》1992 年第 4 期；李春峰：《抗战时期晋察冀边区农田水利建设的历史考察》，《延安大学学报（社会科学版）》2011 年第 3 期；牛建立：《论抗战时期华北根据地的垦荒修滩》，《洛阳理工学院学报（社会科学版）》2014 年第 2 期等。

② 潞生：《平山县之水利事业》，《河北月刊》1934 年第 2 卷第 1 期。

木既穷，又入谷中。千百成群，蔽山罗野。斧斤为雨，喊声震山"。至万历年间，五台山已是"万阜童童"。① 易州本来"林木翁郁，便于烧采"，但（弘治）《易州志》已指出"数百里内山皆濯然"。② 清代以来，冀西山地森林砍伐进一步加剧，水土流失达到了空前的规模，河流水量减少，水由清变浊，在洪水期更甚。以唐河为例，唐河上源多丘陵，植被破坏后，每逢大雨冲刷，"水中泥土成分极厚，又挟数百里高山深谷之腐植物，顺流而下，水黄褐色如稀粥，灌溉稻田最肥沃。故每岁获稻颇多，至副产品如黄豆、大麻子等亦不少"③。此外，晋冀交界山地畜牧业的发展，也为冀西河流贡献了肥力。据民国人士调查，冀西山地"秋季树叶凋零，杂草枯萎，因气候寒冷能整体保存于地表，成为家畜的良好饲料。山西、察哈尔、河北交界地区的牛、羊、骡、马成群结队的来此就食"，而其排泄物留在山上，成为来年洪水肥力的主要源泉。④

冀西大河浊流所含物质计有"牲畜粪尿、有机质、易溶盐分、细泥、粗砂、石块等"，除了粗砂、石块沉积于河床，"余者悉为植物生长所最需要之物质"。⑤ 冀西民众通过开渠引河水入滩，淤地成田，使河漫滩最终被营造成可供耕作的滩地，滩地开发历久不衰。由于冀西各县山地、丘陵较平地为多，大河两岸滩地因农业高产而被视为民众的"命根子"。

二、清代以来滩地开发的技术与制度

尽管有材料传说明代冀西滩地已有零星生产活动，但一般认为雍正朝

---

① （明）镇澄：《清凉山志》卷5《侍郎高胡二君禁砍伐传》，太原：山西人民出版社，1989年，第99~101页。

② （明）戴铣：《易州志》卷3《山厂》，《天一阁藏明代方志选刊》，上海：上海古籍出版社，1981年，第79页。

③ （民国）《完县新志》卷2《河流》，上海：上海书店出版社，2006年影印本，第232页。

④ 张玉珂：《滹沱河上游水稻区之耕作概况》，《世界农村月刊》1948年第2卷第3期。

⑤ 张玉珂：《滹沱河上游水稻区之耕作概况》，《世界农村月刊》1948年第2卷第3期。

京畿水利营田是冀西滩地开发的源头。[①] 雍正五年（1727），朝廷设置营田局，冀西滹沱河流域平山、井陉等县营田属京南局领导；唐河流域唐县、行唐等县营田属京西局领导。据（雍正）《畿辅通志》，平山县官营、民营稻田共 340 余顷；井陉县官营、民营稻田共 47 顷 20 亩，官营、民营稻田绝大部分都在滹沱河及其支流冶河沿岸河滩上。[②] 平山、井陉二县河滩变成能种稻的滩地，对其技术和方法，（雍正）《畿辅通志》概括如下：

> 平山县……奉良庄、川防村等处营田引滹沱并冶河之水，仍泄水于本河。按滹沱自正定以下，土疏流涌，时有泛溢。去害不暇，岂遑兴利。独在邑境山麓夹束，不患轶出，兼水浊泥肥，于上流疏引，布石留淤，可以成田。但苦山涨冲突，须石堰捍御，工程繁费，非民力所能为。今遣员开筑，堰立而田成，秔稻甚茂。……井陉县……营田引冶河之水，仍泄水于本河。其疏引上流，布石留泥，傍岸筑堰，亦如平山滹沱之法行之。虽荒土砂滩，田皆可成，秔稻畅茂，亦营田通变之法。[③]

井陉县与此类似，如该县防口村、西河村、洛阳滩等处，亦"营田引冶河之水，仍泄水于本河。其疏引上流，布石留泥，傍岸筑堰，亦如平山滹沱之法行之。虽荒土砂滩，田皆可成，秔稻畅茂，亦营田通变之法"[④]。清代雍正年间水利营田的参与者大学士陈仪也说："滹、冶上游，濒河沙

[①]（咸丰）《平山县志》卷 2《水利营田》说："平山水利古所未闻，自营田制定而民之享其利者已百有余年矣。"上海：上海书店出版社，2006 年，第 42 页。

[②]（雍正）《畿辅通志》卷 47，《影印文渊阁四库全书》第 505 册，北京：北京出版社，2012 年，第 88~89 页。

[③]（雍正）《畿辅通志》卷 47，第 88~89 页。

[④]（雍正）《畿辅通志》卷 47，第 89 页。

碛之区，立堨建坝，排石留泥，淤为膏沃，得田十五万三千一十六亩有奇。"① 由这些材料可以看出，滹沱河滩地开发的关键技术有三：开渠、布石留淤、筑坝（堰）。开渠、布石留淤是为灌溉和淤田造地，筑坝则是防止洪水冲毁滩地。其中，布石留淤最有特点，"出奇于险，导水留泥，实开先民未有之变局"。② 曾雄生认为布石留淤是一种成田之术，将之概括为"滹沱营田之法"或"留淤成田之术"——是北方地区独创的水稻种植技术，但并未解释何为布石留淤。③ 姚汉源引用（光绪）《山西通志》有关五台、繁峙等县的水利材料，认为布石留淤技术源自山西，是指在滩地内开畦，用石叠地埂，渠水入地后泥质为地埂所阻蓄而逐渐成田。④ 笔者认同此说。不过（光绪）《山西通志》材料晚出，且山西这些县与冀西接壤，布石留淤之术当正是源自雍正年间冀西滩地的营田，而这种滩地淤田之术是否源自秦汉以来北方平原地区的引洪淤田技术尚无法考究。唐河流域唐县和大沙河（又名派河）流域阜平县的沿河河滩地在清代也有营田活动。唐县雍正五年（1727）官、民共营稻田81顷68亩余，稻田皆"引唐河之水，仍泄水于本河"。⑤ 阜平县乾隆十三年（1748）、十八年（1753），在知县罗仰镰、邹尚易分别"督令"下营成稻田，其方法是"沿河穿渠引水溉田，支疏河流，分杀水怒"。⑥

　　大沙河（又名派河）流域的阜平县和唐河流域的完县、唐县在清代也有营田活动，也分布于两河滩地之上。唐县所营稻田，皆"引唐河之水，仍泄水于本河"。雍正五年（1727），唐县营治稻田"共70顷35亩7分5

　　① 《水利营田图说》，（清）吴邦庆辑、许道龄校：《畿辅河道水利丛书》，北京：农业出版社，1964年，第312页。陈仪所著《水利营田册说》有文无图，道光年间吴邦庆补图三十七幅，改名为《水利营田图说》，收入其《畿辅河道水利丛书》之中。

　　② （乾隆）《正定府志》卷4《河渠水利》，第106~107页。

　　③ 曾雄生：《水稻在北方：10世纪至19世纪南方稻作技术向北方的传播与接受》，广州：广东人民出版社，2018年，第115~116页。

　　④ 姚汉源：《黄河水利史研究》，郑州：黄河水利出版社，2003年，第497页。

　　⑤ （雍正）《畿辅通志》卷46，第81页。

　　⑥ （乾隆）《阜平县志》卷2《水利》，南京：凤凰出版社，2014年，第333页。

毫，农民自营稻田共 11 顷 33 亩 5 分 5 厘"。① 阜平县滩地开发在冀西颇为著名，不过雍正时期阜平因"僻处西山之中，荒寒特甚"，"村居寥落，民宿贫苦"②，并未营田。直至乾隆十三年（1748），阜平知县罗仰镰督令民众营成水田"40 顷 20 亩 9 分 4 厘 4 毫"。乾隆十八年（1753），又营成水地"15 顷 61 亩 5 厘"。乾隆二十二年（1757），知县邹尚易再次督令民众续垦荒地，"沿河穿渠引水溉田，支疏河流，分杀水怒"，营成滩地 11699 亩。③ 阜平营田同样利用了大沙河"水浊"的特性。乾隆帝在对罗仰镰褒扬谕旨中说："阜平县境内，有沙河浊流。该令罗仰镰，沿河查勘，督令居民实力垦治，营田 52 顷余。"④ 将"水浊"的大沙河水引入荒滩之内，既能分杀水势以防洪，又能淤地肥田。唐县、阜平县营田也应采取了布石留淤的方法，一方面因为两县营田都利用了"浊流"能淤地肥田的特点，乾隆帝在褒扬罗仰镰的谕旨中明确提到了群众利用"沙河浊流"营田，而如果不设法停蓄浊流、留泥入滩是不可能营田滩地的；另一方面，文献中明确说阜平营田是因平山、井陉营田"试有成效"，至乾隆年间遂"仿而行之"⑤。

就种植制度而言，雍正年间的水利营田使得冀西滩地"秔稻甚茂"，但由于河流水浊，稻田不久会被淤高，渠水无法自流入地。当时采取了水稻、旱地作物轮作的方法——"淤泥积久则田高水不能上，须种蜀、粟疏之，俾土平而水可上，水旱互易，田乃可久，此滹沱营田之法"。⑥ 这就是说，若滩地淤高，可通过种植蜀、粟类旱地作物，以降低地面，实行水旱轮作。蜀、粟二字在后世方志中并未改动，但究竟何为蜀、粟？以往论著

①　（清）王履泰：《畿辅安澜志》，第 215 页。

②　（清）王履泰：《畿辅安澜志》，第 230 页。

③　（乾隆）《阜平县志》卷 2《水利》，第 333 页。

④　《清高宗实录》卷 314，乾隆十三年五月乙未条。

⑤　（乾隆）《正定府志》卷 4《河渠水利》，上海：上海书店出版社，2006，第 103 页。

⑥　（雍正）《畿辅通志》卷 47，第 88 页。

在蜀、粟二字中间不加顿号，都将蜀粟视为一种作物，但未做解释。① 姚汉源认为蜀粟是玉米："种玉米，雨水或水清时可冲刷走一层土壤，田又降低，再种稻、淤泥。"② 不过已有研究表明，在玉米诸多名称中并无蜀粟者；玉米传入中国主要是自西向东传播，乾隆年间以后玉米在中国快速传播，但仍以南方为主，直隶地区仍不普遍。③ 雍正时期冀西方志中尚无玉米记载，只有黍秫。黍秫在河北方志中又常作蜀秫、蜀黍，均指高粱。④ 笔者认为蜀、粟并非仅指一种作物，蜀即蜀秫，指高粱；粟即小米，蜀、粟泛指多种旱地作物。因为，冀西滩地由水地改为旱地，大量旱地只种一种作物显然是不合理的，无法满足滩地民众对食粮的需求。此外，（乾隆）《正定府志》认为（雍正）《畿辅通志》所载因"淤久田高，水不能入"而采取水旱互易的说法，"尚未括其綮要"，还有一个原因是营田稻地"沙碛旧基，借泥为用，地脉本不甚厚，频受淘洗，必无余力"，这就是说滩地因河水冲蚀，导致水土、地力不足而不能种稻，影响滩地收获。于是"间岁艺以菽、麦，旱禾受润，操券可获。而浸灌余寒，得日之暄，土性亦暖"⑤。由此，旱田所种作物愈发多样，而不可能仅限于一种作物。以阜平县为例，乾隆时期滩地"种稻者约十分之三，种烟蓝者约十分之七，获利常倍蓰于他种产物"⑥。其他作物如小麦、豆类等自乾隆以来也陆续播种。到了民国时期，冀西滩地的主要作物是水稻、小麦和玉米，其他如小米、棉花、高粱及各种蔬菜、豆类也有少量种植。因各滩基本上都种植小麦，再加上玉米的大量种植，尽管1937年前水稻在冀西滩地作物结构中仍

　　① 李成燕：《清代雍正时期的京畿水利营田》，北京：中央民族大学出版社，2011 年，第206 页；曾雄生：《水稻在北方：10 世纪至 19 世纪南方稻作技术向北方的传播与接受》，第 116页。

　　② 姚汉源：《黄河水利史研究》，第 497 页。

　　③ 郭松义：《玉米、番薯在中国传播中的一些问题》，见郭松义：《民命所系：清代的农业和农民》，北京：中国农业出版社，2010 年，第 244~295 页。

　　④ （雍正）《井陉县志》卷 3《物产》，台北：成文出版社，1976 年，第 144 页。

　　⑤ （乾隆）《正定府志》卷 4《河渠水利》，第 109 页。

　　⑥ 《河北省阜平县地方实际情况调查报告》，《冀察调查统计丛刊》1937 年第 2 卷第 2 期。

占据重要地位，但与雍正水利营田初期的主导地位已不同。①

滩地灌溉形成了浅水期灌溉和洪水期灌溉两种制度。浅水期河流水势平稳，清代直接在大河两岸开渠，渠水能自流入滩淤地、肥田、灌溉。只是在水稻种植后，由于滩地淤高，后期实行旱作。在洪水期，冀西河流水位上涨，水中泥质、杂物增多，肥力较浅水期更大，滩渠成了引洪灌溉之用，为防止河水冲淤渠口、渠身，需要定期清淤。清代以来，因气候变迁，冀西诸河"河水日小，河身亦随之日缩，二岸乃形成广阔的沙滩"。②加之河流自然下切的缘故，民国时期冀西大河水位愈发低于两岸滩地，滩地民众在浅水期修筑拦河坝以引水入滩。筑拦河坝又称"压坝"，是用沙子、石头和稻草在河中拉起坝子，"把水压向渠里去，以便灌溉滩田"。③这项工程较为简单，"由渠口下游渠墙修起，而止于河水较深处，以便引水入于渠口，其作用只限于低水时期，不期长久"④。浅水期灌溉制度已经较为成熟，以平山县为例，一般是清明开渠至小雪闭水，也有谷雨开渠至小雪闭水、3月放水至10月闭水者。水量分配一般按亩分水，大水时自由灌溉，水小时分段轮灌。当然，由于各滩在渠道中的区位不同和滩主"文化权力"的差异，1937年前冀西滩地用水纠纷频繁发生，尤其是在旱年"若非挖河治水，不克灌溉。每因挖河，致与他村发生纠纷"。⑤

再看滩地管理制度。清代冀西官营稻田官方只提供初期"工本银"，而后续滩地的经营管理，"渠坝等工听民自行兴修"⑥；民营则纯粹民间出资、管理。不过，尚无史料记载当时滩地管理的具体制度，文献中只提及"每滩设渠长一人，董率挑浚沟洫，连属渠通流畅"。⑦可以认为，当时滩

① 潞生：《平山县之水利事业》，《河北月刊》1934年第2卷第1期、第3期。

② 张玉珂：《滹沱河上游水稻区之耕作概况》，《世界农村月刊》1948年第2卷第3期。

③ 《沙河两岸——滩地的集体生产》，《晋察冀画报》1944年第6期。

④ 刘锡彤：《平山县水利事业调查报告》，《华北水利月刊》1936年第9卷第1～2期合刊。

⑤ 潞生：《平山县之水利事业》，《河北月刊》1934年第2卷第1期。

⑥ （清）王履泰：《畿辅安澜志》，第323页。

⑦ （乾隆）《阜平县志》卷2《水利》，第333页。

地实行渠长制，整个滩渠的挖沟、清淤、疏通等工作都归其领导。随着乾隆年间以后官方营田的衰落，滩地社会必然自我演化，并形成了固定的管理制度或惯习，影响至民国时期。民国时期的文献记载1937年前冀西滩地管理主要实行工房制。工房由滩渠流经各滩村庄选举一定数目的田头（个别地方称为经理、股头）构成，其含义类似管理委员会，有的滩地也叫账房、滩公所，是滩地总的领导机关。田头为实际滩地管理者，举凡修滩、开渠、分水、护滩等滩务都归其管理、组织。田头之下，又设水头、书记、会计（也叫司账）、坝头等人员以作辅助。工房制在冀西滩地实行最为广泛，"概系当地民营，经费由用水地户按亩均摊，由地户公举田头，以经理之"。[1] 不同滩地，田头人数不一，一般为2至4人，有的滩渠如平山县西岗南渠甚至达6人。田头一般是在"使水地户"中推举，具体以这些地户所占滩地土地面积多寡来确立资格。滹沱河滩地有6亩、8亩甚至15亩者方能被推举为田头。个别滩地田头任职资格甚至需满几十亩，如平山冶河史家湾滩田头是满50亩土地之地户，共有田头12人。各滩田头都是一年一换，轮流充值，管理渠务。[2] 工房制极有可能是从清代渠长制发展而来，因为随着营田制度的式微，冀西滩渠受益最大的地户应逐渐在滩地事务中占据优势，而民国冀西滩地的管理者——田头就是滩地占地面积的最大者和滩渠获益最多者，逐渐在整个滩地社会中享有话语权。这些田头一部分是地主，另一部分是"有钱有势"者，他们一般都雇用长短工修滩，在管理上各自为政，滩地纠纷不断，各滩护滩工程不巩固，滩地经常被水冲毁。[3]

三、环境退化与滩地萎缩

冀西河水富含肥泥，是滩地的肥力之源，但滩地所在各县处于山地与

---

① 刘锡彤：《平山县水利事业调查报告》，《华北水利月刊》1936年第9卷第1~2期合刊。

② 潞生：《平山县之水利事业》，《河北月刊》1934年第2卷第1期、第3期。

③ 李志林、孙迈：《沙河两岸的人们——阜平滩地介绍之一》，《晋察冀日报》1944年5月24日，第2版。

平原交会地区，境内河流湍悍，常有冲决之患。竺可桢 1927 年的研究表明，近三百年河北地区水灾发生的次数与前期相比明显增多，而"山岭和平原交界的地方"是水灾最多的地方之一。[①] 近代以来冀西滩地水灾更趋频繁，光绪十三年（1887）冀西大水，此后滩地屡冲屡垦，"无隔岁不冲之田，无一年无成田之事。至民国六年、九年、十三年、十八年水害尤大"，于是滩地水利之乡，反成灾害屡见之区。[②] 晋察冀边区人士的调查也发现，阜平县在同治年间、光绪十八年（1892）、民国六年（1917）分别发生大水，紧接着民国十三年（1924）、民国十八年（1929）、民国二十三年（1934）又发生 3 次小水。到了 1939 年，最大规模的洪水暴发，本年洪水"比哪年都凶"，"滩地冲了个净光，至于房子、树木、财帛的损失，更是难以计算了"。当年，阜平县大沙河两岸 170 多顷滩地稻田，"顿时变成了一条荒凉的沙滩"，一万多人口失掉生活保障。老乡们说"六十年一大水，三十年一小水"，但到民国六年（1917）以后，便不断发生洪水。[③] 1944 年 8 月，平山县滹沱河泛滥成灾，冲淤滩地千余亩，"冲断河坝八十余丈"。[④] 1945 年以后，冀西仍有水灾发生，1948 年灾情最为严重。据统计，晋察冀边区北岳行署四专区[⑤]行唐县冲毁、沙压土地 2.5 万多亩，倒塌房屋 2.2 万多间，砸坏农具 1.1 万多件，死伤牲畜 382 头。阜平县冲毁水地 5959 亩，旱地 464 亩，滩地 1250 亩，树木 26491 棵，倒塌房屋 805 间。平山县滹沱河两岸冲毁滩地 16 顷。建屏县冲毁梯田 1 万余亩，滩地 1.3 万亩。灵寿县冲毁田地 9 顷。总计全区滹沱、沙、

----

　① 竺可桢：《直隶地理的环境和水灾》，见《竺可桢文集》，北京：科学出版社，1979 年，第 111、114 页。

　② （民国）《完县新志》卷 2《河流》，上海：上海书店出版社 2006 年影印本，第 232 页。

　③ 李志林、孙迈：《沙河两岸的人们——阜平滩地介绍之一》，《晋察冀日报》1944 年 5 月 24 日，第 2 版。

　④ 《平山滹沱河泛滥成灾冲淤土地千余亩冲断河坝八十丈》，《晋察冀日报》1944 年 8 月 12 日，第 1 版。

　⑤ 辖灵寿、平山、阜平、曲阳、行唐、正定、建屏、井陉、获鹿等县，后划归察哈尔省，划为四专区，辖县不变。

唐、磁等河冲毁、沙压、涝死庄稼共计 19.3849 万亩，占全区总耕地面积近 1%。①

近代以来的饥荒、战乱等社会环境的动荡，诱发冀西河流下游地区民众入山垦荒、伐木，导致河流上游山地、高原植被破坏严重，生态环境持续退化，河患也就更趋频繁。以完县（今顺平）为例，清末变乱频仍，"人民流亡载道，迁至山间者逐年增加。其职业除伐木为薪外，惟事垦种。不数年，唐河上游之山悉告濯濯。一逢大雨，水泥骤下，万流俱集"。② 1936 年，日本"调查人员"在冀西阜平、平山、唐县等地观察到，"山岳地带全为秃山，少见树林"。唐河等河上游"诸山皆无树林，不能涵养水源，遇大雨不能保持水分，是故本地诸川，平时并不总能看到水流，雨季水量增加又会淹没两岸农地，屡屡致灾"。据晋冀交界阜平县龙泉关的一位 56 岁老农谈，"他十岁左右也就是距今四五十年前，阜平县的群山尚被树林覆盖。但是，逐年砍伐以至于今，人口增加又将山地斜坡开发为耕地，遂致山地全失保水能力，连日大雨便会导致可怕的洪水灾害"。这位受访老农还记得光绪十八年（1892）、民国六年（1917）、民国八年（1919）、民国十三年（1924）都有水灾发生。③ 而每当滩地水灾后，滩地民众又会选择到上游山地伐木、垦荒，从而又加剧水灾发生的风险，形成生态恶性循环。1917 年大水后，群众跑到沙河上游属于山地的阜平县六、七、八区和山西繁峙县那里"刨坡去了"。群众"杀到了林地，一把大火烧成了灰烬，把土刨翻来，种上三年便不顶了，再杀再刨。这样山上没有了林木，山势陡峭，一遇大雨，连土带沙冲刷而下，河床淤高了，水势横流，造成大水灾"④。

---

① 《根据农情初步估计北岳可获七成年景》，《人民日报》1948 年 9 月 20 日，第 1 版。
② （民国）《完县新志》卷 2《河流》，第 232 页。
③ 《河北省农业调查报告（二）》，《北支经济资料》第 26 辑，"南满洲"铁路株式会社天津事务所调查课，1936 年，第 11 页。
④ 李志林、孙迈：《沙河两岸的人们——阜平滩地介绍之一》，《晋察冀日报》1944 年 5 月 24 日，第 2 版。

　　频发的洪灾也使得雍正时期形成的以水稻、旱地作物轮作的"水旱互易"式滩地种植制度不能维持久远，因为滩地被"水冲沙压"后，一些种稻水地也不得不改为旱田，也就无法实行水旱轮作。雍正九年（1731），平山县改旱田85顷14亩，井陉县改旱田5顷。① 嘉庆二十五年（1820），井陉县奉饬清查营田时，陆续改旱田6顷92亩余，只存营田15顷56亩。② 雍正九年，唐县改旱田12顷44亩。③ 河滩地因水、地资源丰富，成为各种势力垂涎的对象。近代以来，自然环境的退化和社会环境的动荡加剧了滩地地权的集中④，滩地无论是水地还是旱地均逐渐萎缩。（民国）《平山县志料》说："自清雍正初营田制兴，沿河开垦滩地甚多。至乾隆末年，河水涨发，冲坏地亩无数。自此以后，屡修屡冲，今所存不过十之二三，余皆一片沙碛，多半不堪承种。"⑤ 1937年，调查者对阜平县考察后得出结论："近数十年以来，水患频仍，昔日肥沃之滩渠，多遭冲洗，桑田沧海今昔异势。"⑥ 井陉县冶河"沿河两岸，虽有少数园圃可资灌溉，但每逢夏季，河水暴涨，则屡被其害，轻者淹没禾苗，重者一变而成砂砾"，尽管"人民对于生计问题愈益关切……经营稻田不遗余力"，但"所憾者，河水不时涨泛，沧桑之变迁甚速"。⑦

　　究其原因，首先，修滩、护滩工程浩大，修滩"没有穷人的份，有钱的修滩，各管各，穷人们没力量，想修也修不起"。⑧ 地主和"有钱有势"者虽有能力修滩，却各自为政，滩地修护左支右绌。其次，地权集中造成乱修滩，没有统一的领导和组织，不仅造成连片滩地长期修不出来，而且滩地

---

① （雍正）《畿辅通志》卷47，第88~89页。

② （光绪）《续修井陉县志》，上海：上海书店出版社，2006年，第53~54页。

③ （雍正）《畿辅通志》卷46，第81页。

④ 李小民：《阜平县农村素描》，《农村经济》1935年第2卷第4期，第91页。

⑤ （民国）《平山县志料》卷2《地理·河流》，台北：成文出版社，1976年，第11页。

⑥ 《河北省阜平县地方实际情况调查报告》，《冀察调查统计丛刊》1937年第2卷第2期，第123页。

⑦ （民国）《井陉县志料》，井陉县史志办公室1988年整理重印本，第30页。

⑧ 周钧：《阜平滩地英雄李志清》，《晋察冀日报》1945年12月30日，第4版。

土地、用水纠纷不断，滩地流行"想打官司种稻地"之谚。清代滩地官营稻田由官方出资，民人管理维护、升科纳税；民间自营稻田自然为私有。乾隆年间以后国家营田式微，冀西滩地逐渐向私有化发展，地权总体趋向集中则是无疑问的，只是具体情形尚不得知。不过，在冀西滩地土地买卖契约中，出卖滩地较为常见，如道光四年（1824）十二月一卖地契约载："立卖契人赵立旺因为无钱使用，将自己村南水地一段……四至分明，上下土木石相连，卖于赵上金名下……立字存证。"民国十七年（1928）八月一卖地契约："立卖契人赵端因钱不便，今将自己河滩水地……四至分明，土木石水相连，今出卖于赵公名下……立卖为证。"民国二十年（1931）一卖地契约称："立卖契人赵富亮因钱不便，今将自己河滩水地三段……四至分明，上下土木石水相连，今卖于赵瑞吉名下……立卖为证。"① 1937 年前地权集中是冀西的普遍现象，无论是山岳地带还是河滩地带。山岳地带耕地"分割过甚，十分零碎"，更易导致山区坡地垦殖的碎片化，地权的集中会加剧山区坡地垦殖力度，进而加速山地水土流失。② 而河滩地因水、地资源丰富，成为各种势力垂涎的对象，因地价下跌，土地买卖频繁。据 1935 年的调查，阜平县全县除了商人及小手工业者不计，"地主约十分之二，自耕农十分之三，雇农占半成，其余十分之四以上便是佃农，佃农生活极其悲惨"。因经济凋敝，"地价暴跌"，"往昔一亩好地，能卖到二百余元，现在最高也不过值五十元"，地价下降加剧了土地买卖。最后，由于地主土地私有制的存在，贫农、雇农给地主干活，担心不知"什么时候会被地主拿了去"，因而不太关注修滩、护滩问题，滩地经常被水冲毁。

第二节　滩地开发与治理的方法、技术和制度变革

一般来说，持续的生态退化应会加剧贫困，黄宗智就认为频繁发生的

---

① 河北省平山县水峪村赵氏家族文书，作者搜集。
② 王殿芳：《平山县王家窑村概况调查》，《津南农声》1936 年第 1 卷第 3~4 期。

包括洪涝在内的灾害所加剧的贫困是形成冀—鲁西北平原地区社会政治经济结构的主要生态因素之一。① 但是，1937 年以来，中国共产党领导滩地群众通过能动而持续的财政、技术、政策投入和制度变革，不断加强对冀西河滩地的环境管理与治理，冀西滩地逐渐恢复，并成为晋察冀边区最富庶的地区。

一、修滩与护滩：滩地恢复与治理

1937 年以来，随着中国共产党在华北地区领导地位的巩固，及减租减息、统一累进税等政策的执行，冀西地区阶级关系、地权状况等发生明显变化。一方面，地主户数和土地占有量均呈下降趋势②；另一方面，在土地典当关系上，1937 年前当出土地者多是中农和贫农，当入者主要是地主或富农；1937 年后则与之相反，"一般地主将逐渐地会把一部分农业资本投向于更有利可图的事业（工商业）上去"。③ 此外，1939 年 9 月 17 日，晋察冀边区政府颁布了《晋察冀边区垦修滩荒办法》，既明确了滩地所有权、使用权和使用年限，又照顾了佃农及其他贫苦农民的利益。④ 于是，在中国共产党的领导和支持下，贫雇农逐步掌握了滩地领导权。一些修滩贫农、雇农成为滩地股东，尽管一些滩地地权是地主的；另一些贫农则成为滩地主人，"掌握住基本群众，用民主的力量，打碎了少数地主想自修滩地、不让穷人集体修的企图"⑤。

（一）修滩

群众修滩积极性得以调动，滩地逐渐得到恢复和发展。在此形势下，

---

① ［美］黄宗智：《华北的小农经济与社会变迁》，第 60 页。

② 《抗战六年来北岳区农村经济与阶级关系的变化》，魏宏运主编：《抗日战争时期晋察冀边区财政经济史资料选编》第 2 编，第 214、215 页。

③ 《中共土地政策在晋察冀边区之实施》，《晋察冀日报》1945 年 10 月 6 日，第 1 版。

④ 《晋察冀边区垦修滩荒办法》（1939 年 9 月 17 日），魏宏运主编：《抗日战争时期晋察冀边区财政经济史资料选编》第 2 编，第 248 页。

⑤ 周钧：《阜平滩地英雄李志清》，《晋察冀日报》1945 年 12 月 30 日，第 4 版。

冀西出现了三种修滩组织实施方式：政府扶持修滩、军队帮助修滩和合作修滩。

图 3-1　沙河两岸修荒滩（1940 年 3 月）

说明：图片源自王雁主编《沙飞摄影全集》，第 304 页。

　　政府通过政策激励、财政支持、技术宣传和指导等多种方式支持冀西滩地的恢复和治理。滩地的优点是"不须施肥，不怕旱涝，产量之丰是任何土地所赶不上的"，缺点是因水灾频发，滩地经常被毁。1939 年大水后，冀西四大流域滩地绝大部分被冲毁，但至 1942 年，"赖军民的共同努力"已修复 66%。沿河居民按照政府倡导的修滩办法成滩①，其中唐河沿岸复滩 94%，沙河 90.6%。② 政府扶持与军队帮助两种修滩方式最为普遍，且

---

①　当时，将荒滩修成滩地，称为成滩。
②　农林牧殖局：《北岳区的荒滩富源》，《晋察冀日报》1942 年 12 月 25 日，第 1 版。

在一些地区同时进行。阜平沙河两岸被冲毁的 170 多顷滩地在 1944 年即恢复到 140 多顷。究其原因是"由于共产党的领导、子弟兵的帮助、政府修滩政策的执行、团体的号召"。[①] 政府一方面和各抗日团体从唐县、平山募集枣子、杂粮、菜蔬等赈济修滩贫农；另一方面，还提供八九万贷款，以帮助群众购买修滩物料和作物种子。军队则不仅提供劳力支持，还通过节约粮食给饥饿的修滩群众吃。[②] 1945 年，大生产运动中，边区政府规定修滩、扩大耕地面积、开渠、凿井，变旱田为水田，九年内不纳累进税，不加负担，同时提供 500 万元（边币）水利贷款、1800 多石水利贷粮，以解决兴修水利中的资力困难问题。[③] 解放战争以来，边区政府对滩地地权和农民负担逐步改革，并继续提供水利贷款，大力推动冀西滩地的修造。1947 年，完县（今顺平县）富有村在政府贷款扶植下，历时两年，修成 360 亩滩地。[④] 1948 年，阜平县沙河两岸 11 个村的农民在政府贷粮贷款的帮助下，修成滩地 1735 亩；平山庙头村修成滩地 440 余亩。灵寿胡家庄在民主政府帮助下，修成 120 亩滩地。[⑤] 定县丁村所在区公所根据政府法令，宣布成滩后无交纳负担。第二年又向群众公布："成滩者十五年内不纳租子，十五年后纳租，有永佃权；连冲连成三次以上，地权归成滩人。"农民整滩护滩的情绪"于是真正提高了"。[⑥]

合作修滩分为两种情况，一种是合作社修滩，由原有村合作社组织群众入股修滩，收入归合作社统一安排，统一分红；另一种是村民为修滩而临时组建的修滩合作社，集体劳动，集体修滩。合作社本为党领导下的供

① 李志林、孙迈：《沙河两岸的人们——阜平滩地介绍之一》，《晋察冀日报》1944 年 5 月 24 日，第 2 版。

② 巴克：《高阜口滩地介绍》，《晋察冀日报》1944 年 4 月 30 日，第 2 版。

③ 《四专区开渠修滩七万八千亩》，《晋察冀日报》1945 年 7 月 18 日，第 2 版。

④ 《民主政府贷款扶植下富有村成滩三顷余》，《冀晋日报》1947 年 6 月 24 日，第 2 版。

⑤ 《开渠·治河·打井·造水车北岳冀中各地兴修水利》，《人民日报》1948 年 7 月 3 日，第 1 版。

⑥ 《防风防水淤地护地解决群众困难丁村成滩造林合作社坚持七年有很大成绩》，《人民日报》1948 年 8 月 13 日，第 2 版。

销信用机构，不仅通过贷款、贷粮等方式解决群众生产资料缺乏问题，而且有的地方直接领导生产，尤以组织修滩为代表。早在 1939 年就出现了合作社修滩①，1940 年后愈发成熟。合作社修滩的主要工作：一是组织社员入股，领导社员劳力合伙或集体修滩；二是提供贷款或预付修滩资金，合作社既是滩地组织者、经营者，又是滩地最大股东。② 修滩过程中，由合作社经营开滩，滩地归社有，将来由村社组织集体的农业生产。土改未完成前，合作社接受地主将地权变价卖于村社，地价入股。③ 最终，合作社把全部的零散劳动力组织到修滩之中，用合作社的经营方式，达到合作互助、集体劳动、按股分红的目的。修滩合作社则是在修滩过程中临时专门组建的由滩地群众自己生产、合作劳动的生产组织。这种生产组织一般先由村民集股，每股由农户组成，再由各股组成修滩合作社，统一组织修滩，收获时由修滩合作社按股分配粮食。这类修滩合作社入股办法多样，因地制宜。有的以劳力入股④；有的以修滩期间的工数入股；有的滩地，群众因劳力缺乏而又愿参加合作社的，以实物（粮食、农具等）折工入股。最后，滩地利益将来按股平分，并能帮助贫苦无地种的农民，使其获得一部分土地的使用权和所有权。⑤ 总之，合作修滩打破了此前地主、富农的个体经营、个体劳动，代之以集体经营、集体劳动，在战时有限的资金和劳力条件下，最大限度地集合了各方力量投入到滩地恢复之中。当然，推动这一时期修滩方式转变的根本力量是中国共产党领导下的各级政府。在政府支持下，滩股东成了出力修滩的广大群众，由这些股东

---

① 巴克：《阜平高街劳动互助合作社向综合性合作社发展》，《晋察冀日报》1944 年 5 月 31 日，第 2 版。

② 《战胜灾荒的高街合作社——阜平合作英雄陈福全典型报告》，《冀晋日报》1946 年 1 月 19 日，第 4 版。

③ 《平山北古月村社组织社员集体修滩》，《晋察冀日报》1944 年 8 月 23 日，第 2 版。

④ 《四专署实业科关于下发平山西李家坡防洪修滩宣传材料》（1948 年），河北省档案馆等编：《西柏坡档案》第 5 卷，石家庄：河北人民出版社，2017 年，第 320 页。

⑤ 《灵寿组织合作修滩入股办法灵活结合农户计划》，《晋察冀日报》1945 年 5 月 12 日，第 1 版。

选举滩地领导机关，统一指挥，按股劳动，按股分粮。这种新式的合作生产、集体劳动的滩地开发方式，在抗战以来的冀西大河沿岸相当流行。[1]

（二）护滩

修滩之外，1939 年大水灾后晋察冀边区各级政府对于护滩工作更加重视。在各地政府、民众的共同参与下，冀西滩地护滩工程分为工程护滩和生物护滩，其规模和复杂性都远超此前各时期。

工程护滩是指在滩地外围和河道两侧通过人为施工，依靠土工、石工等，构筑挡水建筑物，以起到固滩、固堤、挡水的作用。这一时期护滩工程的"名词"更为多样，如护滩石墙（也叫堰、坝、堤）、沙堤（埝）、石垛、桩子、顶堰（岩）等。当然，依据水情、民情不同，这些专项工程并非同时出现，有的地方修石墙，有的地方则修沙埝。石墙紧邻河身，洪水期直接受河水冲击，至关重要。一些滩地采取内外双堰的做法，外堰用石头砌成，内堰以沙土、稻草等制作，称为内埝。[2] 有的滩地在石墙外侧加修石垛子，石垛外再钉木橛（桩），以起到坚固作用。[3] 为防止洪水冲毁渠埝，滩地上还在渠埝下用石头垒成石头堆，即为顶岩。当然，仅凭护滩石墙的防护是不够的，当洪水期出现险情时，要及时在缺口处打桩护滩。[4] 工程护滩可在修滩之后，也可在修滩之前。地方政府多注意并督促群众在修滩之前要有一定程度的护滩工程，然后再进行修滩，"一切防洪护滩工程统一勘测计划，分别兴修建筑"，否则"徒劳无益"。[5] 此外，因护滩工程浩大，费工费料，在实施过程中没有政府的领导和支持是不可能完成

---

① 《抗战六年来北岳区农村经济与阶级关系的变化》（1943 年 5 月），魏宏运主编：《抗日战争时期晋察冀边区财政经济史资料汇编》第 2 编，第 216 页。

② 《平山滹沱河暴涨各滩地续有冲毁》，《晋察冀日报》1944 年 8 月 13 日，第 2 版。

③ 《阜平法华到寺口等十七村护滩工程已告完成》，《晋察冀日报》1946 年 7 月 15 日，第 2版。

④ 《阜平城南庄区检查护滩工作胭脂河滩地可保无虑》，《晋察冀日报》1944 年 7 月 28 日，第 1 版。

⑤ 《四专区研究今冬明春水利建设》，《晋察冀日报》1944 年 11 月 15 日，第 2 版。

的。在 1945 年大生产运动中，冀西各县在政府支持下护滩成绩突出。平山滹沱河沿岸 37341 亩滩地"进行了大的防洪建设，用石料 2500 方（一方 250 立方尺）和 2400 万元的木灰用材，打下了平山滹沱河 36 个滩 300 多顷土地在一般高洪水的巩固基础"①。行唐修筑了沙河大堤及伏流等河堤坝；灵寿磁河沿岸堤坝经大力整修，使 80 多顷滩地得以巩固。②

生物护滩是指种植根系发达的木本和禾本植物来达到固堤、固滩、滞洪、抗蚀的目的。滩地所种植物主要是柳树、荆条和芦苇。芦苇种植一般采取采茎青压和连根青压法，所以被称为压苇子。当芦苇发展成群落后能有效削减到达岸边的波浪能量，因此压苇子不仅可以固堤防洪，也可以淤住河流携带的泥沙，增加滩地面积。1944 年 6 月，边区政府号召阜平县群众大力营造护滩林，以防雨季洪涝，全县共"栽护滩林 50000 余株，又 60000 余丛，压苇根 30 余亩"③。护滩植物一般种在滩地护滩堤坝或护滩石墙外侧，以及滩渠埂两侧。滩地渠口或防洪坝口在洪水期最易被冲塌，成为威胁滩地的源头，民众也会栽植护滩林设法加固。④ 有的滩地采取入股合作的方式栽种护滩林，如 1944 年春季灵寿县生产委员会号召在磁河下游"造林护滩"，在具体实施过程中"不论男女老幼贫富，凡交来树秧、种子，参加做工、出农具都顶工，将来分获所得"。⑤ 至 1944 年 8 月，磁河两岸 1500 余亩滩地已种植护滩树 30 余万株。

应当指出，工程护滩和生物护滩一般是同时进行的，相互配合。1945 年 3 月，为贯彻大生产精神，防止水患，阜平县政府组织召开阜平沙河、胭脂河两岸 41 个滩地的 84 名干部扩大会议。制定护滩计划、做好当年护滩工作是会议重要内容。会议决定护滩的方法主要是打石墙、

①　子钧：《1945 年冀晋区水利建设》，《冀晋日报》1946 年 1 月 1 日，第 4 版。
②　《四专区开渠修滩七万八千亩》，《晋察冀日报》1945 年 7 月 18 日，第 2 版。
③　《阜平总结第一阶段大生产》，《晋察冀日报》1944 年 6 月 16 日，第 4 版。
④　《四专署实业科关于下发平山西李家坡防洪修滩宣传材料》（1948 年），第 320 页。
⑤　鲁斯：《慈河植树》，《晋察冀日报》1944 年 8 月 22 日，第 1 版。

压苇、栽树、打木橛、筑沙堤、草卧牛等。① 至 1946 年 7 月，阜平沙河两岸十七村的护滩工程已告完成，共修筑大石墙 28 道，用工 17603 个；完成沙埝 6 道，用工 1190 个；筑石坝 28 座，用工 2180 个。高阜口等三村打石垛 35 个，植护滩林 4 片，护滩树 5092 棵，压梢子 233 丛。各村石墙工程尤为浩大，"仅高阜口之三道石墙，计长达 137 丈，高 7 尺，铺底 7 尺，收顶 9 尺。石墙外打石垛 25 座，石垛外钉木橛 2000 余根，木橛中间栽树 200 多株"。②

二、放淤：洪水期灌溉制度与环境管理的成熟

1937 年后，冀西滩地仍延续此前的作物结构，主要作物为小麦、水稻、玉米，棉花、豆类和杂粮也有少量种植。在华北平原，农民普遍采取小麦与小米或玉米等旱地作物套种的种植制度③，而冀西滩地是水稻与小麦套种，小麦与水稻、玉米套种，玉米与豆类作物间种的种植制度。④ 这种高度集约化的土地利用方式能提高土地、光能利用率，提升了滩地作物种植的边际效应，达到增加滩地产量的目的。此外，洪灾过后滩地民众也会采取适应性作物种植行为——在新修的滩地上种植各种豆类如扁豆、黑豆等，通过作物固氮，改良土质，此后渐次修复滩地再种其他高产作物。⑤ 当然，任何种植制度的实施必须以保证土壤肥力的持续供给为前提，这在冀西滩地更为重要，于是滩地群众通过洪水期放淤来解决这个问题。

从现代水利工程角度来说，放淤（colmatage）是指把含有大量泥沙的河（洪）水引入荒地、洼地、盐碱地或其他农田，使泥沙落淤，增加土壤

---

① 《阜平召开滩地会议具体布置滩地生产》，《晋察冀日报》1945 年 3 月 18 日，第 2 版。

② 《阜平法华到寺口等十七村护滩工程已告完成》，《晋察冀日报》1946 年 7 月 15 日，第 2 版。

③ 黄宗智：《华北的小农经济与社会变迁》，第 59 页。

④ 张玉珂：《滹沱河上游水稻区之耕作概况》，《世界农村月刊》1948 年第 2 卷第 3 期。

⑤ 《四专署实业科关于下发平山西李家坡防洪修滩宣传材料》（1948 年），第 321 页。

肥力而改良土壤的措施。冀西大河汛期在 7 至 9 月，各滩放淤主要在这一时期。不过，1937 年前冀西滩地经营、修护各自为政，社会环境限制了滩地放淤的有效施行，滩地放淤恐怕并不流行。因为洪水期河流水中杂物增多、水势迅猛，放淤有着严格的时间、技术要求，若非妥善组织、统一领导不仅不起作用，反而会引发洪水冲淤滩渠，冲毁滩地。洪水期滩地放淤不仅能为冬小麦种植改良土壤，若放淤效果好还可种水稻，否则即种豆类等作物。① 1937 年后，在中国共产党领导、组织下，滩地群众利用冀西河流在洪水期肥力更大，不仅能肥田、灌溉，还能造地成滩的特性，逐步掌握了洪水期滩地放淤技术，相关制度也达到成熟。

在放淤技术上，放淤时开挖洪水渠，且与普通水渠规格不同；放淤时观察河流泥量，充分掌握放淤时机。1949 年 4 月，《人民日报》对放淤有专门解释："放淤是靠河地区农民种滩地肥田的一种办法。作法是通河挖一小沟，把河水引入田里，使河水中含有的渣滓、浊泥等沉淀到田里，以肥庄稼。"② 开挖洪水渠一般在冬季进行，有的洪水渠"长 50 丈，宽 1 丈，深 3 尺"。③ 洪水由进水口入渠后漫灌滩地放淤区，受滩地地埂阻滞，逐渐停淤，余水由放淤区出水口泄水入河。出水口最少要高出进水口半尺到一尺，这样才能便于淤泥平畦，放淤才易平均。④ 放淤对于作物产量影响很大，其关键在于泥量。尤其是水稻，在洪水期稻地若能及时放淤上泥，则能保障秋收。⑤ 洪水期河流的泥量并非始终不变，只有在泥量充分的条件下，才能实现放淤效果。滩地民众对此有深刻认知："唐河洪水放淤最多不过两天，两天后泥量大减，放淤即不易成功。沙河不过一天，其他小河

① 进林：《定唐雹水一天中淤泥成滩百余亩》，《晋察冀日报》1944 年 7 月 23 日，第 1 版。
② 《今日辞典》，《人民日报》1949 年 4 月 12 日，第 2 版。
③ 《唐县和家庄十天完成一道混水沟》，《晋察冀日报》1945 年 7 月 20 日，第 2 版。
④ 《冀晋区 1948 年上半年水利建设总结》（1948 年 7 月），华北解放区财政经济史资料选编编辑组等：《华北解放区财政经济史资料选编》第 1 辑，北京：中国财政经济出版社，1996 年，第 977 页。
⑤ 封云甫：《滹沱河混水涨发稻田放淤大部完成》，《晋察冀日报》1944 年 7 月 25 日，第 1 版。

时间更短。放淤主要是利用最初二三次之洪流，以后再发洪水，含泥量大减，放淤不易。"① 于是，根据河流泥量多寡而择机放淤关乎放淤效果好坏。以唐河为例，1944 年 7 月 17 日，唐河泥量很大，定唐县一区抓紧时机放淤，有的村利用洪水造地成滩，"平坦的沙滩淤泥有到膝盖那样厚的"；有的则引洪漫灌增肥，全区估计约可增粮 300 多石。② 1945 年 7 月 14 日，唐河发"混水"，唐县群众"急切放淤"，该县一区放淤即达 15 顷以上。③

放淤是滩地生产过程中的集体工程，各级政府、组织制定相关制度，在汛期能有效督导、组织各滩放淤。各地放淤首先由各级政府、生产委员会统一领导、督促指导并要求逐级落实。1944 年 7 月 13 日，晋察冀边区生产委员会指示各地注意雨季放淤工作，强调放淤工作是突击工作，要有组织有计划地进行，应于事先周密检查。在组织领导上，边区生产委员会要求各级生产委员会对放淤工作按区按河流大小分别领导，"县级力量要放在各个大河，区级力量要放在各个小河，一定要与村生产委员会及滩地委员会密切结合，把工作组织到每个干部身上"。为防止放淤时发生争水纠纷，边区生产委员会强调各地要加强组织管理，放淤时"务使沾益均等，避免争水纠纷"。④ 在洪水涨发的关键时期，各县生产委员会也会发出指示，组织劳力抓住时机，完成放淤工作。⑤ 1948 年 9 月北岳行署发布指示，为增加肥料，要求各地有计划地开展明年放淤工作，行署指出："大的放淤工程，一县不能举办的，由行署或专署根据本身的力量技术进行兴修。中等放淤工程，一县所能举办的，由县区政府根据本身的力量技术进行兴修。小的放淤工程一村或几村所能举办的，由村民根据本身的力量技

---

① 晋察冀边区生产委员会：《对今年防洪放淤的几点意见》，《晋察冀日报》1944 年 7 月 22 日，第 1 版。

② 进林：《定唐雹水一天中淤泥成滩百余亩》，《晋察冀日报》1944 年 7 月 23 日，第 1 版。

③ 《唐河沿岸滩地放淤组织得好群众放心》，《晋察冀日报》1945 年 8 月 1 日，第 2 版。

④ 晋察冀边区生产委员会：《对今年防洪放淤的几点意见》，《晋察冀日报》1944 年 7 月 22 日，第 1 版。

⑤ 封云甫：《滹沱河混水涨发稻田放淤大部完成》，《晋察冀日报》1944 年 7 月 25 日，第 1 版。

术进行兴修。"① 其次是由滩地管理委员会按照上级指示直接领导，统一组织，统一放淤，避免厚此薄彼。滩地放淤时，滩地管理委员会巡水股人员专门在渠沟上来回巡视，防止偷水抢浇及滩渠上下游争水。②

边区各级政府、组织也高度重视放淤时的防洪工作，形成了严格的督导、检查制度。引洪放淤时，若渠口堤坝出现裂隙，极易导致洪水冲决洪水渠堤坝，冲毁滩地及其他灌渠，各级政府、生产组织对此极为重视。1944 年 7 月 13 日，晋察冀边区生产委员会指示各地注意雨季防洪工作，要求防洪与放淤同时并进，严防只顾放淤不顾防洪的偏向。边区生产委员会要求在各滩放淤时必须有专人防守堤坝（尤其在阴雨连绵时），遇有裂口裂缝和坍塌要马上整修堵塞。在组织领导上，各级生产委员会依照河流大小组织力量领导放淤防洪工程，县级生产委员会领导各个大河防洪放淤，区级生产委员会领导各个小河放淤防洪。县、区生产委员会与"村生产委员会及滩地委员会密切结合，把工作组织到每个干部身上……每放一次淤，要进行检查一次、整修一次"。③ 总之，1937 年以来，冀西滩地洪水期放淤技术、制度的成熟实现了对洪水期河流环境的有效管理、利用，不仅具有灌溉、培肥、造地、改良土壤等作用，还能"调节洪水，减少泥沙下泄，有利于下游治河工作"④，具有良好的生态效益。

三、滩地治理的民主化与集体化：管理制度与耕种方式变革

1939 年之前，冀西个别滩地延续着封建意味浓厚的旧组织形式和管理方式，滩地耕种各自为政，滩地治理弊端丛生。⑤ 1939 年大水灾之后，冀西滩地逐步恢复，晋察冀边区党和政府积极推动滩地管理制度变革，旧的

　　① 《北岳行署指示沿河村庄放淤积肥》，《人民日报》1948 年 9 月 23 日，第 1 版。
　　② 《唐河沿岸滩地放淤组织得好群众放心》，《晋察冀日报》1945 年 8 月 1 日，第 2 版。
　　③ 晋察冀边区生产委员会：《对今年防洪放淤的几点意见》，《晋察冀日报》1944 年 7 月 22 日，第 1 版。
　　④ 孙迈：《利用冬闲兴建水利》，《人民日报》1948 年 11 月 3 日，第 1 版。
　　⑤ 继昌：《滹沱河沿岸滩地问题的解决》，《晋察冀日报》1944 年 4 月 6 日，第 2 版。

管理制度随之瓦解，最终确立了滩地管理委员会领导下，统一治理、集体耕种的滩地治理、生产管理制度。[1]

（一）管理制度变革

具体来说，各滩成立滩地管理委员会（简称滩委会），为滩地实际领导组织。滩地管理委员会在修滩前负责制定修滩计划，核估滩地使用年限，并监督垦修；修滩后则负责组织滩地生产。[2] 大滩滩地管理委员会设正副主任各一人，小滩只设主任一人。滩委会正、副主任负责计划、领导、推动全滩一切生产事宜。滩员编组，每组设组长一人。滩地管理委员会下设总务、领工、水头、教育四股，各股设股长一人、干事若干人。领工股负责带领滩员下地作活，分派活儿等；总务股负责记工、齐工、记账、筹措柴草与木料、分批粮食等；水头股负责压坝、浇地、放淤等；教育股负责滩员教育、调查、统计、报告等。[3] 与滩地管理委员会相配套，滩地还确立了会议汇报制度，以便最大范围保障全体滩员的民主权利，促进滩地开发效益最大化。该制度包括全体滩员大会、滩地委员会会议、滩地小组会议和滩地生产汇报。全体滩员大会为最高权力机关[4]，选举与罢免滩委会的委员，决定全年滩地生产计划等工作，一般一年召开三次；滩地委员会会议半月召开一次，主要加强滩地生产的过程管理；滩地小组会议一星期一次，主要内容是检讨、批评、传达、反映意见等；滩地生产汇报——根据生产段落或者特殊情况的发生（如病虫害）等加以汇报。

（二）耕种方式

如前所述，近代以来冀西大河洪泛频仍，从而增加了滩地治理的压力

---

[1] 申廷秀、郭家和：《阜平县的成滩合作互助》，《中国农报》1951年第9期。

[2] 魏宏运主编：《抗日战争时期晋察冀边区财政经济史资料选编》第2编，第249页。

[3] 阜平滩地生产研究委员会：《阜平滩地的耕种方式与组织领导——阜平滩地介绍之二》，《晋察冀日报》1944年5月25日，第2版。

[4] 滹沱河流域又称为地户代表大会，见继昌：《滹沱河沿岸滩地问题的解决》，《晋察冀日报》1944年4月6日，第2版。

和难度，而传统个体劳动、各滩各自为政的模式已不能适应这种生态形势。滩地管理委员会是由滩地成员民主选举产生的，具有合作和集体主义的特点，在其领导和推进下，又反过来对滩地耕种方式产生作用，于是自1939年大水之后冀西滩地逐渐形成了三种耕种方式——大集体耕种方式、集体耕种与分组耕种方式、集体耕种与分户耕种方式，后两种又名"大集体与小集体耕种方式"。

大集体耕种方式是指参加修滩的所有滩股，集体耕种，集体收割，按股收工，按股分粮。滩地一切收获完全归滩员所有，一切工、费，由滩员按股分担；滩地生产工具除了铁锹、小锄，都为滩地公有；滩里庄稼都在公共打谷场上碾打。实行这种耕种方式主要是在新成滩，因为新成滩需要持续整修和保护，且这些滩都为"公滩"，由滩委会掌握，从各小组拨工经营。设立公滩的主要目的是在水灾时弥补滩员损失之用，若无水灾，则按出工多少分配收益。大集体耕种也是滩地生态退化背景下的耕作调适行为，其好处在于修滩、护滩力量大而集中，不仅易于团结、领导群众克服小农经济生产上的许多缺陷，使压坝、浇地、放淤等过程中不致发生争水、偷水、打架、斗殴等现象，而且便于推广新的科学技术知识，以及适合战斗环境，易与武装结合。

但是，集体耕种也有明显缺点：集体生产不如个人生产情绪高涨，人力浪费很大；集体生产不利于深耕细作和施肥，造成滩地产量损失；集体耕种时滩地入工严格，妇女、儿童等半劳力等不能充分发挥作用。于是，为提高滩员生产情绪，在滩地管理委员会领导下，又产生了集体耕种与分组耕种、集体耕种与分户耕种两种大集体与小集体相结合的耕种方式。集体耕种与分组耕种方式是将所有滩地分为两部分，一部分仍归集体耕种，滩里一切耕种、收割、入工、分粮等，与大集体耕种方式一样；一部分按股分组，把土地分给各组，土地耕种、收割、入工、分粮等完全归各小组管理。但集体耕种土地不得少于全滩面积的三分之一，各组股数不得少于十股。这种耕种方式最为普遍。集体耕种与分户个体耕种方式也是将滩地分为两部分——一部分归集体耕种，另一部分小组将分得的土地按股分给各农户自由经营，耕种、收割等由各户自由组织。土改前的老滩都实行这种耕种方式。不过，分组、分户耕种与集体耕种的关系仍有如下几点要求：一是分组、分户耕种方式只是为了补充集体耕种的缺陷，它始终贯彻着集体生产的精神；二是到组、到户的土地只是在作物耕种、收获上有自由决定、归属之权，但举凡有关全滩利益的修滩、护滩、挖沟、用水分配、放淤等工程，仍归滩地管理委员会统一领导，需工时由各滩地小组拨工，需料（如木料、木桩、柴草等）时，按股出料，个别利益服从集体利益，且组、户土地的耕种，须服从集体部分的耕种。三是分到组、户的土地，若被水冲毁时，仍由集体部分中补充其土地与产量。若冲毁太多，则这些组、户分别编入未冲毁之各组、户中，人工、分粮与该组滩员权利相同。四是无论集体部分或分到组、户的土地被冲毁修复时，全体滩员须共同负责修理，以免祸福不等、苦乐不均，这也是贯彻集体耕种的精神。[①]

（三）领工、记工与齐工：滩地做工制度

滩地集体劳动，其做工制度包括领工、记工和齐工三项内容，由滩主任负责，执行非常严格。领工是指派发工作量，记工是统计工作量，齐工则是结算工作量。

1939 年前，滩地领工制度实行大包工制，包工头营私舞弊行为常见，还剥削普通工人。滩地管理委员会制度形成后，大沙河流域领工做活由"领工的"（又名"掌佐的"）负责——滩地与做工有关的所有事务都归其领导。领工制下，滩地工作量分配实行抽签分段，一人一段，以防偷懒，从而提高生产情绪，"合理又公平"，还能"避免争吵"。[②] 滹沱河流域则提倡小包工、合伙包工、家庭包工、分节包工等组合形式，且由货币

① 阜平滩地生产研究委员会：《阜平滩地的耕种方式与组织领导——阜平滩地介绍之二》，《晋察冀日报》1944 年 5 月 25 日，第 2 版。

② 阜平滩地生产研究委员会：《阜平滩地的耕种方式与组织领导——阜平滩地介绍之二》，《晋察冀日报》1944 年 5 月 25 日，第 3 版。

包工改为实物包工。包工时滩委会要掌握"底票"（即最低费用，按所费时间人力估计），同时在订立包约时要写明起止日期，划分段落，以便检查，并采用赔偿制，如到期完不成，包赔 20%。滩委会还教育工头取消剥削，实行当场记工，以及要严格收工制度，注意工程质量。①

记工是冀西滩地做工制度的关键环节，是指各滩滩员在集体劳动中计算工作量的制度。记工时是以"工分"作为单位的。工分也叫"工儿"，出工时达不到者要补齐。工分与公滩收益分红直接关联，是集体劳动中给入工者发放工资（实物或现金）的凭证，目的在于激励滩员完成公滩集体生产中的各项工作。记工一般都是采取按时记分制度，即把一天的工作时间分为三个阶段，早餐（早饭前）为二分工，上午（早饭后至中午）为四分工，下午（晚饭前）为四分工，出工一天计十分。滩员早晨或上午入工是可以的，不准下午入工，否则不计工。因为早晨或上午滩员在自己地里做长时间的工，下午集体劳动工作效率必然下降，与上午同等计算是不公平的。② 有特殊情形者灵活记工——如入工后有特殊事务而离开，村干部因公迟到，家里无壮年劳力而去老弱者，贫苦抗属入工等。滩地入工劳动一般以壮年劳力为主，为保证每项任务迅速完成，各组允许青年入工，"按劳动效率顶工五分、六分或七分五"。在一定季节、一定工作时段还可以动用妇女入工，如锄草、拔草、拾石、收割等，也按劳动多寡记工。③

齐工是与记工密切配合的重要环节，是在做工过程中，在一定时间内核算工作量，当滩员在做工过程中完不成相应工分时，在齐工时进行核算，之后要按当时工价补齐。在大沙河流域，为了使工整齐与均衡，各滩都规定齐工制——齐工日期长短，大都根据活儿忙闲、轻重与生产段落而定，如垒石坝、挑大渠活儿比较重，这中间至少要齐两次工，以避免重活儿不入工、轻活儿多入工的现象。假如齐工日未补上，短了工，有的滩规

① 继昌：《滹沱河沿岸滩地问题的解决》，《晋察冀日报》1944 年 4 月 6 日，第 2 版。
② 申廷秀、郭家和：《阜平县的成滩合作互助》，《中国农报》1951 年第 9 期，第 21 页。
③ 巴克：《高阜口滩地介绍》，《晋察冀日报》1944 年 4 月 30 日，第 2 版。

定短一个补一半，有的滩规定以钱折工，但工价要比市价稍高一些。有的滩户到齐工日恐怕短了工，便把长人工的户的工买下，补上自己短的工。①齐工的期限，各滩规定不同，有的十天齐工一次，有的八天，有的六天。各季节也有不同，农忙时工价变动大，齐工期限短，农闲时工价变动小，齐工期间长。在齐工时，工数不足者，照当时工价补工，工价由滩委会规定，一般与市价相等，农忙时或高于市价。滹沱河流域则实行分期齐工派款制度，滩委会规定：一年三齐工、三派款。齐工，麦夏前一次，六月一次，秋天一次。派款，年前一次，麦夏前一次，秋天一次，年前派款应做概算，把材料费及穷苦工人生活费都派上，改派款为派粮，年前就应将工头之材料费交与工头。年后穷苦工人生活费先拨交工头一部粮食分发，保证不使工人卖工条，此外应提倡小齐工。小滩工程时间短，早给工人工资。

总之，1937年以来，依靠党的力量，新民主主义民主选举制度被推行到了滩地社会，"由地户自己掌握领导水利工程的建设"。② 以滩地委员会为核心的滩地民主化、集体化的生产、管理制度取代了旧的工房制，不仅扩大了滩地广大民众的民主权利，激发了"群众自己为自己建设的责任心和积极性"，滩地耕种方式的改变也推动了滩地恢复和治理的热潮。这种管理制度及其影响下的耕种方式是适应滩地环境退化的重要变革举措。晋察冀边区政府对于要求分滩搞个体劳动、个体经营的思想予以批评，认为这是"眼睛短小"的生产行为，因为，分滩后"各管各，总的渠工和护滩的工程就一定减弱，一遇洪水，就有全部冲毁的危险"。"滩内的渠闸、滩外的堤坝都不能有一点疏忽，同时更须要修补，这就要有坚强的永久的组织来负责管理，才能济事"。③

---

① 阜平滩地生产研究委员会：《阜平滩地的耕种方式与组织领导——阜平滩地介绍之二》，《晋察冀日报》1944年5月25日，第3版。

② 子钧：《1945年冀晋区水利建设》，《冀晋日报》1946年1月1日，第4版。

③ 农林牧殖局：《北岳区的荒滩富源》，《晋察冀日报》1942年12月25日，第1版。

第三节　滩地开发中的生态反思与环境治理

冀西滩地开发过程中各种技术、方法、制度的形成和确立是对河流生态变迁的因应，是人与河流交互的结果。但是，如果人的土地利用方式、环境意识不变，即使不断调整生产技术、制度等，也无法阻止滩地生态的退化。1937 年以来，中国共产党在滩地及所在流域生态退化中不断强化民众在农业生产中的生态意识，认真反思滩地迭遭冲压的原因，并通过调整土地利用方式，领导滩地群众付诸了较为科学的流域环境治理实践。

一、河滩地开发中的生态反思

面对日益严峻的洪灾形势，清朝同治年间，阜平知县已反思滩地水灾频仍的原因："（大沙河等河流）悍则难于遏水之冲，隘则无以杀水之怒，兼以土性疏恶，筑作难坚，故从前数有水灾，见于奏报。近复因频年淫雨，山水暴涨，濒河陇亩八九化为石田，而民犹纳税如常。盖贪赖其利，冀其徐图兴复也。"[1] 冀西滩地处于大河出山附近，又承河之下流，自然有冲决之虞。民众贪恋滩地肥美，必然无限制开发滩地，挤压河身，人为限制和压缩了自然河流的行洪、漫溢的空间，造成滩与水争空间，在洪水期，滩地自然首当其冲，在滩地防洪过程中又不注意上下游协调，这些都加剧了滩地水灾的发生。因此，当时认为滩地水灾治理的方法是"勿与水争地，权其大局，勿以邻为壑，是则人力补救之方，所以因天而生地也"。[2]

这种认识一直延续至清末，代表了地方知识分子的主流看法，其弊病在于只就滩地而论滩地，认识不到河流上游地区过度开发对于下游滩地迭遭洪灾的影响，缺乏环境治理中的整体性和系统性考虑。光绪三十三年

---

[1]　（同治）《阜平县志》卷 2《地理·水利》，第 36 页。
[2]　（同治）《阜平县志》卷 2《地理·水利》，第 36 页。

（1907），阜平县知县在给直隶总督的禀文中仍说该县"河无堤岸，水势湍悍，又为群山门户，拗折水道不能宽衍。加以地户历年展修，几近河身。故每遇山水涨发，不免有冲决之患"。治理之方，"惟有饬民随时疏通淤塞，勿与水争地，使横流得以疏泄，则沿河水利自可永保无虞"。① 因此，不注意河流上游地区的环境治理，仅仅通过在河流下游随时疏通渠道、控制滩地过度扩展，就能使滩地之利永保无虞的想法只能是一种美好的愿景。而且，在水灾频仍民众却"纳税如常"的社会环境下，没有强有力的行政干预，滩地与水争空间必不可免。

冀西河滩地是由冀西大河和滩地群众长期造就的结果，滩地社会命运与滩地紧密相连，滩地的命运与河流生态紧密相连，河流生态又与山地环境紧密相连。民国以来，随着近代科学观念、林业知识的传播，一些新式知识分子对于农业生态环境的认识逐渐科学化。对于冀西滩地洪灾频仍原因的认识较清代更进一步——山地森林破坏加剧了滩地洪灾暴发的频率和后果。如有学者对阜平县调查后就说，阜平县山坡冈峦"固然没有蔽天的树林，竟连丰茂的草也不长。满目荒凉，净是些濯濯的童山，硗瘠不毛，更谈不到用来耕种。……每当夏秋两季，淫雨连绵，山洪暴发，动辄淹没田禾，冲毁房舍，更把人民的生活陷进了艰苦的深渊"。② 但是，新式知识分子的呼声并没能阻挡大河上游山地植被破坏的步伐。

今天看来，冀西大河流域水灾频发、环境退化是自然与人为因素共同作用的结果，而人为因素影响更大。1937 年以来，晋察冀边区河流上游山地、高原的过度垦荒进一步加剧了植被破坏和水土流失，1939 年后滩地水灾仍不时发生。最初，边区上下注意到了山地开荒、梯田失修造成雨季水土流失的状况，并设法在山地采取补救措施。一方面，一些地方修建山水沟——在山坡开修沟道，汇聚山水，从而改变山坡雨季洪流轨迹，防止山

---

① 《阜平县叶令嗣高禀查勘农田水利拟办情形文并批》，《北洋官报》1907 年第 1513 期。
② 李小民：《阜平县农村素描》，《农村经济》1935 年第 2 卷第 4 期。

坡地被冲刷，以达到降低洪灾损失的目的。① 另一方面，政府认为过去滩地防洪只重视大河沿岸，而对山沟梯田、岭坡地的防洪工作注意较差，以致梯田被水冲毁。于是，边区生产委员会强调梯田整修要"雨后跟"，即"每逢雨后一二小时内，因地湿，别的活不能干，家家户户背上镢头铁锨，到自己地里转一转，地阡地阶一有冲坏迹象，即加以修理"。② 不过，这种措施只在河流上游山地下功夫，显然也无法根本缓解滩地水灾频发且后果愈来愈严重的境况。防止滩地水灾频发要从整个流域环境治理考虑，既要考虑河流下游滩地的治理，也要狠抓上游地区的水土保持。这两方面环境治理工作的推行都必须以生态反思为前提，否则科学的环境治理就无从谈起。

1944 年以来，晋察冀边区各级政府不断反思洪灾频发造成滩地损毁的人为因素，逐步认识到修滩与治河、治河与治山的生态关联。

首先，政府认为要管治河道、勿与水争地。滩地产量高，边区高度重视，在高强度开发下也不免出现滩与水争地的问题。在 1944 年 12 月，阜平县政府计划来年大建水利，其一项措施就是"管治河道"，还地于河，加强滩地管理。阜平县政府组织人力对各河做全面勘查后，要求"个别地方有碍河道流行者，应还地于河，工程较大劳力不足者，政府准备予以大力帮助"。③ 解放战争后期，地方政府在总结水利建设的经验时仍然强调："修滩要服从治河，不可作违背河性的强制修滩。要注意河水的容量，不要达到饱和程度而侵占了河床。"④

其次，治河要治山，滩地水灾治理要结合调整山地土地利用方式综合治理。一方面，山地与平原存在生态关联。边区政府实业科指出，几年来

---

① 《注意防洪以免平坡两光！阜平九区赤瓦屋一带新开垦荒地多被冲毁》，《晋察冀日报》1944 年 7 月 23 日，第 1 版。

② 《山沟梯田也要防洪灵寿号召"雨后跟"》，《晋察冀日报》1944 年 8 月 20 日，第 1 版。

③ 《阜平准备大建水利》，《晋察冀日报》1944 年 12 月 28 日，第 2 版。

④ 《冀晋区 1948 年上半年水利建设总结》（1948 年 7 月），华北解放区财政经济史资料选编编辑组等编：《华北解放区财政经济史资料选编》第 1 辑，第 975 页。

边区不少地区大量开荒的过程中，忽视了"禁山造林"，山地大量开荒，必然把山坡冲毁，贻患很大，"在防止水患上受到很大影响"。因此，"建设山地与建设平原是分不开的"。① 另一方面，认识到山、水、林、滩在生态上的一体性。1945 年 9 月，边区暴发水灾，有的县甚至超过 1939 年。以阜平县为例，由于连日大雨如注，"山洪四起"，个别河流水位比 1939 年水量还大，大沙河及支流鹞子河、胭脂河、平川河等流域山沟、梯田、河滩地均遭冲刷。据不完全统计，全县冲去大树 53314 棵，冲毁土地 3.5215 万亩，损失收获量约计 23976 石，全县被灾 6051 户、23443 口。对于此次滩地空前水灾发生的原因，边区政府并未将原因归结于降水量的短期剧增，而是反思五点人为因素，难能可贵：一是"开荒刨坡"导致雨季山地土壤"一刷而下，洪水暴发"，于是沙河七八年一次大水似成规律。二是全面抗战以来，群众只顾眼前利益，不注意护地建设，为获取木材和燃料，无限制砍伐林木，甚至"刨草盘、刨树根等，致山上连树也长不起来"。三是山地开荒不注意修梯田，发水时坡地被雨水"拉坏"，坡下的地"也受牵连，不是冲毁便是沙压"。四是成滩与防洪矛盾。盲目无计划修滩，导致河道被侵占，所以一发水，河道不顺，不只新滩被毁，旧滩也要受害。五是护滩工程不巩固，护滩工程补修、检查疏忽、不及时，群众看不到"河底的历年淤高，因而放松了护地工作"。② 可以看出，晋察冀边区政府已经注意到山、水、林、滩同处一个生态系统之中，这就为今后冀西滩地流域环境综合治理提供了决策依据。

尤应注意的是，1945 年以来，边区领导层面对于华北山岳地区农业开发与河川、平原地区生产生活相互关系的认识逐步清晰，为整个华北地区流域环境治理贡献了科学的思想认识。1945 年 8 月，曾任晋察冀边区农林牧殖局局长的陈凤桐在《解放日报》上撰文指出，抗战胜利后，华北山岳

---

① 《广泛开展植树造林运动》，《晋察冀日报》1945 年 4 月 3 日，第 4 版。

② 《阜平遭受严重水灾县党政军民进行广泛救济》，《晋察冀日报》1945 年 9 月 30 日，第 1 版。

地区"基本上应从农业区改造成森林、果园和牧畜区。这不仅为了保持全华北的水土，调解全华北的气候，它还要生产出足够的木材、果实和肉类，供给平原和大城市的需要。这不但数倍、数十倍的增加了丘陵高原地区人民的收入，而且保证了大河川下游农田、村庄的永久完全。这一百年远大的计划，应从今天开始"①。这 思想充分考虑了河流上游与下游、丘陵高原（山地）与滩地、平原不同流域和地貌单元在环境治理中的空间相互作用和辩证统一，具有科学性。另一方面，这一观点又是出于环境治理的"公利"，兼顾了环境治理中的生态效益和经济效益，不仅着眼于华北高原、山岳地区民众环境治理的福祉，也为今后整个华北地区的环境治理谋篇布局，具有全局性和系统性。

二、流域环境治理的实践

在上述生态反思背景下，为改善晋察冀边区农业生态环境、保障滩地生产，晋察冀边区政府逐步注重山、水、林、滩所构成的流域环境综合治理。在环境治理的具体实践上，边区政府主要采取三种举措：山地 30 度以上坡地禁止开荒，增修梯田；河滩地严格护滩；山地护林、造林、滩地植树造林。

1944 年 12 月，晋察冀边区行政委员会主任宋劭文在边区第二届群英大会上总结当年大生产运动，并对 1945 年的大生产运动做出部署。宋劭文指出，关于防治水患和治河，"根本办法是造林植树，过去开荒把青山变秃山造成水患，今后能修梯田者尽量修，不能修者提倡植树。护滩与治河应统一计划，反对只顾自己损害别人（为争着修滩，挤窄河道，水大了把滩冲毁等），解决上流与下流，离河远与离河近的矛盾，统一计划，小的

---

① 陈凤桐：《造林护林是防止水旱灾害的百年大计》，《解放日报》1945 年 8 月 25 日，第 4 版。

利益服从大的利益"①。这种认识源自从事地方实际事务的一般干部，他们注意到山地无序开荒引发水土流失，导致洪灾频发，滩地频繁被冲毁。如繁峙县干部指出："开荒可以种三十年，但三十年以后，山坡就成了光板石头，那时荒地不能再开，岗地滩地也无法淤起，老百姓只有全部逃走，变成'无人区'了。"② 1946 年 1 月 31 日，宋劭文在边区财经会议上再次指出："有荒山、沙滩、河堤、河畔的地方，要组织群众造林，对现有森林要特别加以保护，并奖励群众栽培果木树及各种林木。……30 度以上的山荒仍严格禁开，应奖励群众荒山造林、修梯田、修滩。"③ 1946 年 3 月 7日，晋察冀边区行政委员会颁发《晋察冀边区荒山荒地荒滩垦殖暂行办法》，最终以法令形式规定边区境内不论公私荒山，凡坡度在 30 度以上者，只许植树造林，不得垦种谷物。对于非垦种 30 度以上坡地不能维持生活的贫农，须经当地区公所批准，并限三年内修成梯田。已经在 30 度以上坡地垦种者，须改植树木，或在三年内修成梯田。

冀西各大河沿岸的滩地是边区的重要产粮区，河滩地的开发利用和集约经营在一定程度上也减轻了农业发展对河谷两侧坡地及山地的压力，有利于自然植被得到逐步恢复。边区政府要求被洪水冲了的滩地一定要修，修滩中由政府贷粮解决群众吃饭问题。若修滩后又被水冲掉，影响群众生活，可规定修滩办法，所费工价由政府偿付。政府不仅对修滩不重视护滩的做法提出明确批评，还强调在唐河、磁河、大沙河、滹沱河等大河流域兴修防洪工程或防洪、修滩相结合的工程，"一定要注意上下游、河流两岸统一勘测计划，不然上游修下游冲，左修右冲，对沿河护岸工程，都是

---

①　宋劭文：《一九四四年大生产运动总结及一九四五年的任务》（1945 年 1 月），魏宏运主编：《抗日战争时期晋察冀边区财政经济史资料选编》第 2 编，第 467 页。

②　程子华：《参加群英会的干部对大会报告的讨论的结论》（1945 年 1 月 5 日），《晋察冀日报》1945 年 3 月 18 日，第 1 版。

③　《宋劭文在边区财经会议上关于晋察冀边区 1946 年经济工作的方针任务的报告》（1946 年1 月 31 日），华北解放区财政经济史资料选编编辑组等编：《华北解放区财政经济史资料选编》第1 辑，第 11 页。

有害的。所以大河流域的防洪工程，县以上政府负责帮助勘测后，方可施工，以免自流和本位现象"①。

1945年以来，晋察冀边区上下为赢得抗战胜利、改变农业生产的外部生态环境，各地广泛开展植树造林、禁山造林运动。早在1939年边区政府就已颁布了《晋察冀边区保护公私林木办法》（1939年9月29日）、《晋察冀边区禁山造林办法》（1939年10月2日）两项法规，而1945年后边区政府和地方政府造林、护林法规条例进一步增多，涉及冀西大河流域的计有《晋察冀边区森林保护条例》（1946年3月7日）、《晋察冀边区奖励植树造林办法》（1946年3月7日）、《北岳区护林植树奖励办法》（1948年3月30日）等，从而在环境治理立法上首先"发力"。通过这些法令，森林与水源涵养、保持水土、防止水灾发生的关系得以向社会发布、宣传，不仅能指导各地环境治理的实践，也提升了广大干部、群众的环境保护意识。在具体实践上，边区政府强调流域环境治理的整体性和系统性，即山岳地带广泛开展禁山造林运动，大河两岸则普遍提倡植树造林，"荒山、沙滩、河堤、河畔要组织群众造林，对现有森林要特别加以保护，并奖励群众栽培果木树及各种林木"②。边区政府认为，这不仅是防止水患的重要措施，而且可以调节气候雨量、护滩、护堤、防风，大大增加群众收益，并打下各项建设的基础。边区政府强调，这一工作具有季节性，在领导上必须加强组织，防止自流。以往边区几年来在植树造林方面取得了很大成绩，但缺点在于只提倡植树造林，缺乏领导与组织实现及植树后的检查，"只见植树，培植成活差"。于是，今后在植树季节要认真组织领导，不仅植树，也要保证成活率，"造成广泛的植树造林运动"。③

在造林方法和方向上，边区政府要求，1945年的植树造林工作第一要

---

① 子钧：《1945年冀晋区水利建设》，《冀晋日报》1946年1月1日，第4版。

② 宋劭文：《关于1946年的财政经济工作》（1946年1月30日），《晋察冀解放区历史文献选编（1945—1949）》，北京：中国档案出版社，1998年，第43页。

③ 《广泛开展植树造林运动》，《晋察冀日报》1945年4月3日，第4版。

提倡种混农林，即在坡地播种时同时选择易于成活的树籽撒在地里。因边区绝大部分山坡地都是几年来开荒的主要区域，这些坡地本来土壤就薄，再加风吹雨洗，没过几年便不能耕种。种混农林的好处是，庄稼与树苗同时生长，树苗小不影响庄稼，树苗长大，土壤稀薄已不能耕种。这样既不耽误种地，也能造林。第二造护滩林和护堤林。边区大水灾之后，新修成的滩地很多，这些滩地如不想法巩固起来，很容易被冲坏。巩固的办法，除了筑坝和疏通河道，可用杨柳插枝，造护滩林。① 这在解放战争后期仍被不断重视和强调。②

在战争环境下，落实这些环境治理的政策似乎不太现实。事实表明，历经抗战锤炼、新民主主义革命即将迈向胜利的历史时期，在相对稳定的华北解放区内地，由于前期已经对冀西大河流域生态变迁有了深刻反思，在环境治理的实践上，中国共产党一方面能保持较为科学的环境治理政策的持续性，另一方面也能领导各级政府切实推动、动员和组织各阶层深入贯彻执行各项环境治理政策。如唐河流域，在政府推动下，唐河两岸群众组织成滩造林合作社，以便"造成大规模的防洪防沙林带"，至 1949 年 9 月，唐河两岸"已经绿树成荫，栽满了二十多万棵的杨柳、枣树和芦苇"。③ 大沙河流域的阜平县更具代表性。1945 年阜平县政府提出限制开荒，但干部和群众"长期建设的思想不足，只着眼于眼前利益和局部利益，而忽视长远利益和全局利益"，限制开荒的政策还未被广大群众所接受，不少干部也认为"不让开荒百姓就生活不下去"，因而对群众开荒采取迁就态度。1946 年，县政府制定生产运动方针强调"禁止开荒、多修梯田、植树造林是阜平长期建设中的主要任务"，要求该年要"下决心实现这一目标"。④ 县委强调个人利益服从集体

---

① 德：《对今年植树造林的意见》，《晋察冀日报》1945 年 4 月 3 日，第 4 版。
② 《为减少天灾实行禁山造林北岳行署发出布告》，《北岳日报》1948 年 9 月 12 日，第 1 版。
③ 郑佳：《华北的植树造林运动》，《人民日报》1949 年 9 月 15 日，第 1 版。
④ 《要把 1946 年的生产运动开展得超过以往任何一年——首次大生产会议记录》，阜平县档案馆藏革命历史档案，60-1-10。

利益，局部利益服从全局利益、眼前利益服从长远利益，严禁陡坡开荒，号召群众修滩、修石墙、植树造林、修梯田。① 1947 年，县生产委员会布置大生产工作仍然要求"禁止陡坡开荒，已开的，要修成堎阶，栽上树"。② 1948 年大生产运动前，县政府继续指示各地要树立长期建设思想——为了防止水、旱、风沙等灾害发生，要在保护好现有林木基础上，大量植树造林。山地主要是保护现有林木；滩地要多造护滩林，"修滩服从治河"，严禁陡坡开荒，整修好山地堎阶，防止水土流失。不能贪图眼前利益而妨碍了长期利益。③ 当年，据对全县 162 个村庄的统计，共栽树 17.0792 万棵，成活 10.5558 万棵，成活率约为 62%；禁山林达到 564 座，共计 1.0701 万亩。④ 1949 年大生产运动前，县政府再次强调"植树造林工作是阜平长期建设中最重要的一项工作"，关乎"阜平今后能否变成富区"。要把植树工作搞成一个群众性的运动，"提倡荒山种树和一年四季造林。……禁止烧山开荒，提倡修梯田"。⑤ 全年栽树目标 30 万棵，至 5 月底，据不完全统计，全县共植树 35.6822 万棵。取得成绩的经验包括对植树造林意义进行广泛宣传动员；充分发挥干部、党员的模范带头作用；各部门密切配合，按系统组织、发动群众，推动了植树造林工作的顺利开展。⑥

---

① 《中共阜平县委关于第一阶段大生产总结》（1946 年 6 月 20 日），阜平县档案馆藏革命历史档案，60-1-10。

② 《阜平县生产委员会关于 1947 年大生产工作布置》，阜平县档案馆藏革命历史档案，60-1-16。

③ 《阜平县政府关于开展 1948 年大生产运动的指示》（1948 年 3 月 6 日），阜平县档案馆藏革命历史档案，60-1-21。

④ 《阜平县政府关于 1948 年大生产运动的总结》（1948 年 11 月 27 日），阜平县档案馆藏革命历史档案，60-1-27。

⑤ 《阜平县政府关于 1949 年大生产运动的工作布置》（1949 年 2 月），阜平县档案馆藏革命历史档案，60-1-63。

⑥ 《中共阜平县委关于小满前生产工作检查报告》（1949 年 5 月 21 日），阜平县档案馆藏革命历史档案，60-2-44。

小　结

以往学者对清代以降华北地区的研究因研究旨趣的限定，多探讨生态退化背景下的社会、经济、政治、饥荒、动乱等问题，将生态与上述议题互动、交织的论述并不多见。而通史类环境史著作又限于宏观勾画这一退化过程，对于生态退化过程中的"变奏"——人的能动作用及其表现不甚关注。学者对清代以来尤其是近代华北生态演变的主观意识似乎限制了视角转换和对不同环境史研究资料的挖掘与审视。西方环境史家已经意识到，如果他们"在审视过去时脑海里只有一种认识——掠夺，字典里只有一个词汇——退化，他们就很难对自然界在不同情况下的重建和再稳定做出恰当的分析和描述"[①]。

冀西大河流域的生态退化是整个华北生态退化的一部分，在理论上似是一种结构化的稳定状态，但并非类似布罗代尔所说的那种"地理时间"，在其影响下区域人群处于无可奈何和无所作为的境地。相反，其间人对河流生态及其变迁的因应和土地利用方式调整所展现的能动性甚为顽强。正如王利华指出，人类"是一个具有文化自决性和主观能动性的特殊物种，拥有按照自己的精神意志改变自然环境的强烈冲动和高超能力，因而人类历史进程并不完全由自然环境因素决定。人类社会现象与自然环境因素之间存在着极其复杂的生态关系，人与自然彼此因应、互相反馈和协同演化，常常互为因果，并非始终都是简单地由一方决定另外一方"[②]。因此，结构化的生态退化不应一直被视为束缚区域发展中人的能动性发挥的障碍。

---

① ［英］威廉·贝特纳等著，包茂红译：《环境与历史：美国和南非驯化自然的比较》，第66~67页。

② 王利华：《探寻吾土吾民的生命轨迹——浅谈中国环境史的"问题"和"主义"》，周琼主编：《道法自然：中国环境史研究的视角与路径》，北京：中国社会科学出版社，2017年，第4~5页。

　　促使滩地人的能动性发挥的根本动力是滩地人群为解决粮食问题的现实需要，而 20 世纪 30 年代以后对滩地及其所在流域环境治理的需要也日益迫切。于是，在中国共产党领导下，冀西滩地开发的技术、方式和制度发生转变并逐步成熟，在生态反思中流域环境治理也走向科学化，滩地社会在生态退化中不断适应与调适。尽管 1949 年并不意味着滩地开发和流域环境治理科学化的完成，但它至少成为清代以降冀西河滩地环境治理方向的重要节点，也是中华人民共和国成立后冀西大河流域环境科学治理的起点。

第四章　华北根据地的植树造林运动

　　长期以来，国内外学者关于中国森林史研究的主流观点是森林经历了持续的衰退或退化。以西方为例，伊懋可（Mark Elvin）认为中国环境史的总体趋势就是"长期的毁林和原始植被的消失"。[①] 马立博（Robert B. Mraks）则说："虽然中国的土地曾经几乎全都被森林所覆盖，但如今主要只在偏远的西南和东北还存留着少量健康的森林。"[②] 这些研究实则"构建了以衰退的叙事模式来理解中国环境史的总体框架"[③]，忽视了中国民众长期而持续的人工造林史及其环境贡献。

　　森林退化会加剧水土流失、区域小气候失调以及诱发水旱灾害等，于是植树造林就成为一种重要的环境治理手段。早在南方根据地时期，中国共产党人即重视植树造林工作。[④] 1937 年以后，中国共产党在华北各大根据地依然长期坚持开展植树造林运动，一直持续至 1949 年。因此，开展中

---

　　① ［美］伊懋可著，梅雪芹等译：《大象的退却：一部中国环境史》，南京：江苏人民出版社，2019 年。

　　② ［美］马立博著，关永强等译：《中国环境史：从史前到现代》，第 10 页。

　　③ ［美］孟一衡著，张连伟等译：《杉木与帝国：早期近代中国的森林革命》中文版序言，上海：上海人民出版社，2022 年。

　　④ 参见张希坡：《革命根据地的森林法规概述》，《法学》1984 年第 3 期；倪根金：《第二次国内革命战争时期的苏区植树造林》，《江西社会科学》1995 年第 1 期。

国共产党领导下华北地区植树造林史的研究不仅能修正以往有关中国环境史研究的"定论"，也有助于推进中国共产党环境治理史和生态文明思想发展史的研究。已有研究主要集中讨论华北根据地、解放区植树造林运动的具体实践且以宏观论述为主，认为这一时期的植树造林工作不仅是防灾减灾的重要手段，而且产生了积极的生态、经济效益。[①] 不过，这些研究并未解释为什么中国共产党长期领导并持续开展植树造林运动，对于植树造林运动中的实际困境和中国共产党在植树造林运动中的思想认识也缺乏深入分析。本章尝试对这些问题做一番阐释，以便进一步加深我们对中华人民共和国成立前中国共产党环境治理实践和环境保护思想的认识。

第一节　植树造林：生态困境下的应对与思考

1937—1949 年，华北地区历经抗日战争和解放战争。在长期的战争环境下，生存问题是中共中央和各根据地领导人需要考虑的首要问题，植树造林毕竟不是立竿见影的环境治理举措，也不能立即产生经济效益。那么，为什么自 1937 年以来，华北各大根据地、解放区始终坚持植树造林活动？笔者认为，植树造林是中国共产党基于华北林木缺乏引发生态困境之后的思考和应对举措。

一、华北根据地的生态困境与森林损耗

一般来说，明清以降，华北地区与其他地区一样，遭遇愈发严重

---

①　参见李金铮：《晋察冀边区 1939 年的救灾渡荒工作》，载《抗日战争研究》1994 年第 4 期；胡惠芳：《抗日战争时期苏皖边区的救灾渡荒工作》，《抗日战争研究》2008 年第 1 期；段建荣、岳谦厚：《晋冀鲁豫边区 1942 年—1943 年抗旱减灾述论》，载《中北大学学报（社会科学版）》2009 年第 2 期；牛建立：《二十世纪三四十年代中共在华北地区的林业建设》，《中共党史研究》2011 年第 3 期；苑书耸：《华北抗日根据地的水旱灾害与植树造林运动》，载《滨州职业学院学报》2011 年第 2 期；吴云峰：《华北抗日根据地林业工作研究》，《西南交通大学学报（社会科学版）》2014 年第 5 期等。

的生态危机，而生态危机的直接表现就是灾害频发。据研究，1912—1949 年的 38 年中，山西就有 17 个旱年，平均 2.2 年一次。1939 至1940 年，繁峙县神堂堡、庄旺一带，因毁林开荒造成特大灾害。据 48个村的统计，坡地 13753 亩被山洪完全冲走的有 7207 亩，占 60%；平滩地和台田 6518 亩被洪水推光 4368 亩，占 67%。其中最严重的青羊口、庄旺等 19 个村的坡地、平地 70% 被冲走。青羊口全村 900 亩地，一泻而下全部成为泥流。① 1939 年春，华北各地旱情严重，久不下雨，而到了 7 月，大雨骤至，潮白河、永定河、子牙河、潴龙河、滏阳河、漳河及其大小支流相继暴涨，华北地区遭遇空前水灾。冀中区 30 多个县被灾，6752 个村庄受灾，占当时行政村总数的 78%，15 万顷禾苗被淹，粮食损失占全年收获量的 67%，无家可归者 200 多万人。② 冀南区隆平、尧山、任县、南和、平乡、巨鹿、鸡泽、永年、肥乡、邯郸、威县、清河、景县、藁城、栾城、赵县、宁晋、柏乡、故城、枣强等30 个县，顿成泽国，计淹没村庄 2082 个，淹没耕地 55096 顷，灾民300 余万。滏阳河沿岸，大陆泽（任县、南和县境）及宁晋泊一带，平地水深一丈四五尺，直到 1940 年春尚未退尽。面对一片汪洋，农民无法耕种，只能捞取鱼虾水藻充饥。③ 在太行区，1941 年秋、冬季雨雪稀少，1942 年春发生干旱，全年粮食大幅度减产，根据地军民的粮食供应发生困难，灾民达到 36 万人。从 1942 年秋末开始，旱灾继续蔓延，直到 1943 年 8 月才下了透雨。持续的旱灾从冀西、豫北发展到晋东南。太行区许多水井干涸，不少河流断源，土地龟裂，禾苗枯死，人畜用水都很困难。9 月以后，大雨连绵，清漳河、浊漳河猛涨，冲破堤岸，毁坏两岸 15000 多亩良田。1943 年太行区秋收平均只有三成左右，军需民食濒临枯竭。全区灾民占总人口的 50%，六专区的缺粮

---

①　山西省地方志编纂委员会编：《山西通志》第 9 卷《林业志》，第 293 页。

②　李金铮：《晋察冀边区 1939 年的救灾度荒工作》，《抗日战争研究》1994 年第 4 期。

③　齐武：《晋冀鲁豫边区史》，北京：当代中国出版社，1995 年，第 404 页。

户达到 60%～70%。①

华北地区以水旱灾频发为代表的生态危机的出现，固然有气候波动的因素，但森林被大量破坏、砍伐则被认为是直接原因。历史时期，中国森林面积日益缩小的后果是十分严重的。文焕然认为，我国古代是个多林的国家，森林约占全国总面积的 50%。森林在涵养水源、保持水土、调节气候、维持生态平衡、保护和美化环境等方面的作用皆较今为大。但在中华人民共和国成立前，我国绝大部分的天然森林早已急剧地为农田等栽培植被、多种多样的次生林、草地、荒山荒坡甚至光山秃岭等所代替，天然林仅剩下一小部分。这个过程不仅使中国大部分地区森林资源从丰富变成缺乏，甚至木料、燃料、饲料、肥料俱缺，也助长了各类灾害的发生。② 森林的清除不仅导致了生物多样性的衰退，而且造成了广泛的环境退化，进而诱发中国社会的动荡，这在 19 世纪已经显现了。马立博指出，随着华北地区更多的自然植被和森林被砍伐开垦，泥沙不断淤积，洪水也日趋频繁和严重。这一地区的环境退化对社会、经济和政治都产生了影响，特别是随着自然生态系统的单一农业化，人们也就失去了那些可以提供多种补充营养物质的自然膳食蛋白质来源，于是华北的人口就变得越来越依赖于耕地出产的粮食，而一旦庄稼歉收——随着华北发生洪水和旱灾频率的增加，这种情况也越来越多，人们就面临粮食短缺局面，整个地区都会遭受饥荒的打击。③

到了 20 世纪，黄土高原及其以东地区环境退化的迹象与后果更加明显。在山西，有研究指出："没有别的什么地方比（山西）因森林砍伐而造成的破坏更加严重了……森林植被一旦消失，雨水就会把山坡的泥土冲

---

① 太行革命根据地史总编委会编：《太行革命根据地史稿（1937—1949）》，太原：山西人民出版社，1987 年，第 170 页。

② 文焕然：《历史时期中国森林地理分布与变迁》，济南：山东科学技术出版社，2019 年，第 56、62 页。

③ ［美］马立博著，关永强等译：《中国环境史：从史前到现代》，第 316～319 页。

刷下来，进而堵塞溪流和河道。"① 1937 年以来，华北地区林木资源因战争破坏、管理保护不善等损耗严重。至 1947 年，全国森林面积仅 12.62 亿亩②，各地所需木材很大部分依靠从国外购进，城乡薪柴极为缺乏，水、旱、风、沙等灾害频繁发生。尽管，华北根据地境内一些山地虽保有一定面积的森林，但在人为干预下林线日益萎缩，其他多数地区童山濯濯，燃料、木材都很缺乏，各地灾荒不断。至中华人民共和国成立，饱受战争摧残下的华北地区几乎到处都是荒山秃岭。梁希指出，旧中国历届政府"贪污无能，目光如豆，对森林只有毁坏，没有建设。因此，留给林业界的，除了少数交通阻塞的原生林外，就是千万亩赤裸裸的荒山。单说华北五省，合计山荒、沙荒、碱荒、堤荒总共有二十八亿六千二百万亩"。其结果，"千千万万亩荒山，把肥沃的土壤，经过长期的变化，统统流送在江里、河里和海里"；"造成了飞沙"；"更造成了水旱灾"，"中国连年闹水灾，闹旱灾，就是吃了荒山的亏"。③

各地森林减退的主要原因是战争破坏、敌寇掠夺和军民生产、生活的滥伐。战争对森林资源的摧残我们在第一章中已有所揭示，这里主要分析战争环境下的军民生产、生活对森林资源造成的影响。

军事垦荒主要是一时之需，军队调离之后，所垦土地多沦为荒地，但乔、灌植被已被清除，很难恢复。加之，军队垦荒一般较为粗放，广种薄收，在黄土地带不利于水土的保持。此外，军队对林木的爱护程度往往低于群众。曾任晋察冀边区农林牧殖局局长的陈凤桐曾指出："人多的地方才是森林问题最多的地方，护林应首先着重在机关、部队、学校和其他后方机关住在的地方去进行。护林教育也须从部队开始，因为农民对森林的

---

① Norman Shaw, *Chinese Forest Trees and Timber Supply*. London, UK: T. Fisher Unwin, 1914. p.125.
② 农林部林业专刊：《中国之林业》，农林部林业司，1947 年，第 21 页。
③ 梁希：《目前的林业工作方针和任务》（1949 年 12 月 18 日），梁希：《梁希文集》，第 195～196 页。

爱护和森林法的拥护，都比部队好些。"① 一些部队违反地方经济政策，无序砍伐林木。1940 年 10 月，晋绥军区独一旅 "在方山官地山砍小杨树 8000 株，烧木炭，破坏了山林"。1941 年 3 月，二纵队为生产自给，采取伐木运销的办法，"在交城公林圈地胡乱砍伐"，结果砍下的树木也没有卖掉。②

　　群众生产，尤其是毁林开荒导致森林损耗极为严重。美籍学者罗德民 1924—1925 年两次来山西主要林区考察后，曾感慨地说："山西之滥伐森林耕种山坡，实与山西人民之长久利益相背驰……滥伐森林，祸晋之初步也。"③ 在全面抗战时期，岢岚县的百姓之间还流传着关于开林荒的口诀："头杨林，二桦林，三□林，四柳林，日瞎眼的松柏林"，就是说杨林最好，桦林次之。不同林地的好坏，是以其积蓄水分和土地肥壮强弱来分类的。杨树叶子稠密，遮蔽阳光，能积蓄土地水分，加之杨树叶落下时羊群去吃后留下羊粪，因而杨林土壤最肥。④ 林地开荒必然以清除植被为第一步，在开荒中各地采取集体开荒、火烧等方式以清除林木。在战时状态下，军民生活易处于无序状态，冀中区在抗战初期河堤树木被群众砍伐、盗伐严重，群众 "成群结伙的大砍大伐起来，仅一九三七年冬，各河堤树即被摧毁大半，一九三八年春盗树之风尤盛，近堤村庄以堤树作为村公柴供给部队，部队亦有时自动砍伐，有的树墩树根也被刨出，繁茂的堤林变为童秃的一片，只剩下大大小小的窟窿，堤基巩固受到严重影响"⑤。此外，冬季副业生产也会造成森林的损耗。1945 年，晋绥边区行署强调冬季生产要实事求是，"因时因地因人而制宜"，即所谓 "靠山吃山，靠河吃

---

　　① 陈凤桐：《北岳区的农业推广》，《解放日报》1944 年 12 月 2 日，第 4 版。

　　② 中共晋西区党委：《晋西北政权初建时期财政状况概述》（1941 年 12 月），晋绥边区财政经济史编写组：《晋绥边区财政经济史资料选编·财政编》，太原：山西人民出版社，1986 年，第 40 页。

　　③ 山西省地方志编纂委员会编：《山西通志》第 9 卷《林业志》，第 291 页。

　　④ 实验学校农艺科：《岢岚山开荒》，《抗战日报》1945 年 3 月 12 日，第 4 版。

　　⑤ 冀中行署：《冀中区五年来水利工作总结》（1943 年 4 月 22 日），晋察冀边区财政经济史编写组等编：《抗日战争时期晋察冀边区财政经济史资料选编》第 2 编，第 334 页。

河"，山地群众可以开展砍山（制扁担、笼驮、筐子等）、伐木材（可出口）、烧木炭等生产活动。[1]

总之，森林缺乏加剧了水、旱等自然灾害的发生，各根据地生态系统服务能力下降，生态危机日益显现。而在灾害发生之后，人对自然生态系统的索取力度更大，从而进一步加剧了生态危机。

二、植树造林：中国共产党应对生态困境的认识与选择

应对生态危机的方式是多样的。灾害发生后，社会系统的响应对于缓解灾害后果最为关键，如粮食、资金的投入及各种资源的调配，以及灾害预警和防灾减灾管理制度、系统的建立等。尽管植树造林是增加植被覆盖率和预防水旱灾害发生的重要环境治理举措，但它毕竟不能在短期内见诸实效。那么，为什么中国共产党在华北地区会长期领导、推进植树造林运动？

首先，中国共产党自创建以来领导层主要是以知识分子为主的群体，这就使得近代科学知识易为其了解和接受，对于森林与自然灾害的关系也能有所认知。毛泽东早在 1919 年就提出要研究造林问题，1930 年他又指出没有树木易成水旱灾。[2] 1932 年 3 月 16 日，毛泽东等人联合署名的《中华苏维埃共和国临时中央政府人民委员会对于植树运动的决议案》中指出："为了保障田地生产，不受水旱灾祸之摧残，以减低农村生产，影响群众生活起见，最便利而有力的方法，只有广植树木来保障河坝，防止水灾天旱灾之发生，并且这一办法还能保护道路，有益卫生。"[3] 这就表明，在南方根据地时期中央领导层就已明了森林的多重功用，植树造林已被作为防灾减灾的主要环境治理手段。

---

[1]　《行署、抗联关于进一步发展冬季生产的指示》（1945 年 11 月 2 日），晋绥边区财政经济史编写组等编：《晋绥边区财政经济史资料选编·农业编》，第 522 页。

[2]　中共中央文献研究室编：《毛泽东论林业（新编本）》，北京：中央文献出版社，2003 年，第 1~2、7 页。

[3]　《中华苏维埃共和国临时中央政府人民委员会对于植树运动的决议案》（1932 年 3 月 16 日），《红色中华》1932 年 3 月 23 日，第 7 版。

　　此外，自 1935 年以来，大量科技工作者尤其是一些著名的农学家、林学家，如乐天宇、陈凤桐、方悴农、彭尔宁等先后奔赴各大根据地，他们绝大部分是中国共产党党员或不久即加入中国共产党。这些科技知识分子多数成为各根据地农林、教育部门的领导者，其在工作报告和报刊文章中不断强调森林在改善环境、建设根据地等方面的综合作用，从而对中共中央和各根据地领导层以及广大群众产生积极影响。例如，在陕甘宁边区，1938 年 12 月 10 日，刚刚奔赴延安不久的田活农（笔名田勋廷）在《新中华报》上发表了《边区的造林问题》一文。这位原籍广东大埔的进步知识分子，面对黄土高原的濯濯童山深感植树造林之必要。他指出，边区虽然有煤可做燃料，但是引火尚需木材，尤其是一切建筑家具及交通的材料，都不能脱离木材。尽管边区尚有一些天然原生林可以采伐，"但已形成了非常缺乏的程度了！若果只有采伐而不加以种植，那么将来木材恐慌便越来越凶"。更为可贵的是，作者不仅指出了森林在国防、交通、生活等方面的重要作用，而且着重强调了边区风沙年年、水旱频发与森林缺乏之间的关系：

　　　　北国里的风沙年比年的凶，肥沃的田园一年年的崩颓，致耕地渐渐缩小，河流日益淤塞，水旱灾频临。这些灾害的由来，没有森林，不能不是原因之一，所以在边区里提倡造林也是一个必要的工作。……同时，森林的利益，除对国防上有它的作用外，直接方面，供给一切建筑、交通、家具、薪炭、人造丝、造纸及药品等一切材料。间接方面，涵蓄水源、调节雨量、减少水旱灾巩固地面，防止飞沙、颓云，调和气候，有益卫生，增加大自然的艺术性等等，所以森林对于国家社会及人民生活的改进，有着极大的作用。那么，造林在目前是应该进行的。①

---

　　①　田勋廷：《边区的造林问题》，《新中华报》1938 年 12 月 10 日，第 3 版。

　　田活农建议边区政府和民众在春季闲暇时大力开展植树造林运动，"尽可利用原生林中的小苗木移植或实行直接插木造林"，对于原有天然林也要加以保护。他希望1939年"能够在边区的造林运动比今年还要热烈，与广大的造林运动"。如前文所述林学家乐天宇奔赴延安后担任延安自然科学研究院农科主任和陕甘宁边区林业局长，其在1940年的森林考察报告受到边区领导人的高度重视①，从而推动了陕甘宁边区植树造林事业的发展。在晋察冀边区，农学家陈凤桐则于1940年12月出任边区农林牧殖局局长，直接领导和推动了晋察冀边区的农林生产事业。②

　　其次，因战争破坏及各根据地党、政、军、民、学各阶层在生产、生活中不注重林木保护甚至滥伐，华北地区林木资源日益匮乏，进而导致灾害频发的问题日益突出。党员干部在切身的感受和观察之后加以反思，植树造林也就"顺理成章"地被中国共产党确立为防灾减灾的主要手段。

　　中国革命完成从东南到西北的"乾坤大挪移"后，主要来自南方的中央领导人和广大红军战士面对的是与南方生态环境完全不同的境况。到达陕北的中央领导人逐步关注到这里的环境问题，并认识到植树造林的重要性。毛泽东曾强调，"陕北的山头都是光的，像个和尚头，我们要种树，使它长上头发"，种树要制定计划。③ 1937年以来，各根据地在推进农业生产的过程中，因森林破坏导致灾害不断成为党员干部的真切体验。晋冀鲁豫边区太岳区在抗战前常有旱灾，1937年后各种灾害更多，"旱、虫、雹、病、水等差不多年年皆有。尤其1943年之旱灾、蝗灾，几乎普及全区，在沁水东部等地区很严重"。1944年"洪水冲地"极为严重，尤其是岳北，据估计仅沁源、屯留等4个县冲坏平地即在2万亩以上。当时每亩

————————

　　① 乐天宇等：《陕甘宁边区森林考察团报告书（1940年）》，《北京林业大学学报（社会科学版）》2012年第1期。

　　② 程森、李维钰：《晋察冀边区时期中国共产党生态治理研究》，《三门峡职业技术学院学报》2021年第3期。

　　③ 毛泽东：《在延安大学开学典礼上的讲话》（1944年5月24日），中共中央文献研究室编：《毛泽东文集》第3卷，北京：人民出版社，1996年，第153页。

平地产量一般可顶坡地 3~4 亩，这样就等于当年有 "7~8 万亩新开荒地（全岳北的二分之一）没有了。……为害之巨，实为惊人"①。洪水冲地的原因，太岳行署认为，除了 7 月份秋雨连绵并多急雨造成山洪暴发，主要原因是 "无限制的伐树伐林，减少山坡蓄水量及水流阻力，致使山洪乱流"。1948 年，全区因灾害减产约 24 万石粮食，"亦即等于 285000 亩土地之产量，或等于 93500 人全年之食用"。太岳区政府认为灾害增多的主要原因是 "林木砍伐太多，气候失调及劳畜力缺乏、耕作粗放所致"。②

太行区领导层对于森林破坏后灾害频发同样深有体会，进而强调植树造林的必要性。太行区在 1944 年山洪暴发时冲毁的土地比以往都要多，具体情形可由左权等五个县的统计看出，见表 4-1。

表 4-1　太行区 1944 年五县被水冲毁地亩数

县　名	冲毁水地（亩）	冲毁旱地（亩）	冲毁坡地（亩）	冲毁滩地（亩）
涉　县	2146.86			2633.9
左　权	1220.25	1233.7	270.56	1661.3
黎　北				424.0
林　北		3313.15		
和　东		600.00		
共　计	3367.11	5146.85	270.56	4719.2

资料来源：贾林放《太行区 1944 年生产建设的一般情况》（1945 年 5 月 30 日），河南省财政厅等编《晋冀鲁豫抗日根据地财经史料选编（河南部分，2)》，北京：档案出版社，1985 年，第 677 页。

---

① 《太岳行署冬季生产工作指示》（1944 年 11 月），李长远主编：《太岳革命根据地农业史资料选编》，太原：山西科学教育出版社，1991 年，第 82 页。
② 太岳行政公署：《太岳区农业生产基本情况》（1949 年 2 月 15 日），李长远主编：《太岳革命根据地农业史资料选编》，第 21~22 页。

由表 4-1 来看，1944 年左权等五县被水冲毁土地共 17889.62 亩，占五个县耕地面积的 2%，"这是一个很大的损失"。太行区领导层指出，该年各地被水冲毁大量土地主要是因为开荒选择不慎，盲目开荒，植被大量破坏所致。今后应对之策除了大力提倡修梯田，还要在各村恢复禁山禁林，修造新林。① 1945 年 3 月 8 日，晋冀鲁豫边区政府副主席戎伍胜在边区第一届参议会太行区会议上的报告再次强调，尽管此前各地生产取得了很大成绩，可惜从 1943 年秋季以来，"山洪不断爆发，冲毁水地在两万余亩，这是一个很大损失"。他认为，对于这个问题，"应该从长期着眼，从造林植树方面来补救"。②

晋察冀边区 1944 年以来逐渐调整了农业生产增长方式，由粗放的通过垦荒增加耕地面积的方式，转向重视农业生产技术的增长方式。边区政府领导人宋劭文在总结 1944 年的生产运动之后提出了 1945 年农业生产方针——精耕细作。而中心工作之一就是造林，尤其指出荒山要植树，30 度以上的坡地要修成梯田，"不好修的要种树，不让沙子往下滚，河槽就不致于一年比一年高"。③ 宋绍文尤其指出，防治水患的"根本办法是造林植树，过去开荒把青山变秃山造成水患，今后能修梯田者尽量修，不能修者提倡植树"。④ 这就明确指出了造林与防止水土流失、减少水患的关系。

在晋绥边区，"农作物常因来自西北沙漠热风的袭击而受到损失"，但"由于抗日战争时期日伪的大肆砍伐，以及我各级领导机关过去对护林工作重视不够。林木日见减少，年来农作物所受旱涝冷雹等灾害已较

① 贾林放：《太行区一九四四年生产建设的一般情况》（1945 年 5 月 30 日），《晋冀鲁豫抗日根据地财经史料选编（河南部分，2）》，第 677~678 页。

② 《太行区三年来的建设和发展——一九四五年三月八日戎副主席在晋冀鲁豫边区第一届参议会太行区会议上的报告》，《晋冀鲁豫抗日根据地财经史料选编（河南部分，2）》，第 203 页。

③ 宋劭文：《一九四四年大生产运动总结及一九四五年的任务》（1945 年 1 月），晋察冀边区财政经济史编写组等：《抗日战争时期晋察冀边区财政经济史资料选编》第 2 编，第 460 页。

④ 宋劭文：《一九四四年大生产运动总结及一九四五年的任务》（1945 年 1 月），晋察冀边区财政经济史编写组等：《抗日战争时期晋察冀边区财政经济史资料选编》第 2 编，第 467 页。

过去为甚"。① 1947 年 2 月，山东省政府发布的春耕指示中也指出，植树造林是一项根本工作，政府领导人坦承"过去我们砍伐树林，开垦山荒，致使河畔许多好地渐被流沙积压，实在得不偿失。今后一般不再提出开垦山荒，而应奖励植树造林，调节水流"。② 1949 年，全国水灾造成被淹耕地一亿亩，"减产粮食一百二十亿斤，轻重受害灾民四千万人"，梁希认为"这种灾害，大半起因于荒山"。③

因此，在领导华北各根据地建设的长期实践中，中国共产党对于森林破坏以致灾害频发是有深切体会和深刻反思的。最终，植树造林成为应对华北生态困境的"现实主义"举措。

三、宣传植树造林的功用

中国共产党将植树造林作为应对生态困境手段的主要表征是大力宣传植树造林的生态、经济效益。科学知识停留在领导层面而不"下沉"至群众当中，尤益于知识的普及、推广和对具体事务的改善。因此，将植树造林在防灾减灾等方面作用的科学知识推广至广大干部和群众之中是一个关键性问题。综合来看，中国共产党主要通过报纸宣传和指示、命令等政策、法律文件等方式宣传植树造林在应对生态危机中的重要作用。

1937 年以来中国共产党在北方各大根据地都创办了报纸，有党的机关报（包括中央和地方）、根据地政府机关报和地方分区机关报等。主要报纸都有发行渠道，在根据地之间能够流行。如《新中华报》《解放日报》自陕甘宁边区向其他根据地流布，传递党中央和陕甘宁边区政府的重要指示，及加强对各地宣传和工作指导等。早在 1937 年 4 月 6 日，《新中华

---

① 《晋绥提倡造林护林调节气候和水量减少农作物损害》，《冀热察导报》1948 年 12 月 17 日，第 3 版。

② 《山东省政府关于春耕工作的指示》（1947 年 2 月 5 日），山东省档案馆等编：《山东革命历史档案资料选编》第 18 辑，济南：山东人民出版社，1985 年，第 252 页。

③ 梁希：《目前的林业工作方针和任务》（1949 年 12 月 18 日），梁希：《梁希文集》，第 197 页。

报》就发文指出"繁植森林是防止天灾、发展农业一个很重要的事"，号召苏区人民在植树时节抓紧植树。[①] 1941 年 5 月 16 日，《解放日报》取代《新中华报》正式创刊，至 1947 年 3 月 27 日终刊。其间，该报刊载了大量植树造林、森林作用的文章，并影响至其他根据地、解放区。其他根据地、解放区刊行的报纸也同样刊载大量有关植树造林的文章。这些文章不仅成为今日考察中国共产党植树造林实践、思想的依据，也为我们分析中国共产党选择植树造林应对生态危机的原因提供了便利。

这些报纸文章大量宣传森林在改善生态环境方面的重大作用，及森林减少造成灾害发生的事例。如晋绥边区的《抗战日报》有篇文章说："种树造林还有间接的好处，树木可以调节空气，有树的地方空气好，疾病就会减少；可以调节雨量，树多的地方下雨多，山林地带，从来不发旱灾。树木还可以调节河里的水量，树根及落在地里的树叶，能够把水保留住，让他慢慢的往下流，所以就是夏天，也不至于发大山水，冲坏田地庄稼，所以种树又可以减少水灾。同时，河水不会骤然减少，使下流的地没有水浇。"[②] 晋察冀边区《冀中导报》有文章说：繁峙三区大营镇东面是滹沱河的发源地，地势高耸，"自从日寇侵占大营，破坏境内林木后，风沙逐年加厉，庄稼歉收"。[③] 五台县森林缺乏引发水土流失情况也被作为典型报道出来："五台三区，山峰连绵，因森林过少，气候失调，土壤被侵蚀严重。约有一万九千余亩黄沙质的梯田和坡地，收成不好，（这些地约占耕地面积百分之八十以上）如遇雨季，这些梯田□堰多被山水冲毁。"[④] 另一方面，各地报纸也更多地大量直接指出为减少天灾流行而采取植树造林举措。如 1948 年 9 月 12 日《北岳日报》刊文《为减少天灾实行禁山造林北岳行署发出布告》："北岳行政公署，为实行禁山造林，于 9 月 6 日特别发

---

① 《大家来植树》，《新中华报》1937 年 4 月 6 日，第 4 版。

② 《植树护林和造林》，《抗战日报》1945 年 4 月 7 日，第 4 版。

③ 《繁峙三区创立造林合作社》，《冀中导报》1947 年 4 月 3 日，第 1 版。

④ 《五台三区山地造林》，《人民日报》1949 年 5 月 15 日，第 2 版。

出布告。布告里提到：在北岳区，历年来水、旱、风、雹，为害庄稼很大。发生这些灾害的原因，主要是树木过少，沙石太多，以致气候失调，风雨不顺。要想减少天灾，只有禁止开山，广泛造林，使着雨量能够得到调节。"①

除了报纸宣传，各根据地政府层面倡导植树造林主要基于森林在防灾减灾、调节气候、保持水土等方面的重大作用，也以政府命令、指示、布告等形式予以公布。例如，早在 1938 年 2 月，陕甘宁边区建设厅长刘景范就曾呈请边区政府发动党政军民工作人员植树造林，请示报告说："为补救边区将来的困难与恐慌，及根本改变西北大陆性的气候、温度、雨量，含蓄水源、防止山洪泛滥和大量培植国家森林富源计"，除了在广漠多山的边区地域中，对于各地原有山林树木加以严密保护及有计划的砍伐，积极广泛地发动群众开展植树造林运动外，还应于每年春季动员党政军学各机关投入到广泛的植树造林运动之中。② 1941 年 1 月公布的《陕甘宁边区森林保护条例》中规定了不同性质、种类的森林要严加保护，任何人不得砍伐或危害。其中，涉及防护林性质的森林或树株严禁砍伐或危害：为预防风、沙、雹、霜、急雨等危害之森林；为防止雨水冲刷、农地崩陷、山洪冲淤、河岸塌塞等之森林；为保护交通路线、桥梁以及灌溉系统、水渠等之森林；为直接、间接保护牧畜、农垦及其他副业之森林；为保持水土、调节气候及有益公共卫生之森林。③ 也就是说，边区政府认为正是因为森林具有以上各方面的重要作用，才应加强保护，严禁砍伐、危害。作为中国革命的大本营，陕甘宁边区的政策对其他地区的影响是毫无疑问的。

晋冀鲁豫边区冀南行署在 1940 年 4 月发布的植树造林布告中，首先强

---

① 《为减少天灾实行禁山造林北岳行署发出布告》，《北岳日报》1948 年 9 月 12 日，第 1 版。

② 陕甘宁边区财政经济史编写组：《抗日战争时期陕甘宁边区财政经济史料摘编》第 2 编《农业》，西安：陕西人民出版社，1981 年，第 147 页。

③ 陕西省档案馆等编：《陕甘宁边区政府文件选编》第 3 辑，西安：陕西人民教育出版社，2013 年，第 113 页。

调了植树造林的作用：“栽树造林，既可调节雨量，改良土质，又能得到材木、柴薪与果品的收入。”① 1941 年 10 月 15 日公布的《晋冀鲁豫边区林木保护办法》不仅规定禁山、村林、公有林的保护举措，还强调“为固结土壤以防水患，山间野生灌木之根一律不得掘采”。②

1945 年 4 月，晋绥边区行政公署发布植树指示，开始即说植树不管成活，“对我们造林防灾是一项很大的损失”，接着更为详细地指出植树造林与防灾减灾的关系：

> 植树不但能解决木材需要的困难，而且对调节气候、增加雨量、含蓄水分、防止水旱灾，尤起着巨大的作用。如岢岚林地多，遭受天旱的危机就少；岚县的林木，在十几年来乱加砍伐，含不住水分，影响到兴县城川，在五六月间，就成了干河，偶遇大雨，即有大块土地被冲坏；在河、保一带的童山上，如能广植树木，也可以防止好多良田逐渐变成沙地、不能种植庄稼的现象。所以植树造林是建设边区的一项重要工作。③

晋绥边区行政公署、抗联于 1946 年 3 月发布的植树护林指示则更为直接：“我们必须认识，森林是我们无尽的财富，对今后和平建设上用处很大，而且影响气候、雨量、土质及水量，是有关国计民生的事，要认真管理保护。”④ 晋察冀边区 1946 年 3 月公布的森林保护条例也说：“山间所有树木之根株，一律不得掘采，以固结土壤，防止山崩水患，违者依妨害保

---

① 《冀南行政主任公署关于植树造林的布告》（1940 年 4 月），《抗日战争时期晋冀鲁豫边区财政经济史资料选编》第 2 辑，第 46 页。
② 《晋冀鲁豫边区林木保护办法》（1941 年 10 月 15 日），《抗日战争时期晋冀鲁豫边区财政经济史资料选编》第 2 辑，第 47 页。
③ 《行署关于植树的指示》，《抗战日报》1945 年 4 月 12 日，第 2 版。
④ 《晋绥边区行政公署、抗联关于植树护林指示》（1946 年 3 月 14 日），山西省档案馆编：《晋绥边区财政经济史资料选编·农业编》，第 527 页。

安林论处。"[①]

总之，华北根据地在历代战乱、生产等多种因素影响下，森林面积保有不多，而自抗战爆发以后更趋减少，由此也引发了严重的生态危机，灾荒不断，水土流失严重。中国共产党领导层的知识分子背景使其明了森林在生态、经济等各方面建设上的重要功用，加之领导层和广大党员干部在领导华北各地生产的实践中对森林缺乏加剧了水、旱等自然灾害频发也有深切体会和反思，在中国共产党领导下各根据地掀起了广泛的植树造林运动，以之作为应对环境困境挑战的主要治理举措，且长期坚持下去。

第二节　植树造林运动在各地的实践

1937 年以来，中国共产党在华北根据地领导的植树造林工作可以说是一以贯之，持续推进。各根据地不仅发动春季、秋季植树，而且尝试夏季（雨季）植树；在林种上，果木林、用材林、护滩林、防洪林、防风林、风景林等都有重视，而且在晋察冀、晋冀鲁豫、山东等根据地封山育林也受到高度重视。本节主要以晋察冀、晋绥、晋冀鲁豫根据地为例，来考察植树造林的具体实践。

一、晋察冀

晋察冀边区地处三省交界，地形复杂多样，境内虽有平原，但以山地为主，土地贫瘠，境内黄土质地松软，多垂直裂隙，地表植被破坏后，遇水极易崩塌，水土流失严重。加之在日军和国民党军队不断的"扫荡"和进攻下，边区到处田园荒芜，水利失修，林木摧残，生态环境日益恶化。为此，中国共产党带领边区人民以农业生产为中心，采取多方面措施开展

---

① 《晋察冀边区森林保护条例》（1946 年 3 月 7 日），华北解放区财政经济史资料选编编辑组等编：《华北解放区财政经济史资料选编》第 1 辑，北京：中国财政经济出版社，1996 年，第763 页。

植树造林活动。

（一）组织领导：建立农林牧殖局和农事试验场

晋察冀边区农业发展上的一个重要阶段是农林牧殖局的建立，举凡种子选育、技术试验推广、家畜良种繁育等各项事务都在其领导下进行。晋察冀边区农林牧殖局首任局长为陈凤桐。但几乎所有论著对于陈凤桐担任该局长的时间都记述不一。《中国科学技术专家传略》说陈凤桐于 1941 年任"晋察冀边区行政委员会农林牧殖局局长"。① 《内乡县志》则说陈凤桐于 1940 年调任晋察冀边区农林牧殖局局长，但具体日期均不详。② 实际上，1941 年 1 月 5 日的《晋察冀日报》明确指出农林牧殖局成立时间为1940 年 12 月 21 日：

> 晋察冀社三日讯：边委会为开展农林水利牧畜事业，增加边区生产，发展农林经济，充实抗战力量起见，特于十二月二十一日正式成立"边区农林牧殖局"，以资倡导。并特委陈凤桐为该局局长。据陈局长谈，现该局已开始办公，目下正拟制一九四一年边区农林牧殖业建设方案云。③

陈凤桐在其《北岳区的农业推广》一文中也明确说："四〇年冬，农林局成立，把边区农学者都集中在该局。"④ 晋察冀边区农林牧殖局的建立有力地推进了边区农业的发展，并组织、领导、培养了大量农业人才。虽然推动边区农林业生产是农林牧殖局的主要工作内容，但是造林、护林等环境治理内容也是农林牧殖局的重要工作。

---

① 中国科学技术协会编：《中国科学技术专家传略·农学编（综合卷 1）》，第 177 页。
② 内乡县地方史志编纂委员会编：《内乡县志》，北京：生活·读书·新知三联书店，1994年，第 808 页。
③ 《发展边区生产建设边府成立农林牧殖局委陈凤桐为局长》，《晋察冀日报》1941 年 1 月 5 日，第 1 版。
④ 陈凤桐：《北岳区的农业推广》，《解放日报》1944 年 12 月 2 日，第 4 版。

在农林牧殖局的领导下，晋察冀边区尤其是北岳区造林护林工作取得了突出成绩。其具体做法主要有五点。一是建立特约林场。特约林场证由政府颁发，林场技术人员指导农民修枝间伐，起到了保护私有林的作用，农民纷纷要求愿作特约林家。二是大力提倡营造护滩林，扩大村有林。边区每一河流的护滩林都由实地测绘样图，同时计算出所用杨柳枝数量和来源，交地方政府逐渐实行。村有林则要努力扩大。以往研究认为晋察冀边区山区林木稀缺，但是陈凤桐明确指出北岳区估计70%的村子都有禁山，也叫照山。禁山林木都是为了风水而保存下来的，有着极严格的保护规则。依据这些禁山林木的基础，向其外侧扩大植树或播种范围，易于进行。先在山脚下层种植，以便浇水，易于成活。栽种果苗农民更喜欢。三是打破"一方水土养一方人"的狭隘经验主义说法，积极推行植树造林。例如，易县没有花椒树，但花椒树苗圃育成很多树苗。阜平县九区没有胡桃树，苗圃内却育成不少胡桃苗。四是护林公约具体实际，简明通俗，妇孺容易上口，以满足农民实际需要。五是林益的分配由政府公布办法，给佃户造林以切实保障，以提高其造林积极性。[①]

农林牧殖局成立后不久，1941年2月9日，边区行政委员会在给各地春耕运动的指示信中强调，各专署要普遍成立一个农场，进行农艺、园艺、畜牧、林育等工作，一面研究实验，一面宣传推广。[②] 这样的农场，全称为农事实验场。边区提高农业生产的方法，一是通过扩大耕地面积，二是提高农业技术，而农事实验场正是农业技术研究实验机关和农业技术推广普及机关。在诸多农场实验的内容中，繁殖苗木是重要方面。

1941年3月，边区政府行政委员会对各地农事实验场工作加以指示，特别强调育苗是造林的基础工作，以往政府屡次提倡造林，但造林事业没有发展起来，原因之一就是对于育苗工作努力不多。因此，今后"要彻底

---

① 陈凤桐：《北岳区的农业推广》，《解放日报》1944年12月2日，第4版。
② 《晋察冀边区行政委员会关于春耕运动的指示信》（1941年2月9日），晋察冀边区财政经济史编写组等编：《抗日战争时期晋察冀边区财政经济史资料选编》第2编，第293~294页。

的纠正这一点",要大量培育苗木,"打一造林的基础"。其方法如下:(1)采集树籽。在了解当地需要、不脱离现实需要的情况下,采集树籽,注意植树成活的难易程度。树种采集的时节不同,榆、柳、山杏等在夏季采种,花椒、胡桃、麻栎等在秋季采种。选择那种健壮而无病虫害的树采种。如欲长期储存,应在干燥天气采取,以防腐烂。(2)苗圃选址与区划。建立苗圃要接近造林区,并且栽培与灌溉都要方便,向南若北面有森林作屏障尤为适宜。土地以砂质土壤为上。苗圃地形以方形或长方形为好,地面倾斜、低温多霜都属不理想之地。(3)播种季节与方法。一年春秋两季播种,不同树种播种季节又有不同。秋播者多为形大而坚硬发芽较迟或难于贮藏的树种,如胡桃、板栗、麻栎等宜于十月间播种。那些秋播时幼苗易受霜害及鸟鼠啄食以及小粒树种,均宜春播,如松、侧柏、臭椿、国槐、楸、梓等,适于三四月播种。此外,榆树树籽夏季采集,采后即须播种,不能留藏至明春。播种方法分为条播、撒播、点播三种。条播须覆十压种,大粒树种宜点播,微小树籽可撒播。(4)苗圃的保护。主要防止人畜、干旱、霜冻对苗木的伤害。(5)苗木的移植。边区政府尤其细致地指示各地苗圃中苗木移植的细节,具有科学植树的理念。首先,树苗逐渐长大的过程中,如不移植,则因日照不充分、空气不流通、树株间距不足而发生"细弱"现象,导致难以栽活。不同树种移植年限不同,如榆、槐等生长快的树种满一年即可移植;松柏等生长慢的树种,须经两年才能移植。移植须将长根剪去三分之一,以促须根的密生而便于栽活。[①]

各专区农事试验场隶属各地专署和边区农林牧殖局的双重领导。各专署在政治上领导和监督,农事试验场的组织编制和技术指导则归农林牧殖局领导。

(二)森林保护立法

1939年,华北地区遭遇特大洪灾,晋察冀边区也不能幸免。严重的水

---

① 《晋察冀边区行政委员会关于农事实验场工作的指示》(1941年3月),晋察冀边区财政经济史编写组等编:《抗日战争时期晋察冀边区财政经济史资料选编》第2编,第295~302页。

灾强化了边区政府对人为作用加剧水灾的认识——边区军民对高坡度山地的垦荒和滥伐森林是导致水灾频发和水土流失的主要原因。为此，边区政府于 1939 年 9 月 29 日、10 月 2 日先后颁布了《晋察冀边区保护公私林木办法》和《晋察冀边区禁山造林办法》两个法令。

《晋察冀边区保护公私林木办法》共 12 条，主要内容有 10 条。这 10 条可概括为三个方面：首先，指出林木保护的对象——公有、私有林木。其次，规定了保护林木的责任单位——公私林木由各县政府督同区村公所负责保护。再次，规定了公私林木的保护举措：林木、林地及其附属物被侵害时，附近居民必须向当地政权机关报告，或向被害物所有人报告，对向政府报告的酌予奖励；窃取树木、私伐林木者须依损害情形责令赔偿或处罚；因烧荒而害及公私林木者，依据损害程度予以处罚；林地或禁山区域非经开放，一律不得放牧；山间所有树木的根株，一律不得掘采，以便固结土壤，防止水患。[①]

《晋察冀边区禁山造林办法》共 10 条，主要内容有 8 个方面。与《晋察冀边区保护公私林木办法》相比，该法令首先即指出了法令制定的原因——繁殖林木、防止水荒，从而间接揭示了森林在涵养水源、防止水灾发生上的重要作用。显然，这些科学知识的阐述必是出自边区各级政府中具有近代科学知识的科技工作者之手，反映了晋察冀边区政府环境治理的"现代性"。其次，该法令指出了边区禁山造林的具体办法：50 度以上的山坡，由各地区村公所依据缓急逐年划为禁山；旧有禁山，不论公私，未经允许，不得垦荒；新划禁山，不论公私，只能造林；不论新旧公私禁山，准许芟割野草、削枝，不得放牧、伐木；禁山中成材林木必须砍伐时，不论公有私有，必须经过所属区村公所同意；所有公私禁山的划定与开放，需根据其与区、村区域的利害关系，由村代表会、区政会议审批后决定施行与否。最后，该法令对于违反上述规定，私自垦荒、伐木的惩处较《晋

---

① 《晋察冀边区保护公私林木办法》（1939 年 9 月 29 日），晋察冀边区财政经济史编写组等编：《抗日战争时期晋察冀边区财政经济史资料选编》第 2 编，第 250~251 页。

察冀边区禁山造林办法》更为具体，且力度明显加重——分别轻重处一月以上一年以下之徒刑，或罚款 5 元以上 50 元以下。

这两个法令的制定是边区政府植树造林工作推进上的重大转折，其产生的时机也反映了 1939 年大水对边区各级人士环境保护意识的刺激与影响。森林与水源涵养、保持水土、防止水灾发生的关系通过政府法令的形式向社会发布。当然，法令本身较为简洁明确，详细而深入地阐释森林与防止水患及生产、生活等关系的文献推出仍属必要。据北岳区不完全统计，1939 年植树 469 万株，1940 年植树 1387 万株，1941 年植树 1753 万株。[①] 上述两个环境保护法规的出台以维护生态平衡、减少水旱灾荒为出发点，推动了边区林业的发展。

到了解放战争时期，晋察冀边区又相继颁布一系列环境保护法令，成为研究中华人民共和国成立之前中国共产党环境治理思想的重要文献。

《晋察冀边区森林保护条例》与《晋察冀边区奖励植树造林办法》都于 1946 年 3 月 7 日颁布。《晋察冀边区森林保护条例》对森林保护、利益分配、毁林处罚等做出明确规定，全文如下：

第一条 为保护公私林木，促进林业发展，特制定本条例。

第二条 本边区内无论公私林木，各县政府均须督同区村公所负责保护之。

第三条 经区公所以上政府划定植树造林之地区，即做为禁山禁地，在规定区域内不得放牧及樵采，至于期限的长短，由各地自定。

前项禁山禁地之划定应避开牛羊道，同时应视植树造林情形逐年扩大，不得空划扩大范围。

第四条 私人之自然林，无租佃关系者，归原主所有；有租佃关系者，按租佃关系分益。分益由双方自订，但地主所得最高不得超过

对半。

第五条　自然林之地主不能管理时，由佃户代管，如果面积过大佃户不能单独管理时，或因其它原因地主与佃户均不能管理时，由林地所在村代管或由县区政府派专人代管。代管之林木采伐修枝等收入，代管人得一部或全部。

第六条　长期佃户在所租土地上自行培植之林木，修滩者在滩地上培植之护滩林，其所有权与处理权属于佃户或修滩者，如地主出树苗及兼出劳力者，林益之分配得由主佃双方协议规定之。

第七条　林木、林地被侵害时，无论何人均得报告当地政权机关或林木所有者，对报告者政府予以表扬，林木所有人酌予酬谢。

第八条　禁山、禁地未经开放时不得樵采。如窃伐树木者，得依其损害情形责令加倍赔偿，或令其补植新树，或处以值价 2 倍以下之罚金，家畜啃坏树木时同。

第九条　山间所有树木之根株，一律不得掘采，以固结土壤，防止山崩水患，违者依妨害保安林论处。

第十条　防火烧毁及开垦他人之森林者，除按价赔偿外，并送司法机关依森林法判罪，参加救火者，按工加倍给资，由林主及烧山者各负担一半。

第十一条　各地县以上政府，得依本条例根据具体情形制定单行办法。

第十二条　本条例自公布之日施行，民国 28 年 9 月 29 日公布之"晋察冀边区保护公私林木办法"同时作废。①

《晋察冀边区奖励植树造林办法》则规定了植树造林奖励办法，全文如下：

---

①　华北解放区财政经济史资料选编编辑组等编：《华北解放区财政经济史资料选编》第 1辑，第 763~764 页。

一、为培养森林，防止水旱风沙灾害，增加人民收入，解决建设时期的木材问题，特制定本办法。

二、荒山植树造林，由当地区公所划定区域，分由各村组织进行之，各村在划定区域内组织个人或集体培植之。

三、荒山（仅指荒山）植树造林自有收入时起，计5年内免除纳税。

四、植树造林其规模宏大，私人资力不足或需技术指导者，得申请政府协助之。

五、无论个人植树育苗或集体造林，有成绩者分别奖励之：

甲、植树造林后由当地区公所每年检查一次，按植树后第2年树木成活数分等奖励之：

1. 成活100棵者奖现金1000元。

2. 成活500棵者奖现金1万元。

3. 成活1000棵者奖现金3万元。

4. 成活5000棵者奖现金10万元。

乙、荒山播种灌木林，于播种后第2年检查，按其成林亩数分级奖励之：

1. 成林10亩（每亩至少有200棵，下同）者奖金1万元。

2. 成林50亩者奖5万元。

3. 成林100亩者奖10万元。

4. 成林300亩者奖20万元。

丙、成立苗圃育苗（以果树苗及材木苗为限），于第2年检查，有成绩者按其经营规模奖励之：

1. 成立苗圃5分者奖500元。

2. 成立苗圃1亩者奖2000元。

3. 成立苗圃2亩者奖5000元。

4. 成立苗圃3亩者奖10000元。

5. 成立苗圃 5 亩者奖 20000 元。

上列奖金，在同一林木及苗圃只奖一次。

在植树造林运动中，发现英雄模范者，除得奖金外，并按其英雄模范事迹表扬之。

六、所有得奖者之树木，林地及苗圃仍归原主处理之。

七、凡富有保安意义之森林，禁止采伐，政府得高价收买划为保安林。

八、森林之保护依《晋察冀边区森林保护条例》办理之。

九、本办法自公布之日施行，民国 28 年 10 月 2 日公布之晋察冀边区禁山办法同时作废。①

此外，边区政府在 1946 年 3 月 7 日又颁布了《晋察冀边区行政委员会颁发晋察冀边区荒山荒地荒滩垦殖暂行办法》，该办法主要"为奖励扩大与巩固耕地"，但其中又涉及大量"培植林木果树"的内容，从而使该办法成为边区的又一份环境治理法令。一般来说，在黄土高坡度地带垦殖极易诱发水土流失，引发洪涝灾害。该法令规定边区坡度在 30 度以上的荒地只能植树造林，不得垦种谷物。那些非垦种 30 度以上不能生产的贫农，须经当地区公所批准，并限于三年内修成梯田耕种。已经耕种的山坡，坡度在 30 度以上的，必须改植树木，或在三年内修成梯田。②

1948 年 3 月 30 日，边区政府为培植、保护公私林木，供应建设木材，增加人民收入，并防止风沙、水旱灾害，特别制定《北岳区护林植树奖励办法》。③ 该奖励办法在植树造林方面提倡群众自由植树造林，规定林权、

---

① 华北解放区财政经济史资料选编编辑组等编：《华北解放区财政经济史资料选编》第 1 辑，第 764~765 页。

② 华北解放区财政经济史资料选编编辑组等编：《华北解放区财政经济史资料选编》第 1 辑，第 765 页。

③ 中央档案馆编：《晋察冀解放区历史文献选编 1945—1949》，北京：中国档案出版社，1998 年，第 409 页。

林木收入不征统一累进税，无论个人植树育苗还是集体造林有成绩的，政府按成绩大小分别予以奖励等。在禁山护林方面指出，原有禁山未经开放，不准烧山、开荒；新划禁山只准造林；公家林木未经批准不得砍伐；村有或私有的林木，按照护林公约进行保护等。有关损害林木的处罚：损害林木，要视情况加倍赔偿、补栽或按护林公约进行处罚；禁止牲口啃吃树皮、树苗，有损害情形由主人进行赔偿；严禁放火烧山，按照情节轻重责令赔偿或进行处罚。

图 4-1　晋察冀边区第一林场

说明：图片源自王雁主编《沙飞摄影全集》，第 180 页。

（三）组织、开展植树造林运动

1938 年，晋察冀边区政府成立不久即号召造林植树，要求各地禁山护林，造护滩林、防风林等，但"第一年准备工作少，成绩不大"。[①] 1939 年大水灾过后，边区政府将山区造林、禁山、保护林木、防止水土流失等作为发展林业的重要工作，提出了植树造林的方针：发展私有林，提倡团体林、村有林、合作林；整理天然林，建立禁山造林区；根据地理的不同条件，发展果木林、经济林，特别是提倡山区发展核桃、柿、黑枣等果木

[①]　张苏：《边区的生产状况与今后任务》（1940 年 8 月 5 日），晋察冀边区财政经济史编写组等编：《抗日战争时期晋察冀边区财政经济史资料选编》第 2 编，第 261 页。

林；有计划地在沿河地带建立保安林，以巩固堤防；提倡农民和合作社发展小型苗圃。① 1939 年 8 月 30 日边区行政委员会公布了救治水灾的具体办法，其中一条即为"广造森林防止水患"。②

随着《晋察冀边区保护公私林木办法》《晋察冀边区禁山造林办法》等环境保护法律、法规的颁布，边区植树造林的规模也日益扩大。1943年，张帆总结了边区 1939—1943 年间农林建设的成绩，其中林业建设分为四个阶段：

第一阶段（1939 年），提出了"一人一树"的口号。这一口号获得了边区广大人民的拥护与执行，造成了植树的热潮。但因当时无苗圃和育苗的准备工作，只能普遍采用杨柳插枝的植树办法，有的在河床里用小叶杨造单纯林，有的在山涧或堤岸上造小叶杨与柳树之混交林，各地民众一般注意了建立团体林。总计这一时期，平山、阜平、灵丘、易县、唐县等地实现植树 465 万株，一般成活率为 70%。

图 4-2　河北唐县八路军植树（1939 年 5 月）

说明：图片源自王雁主编《沙飞摄影全集》，第 178 页。

第二阶段（1940 年），广泛开展植树造林革命竞赛运动，各县均提出

---

① 魏宏运主编：《晋察冀抗日根据地财政经济史稿》，第 111 页。
② 《晋察冀边区行政委员会关于救灾治水安定民生的具体办法》（1939 年 8 月 30 日），晋察冀边区财政经济史编写组等编：《抗日战争时期晋察冀边区财政经济史资料选编》第 2 编，第 675 页。

具体要求，着手建立小规模的苗圃，培养苗木，并开始计划禁山造林。总计在这一阶段，唐县、阜平、平山等县实现植树 1386 万株。一般成活率均在 75% 以上。平山、曲阳、唐县、完县等地禁山播种造林 3.5456 万亩。

第三阶段（1941 年），整理天然林，发动群众采集当地树种，实行大规模的禁山播种造林。平山等 14 个县播种造林 15 万亩，北岳区 30 个县植树 1700 万株，曲阳等共 14 个县新设苗圃 6000 亩。此外，边区还实行了"二十年造林计划"，在山岳地带每村每年要完成宜林山地二十分之一的造林面积，以松、柏、栎、桦木、山榆、山杨等为主要造林树种，边区各农场附设苗圃，着手培养生产树苗木；建立边区第一林场，划出造林面积 20 万亩，预计 5 年完成。

第四阶段（1942 年），着重宣传推广，提高人民对造林与护林的认识，调查研究北岳区林况等，禁山造林、苗圃育苗等工作取得的成绩更大。①

抗战胜利以后，植树造林仍是边区政府开展环境治理工作的主要举措。1946 年 1 月，宋劭文在边区财经会议上对本年大生产运动的方针加以报告："有荒山、沙滩、河堤、河畔的地方，要组织群众造林，对现有森林要特别加以保护，并奖励群众栽培果木树及各种林木。"② 当年，边区 29 个县共植树 642.2 万株，划禁山地块 2420 个，共 12.6255 万亩，划护滩林地块 71 个，共 216 亩。1947 年，边区政府又组织群众合作造防风母树林，受到群众热烈欢迎。③ 1948 年，仅北岳区、冀中区就造林 457.5 万亩。

二、晋绥

晋绥边区"有著名大森林，如方山关帝山，宁武管涔山，交城、静乐、岢岚等地都有大片森林。但沿河兴、临、河、保、偏各县内多数地

---

① 张帆：《晋察冀边区的农林建设》，《晋察冀日报》1943 年 1 月 17 日，第 4 版。

② 《宋劭文在边区财经会议上关于晋察冀边区 1946 年经济工作的方针任务的报告》，华北解放区财政经济史资料选编编辑组等编：《华北解放区财政经济史资料选编》第 1 辑，第 11 页。

③ 张苏：《晋察冀边区农林处关于试验推广工作检讨与今后方针》，《华北解放区财政经济史资料选编》第 1 辑，第 839~840 页。

方，童山濯濯，燃料木材都很缺乏"①。由于前期生产建设运动的蓬勃展开，军民大面积开垦荒地及不加节制、不分节令地砍树烧柴的现象日益严重，各地林木日益匮乏。为此，边区政府积极提倡造林、护林。

（一）植树造林运动的开展与规模

1940 年，边区行署于 4 月 5 日通令各县扩大植树造林规模，每人植树一株，并要求各地保护旧有及新植林木，严禁砍伐或损坏。为此，边区《新西北报》发表了社论——《建设新西北要大造林》号召广大军民深入开展植树造林活动。②边区自然条件恶劣，植树难度大，为此，边区《晋西大众报》《抗战日报》等报刊还多次刊登《栽树的方法》《怎样植树》等科普文章，向群众介绍科学植树的方法，以提高群众的植树水平和成活率。③

1944 年 3 月 2 日，边区行署发出清明节推动植树造林的指示，要求各地应抓紧时间，根据实际情况，详细布置，在春分前后把准备工作做好，于清明节推动植树造林运动，并确实保证完成任务。在布置时，应注意下列各点：（1）有生产树的地区（如沿河一带的枣树，河曲、保德的果树）应多种生产树。在其他地区，渠堰、地堰、大路旁应多压桑条、柳条和栽植水桐、柳树；山岔沟渠，应多栽杨柳树。（2）荒地较多，气候变化较大及不能开垦的山地，可发动集体造林，或直接播种造林。（3）树栽、树苗应根据各地具体情况，以区或行政村为单位发动百姓互相调剂。机关团体的树苗、树栽，由当地政府调济。如需款时，可由建设费项下开支，如当地树栽树苗不敷栽用时，可发动压桑柳条，或直接播种造林。（4）植树数目应按各地具体条件规定，在原则上，尽可能每一群众劳动力与机关工作

---

① 晋绥地区行政公署：《晋西北三年来的生产建设》（1943 年），《晋绥边区财政经济史资料选编·总论编》，第 492 页。

② 吉喆、张友：《晋西北人民的喉舌——〈新西北报〉》，中国人民政治协商会议山西省委员会文史资料研究委员会编：《山西文史资料》第 21 辑，太原：山西人民出版社，1982 年，第 129 页。

③ 倪根金：《中国革命根据地植树造林述论》，《古今农业》1995 年第 3 期。

人员应植活一棵树，并在检查春耕时检查成活树数。（5）栽树后，在植树造林地区，应禁止放牧牲畜，避免损坏树苗。（6）在栽植时，应聘请当地富有经验的老农，研究植树的经验和技术。为提高植树成活率，指示后还附录《植树法简易说明》。[①]

在全面抗战期间，经过历年的推动，晋绥边区植树造林工作取得了一些成绩，但由于战争环境，"成绩并不大"。为此，1946年3月14日，晋绥边区行政公署、抗联发布"关于植树护林指示"，指出植树护林是"长期建设必要的一件工作"，希望各地按当地的具体条件，布置推动。具体来说，要注意以下几个问题：（1）要克服"种谷一年，种树十年"以为种树效果迟的偏见。边区政府认为只要在植树时用几个劳动力，利用地畔、渠埂、山坡、荒地，种几棵树，几年后就有取之不尽的利益。（2）要按当地条件，具体布置。各地以县为单位，提出植树数字；树种的选择要根据土地的类型（如好地坏地、沙地荒地、路旁、地畔等）和调剂气候保护土地的原则，具体去布置。（3）造林要及早准备。树秧要及早准备，地址要及早勘定。[②]

解放战争后期，边区形势越来越好，边区行署积极发动群众在清明节植树造林。1949年1月，边区生产会议强调保护树木森林，并积极有计划地领导植树造林工作，争取当年做到每人栽活一棵树；树秧困难的地区，做到三人栽活一棵树。3月11日，边区行署发出植树造林指示，强调行署此前的生产会议已提出"每人植活一棵树"的号召，在清明将至之际，应立即动员群众大量植树和栽培果树。行署强调，首先要加强植树领导，通过代表会及农、青、妇各团体，向群众深入宣传，使群众切实认识到植树对农民农业生产的好处，从思想上接受这一工作。其次，机关单位也要植树，要依据条件每人植活一棵树，或三人植活一棵树，做到慎栽勤培，给

① 《晋绥边区行政公署关于清明节推动植树造林的指示》（1944年3月3日），晋绥边区财政经济史编写组等编：《晋绥边区财政经济史资料选编·农业编》，第189~190页。

② 《晋绥边区行政公署抗联关于植树护林的指示》（1946年3月14日），晋绥边区财政经济史编写组等编：《晋绥边区财政经济史资料选编·农业编》，第526~527页。

群众起带领作用。再次，要准备好树苗树籽。每个行政村由政府委员会负责，有计划地发动群众准备各种树苗、树籽。最后，要确立好林地，注重栽树方法。未分地而又不能耕种的河滩、沟渠、死泥湾、水渠两岸、公路两旁、地塄地畔等，谁种归谁。较大荒坡和曾经造林后又荒废的林区，有重点地组织群众自愿集体种植。①

经过半年努力，边区植树造林工作颇有成效，虽然有些县未完成行署植树计划，但都比往年增加很多，群众情绪普遍高涨。各县植树情况，见表4-2。

表4-2　晋西北地区植树统计

项目 县别	人口	县原计划数 （株）	实栽树 （株）	实栽人口 %	计划、实栽比较	
					增	减
兴　县	111423	120000	75888	68.1		44112
岚　县	63031	30000	49299	78.2	19299	
保　德	55767		31507	56.5		
偏　关	50257		50447	100.4		
五　寨	50207	31000	23494	46.8		7506
神　池	52758		57304	108.6		
临　县	273443	254000	190000	69.5		64000
离　石	159567	80000	43042	27.0		36958
中　阳	97203	47667	59996	61.7	12329	
方　山	40863		34631	84.7		
怀　仁	98439		45918	46.6		
右　玉	60994		103350	169.4		
静　乐	118482		77901	65.7		
河　曲	77798		27031	34.7		

---

① 温贵常编著：《山西林业史料》，北京：中国林业出版社，1988年，第444～445页。

（续表）

县别＼项目	人口	县原计划数（株）	实栽树（株）	实栽人口％	计划、实栽比较 增	计划、实栽比较 减
岢　岚	47773		31000	64.9		
山　阴	85012		3330			
左　云	75807		112897	148.9		
平　鲁	43013		23920			
朔　县	166922		83697	50.1		
崞　县	235057		70000	29.8		
代　县	125176		20933	16.7		
宁　武	74421		3000	4.0		
合　计	2163413		1218585	56.3		

说明：本表源自温贵常编著《山西林业史料》，第456页。原书数据有误，故此处有修订。

（二）森林管理机构的建立与森林保护立法

在发动植树造林运动的过程中，晋绥边区也通过建立适合边区"地情"的林业管理机构，以进一步加强对既有林地的保护、管理、贸易、采伐等工作的领导，这样不至于造成一面造林、一面无序毁林的局面，从而间接配合了植树造林运动的开展。

全面抗战初期，晋绥边区就把林业工作列为农业生产项目之一，统属于各级政权机构之中。行署设建设处，专署、县政府设建设科，区公所设建设助理员，村公所设建设委员会，负责领导农业、林业、畜牧等生产及有关技术的行政领导工作。1941年，边区行政公署设立林业管理委员会①，下设吕梁山、方山、管涔山林业管理委员会（分会），在林区县设有林业

---

① 熊大桐等编著：《中国近代林业史》，北京：中国林业出版社，1989年，第151页。

管理所、护林委员会、护林分卡等单位。具体组织机构见图 4-3。

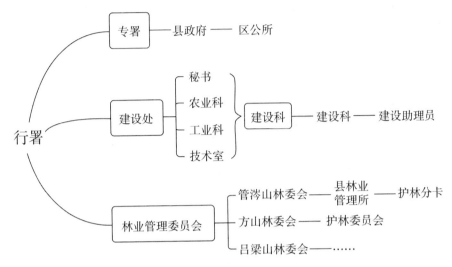

图 4-3　晋绥边区林业机构示意图（1941 年）

说明：图片源自山西省地方志编纂委员会编《山西通志》第 9 卷《林业志》，第 158 页。

此后，一些林区县也成立过林木管理委员会，如 1946 年 4 月成立的宁武县林木管理委员会，由委员 5 人至 7 人组成。县建设科长任主任委员，负责召开会议，制定工作计划，政府建设科和贸易局干部为委员。林木管理委员会规定无论公私山林的砍伐、出售等，均需征得批准、审核。以入山砍伐为例，砍伐前要将砍伐计划向当地林木管理委员会呈报，经管理委员会审核批准，并派人协同入山划界后，始可砍伐。[①] 1948 年 8 月 25 日，晋绥边区第九专署为发展与保护森林，将区内所有大森林收归政府管理后，成立森林管理委员会，以专门发展与保护森林，防止乱砍乱伐。森林管理委员会的主要工作方针是利用与保护结合，一方面发动山地居民开展挖药材、采山珍、编山货等副业生产以增加收入，另一方面严格执行砍伐

① 温贵常编著：《山西林业史料》，第 403~404 页。

制度与手续，组织群众成立森林爱护组，防止乱砍、烧山，任何经上级批准砍伐机关单位，入山时须将批准信交森林管理委员会，由其发给执照后方可入山，否则以盗窃论。[①] 在森林资源比较丰富的行政村，为防止群众乱砍、乱烧山林，经行政村代表会讨论后制定行政村护林办法。如代县七区第四行政村代表会曾经过讨论，决定有山林的村庄选护林委员一人，负责山林管理，如发现偷砍林木者给予处分，砍下的木料归护林委员，以作鼓励。[②]

解放战争后期，晋西北行政公署为了加强林业工作，对各县林业管理部门实行统一命名。1949 年 5 月，雁南专署通知强调："查各县为保护与发展山林，所设的机关，名称多不统一，根据本署所颁发的《保护与发展林木林业暂行条例草案》第五条的规定，须统称某县林业管理所。拣选相当区级干部一人任主任，专管林业工作。以加强管理、保护森林、扩大造林、严查乱砍、有计划的砍伐使用木材为主。为使该所干部专业化，除本身业务外，不搞其他工作，亦无生产任务。县林业管理所暂按干部杂员五至七人编制，其待遇完全按一般机关干杂标准，由该县府统一供给。至山林中一切收入，应作为解上款，不得任意动用。"[③]

在立法保护上，晋绥边区于 1942 年 3 月颁布了《晋西北行署保护树木暂行办法》。该办法共五条，一是各地树木由村公所负责管理保护，无正当手续不得随便砍伐。二是砍伐公共林木须经行署批准，私人树木要向村公所声明登记，以防冒砍。若只为烧火，只能砍旁枝枯枝，不得砍伐树干。三是偷树及牲口咬他人之树，均需赔偿。四是军政民砍树烧火，或骡马咬坏树木，均需给人赔偿。发生偷树、咬树案件，村公所要负责追究。五是新栽树苗不准摇拔，村公所要督促树主保护冬季树木，防止冻死。[④]

---

①　《晋绥九专署对发展与保护森林的指示》（1948 年 8 月 25 日），温贵常编著：《山西林业史料》，第 406~407 页。

②　《代县七区四行政村护林办法》，《晋绥日报》1948 年 6 月 11 日，第 2 版。

③　温贵常编著：《山西林业史料》，第 453 页。

④　《晋西北行署保护树木暂行办法》，《晋西大众报》1942 年 3 月 8 日，温贵常编著：《山西林业史料》，第 398 页。

　　解放战争以来，随着解放区日渐扩大，城乡各项建设对木材的需求加大。依照《中国土地法大纲》，边区将辖区大森林收归政府管理，为继续发展与保护森林，边区政府及各地加强了对林木的管理与保护。第九专署于 1948 年 8 月 25 日发布了《对发展与保护森林的指示》，该指示要求成立森林管理委员会，其任务与职责的主要方面是加强对森林的管理与保护，发动山地居民协助其保护森林，并成立森林爱护组，以及制定严格的林木砍伐制度与手续。[①] 1949 年 4 月 30 日，边区行署制定了《保护与发展林木林业暂行条例（草案）》。该条例分为总则、林权与管理、保护、砍伐办法、奖励与罚则等五章。草案对林木保护明显加强，规定公私林权一律受法律保护，他人不得侵犯；新栽树木，军民人等均有保护之责；林地严禁开荒，孤木、独树可望发展成林者，也严禁砍伐；绝对禁止在林内及附近放野火；禁止在林区放牧；已开林地已荒芜者让其还林，靠近森林易于造林的土地停止耕种等。[②] 中华人民共和国成立之前，晋绥边区再次发布造林护林办法，该办法首先指出要充实与健全护林机构。各地如已建立护林机构，必须加强领导，林木工作要专业化。未建立者必须尽快建立，在有森林的行政村设立护林委员会，自然村则设护林小组。该办法尤其指出今后要形成每年春、秋二季造林制度。[③]

三、晋冀鲁豫

　　自 1937 年以来，在战争损毁、民众滥垦山林、日军大肆掠夺等背景下，晋冀鲁豫边区的林木资源也逐年减少，有的地方甚至几尽枯竭。于是，植树造林运动在边区也得到了大力推动。

---

　　① 《晋绥九专署对发展与保护森林的指示》（1948 年 8 月 25 日），温贵常编著：《山西林业史料》，第 406~408 页。

　　② 《晋西北行署保护与发展林木林业暂行条例（草案）》（1949 年 4 月 30 日），温贵常编著：《山西林业史料》，第 413~415 页。

　　③ 《晋西北行署造林护林办法》（1949 年 9 月 9 日），温贵常编著：《山西林业史料》，第 419~420 页。

（一）植树造林的组织与实施

早在 1940 年 4 月，冀南行署便已发布关于植树造林的布告，号召当地群众开展"一人栽一树"运动。[①] 7 月 1 日，太行区三专署召开太北财经扩大会议，李一清作了《从太北财政经济建设中巩固太北抗日根据地》的报告，其中第三部分——农业政策内指出"要注意植树造林，蓄积水量，垦荒不要砍伐山坡野树……普遍造林"。[②] 9 月，晋东南农救会在《关于目前任务的决定》第二项发展农业生产内有"造林植树"，指出"各县要有计划的造林，山坡、河沟必须普遍植树，山货、果木等都要有计划的培植"。[③] 1941 年，晋冀鲁豫边区冀南太行太岳行政联合办事处主任杨秀峰，在太岳区县长会议的报告中指出："要种树造林，必须做到每人每年栽一棵树，各县要建立苗圃。山地集体造林，由公家组织群众进行，还要发布保护林木法律。"[④] 1943 年，晋冀鲁豫边区政府向各直属局、专署、干校、联合中学发出《掀起植树运动》的指示，指示希望各级政府机关对植树工作及早准备，"筹备树苗，勘查植地，组织群众干部，掀起植树运动"；指示还要求"各级干部及高小以上学生，每人植树二株，群众每二人植树一株"。[⑤] 该指示进一步扩大了动员群众的目标范围，更将植树运动推广到边区每个民众身上，干部以身作则投入植树运动之中，而青年学生作为边区未来发展的建设者，将植树造林这一运动贯彻于行。1946 年 3 月 17 日，晋冀鲁豫边区政府号召全区人民植树造林，边区政府指出，全面抗战半年间，边区林木遭受极大损害，此前虽经政府一再号召植树造林，但由于敌伪摧毁，及对人民切身利益不很急切，所以对植树造林情绪不高，以致成绩不大。为此，在清明节即将到来之际，特号召全区人民、机关、部队、

① 太行革命根据地史编委会：《财政经济建设》，太原：山西人民出版社，1987 年，第 46 页。

② 温贵常编著：《山西林业史料》，第 105 页。

③ 温贵常编著：《山西林业史料》，第 497 页。

④ 温贵常编著：《山西林业史料》，第 555 页。

⑤ 温贵常编著：《山西林业史料》，第 498 页。

学校人员广泛开展植树造林运动。① 下面以太岳、太行区为例来看植树造林运动的具体实施。

在太岳区，山地颇多。自抗战以来，由于战争损毁以及山林开垦等一系列破坏影响，山岳地带的森林资源损失惨重。1943 年，太岳行署发出关于植树造林的指示，号召群众植树造林，保护山林，"每人植活两棵树"。② 1948 年 10 月，太岳行署把发展林业作为一项重要任务提了出来，颁布《太岳林区森林工作计划草案》，该草案介绍了我国森林基本情况与森林建设方针，提出了具体发展木材树、生产树数量的步骤，广泛发动群众和学校造林植树、培养苗圃。③ 同年 11 月，又发布《太岳区护林植树计划意见》，该意见对目前植树护林中存在的问题逐一提出，另外对今后的植树造林计划进行了大致规划：规定保护树林禁令，加大政府对山林的保护，帮助群众解决植树困难，发动群众修理树枝，规定林权。④ 此次计划意见中关于林权管理问题的提出，有效缓和了民众在林木利益上的纠纷。1949年 2 月 20 日，太岳行署农业处提出《太岳区造林植树森林建设计划草案》，该草案的具体内容包含了：一、组织群众利用荒滩或地边造林植树，增植保安林，并动员群众为死难烈士培植烈士林，发动群众修山植树造风景林；二、培植生产树，要求平均每四户至少栽活一棵生产树；三、培植洋槐、杨、柳、榆、槐等木材树，组织群众每户栽活一棵，机关、团体、学校每二三人至少栽活一株木材树；四、建立县、村苗圃；五、试行荒山、荒滩播种造林；六、采集树籽。⑤ 至 6 月 5 日，全区春季植树计划已大部完成，据一专区沁源、沁县、安泽、屯留、长子、霍县，二专区浮山、沁水、翼城，三专区晋城、济源、孟县、阳城等 13 个县，350 个行政

---

　① 温贵常编著：《山西林业史料》，第 501 页。

　② 中共山西省委党史研究室等编：《太岳革命根据地财经史料选编》，山西：山西经济出版社，1990 年，第 343 页。

　③ 中共山西省委党史研究室等编：《太岳革命根据地财经史料选编》，第 441~442 页。

　④ 中共山西省委党史研究室等编：《太岳革命根据地财经史料选编》，第 443 页。

　⑤ 中共山西省委党史研究室等编：《太岳革命根据地财经史料选编》，第 444~445 页。

村的统计，共栽树约 29 万株。①

太行行署也多次指示各专区、县开展植树造林运动。1946 年，太行行署主任发出《关于造林植树》的命令，"号召群众利用河冲水坝的沙滩、河边地角，过去的禁山、荒山、草坡，大量植树造林，并决定今年植树奋斗目标，保证每人植活一到二株"。② 同时"决定全区拨出植树奖金二十万元，根据检查情况进行奖励"。③ 命令指出以检查情况作为进行奖金奖励的前提，一定程度上改善了民众对护林工作不够重视的不良现象，极大地保障了植树运动的有效性。1947 年，太行二专农林局技术训练班学员看到行署植树号召后，便根据各地情况分别研究出植树计划，提出诸如"吃山养山"的爱林口号；大造"防洪林"；建造造林示范区；发动机关、学校、合作社造"基金林""建设林"。在植树办法上要求"清明前把树秧准备妥当，机关团体学校每人植树一株到二株；受训各学员每人种三株并动员本村家家种树；组织植树造林委员会，恢复禁山制定护林公约，提出爱林口号"④。由于 1947 年太行区在造林工作方面已经取得了相当大的成就，于是在 1948 年太行行署又制定出新的植树造林计划，太行行署根据去年群众要求植树造林情况，提出今年计划：除了一般号召大量植树造林，并具体规定"一专由邢台农林局负责，以沙河邢台为重点，要求沙河沿岸再植三十万株……大举造林经费，由行署核发"⑤。该规定指出各专区、县的植树数量目标及造林方式，并对苗圃的恢复、设立及管理做出新的计划等内容。

就造林规模来说，1946 年太行区 12 个县共植树 203 万多株，3 个县恢复禁山 714 座，7 个县建立苗圃 395 处。1947 年，据 15 个县市的不完全统

---

① 《坚决保树护林全区今春植树计划完成》，《太岳日报》1949 年 6 月 5 日，第 2 版。
② 温贵常编著：《山西林业史料》，第 498 页。
③ 温贵常编著：《山西林业史料》，第 499 页。
④ 《太行二专署农林局订出植树造林计划》，《人民日报》1947 年 3 月 14 日，第 2 版。
⑤ 《太行去年植树百万株各区定出植树造林计划》，《人民日报》1948 年 3 月 14 日，第 2 版。

计，共植树 150 余万株，每人平均 5 株以上。1948 年春季植树造林运动自
3 月初开始至 5 月底结束，太行行署合作处认为经过重点推动和普遍号召
结合的方式，全区植树造林取得了超过以往任何一年的巨大成绩。根据邢
台等 12 个县市，及潞城、赞皇等 10 个县 630 个村，和邯长公路两旁、沁
河两岸等的统计：共栽木材树 227.6 万多株，栽果木树 56.5 万多株。总计
今春植树 284.2 万多株。此外，各地恢复和建立了禁山、禁林。和顺全县
松山总面积在 15 万亩左右，由县直接领导，建立了近万亩的管理制度。襄
垣、武乡恢复禁山约 1676 亩。涉县 150 处山林，已建立了管理制度。长治
荫城一带，长约 15 里面积之山林，及陵川西沟的西山林区和人造松柏，均
恢复了护林管理。①

　　1949 年春，全区再次开展了群众性植树运动。至 5 月 26 日，据不完
全统计，4 个专区（除第 4 专署）27 个县、3940 个村，共植树 401.9404
万株。其中，一专区 7 个县、862 个村，共植树 88.1172 万株。内丘县新
修剪小枣树 19.7673 万株。邢台、赞皇、沙河三县造山林 4.71 万亩。元
氏、高邑等 5 个县共建立新旧苗圃 3.3684 万亩。二专区 6 个县、912 个
村，共植树 92.2784 万株，其中生产树 23.9189 万株，木料树 68.3595 万
株。三专区 6 个县、564 个村，共植树 48.434 万株，其中生产树 11.8116
万株，木料树 36.6224 万株。平顺、长治两县新建苗圃 13 亩。五专区 8 个
县、1602 个村，共植树 173.1208 万株。②

　　（二）林业管理机构的建立与立法保护

　　在林业管理问题上，边区下辖各行署设立了许多林业管理机构。以太
行区为例，太行区各级政府机构中，从上而下都设有主管林业的行政部
门，边区曾先设农林局，后设建设厅，行署有建设处，专署有农林局。③
又以太岳区为例，1942 年初，岳北专署在沁源县怀布峪成立太岳林区，派

---

① 《太行造林成绩大今春植树二百八十多万株》，《人民日报》1948 年 9 月 13 日，第 2 版。
② 太行革命根据地史编委会：《财政经济建设》，第 1292 页。
③ 山西省地方志编纂委员会编：《山西通志》第 9 卷《林业志》，第 159 页。

张峰为主任，下设会计及林警共 6 人，为加强林业工作，又派杨瑞祥为副主任。① 后太岳行署行政会议决定，原岳北之林区撤销，成立太岳霍山林牧局，专门领导管理沁源、安泽、霍县、灵石之森林与畜牧事业；健全中条林区，专门领导关于沁水、阳城、翼城、绛县、垣曲之公私山森林；行、专、县、区增设林牧科，或林牧科员，林牧助理员；林牧区之行政，根据需要，设立林牧委员会或林牧委员；在主要林、牧县，设立林牧保护管理委员会，协助政府解决森林、畜牧保护管理问题。②

为解决边区管理上的混乱，促进边区植树造林运动更有保障地推进，使植树造林得到法律上的保障，边区政府制定并颁布了一系列与保护林木、奖励植树有关的法规条例。

1941 年 10 月，晋冀鲁豫边区公布实施《晋冀鲁豫边区林木保护法》（17 条）。该法规中关于森林保护的规定包括：公有林、封山村林等区域内，非经政府准许，不得毁林开荒，只许造林；对林木的管理上，只许修剪枝条，禁止林木砍伐；对林地间生长的柴草，只准民众定期刈割，禁止畜牧；为固结土壤以防水患之山间野生灌木，一律不得掘采其根株。③ 这些内容对森林开采方面做出了严格且具体的规定，使边区森林资源得到进一步保护。

1944 年 9 月 16 日，太岳行署通令颁布《太岳林区保护森林暂行办法》④，本办法对林区的经营管理进行了详细解释，并规定了有关处罚条例。1947 年 4 月，太行行署向各专员、市县长下达了《奖励纺织植树造林办法》，办法中指出为保证自卫战争的胜利而开展的大生产运动，特确立各种奖励办法："兹特先对纺织、植树造林、土染料、兽医四项工作，拨发奖金一百万元……植树造林奖金款四万元。"⑤ 边区政府通过奖励植树造

① 山西省地方志编纂委员会编：《山西通志》第 9 卷《林业志》，第 159 页。
② 中共山西省委党史研究室等编：《太岳革命根据地财经史料选编》，第 445 页。
③ 张希坡：《革命根据地的经济立法》，第 117~119 页。
④ 中共山西省委党史研究室等编：《太岳革命根据地财经史料选编》，第 352 页。
⑤ 温贵常编著：《山西林业史料》，第 505 页。

林行动的方式，在一定意义上刺激了人民群众植树造林的积极性，有助于边区植树造林事业的进一步发展。在地方上，如太行第三专员公署亦颁发保护树林罚则，对树林的毁坏赔偿方面做出相应的规定。又如和顺县政府鉴于以往植树造林过程中缺乏后续护林工作方面的内容，遂颁发《和顺县保护林木暂行办法》，对林木保护工作做出了重要指示。由此可见，在扩大造林运动的基础上，政府重视护林工作是保证植树造林运动得以有效进行的重要保障。

1948 年，边区政府制定了《晋冀鲁豫边区林木保护培植办法》①，并于 1948 年 3 月 14 日在《人民日报》上登载，即日起实施。1941 年颁布的《晋冀鲁豫边区林木保护法》于同日作废。边区政府明确划分林木所有权以及相关管理办法，同时规定了植树有功的奖励办法，"以奖促劳"成为动员民众的重要方式。这些有关植树造林和保护林木法规条例的制定，一方面意在以法律规范的形式保障林业的开采与保护工作有序进行，另一方面是以奖励的方式调动各地民众造林护林的积极性。

（三）积极建立苗圃

植树运动得以顺利展开，也离不开以树秧供应充足为前提，优选、优育充足的树秧成为造林运动大规模开展的迫切需求。在植树造林过程中，边区政府号召各地自己培养苗圃，做到每百户以上的自然村均有一个 5 分到 1 亩的苗圃，每个行政区建立一个松柏树苗圃，还发动互助组办苗圃，使植树造林事业迅速发展起来。②

为此，为改进农业技术、缓解树秧缺乏的压力及打下植树造林运动的基础，各地广泛动员号召建立苗圃，进行树秧培育。冀南五专署为发动群众性的植树运动与普遍保护树林行动，指示各县："第一，号召群众今年在坑边、下洼、井旁等地开辟小苗圃，造成培植树苗的群众运动，克服过

---

① 中共山西省委党史研究室等编：《太岳革命根据地财经史料选编》，第 363 页。
② 赵秀山主编，星光等撰稿：《抗日战争时期晋冀鲁豫边区财政经济史》，北京：中国财政经济出版社，1995 年，第 249 页。

去年年没有树苗种的教训。目前各家要作出具体的培植计划，按期培植；第二，立即宣传与订立保护树林公约，使群众敢于培植树苗，准备大量植树，同时给群众准备各种树苗的种子和秧子；第三，动员学生经常给烈士墓旁的树木浇水；第四，各级政府要在驻地亲自下手培植小苗圃，给群众示范。"①

在太行区，为建立长期植树造林基础，解决植树造林中的树秧困难，数年来各地建立了大量苗圃。据报载，"长治农林局的关村苗圃，供给黎城、潞城、平顺、壶关、长治等各县及邯长公路的各种树秧即达四万六千八百五十余株。邢台农林局的康庄苗圃，供给群众只柏树秧即数万株，平顺大梁南、峻北、甘泉三村的苗圃供树秧一万一千八百九十五株，占该三村全部树秧来源百分之四十八点九。潞城劳动英雄刘巨宝的私人苗圃供给群众植秧两千多株，此外各地并大量的发现与利用天然苗圃，如沙河滩林区，二十六个村，即有九个村发现一千七百四十余亩天然铺场苗秧，高达一尺半至五尺。……大量苗圃的发现、建立与修整，对今后植树造林打下了有利的基础"②。1948 年，冀南行署又颁发了《植树育苗收存树籽计划》。③ 该计划的内容大致有两个部分，一部分是对当地政府的要求：调查沙荒面积，计算河堤公路长度所需树苗总数，并研究适宜土质的树种；植树款项供应问题的处理，报行署核算；对各县苗圃进行负责；及时采纳群众的植树育苗经验。另一部分是对群众的号召：发动群众看护树木，严禁砍伐；提倡群众播种碱地并改良碱地；号召群众积存树籽等。

总之，自全面抗战以来，为改善农业生产的外部生态环境，中国共产党领导各地民众通过大力提倡造林护林，建立林业管理机构，制定造林、护林法规条例，长期而持续性地大力开展植树造林运动。

① 《五专署指示各县号召各地培植树苗》，《冀南日报》1947 年 4 月 24 日，第 2 版。
② 《太行造林成绩大今春植树二百八十多万株》，《人民日报》1948 年 9 月 13 日，第 2 版。
③ 《冀南行署颁发下半年植树育苗收存树籽计划》，《冀南日报》1948 年 7 月 29 日，第 2 版。

第三节　植树造林的现实困境、思想转变与政策调整

应当指出，植树和造林是两个不同的问题，植树不能等同于造林，只有保障植树后的成活率，才有造林的可能。整体来说，华北各根据地植树造林运动中人力、财力、物力等各方面的投入均表现突出，且植树造林政策也能保持可持续性。不过，各地植树造林的实际表现差异较大，总体来说面临着较大的困境。为此，中国共产党在困境中反思、调适，形成了植树造林的长期建设思想，在其指导下植树造林的政策也做出调整。

一、植树造林的现实困境与反思

（一）植树造林的现实困境

1937—1949 年，中国共产党在华北地区领导的植树造林运动主要面临两大困境：一方面，植树造林在地域上表现出差异性，一些地方干部对植树造林工作不够重视，群众则不仅应付了事，甚至还不敢植树；另一方面，也是最主要的问题——植树不护林，植树成活率低。

对此，各级政府并不避讳。1946 年 3 月 14 日，晋绥边区行署、抗联联合发布的植树造林指示就说："几年来我们在植树上是做了一些工作，也得到了一些成绩。但由于战争环境，过去对这个工作重视非常不够，所以成绩并不大。"① 1949 年 3 月 11 日，边区行署发布植树造林指示仍明确指出，植树造林要向群众深入宣传，"使群众切实认识到植树对农民对农业生产的好处，从思想上接受了这一工作，把植树变成群众自己的事情，才能自愿大量种植，而不致蹈历年栽植多而成活少的覆辙"。② 晋察冀边区

---

① 山西省档案馆编：《晋绥边区财政经济史资料选编·农业编》，第 526~527 页。
② 《晋西北行政公署发出植树造林指示》（1949 年 3 月 11 日），温贵常编著：《山西林业史料》，第 444 页。

在全面抗战期间"栽树的数目很大，但是成绩很小，原因是只顾栽不管活"①，"只见植树，培植成活差"。② 边区农林处领导也承认在 1948 年前的植树造林有"组织差，保护差，栽的多，活的少"的问题。③ 太行区壶关县东赵村 1946—1947 年"一共栽了 1400 多棵，只活了 17 棵"。④ 1949年 9 月 15 日，《人民日报》再次刊文指出，在华北地区虽然民主政府以前"年年都在号召群众和教育群众大量地植树造林，可是因为受到战争的影响，只收到部分的成绩"⑤。总之，"植树不成林"成为中国共产党在华北领导植树造林工作的最大困境，由于各地所植树木成活率低，植树造林的生态效益总体来说在短期内一度不能显现。

（二）中国共产党的反思

植树造林作为环境治理的关键举措，在实际落实过程中为什么各地出现了"反治理"的情形？是什么原因导致植树造林运动"高投入、低产出"？

客观来说，植树季节、树种选择和栽植方式等都会影响各地植树成活率。如由表 4-3 来看，通过计算，灵丘县春季植树的成活率约为 50.0%，雨季植树成活率约为 80.0%；广灵县春季植树的成活率约为 74.4%，雨季植树成活率约为 82.1%。可见，选择适宜树种生长的时机种树也是保证树种成活的关键因素。另外，广灵县春季栽植造林成活率约为 74.4%，播种造林成活率约为 25.5%；浑源县春季栽植造林成活率约为 61.2%，播种造林成活率约为 46.2%。通过比较发现，栽植造林的成活率要高于播种造林方式。可见，植树方式的不同也会影响着树的成活与否。此外，社会环境动荡、造林意愿不高也使得群众产生"重栽树、轻成活"的思想，最终影

---

① 《对今年植树造林的意见》，《晋察冀日报》1945 年 4 月 3 日，第 4 版。

② 《广泛开展植树造林运动》，《晋察冀日报》1945 年 4 月 3 日，第 4 版。

③ 张苏：《晋察冀边区农林处关于试验推广工作检讨与今后方针》（1948 年 3 月 30 日），华北解放区财政经济史资料选编编辑组等编：《华北解放区财政经济史资料选编》第 1 辑，第 840页。

④ 《太行各地植树护林》，《人民日报》1948 年 4 月 2 日，第 1 版。

⑤ 《华北的植树造林运动》，《人民日报》1949 年 9 月 15 日，第 1 版。

响植树造林的成活率。1944 年，日本东亚研究所调查人员的材料可为说明："华北以往所以未能普遍造林，一由于雨量稀少、湿度较小等气候条件未备，及地中含水量少，黄土地带普遍盐性土及碱性土之地面积甚广等土地条件所限制，自不能不认为造林技术上所受困难甚大。但较此更重要之原因，实由于以往社会不安定之故。盖彼时生命财产时濒于危亡，而造林之收获又必经多年，坚守极其困难，以致无法专心造林，此种心理影响于造林事业者最为重大。"①

表 4-3　1949 年北岳区灵丘、广灵、浑源三县造林情况

项目 县别	春　季				雨　季			
	栽　植		播　种		栽　植		播　种	
	株　数	成　活	株　数	成　活	株　数	成　活	株　数	成　活
灵　丘	238307	119153	187316		444916	355938	102630 512.5 亩	
广　灵	206304 压条 252 亩	153556 201 亩	149 亩	38 亩	100251 210.7 亩	82319 97 亩	88 亩	
浑　源	220639	135116	524 亩	242 亩	142898 94.3 亩		362 亩	
合　计	665250 压条 252 亩	407825 201 亩	187316 673 亩		688065 305 亩	438257 97 亩	102630 962.5 亩	

说明：本表自山西省地方志编纂委员会编《山西通志》第 9 卷《林业志》，第 217 页。

在植树造林出现困境的过程中，作为一个高度重视理论自觉和自我反

---

① 日本东亚研究所：《黄河流域气象林业水产调查报告》，《黄河研究资料汇编》第 13 种《黄河调查综合报告书》第 5 篇，中央人民政府水利部 1951 年印制，第 14 页。

省的政党，中国共产党主要从主观上反思党制定的植树造林政策、党员干部的思想认识与组织领导问题，以及在植树造林运动中如何走群众路线的问题，以之作为采取调适举措的政策依据。

首先，植树造林工作最终要落实到广大群众方面，群众观点、群众路线是抗战时期中国共产党系统化的政治文化的关键，而群众路线落实的关键在干部。① 于是，对于植树造林的困境，中国共产党最先反思领导干部自身的问题。一方面，中国共产党认为在植树造林运动中一些领导干部在思想上不够重视，不注重检查督促，植树而不重视所植树木的成活与否，在植树造林工作中领导不力。例如，1948 年晋绥边区二分区召开生产会议，会上对各县植树工作做了检讨，会议代表讨论后一致认为："过去只有布置，没有检查督促，以致年年种树，年年没有多少成绩，因此，首先干部应在思想上重视这一问题。"② 另一方面，认为一些领导干部缺乏植树知识和技术，对于植树能否成活信心不足，加之不能深入群众亲自领导植树活动，最终无法推动植树造林产生实际效益。③ 晋察冀边区农林牧殖局局长陈凤桐也认为，站在各级党政实际工作岗位的干部，应掌握农业生产的科学思想、科学知识，"要使县区党政干部有科学的生产思想和科学的生产知识"，成为能传递科学技术的干部。④

其次，中国共产党认为各地乱砍树、不注重护林工作最终造成群众对植树造林信心不足，进而导致群众不敢植树及加剧毁树、不护林等行为的发生。在植树造林运动期间，植树与砍树、毁树行为实际上是长期并行的。在战争环境下，各根据地党、政、军、民、学等群体在生产、生活过程中的滥伐、垦荒、烧炭、砍柴等均使得各地林木破坏严重，严重打击了群众植树造林的信心和兴趣。1944 年 3 月 30 日，《解放日报》明确指出：

---

① 黄道炫：《垂直和扁平：战时中共的政治构造》，《民国档案》2021 年第 2 期。

② 《二分区生产会议讨论兴修水利植树造林》，《晋绥日报》1948 年 10 月 12 日，第 2 版。

③ 《定兴植树造林主要缺点是没造成广泛的群众运动》，《北岳日报》1948 年 12 月 6 日，第 4 版。

④ 陈凤桐：《加强农业推广普及科学思想》，《自然科学界》创刊号，1942 年 6 月 10 日。

"各地大量砍伐树木，相当降低了群众植树的兴趣，相当妨碍了植树造林的推广。"① 其中，军队是体量巨大的"消费群体"和特殊群体，"完全是集中的"，其在各地的伐林行为群众并不能轻易干涉，从而对群众植树、护林活动造成负面影响。以士敏县②为例，抗战时期该县植树较为困难，一个重要原因是部队解决不了烧柴问题，砍伐树林，造成群众对种树没有信心。③

而群众中的一些人对树木不加保护、破坏林木等行为则更助长了群众不敢植树、不愿植树的心理。于光远曾说："不重视森林保护已成一种恶习，不大张旗鼓地进行宣传，在我国是纠正不过来的。"④ 例如，太岳区共有太岳山脉、太行山脉、中条山脉三大"自然森林山脉"，但群众在"战争中都注意保护不够，开荒、砍柴、火烧、滥伐、牛羊放牧遭踏等破坏甚为严重"。⑤ 抗战期间，太岳区"较大之山林树苗，敌人纵火，牛羊遭踏。王屋山桦树群众劈柴，一半成灰烬。河道两旁，大树大部冲掉，小树早上栽，晚上即被行人拔掉。水患泛滥，阡陌东流，村旁地边，几被砍烧用尽。以致有人毁树，无人栽植，有人无房住，无山易取材"⑥。各类毁树行为实则反映了各地不护林或护林不力的问题，进而造成了植树造林运动中群众不敢植树或不热心植树的根由。护林工作的落实根本上在于深入群众，造成群众性的护林运动，否则植树不能护林就成为常态，从而打击群众植树的信心，以致群众"怕白费劲，多年不敢栽树"⑦。

---

① 《积极提倡植树造林》，《解放日报》1944 年 3 月 30 日，第 1 版。

② 1941 年设立，在山西省沁水县东部。

③ 《士敏县 1944 年生产工作总结》（1945 年 2 月），李长远主编：《太岳革命根据地农业史资料选编》，第 263 页。

④ 于光远：《从讨论保护川西森林说起——给〈光明日报〉编辑部的一封信》，《光明日报》1979 年 8 月 24 日。

⑤ 农业处：《太岳区造林植树森林建设计划草案》（1949 年 2 月 20 日），李长远主编：《太岳革命根据地农业史资料选编》，第 453 页。

⑥ 《太岳区护林植树计划意见》（1948 年 11 月），李长远主编：《太岳革命根据地农业史资料选编》，第 452 页。

⑦ 《定兴植树造林主要缺点是没造成广泛的群众运动》，《北岳日报》1948 年 12 月 6 日，第 4 版。

　　再次，中国共产党认识到地权、林权未解决和不确定是造成群众植树不护林和破坏林木的重要原因。太岳区霍山林区管理委员会主任韩殿元曾指出："在土地所有权未确定以前，群众不但不加保护，反而不断在继续破坏。特别是群众砍柴，损坏幼树严重（私林更严重），群众所砍之烧柴、卖柴，都在十年以上之幼树。"① 群众缺地、无地，"认为地权没有确定，种上树，后来还不知道属谁呢"②，从而不热心植树。在公地和私人土地上植树，林权不明晰也降低群众植树、护树的信心。五台县的事例最为典型——"山坡地权未明确确定，影响造林"。五台山林牧局干部分析指出："旧时习惯某一个山坡为某户所有，四至也有规定。土改中坡田已明确分配，荒山未明确分配。有的土地证上未曾填写，村中仍袭为旧主所有。有的在十亩大的一坡中有二亩耕田，土地证上填的面积是耕地面积，而四至却是全坡的四至；坡主因坡未明确归他所有，自己不愿造林，也不愿旁人造林；旁人怕给坡主造了林，也不愿去造林。"③

　　最后，党和各级政府认为各地大量毁树、植树不护树事例的出现，说明群众只顾眼前利益，缺乏长期眼光，党对造林护林效益的宣传工作不到位。一些群众认为植树造林"当下得不上利，就不种"④；一些群众则说："娃娃们！你们好好植吧！我这一辈子得不上利了。"⑤ 大量毁林不护林行为同样是因群众只顾眼前利益所致。1948 年春，晋绥边区一些解放区土改完成之后，不少地方群众为解决眼前烧柴问题和通过卖柴增加收入，将从地主、富农那里分到的树木不分大小砍柴烧、卖。如代县六区选仁村，在

　　① 《太岳林区森林工作计划草案》（1948 年 10 月 24 日），李长远主编：《太岳革命根据地农业史资料选编》，第 450 页。

　　② 《三分区植树获得很大成绩初步统计已种一百六十余万株》，《北岳日报》1948 年 11 月 28日，第 2 版。

　　③ 《五台三区山地造林》，《人民日报》1949 年 5 月 15 日，第 2 版。

　　④ 《三分区植树获得很大成绩初步统计已种一百六十余万株》，《北岳日报》1948 年 11 月 28日，第 2 版。

　　⑤ 《五台三区山地造林》，《人民日报》1949 年 5 月 15 日，第 2 版。

1948 年 3 月上旬将全村"三分之一的树都砍得烧了柴了"。① 偏关一区楼沟村群众在春季不砍柴，却砍伐大小树当柴烧。② 在太岳区，浮山县川口村的山林经群众斗争后被收归村有，山中大小成材树木很多。但当地设有川口酒店，酒店为了烧酒以三元一斤高价收买柴火。群众认为酒店是公家的，加上山林无专门管理机构，村政权也未予以保护，于是上山砍树卖柴。有的群众"只顾眼前，不看长远的更大的利益，像剃头式的连直径一尺以上的成材大树都给当柴卖。酒店也不从长期建设着眼，越粗、越大、越好"。③ 为此，党认为在植树造林运动中，"必须广泛的宣传，使群众认识造林植树是百年建设大计"④，明了植树造林的效用，方能改善植树造林的实际效果。今日来看，各地群众只顾眼前利益，滥伐林木，从本质上来说是群众生态知识或环境意识缺乏，要改变这种情况必须依靠各级领导干部和林业部门深入群众进行长期、扎实的宣传和领导。

二、长期建设：植树造林运动的思想转变

如上所述，中国共产党在华北各根据地面临生态困境时，坚持植树造林，希望来改善各根据地的生态环境，进而保障农业生产，支持战争。更重要的是，在植树造林面临诸多困境的过程中，中国共产党及时反思，在困境中加以调适，确立了植树造林工作的"长期建设思想"。

（一）长期建设思想形成的渊源

目前来看，"长期建设"这个概念在 1937 年以来的文献中最早是在抗日战争进入相持阶段被提出，较为常见的表达有"长期建设根据地""长期建设的观点""长期建设的思想"等。这一概念的出现是与中国共产党

①　《严禁大批砍树》，《晋绥日报》1948 年 3 月 27 日，第 2 版。
②　《偏关楼沟村农会严禁砍树木》，《晋绥日报》1948 年 6 月 1 日，第 2 版。
③　《太岳行署命令坚决执行保护公私山林条例》（1948 年 8 月 6 日），李长远主编：《太岳革命根据地农业资料选编》，第 160 页。
④　《五台三区山地造林》，《人民日报》1949 年 5 月 15 日，第 2 版。

在不同阶段所处历史环境相关联的——在艰苦的抗战相持阶段产生，又在抗战胜利不久至解放战争时国内环境持续向好的时期成熟。

　　作为"保存与发展自己、消灭和驱逐敌人之目的的战略基地"的抗日根据地①，在 1940 年以后进入极为艰难的时期，做好长期与敌斗争的准备、长期建设根据地，也就成为支持抗战、坚持抗战的必然路径。1940 年 9 月，山东根据地领导人陈明在《山东民主抗日政权工作》中说："今天山东政权工作已到巩固的发展时期，中心在巩固。因此不是大刀阔斧、一打了事之时，而是要精心细致、一点一滴来巩固，巩固的发展，着眼长期的建设根据地的工作。"② 12 月，晋绥边区政府在强调合作社应向生产方面发展时也说，"当此抗战进入更艰苦的阶段，各种困难空前增加的时候，与敌寇进行经济斗争十分重要"，机关合作社要"放大眼光，从长期建设根据地的观点着想，为发展根据地的国民经济与改善人民大众的生活而奋斗，作为生产合作运动中的模范"。③ 1941 年 1 月 15 日，中共中央在总结各根据地取得成绩的同时还指出了一些缺点，第一个便是："对于坚持抗日根据地的长期性，还估计得不够充分……抗战建国是长期的斗争，所以抗日根据地的一切工作，必须从能够长期坚持的观点出发。"④ 因此，抗日战争艰难的时局使得中央认识到过去各方面政策"一般的粗枝大叶的状态"，已经到了"必须为精致细密的实行所代替的时候了"。于是，巩固根据地、建设根据地是应对抗战艰难时局的必然举措。在复杂的敌我斗争环境下，长期坚持、长期建设根据地从中央到地方都高度重视。

　　（二）长期建设思想的内涵

　　根据地建设的核心内容是经济建设，而战时环境下经济建设的重心又

---

　　① 毛泽东：《抗日游击战争的战略问题》（1938 年 5 月），中共中央文献研究室编：《建党以来重要文献选编（1921—1949）》第 15 册，北京：中央文献出版社，2011 年，第 364 页。

　　② 《山东抗日民主政权工作》（1940 年 9 月），常连霆主编：《山东党的革命历史文献选编（1920—1949）》第 3 卷，济南：山东人民出版社，2015 年，第 571~572 页。

　　③ 《合作社应向生产方面发展》，《抗战日报》1940 年 12 月 4 日，第 1 版。

　　④ 《论抗日根据地的各种政策》（1941 年 1 月 15 日），中央档案馆编：《中共中央文件选集》第 13 册，北京：中共中央党校出版社，1991 年，第 475~476 页。

是发展农业。① 农业对于生态环境的响应极为敏感，没有一个良好的外部生态环境，搞好根据地农业生产是不可想象的。中国共产党既然在领导各大根据地农业生产的过程中已经认识到林木缺乏造成的生态危害，植树造林也就成为长期建设根据地的重要举措。通过梳理相关文献可以看出，植树造林运动的"长期建设思想"是指党认为植树造林是长期建设根据地、解放区的一项重要内容，具有重要的生态、经济效益。一方面，植树造林工作不能仅着眼于眼前利益，而是需要长期投入、长期建设，方能收到经济、生态效益；另一方面，必须重视植树造林，使之成为支撑根据地、解放区乃至国家长期建设的重要基础。这一思想具有前瞻性、全局性和宏观性，是 1949 年前中国共产党环境治理思想的重要表征。

自抗战胜利前至解放战争时期，这一思想逐渐丰满而至成熟。在具体实践上，党要求"从现实出发照顾将来，从局部出发照顾全面"，全面的、全局的、长远的和有计划的组织建设，而非局部的、地方性的、只顾眼前利益的建设，符合根据地、解放区乃至国家和人民的长远利益。早在 1943 年，太岳行署在造林植树的指示中开篇即说："从长期建设根据地的观点来看，造林植树是有极大意义的。"② 1944 年，陕甘宁边区政府提出长期建设边区的任务中"每户要植 100 株树"，这是"一个艰巨的长期建设工作"。③ 延安市首先响应号召，其他各县随后逐步推进，"长期建设"。④ 抗战胜利前，晋察冀边区再次号召广泛开展植树造林运动，边区政府认为边区大部分地区是山岳地带，过去不少地区大量开荒，忽视禁山造林工作。"建设山地与建设平原是分不开的"，"山地大量开荒，必然把山

　　① 《中央书记处关于开展春耕运动的指示》（1942 年 2 月 3 日），中央档案馆编：《中共中央文件选集》第 13 册，第 290 页。
　　② 《太岳行署关于造林植树的指示》（1943 年），李长远主编：《太岳革命根据地农业史资料选编》，第 38 页。
　　③ 鲁直：《靖边植树的经验》，《解放日报》1944 年 12 月 1 日，第 4 版。
　　④ 《各县推进长期建设靖边强调植树与发展畜牧鄜县等选择典型乡检查工作》，《解放日报》1944 年 10 月 21 日，第 2 版。

坡冲毁，贻患很大"。植树造林"不仅是防止水患的重要措施，而且可以调节气候雨量，护滩、护堤、防风，大大增加群众收益，并打下建设的基础"。因此，"为长期建设根据地打算，广泛的提倡造林植树也是很重要的事情"。[①] 1945 年 8 月 14 日，在日本即将投降的关键时期，中共中央晋察冀分局代理书记程子华在边区干部会议上所作《当前情况与我们的紧急任务》中再次强调，面对日本投降和中国共产党从农村走向城市这一历史形势，在乡村方面要"确立长期建设方针"，每县、区、村都要订出建设计划——"农业生产、造林、畜牧……"。[②] 因此，长期建设思想的提出是应对艰难的抗战时局而来，并随着抗战形势的发展，一直被视为华北根据地植树造林运动的主要指导思想。

植树造林运动在具体执行的过程，"就是拿人民的长远利益和长期建设思想，来克服落后农民的狭隘经验和保守自私观点的过程"。[③] 解放战争时期，长期建设思想更是导源于"环境相对安定"的历史大环境。这一时期，华北解放区城市与乡村、工业与农业、平原与山地、农民与工人"在生产和生活的需要上产生了互赖、互利、不可分离的联系性和整体性"，于是就要求在农业生产思想上树立全面、全局的长期建设思想。[④] 过去各根据地山地伐木开荒，造成水土流失，平川洪涝频发；滥伐树木不注重护林，造成童山濯濯等生产活动，具有战时环境下的特殊时空尺度特性，但从长期来看毕竟是非全面的、只顾眼前利益的和地方性的生产建设活动。而在相对稳定的和平环境，打破局部的、只顾眼前利益的生产思想、建设思想自然成为党要思考的方向，从而确立了植树造林的长期建设思想。抗战胜利之后，太行行署发布了植树造林的命令，直截了当地说："我区由

①　《广泛开展植树造林运动》，《晋察冀日报》1945 年 4 月 3 日，第 4 版。
②　程子华：《当前情况与我们的紧急任务》，《晋察冀日报》1945 年 8 月 16 日，第 3 版。
③　《涞水植树造成运动三地委指示培植林木办法》，《北岳日报》1948 年 10 月 30 日，第 2 版。
④　太岳行政公署：《树立全面的长期的生产指导思想》（1949 年），李长远主编：《太岳革命根据地农业史资料选编》，第 175~176 页。

于长期战争山林大部被毁，当今和平建设开始之际，建筑感到十分困难。目前植树节已到，应大量发动群众，开展长期建设性的造林植树运动，号召群众利用河冲水坍的沙滩河边地角，过去的禁山、荒山、草坡，大量植树造林，并决定今年植树奋斗目标，保证每人植活一株到二株树。"①

到了解放战争后期，随着华北大部解放，开展长期性、全局性、计划性的全区农业生产"规划"成为顺应历史发展的必然之举。1948 年 12 月 14 日，《人民日报》刊发了华北人民政府农业部副部长张冲对 1949 年全华北解放区开展大生产运动的意见，张冲明确指出："过去我们处在敌人封锁分割的游击战争环境，经常受到敌人的'扫荡'烧杀掠夺破坏，不可能提出全区性的统一的较长期的计划来。但必须承认，许多地方一般号召多，缺乏具体的计划与组织工作，因而常使号召落空。现在情况不同了，华北解放区已在革命战争胜利的发展中连成一片，有了安定的环境，因之，我们可能，因而应该加强生产领导的计划性与组织工作。"在这一历史背景下，今后"必须加强农业生产领导的计划性与组织工作，克服盲目性"。他举例说："在抗战期间，因为没有平分土地，山地开荒曾解决了不少缺地、无地的贫雇农的困难，增产了一部分粮食。但今天从全区看来，开山荒是十分不利的，因为太行山多砂石，上边开荒，山坡被开不易存水，冲坏大量的好地，助长旱灾水灾，太行有谚语：'开了和顺山，冲坏榆社川。'平分土地后，一般应禁开山荒，本'靠山吃山，吃山养山'的方针，培植森林，繁殖畜牧。对当地农民说，费力小，而收获大；对全区可减少水旱，并保证木材供给，增加牲畜繁殖。"就植树造林来说，张冲强调："华北的林木也是很缺乏的，将来进行大规模的交通工业建设时，将感到很大的困难，而植树造林，是农民很大的收入，而且有很多的好处，如减少水患防风防沙等。我区面积一半以上为山地，可耕地不及一半，山西部分不及三分之一。这样山地是适合造林的广大地区，只要我们

---

① 《太行行署关于造林植树的命令》（1946 年 2 月 18 日），华北解放区财政经济史资料选编编辑组等编：《华北解放区财政经济史资料选编》第 1 辑，第 854 页。

解决了保护管理问题，就可以发展起来。除山地外，我区沙荒约有一百六十万亩，而且每年扩大，压毁良田。农民苦于风沙，筑墙阻防。如果我们能有计划的组织群众造林，在五六年中能消灭四五十万亩沙荒，成为森林防护地带，不但保护了耕地免于风沙之害，而其收入还大于一般旱地的庄稼，费工却少；这就等于农民增加了四五十万亩良田。"① 这一思想在地方上得到响应，如太岳行署在1949年也对过去开荒伐林进行检讨，并强调作为山岳地带今后必须恢复与发展林业、畜牧业。②

总之，植树造林运动的长期建设思想形成于抗日战争时期，在解放战争时期达到成熟，反映了中国共产党在不同时空背景下环境治理思想和建设思想发展、成熟的历程。在长期建设思想的指引下，中国共产党认为植树造林既"适应长期建设的要求"③，而且能"打下长期建设的基础"④，兼具生态、经济效益，需要长期投入、长期坚持。

三、植树造林政策的调整

在长期建设思想的作用下，面对各根据地植树造林的现实困境，中国共产党逐步调整植树造林的政策，以便提升植树造林的实际效果。于是，华北各地植树造林工作在困境中前行，并在1949年展现成效。

（一）推进干部、群众思想改造，强化干部领导、组织作用

干部和群众在思想上对植树造林工作重视不够，主要表现在干部组织、领导工作不认真，检查督促懈怠；群众植树不积极、护林意识差等。究其原因，在战争环境下，一些干部、群众认为植树造林并非地方上生

---

① 《加强农业生产领导的计划性与组织工作》，《人民日报》1948年12月14日，第1版。

② 太岳行政公署：《树立全面的长期的生产指导思想》（1949年），李长远主编：《太岳革命根据地农业史资料选编》，第175~176页。

③ 《冀南行署颁发通令植树育苗收存树籽防水护堤调剂雨量》，《人民日报》1948年8月13日，第2版。

④ 《定兴植树造林主要缺点是没造成广泛的群众运动》，《北岳日报》1948年12月6日，第4版。

产、建设的核心内容，与群众切身利益关系不大。这些认识产生的根本
原因是干部、群众只顾眼前利益，缺乏长期建设的思想认识。要将植树
造林的功用和利益贯彻到群众的思想之中，除了依靠政府指示、命令和
报纸宣传，主要依托在于各级党员干部的重视、宣传和落实。因此，由
干部带头解决思想问题，进而将植树造林的长期效益在群众中大力宣传，
并积极领导、检查、督促植树造林工作，是保障植树造林成效的根本
途径。

　　早在抗战时期，面对植树造林的困境，各根据地政府即强调加强干
部、群众对于植树造林工作思想认识不足的改造。例如，晋绥边区行署
1945 年 4 月 12 日对春季植树工作发出指示，"应该着重宣传教育与改造思
想，要叫群众了解到植树与他本身的利害关系，要叫各级干部从思想上认
识植树的防水防旱，调节气候，长期为群众谋利益的重要工作之一"，同
时 "还要巩固群众植树的情绪，并使它坚持下去成为植树的习惯"。① 到了
解放战争时期，无论是解放区政府高层还是地方政府层面，对干部、群众
植树造林思想改造的宣传、督促都有加强。1948 年 2 月，太岳行署发布植
树造林指示时指出，植树造林工作 "要从长期着眼，必须经常不断地栽
植"，"但目前领导部门及干部思想，没从长期着眼，对于这一工作重视不
够，因而放松组织与领导，或是只有布置没有检查，形成种上就算，死活
不管，既不浇灌，又不保护的自流现象，未能使植树造林形成一种广大的
群众运动"。因此，今后植树造林工作中，"领导部门必须从解放区建设和
人民的长远利益着眼，深刻认识植树的重要，并对群众广泛宣传，使群众
自觉自动地行动起来"，注意组织、督促检查。②

　　在地方上，一方面基层干部对植树造林工作的宣传方式开始呈现多样
化，另一方面领导层则着重强调干部思想改造的重要性。1947 年 4 月，涉县

---

① 《行署关于植树的指示》，《抗战日报》1945 年 4 月 12 日，第 2 版。
② 《太岳行署关于植树造林的指示》（1948 年 2 月），李长远主编：《太岳革命根据地农业史
资料选编》，第 141 页。

地方干部利用多种场合，在与群众吃饭时，在市场上、民校中、大会上找不同对象谈话、讨论等不同方式进行宣传，以启发群众开展自觉的栽树运动。① 1948 年 10 月，晋绥边区二分区生产会议上，相关领导就植树造林工作中的缺点进行检讨，认为过去植树造林工作只布置、没有检查督促的原因是地方干部思想上重视不够所致，今后必须改造干部思想，加强干部在植树造林工作上的领导作用。② 干部、群众思想改造后的成效是明显的。如1948 年 10 月，涞水县在植树造林运动中取得较大成绩，主要原因在领导干部有力宣传、督促下，"克服了群众思想障碍和提高了群众觉悟"。于是，北岳区第三地委在召开的县联席会上，进而对平西区③今后的植树工作强调"各级领导有责任帮助群众，树立从长期建设中发家致富的思想，克服种树的思想障碍"。④

（二）加强护林工作，强化护林宣传和执法力度

植树不护林是植树造林工作面临困境的另一原因。尽管"植树重在护林"是常识，但在长期建设思想的作用下，这一认识不断被强化，各根据地加大了护林宣传工作，制定了各层级的护林法规，并强化了对毁林事件的执法力度。

1943 年，太岳行署认为"植树只是消极的造林，应当认清保护山林才是积极的造林"。⑤ 晋察冀边区政府在 1945 年 4 月发布的植树造林工作的指示中认为"造林容易护林难"，要求各地"植树之后一定要按具体情形，制定护林公约，严格执行，否则一场心血，不免白费"。⑥ 解放战争时期，党对护林工作的宣传力度进一步加大，护林政策制度更加明晰。太行行署

---

① 《干部带头打通群众思想涉县普遍植树》，《人民日报》1947 年 4 月 11 日，第 2 版。
② 《二分区生产会议讨论兴修水利、植树造林》，《晋绥日报》1948 年 10 月 12 日，第 2 版。
③ 平西区主要包括房山、涞水、涿县、涿鹿、宣化、怀来、昌平、宛平等地。
④ 《涞水植树造成运动三地委指示培植林木办法》，《北岳日报》1948 年 10 月 30 日，第 2 版。
⑤ 《太岳行署关于造林植树的指示》（1943 年），李长远主编：《太岳革命根据地农业史资料选编》，第 38 页。
⑥ 《对今年植树造林的意见》，《晋察冀日报》1945 年 4 月 3 日，第 4 版。

于 1947 年 2 月通令全区植树，规定群众与机关团体每人须植树一株，并保证成活率要达到 70%，同时强调"大力宣传护林，提倡私人经营或合作经营林场与群众中存在的伴种树等习惯。应将适于造林之荒山空地划归私人，继续恢复禁山，根据各地情况制定护林公约"。① 1948 年 12 月，在《太岳区冬季生产计划》中，政府鼓励冬季生产，以为来年春耕服务，允许冬季靠山群众组织打柴，但明确强调"严禁毁坏山林、树木"。尤其是该计划第十项列有保护森林的内容，指出为防止该区因森林树木减少而造成的"雨季河水泛滥，沃土良田面积大为缩小"问题，"必须长期着眼，护林植树，严格执行边府曾颁布之培植和保护森林办法，各县依据树木成长情形，划定公私禁山，无论山林或独树，政府确实保障其私有权，严加保护，禁止任意偷窃砍伐或牛羊遭踏"。②

在护林宣传方式上，政府层面通过指示、布告等方式为地方上"出谋划策"。1948 年 2 月，太岳行署发布植树造林指示时强调，为改变过去群众不从长期着眼、只顾眼前利益的砍树伐树行为，各级生产委员会从现在起，即应编写歌谣、快板、短文，说明植树的好处和重要，利用小报、黑板报、广播台、学校、冬学等，向群众进行宣传。③ 小学生年龄小、文化水平低，失学青年、成年大多为文盲，这些群体并不明了植树造林的效益，不爱护树木，以致破坏树苗、不热心造林工作的情况较为普遍，是植树造林成效不显著的重要原因。为此，解放战争时期各地植树造林运动中注重在小学加强小学生的护林教育，利用冬学对失学青年和成人进行护林教育。《人民日报》专门指出"儿童常糟害树木，应特别加强教育"。④

---

① 《清明将届太行号召植树》，《人民日报》1947 年 2 月 23 日，第 2 版。
② 《太岳区冬季生产计划》（1948 年 12 月），李长远主编：《太岳革命根据地农业史资料选编》，第 395 页。
③ 《太岳行署关于植树造林的指示》（1948 年 2 月），李长远主编：《太岳革命根据地农业史资料选编》，第 141 页。
④ 《接受过去植树经验大力发展合作造林》，《人民日报》1948 年 11 月 27 日，第 2 版。

在护林执法上，各地一方面强化护林公约的制定，对造林、护林取得成绩者予以表扬和鼓励；另一方面，强化地方干部、乡村护林委员会等多元化护林主体在护林宣传、管理工作中的作用，并且强化毁林案件的执法力度。

晋绥边区政府针对 1948 年各地出现的砍树行为，指出所有这些都是有害生产、有害长期建设的行为，应引起各地的重视，予以有效制止。边区政府要求地方上为防止砍树、毁林行为的发生，应"采取必要的保护办法"——"关于政府管理的大山林，由政府统一加强管理外，一般的地区应该在代表会中设护林委员，管理全村公树。并可发动群众民主讨论护林公约。……关于护林造林有成绩的，则可以予以表扬与奖励"。[①] 地方干部是护林宣传的主力。北岳区浑源县，"在敌伪统治时期，对树木之严重破坏，和我土改中某些人随意砍伐，造成群众植树思想障碍"。1947 年以来，"政府不断贯彻保护林木政策（乱伐已基本禁止）。县区干部在秋收秋耕中又进一步的做了保护林木，积极植树和叶落植树好处等教育，并有重点的领导和计划"。[②] 1948 年 11 月，浑源秋季植树运动展开，取得初步成绩。乡村护林委员会是地方护林工作的另一主体。1948 年秋，在政府号召"禁山护林"以后，北岳房山区的平峪、西河、前后石门四村将联合成立护林委员会，共同管理，解决护林事宜，制定五条护林公约。[③] 在护林执法上，上述太岳区浮山县川口村川口酒店高价收购木柴烧酒，引发群众盲目砍树一案。太岳行政公署发现这一问题后，立即责成浮山县政府坚决制止，对树木坚决予以保护，行政公署主任牛佩琮指示："由村和群众代表组成共管机关，通过群众，订立护林规约，负责保护，只准伐不成材的灌木野樗，如解决不了柴烧问题，只有把酒店停止也不能砍一棵树木。否则，应

---

①　《切实保护树木》，《晋绥日报》1948 年 9 月 6 日，第 2 版。

②　《经过酝酿教育后浑源开展秋季植树运动》，《北岳日报》1948 年 11 月 8 日，第 4 版。

③　《房山平峪西河等村成立联村护林委员会》，《北岳日报》1948 年 12 月 1 日，第 2 版。

受到处罚。"①

(三) 植树造林与保障群众利益相结合

如上所述，群众对植树造林工作有抵触情绪及植树不护林的另一原因是地权、林权得不到解决，群众从植树造林中获取不到实际利益。在抗战时期，这一问题的实质就是群众在公地、私人土地上植树后，树木归谁的问题。各地政府对此是早有认识的，早在 1944 年，《解放日报》就刊文指出，"要发动群众植树的积极性，必须保证群众植树有利"，建议陕甘宁边区各地在造林护林工作中学习靖边县的方法：在公地上谁栽了树，就归谁有；在私人土地上，则实行种树者和地主按股分树的办法。② 作为中央机关所在地，陕甘宁边区的植树造林政策对其他根据地的影响是显而易见的。宋劭文强调，1945 年晋察冀边区的造林工作要特别注意林木受益的分配问题，指出一般可规定公家荒山、荒滩所造林木归造林者；私人荒山、荒滩自己不造，别人便可造林，佃户可无租使用 10~20 年，到期后分林，地主一般不超过 10%，各地可结合实际制定具体办法。显然这个政策的提出与边区垦荒条例一样，着眼于保障佃户的利益，以激发大量贫农的造林积极性。③ 晋绥边区在 1945 年 4 月植树运动中要求地方政府注意群众植树的林权与收益问题，边区政府认为推动群众植树要解决的五个问题中，第一个便是"主权问题"——群众在公地或者公路旁植的树，区村政府要明确宣布是属于他自己的，在法律上应给予保证。其次，要解决无地而栽树的问题——无地想栽树的人，区村政府应负责组织，如实行二八、三七分红，使有地人与栽树人两方均有利可获。再次，机关部队栽树的树权问题——凡栽在公路旁与公地的树应是公家的，栽在荒山地里的树权应该属

---

① 《太岳行署命令坚决执行保护公私山林条例》（1948 年 8 月 6 日），李长远主编：《太岳革命根据地农业史资料选编》，第 160 页。

② 《军民一齐动员造林护林》，《解放日报》1944 年 7 月 28 日，第 1 版。

③ 宋劭文：《一九四四年大生产运动总结及一九四五年的任务》，晋察冀边区财政经济史编写组等编：《抗日战争时期晋察冀边区财政经济史资料选编》第 2 编，第 468 页。

于地权所有人。① 晋绥边区政府的这一指示，表明临近抗战结束，中国共产党对植树造林运动中林权和收益的规定更加细化了。

到了解放战争时期，随着土地改革的持续推进，华北根据地政府在发布植树造林号召和命令时，更加注重保障群众利益。

一方面，政府强调在工作中要发动群众在非耕地上广泛植树，并确立收益和林权。1948 年 3 月，晋察冀边区行政委员会指示各级政府大力开展植树造林工作，边委会要求各级政府"规定所有河滩（准备疏浚之地段外）、山坡及一切闲地（道边、屋旁、地头、渠畔），应动员农民多栽树，并在分地中确定产权。属于公有之堤旁、河岸，收益分配办法各地自定"②。11 月，太岳行署发布的护林植树计划意见，特别强调各地要规定保护树林禁令，"贯彻果木园艺收入，按一般产量负担之奖励政策，提高群众热忱"。不能垦辟种植之荒山、荒滩，属于公共者，如无特别用途，应转让给私人，以作植树造林之用；属于私人者，如无修成滩田之可能，而自己又不造林植树者，"他人有租借用之权，一俟树长成材，砍伐后归还原主"。③

另一方面，政府在强调植树造林运动中要保障群众利益的同时，注重群众的林木处置权，以激发群众植树造林的热情。1949 年 4 月，华北人民政府农业部在指示各行署、省府及直属市府开展植树造林运动中，特别强调从长期建设出发，"发动群众护林，必须与群众本身利益结合"。农业部认为，国有、公有林应允许附近群众按照指定办法与时间修枝间伐及进行刨药材等副业生产，这样才能启发与提高群众积极保护林木的兴趣，同时也有利于林木的成长。而且，土地改革已经完成，各地地权、树权等已确定。为此，不应再对群众对其林木自由处理权加以

---

① 《行署关于植树的指示》，《抗战日报》1945 年 4 月 12 日，第 2 版。
② 《晋察冀边委会发出指示大力开展植树造林》，《冀热察导报》1948 年 4 月 1 日，第 2 版。
③ 《太岳区护林植树计划意见》（1948 年 11 月），李长远主编：《太岳革命根据地农业史资料选编》，第 452 页。

限制，否则"将会影响群众植树兴趣，甚至发生疑虑"，以"解除造林运动开展上障碍"。①

总之，在长期建设思想的指导下，中国共产党在依托植树造林开展环境治理的过程中更加注重保障和满足群众的植树利益。尤其是在解放战争时期，随着土改的推进，各根据地政府对林权的规定也更加明晰化，其根本目的在于推动植树造林成为长期的真正的群众性运动。

（四）1949 年的植树造林运动

在长期建设思想作用下，中国共产党在领导华北地区植树造林运动中，逐步注重相关政策的调整。于是，在困境中调适，在调适中取得成效，是 1937—1949 年中国共产党领导华北地区植树造林工作的主要趋势和发展特征。1949 年是华北解放战争走向终点的一年，除了少数大城市，华北大部分地区处于和平稳定的局面。于是，华北地区的各项建设布局展现了党为迎接新的历史时期、建设新国家的全局性、长期性和计划性思考。在此影响下，1949 年的植树造林工作成绩突出，从而成为华北环境治理道路上的重要标识。

更值得注意的是，长期建设思想成为 1949 年华北农林建设的指导思想。1949 年 1 月 6 日，华北人民政府农业部召开了华北农林会议，大会由各行署农业处长、各农林局长、农场场长、农林技术干部及农业部各直属单位干部二百余人参加，历时十余日。大会讨论认为，"1949 年的大生产运动是在土地改革在基本地区已经完成、战争在华北已基本上胜利；有了大城市及现代化工业交通的基础上展开的，这是十年来所未有；同时我们也有了几年来的生产基础与领导经验，这对开展大规模的生产运动，使农业生产提高一寸，有了充分的条件。但我们仍然处于分散的农村，生产技术落后，特别是经过十年来日寇及国民党匪军的摧残破坏，农业生产比战前降低了百分之二十以上，因而我们农业中心工作还是恢复，从恢复中求发

---

① 《华北人民政府农业部关于开展植树护林运动的指示》（1949 年 4 月），华北解放区财政经济史资料选编辑组等编：《华北解放区财政经济史资料选编》第 1 辑，第 1049~1050 页。

展"。大会特别"检讨到过去在农业生产的某些方面上，由于缺乏长期建设观点与全局思想，曾犯了不少错误：如无计划的开荒修滩，冲毁了好地；提倡副业号召大量烧木炭、烧松烟，砍伐了几万成材松树"等行为，于是认为今后各地农林建设"不应只了解本地情况，也要了解全局，预计将来"，要"树立长期建设观点与全局思想，克服盲目性，加强计划性"。①

在这一思想指导下，中国共产党深刻反思以往植树造林工作面临困境的群众思想原因——群众怕植树被破坏是"开展植树造林运动上的最大思想障碍"，进而更加强调加强林木保护工作。4月，华北人民政府农业部建议"各地可用布告会议方法强调保护，禁止破坏，并尽可能的由县、区干部具体帮助村订立护林公约，并推定专人掌管，公约应当解决当地的实际问题，不须繁冗条文，和过于苛重的罚则，但要认真贯彻执行，勿使成为具文"。②

尽管1949年1月以来，华北一些地区还负有支前、扩军等紧急任务，但自华北农林会议之后，各地即着手布置春季植树造林工作。据华北人民政府农业部林牧处统计，当年春季植树中察哈尔、冀中、冀南、太行都超过全年计划，尤以察哈尔、冀中成绩最好，冀南、太行次之（见表4-4）。取得这一成绩的原因有以下几个方面：有的地区召开了专业干部会；组织造林和护林委员会，专门领导造林和护林；出布告、发林木所有证；致函鼓励造林英雄；规定护林公约；进行植树造林宣传教育工作等。为解决树秧困难，各地群众都采取了组织起来集体购苗、用柴换苗、入股合作造林（如植树小组、"拨子会"）等办法，政府也发放了一部分贷款和种子树苗。部分地区（如易县与涞水）群众还进行植树造林挑战和竞赛运动。③

---

① 《华北人民政府农业部召开华北农林会议保证贯彻今年农业生产计划》，《人民日报》1949年3月9日，第1版。
② 《鼓励植树护林华北人民政府再发指示》，《人民日报》1949年4月6日，第1版。
③ 《一九四九年春季造林总结》，《人民日报》1949年7月10日，第2版。

表 4-4　1949 年华北春季植树造林工作成绩

区　别	全华北原计划全年植树数	完成数	完成百分比
察哈尔	5430000	9599121	176.8%
太　岳	3310000	290000	8.7%
冀　南	1530000	2000000	130.7%
冀　中	3040000	5131337	168.79%
太　行	4500000	4561861	101.4%
冀鲁豫	5540000	2113681	38.2%
太　原	1200000	254728	21.2%
冀　东	6965637	3805812	54.6%
总　计	31515637	27756540	88%强

资料来源：《1949 年春季造林总结》，《人民日报》1949 年 7 月 10 日，第 2 版。部分地区数据不完整。

我们也可再由地方上的植树造林工作成绩进行具体而微的考察。太岳区三个专区的 13 个县 350 个行政村，在 1949 年春季植树运动中共种植各类树木约 29 万株，全区平均接近了每户 2 株的要求。各地植树成活率平均都在 70% 以上。取得这一成绩的主要原因，是由于各地坚决执行了保护公私林木的政策，地方干部具体组织领导，解决了植树困难。[1] 察哈尔省四专区[2] 1949 年 2 月初召开生产会议，决定"为了长期建设，全专区决定在沙荒中植树二十八万株，沿各河旁植树四十二万株，普遍在各村庄种植一百八十万株。同时由华北政府直接领导成立了沙荒造林委员会及冀西沙荒造林推进社，有组织、有计划的在春、夏、秋三季造成有效的防风、防沙、防洪的林带"。为了完成各项生产计划，会议着重强调必须加强生产

---

[1]　《坚决保树护林全区今春植树计划完成》，《太岳日报》1949 年 6 月 5 日，第 2 版。
[2]　辖曲阳、阜平、建屏、井陉、行唐、平山、灵寿、正定、获鹿九县及正定市。

领导，"在领导思想上，要树立长期建设观点和全面思想，克服工作中的盲目性，加强计划性，组织性。强调在领导思想上，要树立长期建设观点和全面思想，克服工作中的盲目性，加强计划性，组织性"①。以建屏专区为例，建屏专区全年三季要求植树250万棵，截至1949年5月15日，全专区春季植树234.8492万棵，完成全年植树任务90%以上，其中行唐要求全年植树50万棵，春季就植树60万棵，超过全年计划。② 政府认为，正是在长期建设思想的指引下，该区春季植树运动中一是工作布置早，使群众有充分组织酝酿准备时间；二是深入宣传动员，启发群众的植树积极性，并具体组织领导；三是通过群众制定护林公约，及时处理破坏分子，加强林木的保护管理；四是发动支部党员干部与植树积极分子起模范带头作用，影响带动一般群众，完成计划；五是解决树秧困难，组织树秧、劳力、土地入股合作造林，按股分树，满足群众受益需求等。③

　　针对各地在土改后不断发生的烧山④事件，政府加强了林木保护和烧山处罚力度。建屏专区通过群众制定护林公约，并及时处理破坏分子，以加强林木保护管理。⑤ 平西各县对一般烧山事件要求在群众大会上令其坦白错误，并补种新树；烧山严重者则"押政府判处徒刑"。为了搞好禁山护林及造林工作，根绝烧山事件，政府进而认为今后必须：（1）广泛深入的宣传，使群众都懂得禁山护林政策及其对全体人民长远利益的重要意义，树立长期的造林护林思想。（2）个别不法之徒烧山滥砍树木者应予从严惩处，对护林有功者亦应及时表扬。（3）把护林组织健全起来，抓紧一定时间发放林木证确定林权。（4）利用农隙召开护林委员、牛羊倌、畜主会议，贯彻林牧政策的教育，订立共同遵守的护林公约。（5）支部党员加

---

① 《察省四专区周密研讨订出今年增产计划》，《人民日报》1949年2月20日，第2版。
② 《建屏专区植树完成十分之九》，《人民日报》1949年5月15日，第2版。
③ 《建屏专区植树完成十分之九》，《人民日报》1949年5月15日，第2版。
④ 烧山是指群众砍柴、放牧、开荒时有意、无意引火导致的烧毁林木事件。土改结束后不法分子也有意放火烧山以干扰各解放区生产建设。
⑤ 《建屏专区植树完成十分之九》，《人民日报》1949年5月15日，第2版。

强对护林造林的领导。①

　　总之，1949 年在"华北一步一步的走向全境解放，农民的土地要求也一步一步的得到解决，生产情绪大大提高起来，植树造林的工作，也随着向前开展"。② 在长期建设思想的指导下，各地一方面恢复与发展旧有山林，并有计划地开展植树造林工作，确定封山、禁山，新建防风林、防洪林，保障农业生产；另一方面加强森林保护工作，严厉打击烧山、毁林的行为，植树造林工作显见成效。③ "保护森林，并有计划地发展林业"也被载入 1949 年 9 月 29 日通过的《中国人民政治协商会议共同纲领》之中。④

小　结

　　中国共产党在华北地区的逐步壮大、发展是其完成全国性政权转变的关键时期，这一时期党在政治、社会、经济、生态等各方面的政策对于中华人民共和国成立之后各项政策的制定和事业发展都有着重要的影响。研究表明，中国共产党较早明了森林在根据地建设中的多重功用，在领导华北地区农业生产的过程中，林木匮乏引发的灾害频发问题又给予各级领导干部以深刻的体验和反思。于是，植树造林成为中国共产党领导广大人民群众应对华北地区生态困境的必然选择。不过，植树造林运动在实际开展的过程中却一直面临着困境。为此，中国共产党积极反思，在困境中逐步确立了植树造林的长期建设思想，在其指引下，通过一系列政策调整，中国共产党在华北地区以植树造林为主要手段的环境治理举措得以长期而持续地推行。

---

① 《保护林木严防烧山平西发布禁山护林办法》，《人民日报》1949 年 6 月 8 日，第 2 版。

② 郑佳：《华北的植树造林运动》，《人民日报》1949 年 9 月 15 日，第 1 版。

③ 《华北人民政府农业部关于一年来农业生产工作的总结报告》（1949 年 9 月 10 日），中央档案馆编：《共和国雏形——华北人民政府》，北京：西苑出版社，1999 年，第 374 页。

④ 《中国人民政治协商会议共同纲领》（1949 年 9 月 29 日），中央档案馆编：《中共中央文件选集》第 18 册，北京：中共中央党校出版社，1992 年，第 584~592 页。

通过对中国共产党领导华北地区植树造林运动的思想历程、现实困境和政策调整的考察，我们可以看出，在 1949 年之前中国共产党在环境治理工作中已有如下认识：（1）环境治理需要长期投入、持之以恒，必须坚持党和政府在环境治理中的主体地位。（2）环境治理政策的落实需要党员、干部、群众有足够的思想认识，环境治理需要长期而持续的政策宣传和生态知识普及。（3）生态保护立法是环境治理效果的重要的保障，且立法能真正地贯彻和执行下去，监督是关键。（4）环境治理要与人民群众的现实利益相结合，使群众在环境治理过程中享有生态利益，这样才能使群众积极支持环境治理工作。（5）稳定而良好的社会、物质环境是开展长期建设性环境治理工程的保障。

应当指出，深入阐释 1937—1949 年中国共产党在华北地区开展植树造林运动的思想历程和具体实践，将足以构建出一幅较为完整的植树造林历史图景，从而能与 1949 年之后的中国植树造林史"无缝对接"。中国共产党在华北地区长期而持续地领导植树造林运动的诸多事实也表明，中国共产党始终将植树造林作为建设新政权乃至新国家的长期性环境治理举措，展现出明确的环境治理担当和生态意识自觉。

第五章　华北根据地疫灾流行与
环境卫生整治

　　疫灾是急性、烈性传染病大规模流行所导致的灾害。一般来说，疫灾既可以是由病毒、细菌等微生物引起的原生灾害，也可以是因其他自然和人为灾害诱发的"次生"灾害。疫灾直接危害人类生命健康，自古以来往往与水、旱、蝗、震等自然灾害共同作用，在文献中称为瘟疫或疫。从致灾的结果来说，由于一些传染病突发性强、传播快、致死率高，对疫区人群也造成极大心理恐慌，甚至引发社会动荡，因而疫灾又与一般自然灾害不同。

　　一直以来，历史地理学、灾害史学和环境史等学科都将疫灾作为重要的研究对象，已有研究侧重于疫灾的分布、灾害影响及社会应对等方面，相关成果已蔚为大观，可以说已形成了系统的理论、方法和资料分类使用标准。传染病流行与微生物及其生存的环境直接相关，进而与公共卫生、环境卫生发生关联，因此，探讨历史时期人类传染病（疫病）流行与环境卫生也是环境史研究的重要内容。随着20世纪90年代城市环境史在西方的兴起，城乡公共卫生、环境卫生的研究方兴未艾。梅雪芹就曾从环境卫生角度重新解读了恩格斯的名著《英国工人阶级的状况》①，国内个别高校也专门培养疫病与公共卫生环境史专业的研究生。② 美国学者马丁·麦乐西更有《城市中的垃圾》《卫生的城市》《废气四溢的美国》等有关城市环境卫生方面的佳作问世。刘翠溶指出："对于过去发生在中国的疾病与环境的关系还需要做更有系统的研究，以期有助于了解现在的情况。"③ 总之，研究传染病发生的环境因素及人对环境条件的治理，以及传染病流行过程中人与自然环境的交互关系等，是从环境史视角研究疫灾的重要路径。

据研究，民国时期疫灾频发，从 1912 年至 1948 年的 36 年间，共发生114 次疫情，平均每年 3.16 次，是近代以来瘟疫爆发频率最高的一个时期。④ 这一时期水、旱、地震、蝗等灾害不断，灾害过后瘟疫盛行，加之连年战乱，社会卫生医疗条件落后，政府救助能力不足，从而进一步加剧了疫灾的流行。华北根据地长期辖有广大农村地区，文化落后，医疗卫生条件差，各类传染病疫苗因技术、生产条件等限制而普遍短缺。除了少量疫苗被用于部分城市及郊区等人口集中地区的民众接种，其他地区民众接种困难。正如 1949 年 2 月华北人民政府卫生部号召开展群众卫生运动时指出的：最低限度要做到 13 岁以下的儿童普种牛痘，在城市与人口集中的地区注射伤寒、霍乱疫苗。对其他传染病，应加强卫生行政管理，结合学校团体利用庙会演戏等机会，进行卫生教育，提高群众卫生常识。⑤ 因此，相比接种疫苗，改善环境卫生，在当时被认为是预防各类传染病较为可取且"便捷"的防治手段，于是华北根据地各地掀起了环境卫生整治运动，希望通过改善民众生活的环境卫生状况达到防治传染病发生的目的。以往

---

① 梅雪芹：《从环境史角度重读〈英国工人阶级的状况〉》，《史学理论研究》2003 年第 1 期。

② 王利华：《徘徊在人与自然之间：中国生态环境史探索》，天津：天津古籍出版社，2012 年，第 119 页。

③ 刘翠溶：《中国环境史研究刍议》，《南开学报》2006 年第 2 期。

④ 蔡勤禹等主编：《中国灾害志·断代卷·民国卷》，北京：中国社会出版社，2019 年，第 122 页。

⑤ 朱璿：《开展群众性的卫生运动》，《人民日报》1949 年 2 月 25 日，第 4 版。

研究对华北根据地时期的卫生防疫制度、防疫举措、防疫效果等已有了较为系统的总结，而对疫病流行与环境卫生整治则关注不够，仍有进一步深入研究的必要。

第一节　自然流行：主要传染病的传播

自抗日战争至解放战争时期，华北根据地长期处于战争环境下，自然灾害频发，社会环境动荡。由于长期处于敌后环境，灾荒连年，人民"食无定时，居无定所"[①]。华北根据地卫生条件和物质基础十分落后，群众营养不足，身体抵抗力低，加之迷信横行，有病不就医而任由巫神摆布，这些都便利了疾疫的流行。1941 年 7 月，晋冀鲁豫边区卫生部部长钱信忠在全区卫生工作会议上即说"战争的长期性，战斗的频繁，农村的破坏，流离生活，抛尸露骨，加上农民的不卫生传统，瘟疫乃由此发生，'大战之后，必有瘟疫'"[②]。华北根据地疫灾频发，主要有两点原因，一是致病病毒、细菌借助传播媒介自然传播；二是敌对力量人为投放传染病毒、病菌造成疫病流行。

一、抗战时期的传染病流行

民国时期法定传染病（流行性传染病，俗称瘟疫）在 1916 年被定为 8 种，即霍乱、痢疾、伤寒、天花、白喉、猩红热、鼠疫、斑疹伤寒；1928 年定为 9 种，新增"流行性脑脊髓膜炎"；1944 年定为 10 种，新增"回归热"。[③] 受病毒、细菌等微生物自身的传播力和人类聚居地环境卫生状况的双重影响，抗战时期华北根据地传染病大量传播与散在传播并存，传染病

---

① 《渤海区八年战争损失调查报告》（1946 年 6 月 6 日），山东省档案馆馆藏档案，档案号：G034-01-0151。

② 钱信忠：《在全区卫生工作会议上的发言》（1941 年 7 月），《钱信忠文集》，北京：人民卫生出版社，2004 年，第 52 页。

③ 蔡勤禹等主编：《中国灾害志·断代卷·民国卷》，第 121~122 页。

多点爆发，长期流行。

（一）陕甘宁边区

陕甘宁边区地处黄土高原，居民多住窑洞，通风采光较差。长期以来，陕北乡村无深坑厕所，民众将垃圾、污水随意抛洒；畜圈紧靠居住的窑洞。由于经济相当落后，居民文化程度低，人民生活困苦，卫生状况差，加之缺医少药，卫生观念淡薄，环境卫生差，疾疫流行非常广泛。边区政府主席林伯渠说：“边区旧社会遗给我们的产业除愚昧和贫穷而外，最使我们苦恼的是不讲卫生。人畜同室，头脸身体衣服经年不洗，多人同睡在一个热炕上，性的乱交，梅毒普遍。各山沟中出柳拐子，流行感冒、猩红热、斑疹、脑脊髓膜炎、天花、白喉，一年中不知夺去多少生命。”[1]

边区伤寒、斑疹伤寒、回归热、痢疾和黑热病等传染病时有发生与流行，此外还有克山病（俗称吐黄水病）、大骨节病和甲状腺肿等地方病，人口死亡率为60‰，婴儿死亡率更高。[2] 据有关材料，陕北常见传染病有伤寒、天花、猩红热、白喉、鼠疫、赤痢、霍乱等。由于当时医药卫生条件所限，这些传染病一旦发生，死亡率极高，尤其是鼠疫、霍乱、天花等烈性传染病，一旦染上，根本无法医治。1929年，安定、横山发生鼠疫，1931年8月蔓延至定边、靖边、米脂、府谷、佳县、绥德、榆林等县。据统计，截至1931年11月24日，安定县死亡3000多人，横山2000多人，绥德1000多人，米脂300多人，佳县南后木头峪一带100多人，吴旗庙沟一带47人，上述6个县共死亡6400余人。此外，还有一些慢性传染病，如梅毒在陕北也很普遍，在保安（今志丹）及三边一带患者占全人口五分之一以上。[3] 中共中央到达陕北之前，陕北每年死亡八九万人，病死率为

① 林伯渠：《陕甘宁边区政府工作报告》（1941年），陕甘宁边区财政经济史编写组：《抗日战争时期陕甘宁边区财政经济史料摘编》第9编《人民生活》，第162页。
② 《新中国预防医学历史经验》编委会编：《新中国预防医学历史经验（第1卷）》，北京：人民卫生出版社，1991年，第60页。
③ 陕西省地方志编纂委员会编：《陕西省志》第72卷《卫生志》，西安：陕西人民出版社，1996年，第77~78页。

60‰，以妇女、儿童死亡最多。

综合抗战时期相关资料，1937—1945 年，陕甘宁边区主要发生流行性感冒、天花、白喉、麻疹、痢疾、斑疹伤寒、回归热、猩红热、腮腺炎、霍乱、流行性脑脊髓膜炎等传染病，而以麻疹、斑疹伤寒、回归热、痢疾等最为常见。这些传染病在不同时期虽未在全边区大范围传播，但在时空分布上均出现集中、聚集的特征。总体来看，1941、1942 和 1945 年传染病发生最为频繁，危害最大。

据《解放日报》分析，1937—1941 年，边区传染病集中于子长、安塞、延安、甘泉、富县、志丹等市县，散在发生和跨区、跨县的大范围传播均有。1937 年 3 月 9 日，子长、安塞许多地方发生了天花。[①] 1940 年夏，传染病为白喉、麻疹、赤痢、伤寒等，如甘泉三个区情况比较严重，有不同程度的患病率和死亡率，儿童更严重。[②] 1941 年 1 月以来，甘泉、富县、志丹三县发生传染病，甘泉一、二、三区染病者达 876 人，死亡 186 人，其中小孩占三分之二。[③] 甘泉县政府 3 月 16 日报告，该县第一区发生急性流行瘟疫，人畜死亡甚多，情形十分严重。儿童的死亡尤多，"有一个小学，死了十多名学生，以致学校都无法上课。病象是：浑身浮肿，喉痛等。……人民大感恐慌。……查此项瘟疫，传染性极大"。[④] 3 月，延安市北区发生猩红热，"现有小孩发生此种传染病占 50%，发病后而死者占 20%"[⑤]。10 月以来，延安各地伤寒流行。[⑥] 全年传染病流行情况，可以延安市及周边地区为例来加以透视。据中央医院内科及传染病科对 1941 年 2 月至 11 月各类传染病的统计，自当年 2 月至 7 月只有 27 人，8 月一个月

---

① 《卫生突击》，《新中华报》1937 年 3 月 9 日，第 4 版。
② 《边区半年来卫生工作展开》，《解放日报》1941 年 10 月 4 日，第 4 版。
③ 《边区卫生处防疫队返延安总结工作》，《解放日报》1941 年 8 月 17 日，第 2 版。
④ 陕西省档案馆编：《陕甘宁边区政府文件选编》第 3 辑，第 162 页。
⑤ 《饶正锡对边府正副主席之报告》，转引自《陕甘宁边区医药卫生史稿》，西安：陕西人民出版社，1994 年，第 260~262 页。
⑥ 《速防伤寒传染中央总卫生处紧急通知》，《解放日报》1941 年 10 月 2 日，第 4 版。

中伤寒患者突然增加到 15 人，9 月 17 人，10 月 57 人，统计 3 个月来共有急性病发热病人 89 人，超过前 6 个月病人数的 3 倍以上。自 2 月至 10 月 9 个月中收治急性病、发热病共 126 人，除了 10 个是感冒或急性胃肠炎，其余 116 人经化验确诊为如下各病：（1）伤寒 24 人，死亡 2 人；（2）副伤寒甲 55 人，死亡 3 人；（3）副伤寒乙 1 人；（4）各型伤寒及斑疹伤寒混合感染 17 人，死亡 3 人；（5）斑疹伤寒 15 人，死亡 1 人；（6）回归热 4 人。合计各型伤寒病人共 107 人，死亡 8 人，大多发病于 10 月。[①]

1942 年春，三边地区发生瘟疫。[②] 6 月，延安市城郊赤痢广泛流行，集中于保安处、保卫团、高等法院、财政厅、粮食局、杜甫川居民区、边区干部修养所、甘谷驿五桥村等地。[③] 同月，靖边副伤寒"甚为流行"，乡村无病人者十无二三家，每家不病者十无二三人，"死者亦颇不少"。[④] 7 月以来，安塞 5、6、7 三区又发现数种传染病，其中以斑疹伤寒、痢疾、发汗病为最普遍厉害，患者终日卧床，月余不得脱险。[⑤] 总体来说，本年 1 月至 10 月中旬，在延安市各区曾发生传染病例 121 人，死亡 10 人。病类为伤寒 55 人，内死亡 6 人；赤痢 33 人，死亡 4 人；斑疹伤寒 4 人，无死亡。外县相继报告发生疫病的，有延安县牡丹、青化、河庄、川口等区。该县各区自本年 5 月起，共发现"出水症"（包括伤寒、斑疹伤寒、回归热及感冒）计 200 余人。安塞、靖边交界地区，也有疫病发现，其它如关中分区各县及志丹亦有零星疫病发生。定边县政府 8 月报告，各乡区自 5 月至 8 月，发生各种传染病，主要是"出斑出水症"，即伤寒或斑疹伤寒之类，共计死亡 377 名，该县缺医乏药，疫情尤为严重。[⑥] 1943 年，传染

①　《延安伤寒流行的教训》，《解放日报》1941 年 11 月 24 日，第 4 版。

②　《三边进行防疫合水流行病蔓延》，《解放日报》1942 年 4 月 15 日，第 2 版。

③　《扑灭苍蝇！本市赤痢流行》，《解放日报》1942 年 6 月 10 日，第 2 版。

④　《靖边副伤寒流行县府进行卫生运动》，《解放日报》1942 年 6 月 28 日，第 2 版。

⑤　《安塞瘟疫流行急待救治》，《解放日报》1942 年 7 月 1 日，第 2 版。

⑥　刘景范：《陕甘宁边区防疫委员会五个月来的工作报告（一九四二年六—十月）》，《解放日报》1942 年 10 月 29 日，第 4 版。

病流行减弱，不过仍有少数地区出现散在发生，如 5 月关中地区出现霍乱；6 月，甘泉县麻疹流行，小孩子"得病后面孔发青，不多时即死亡"。①

　　1945 年是抗战即将取得胜利的一年，但是传染病在陕甘宁边区大肆流行。先是春季春瘟流行，子洲、延长等县均出现瘟疫，尤其是延长县病逝迅猛："延长一区七乡，自开春以来，流行着严重的瘟疫，居民纷纷搬家，影响生产甚大。……其中郑庄尤为严重，在 3 个月内 20 户即死亡小孩 24 名，10 岁以下患麻疹者无一幸免。成人患下痢者亦达 20 余名之多，其主要原因是由于群众缺乏卫生常识和习惯，普遍吃生冷。因没有厕所，就在门口大小便。井水则人畜共饮，且井旁堆满粪便垃圾。个人卫生也不注意，有从来不洗衣服、不洗澡的。"② 2 月以来，延安市西北区发现了此前较为少见的流行性脑脊髓膜炎。③ 延安县柳林区吴满有乡自二三月以来，疫病猖獗，入夏更甚。麻疹、斑疹、伤寒、重感冒、痢疾、急性肠胃炎、小儿百日咳等患者达百余人，慢性病复发者达 400 余人。居民曾纷纷要求搬家，生产情绪一度低落。④ 甘泉县因麻疹等病死亡的有大人 8 名，小孩 41 名。⑤ 到了 4 月，绥德分区各地又发现麻疹、天花、出水病等流行病，死亡甚多。如葭县倍甘区一村"在一天早晨就死了十一个娃娃"，绥德县义合区九乡一村死了 20 多个。⑥ 关中分区 1 月至 4 月，疫病流行。自 1 月 15 日在中心区发现后，经专署派医生下乡救治，到 3 月间曾缓和下来，后蔓延到马栏、赤水、淳耀、新宁。据 4 月份统计："近两月中，关中病亡

　　① 《甘泉一区疫病再度流行小孩患麻疹大人吐黄水》，《解放日报》1944 年 6 月 3 日，第 2 版。

　　② 《延长郑庄扑灭瘟疫》，《解放日报》1945 年 7 月 9 日，第 2 版。

　　③ 康心：《预防流行性脑脊髓膜炎》，《解放日报》1945 年 4 月 2 日，第 4 版。

　　④ 《边卫医疗队助吴满有乡扑灭疫病开展妇婴卫生工作》，《解放日报》1945 年 7 月 13 日，第 2 版。

　　⑤ 刘志瑞：《一切在转变着、进步着——甘泉二区四乡扑灭瘟疫的经过》，《解放日报》1945 年 4 月 17 日，第 2 版。

　　⑥ 《绥德抗战报号召和传染病作斗争》，《解放日报》1945 年 4 月 17 日，第 2 版。

计一千五百多人，赤水、淳耀病亡小孩三百多人；四区难民乡二百五十户人病亡五十几人，还有一百五十余户尚在病难中。"[①] 到了5月，肠胃炎、痢疾、伤寒、麻疹、天花等症又复蔓延。疫病流行区域，已从山区蔓延到平原地区，在新正和赤水等县尤为严重。新正在过去3个月中，据统计已死亡500余人，约占人口总数的3%。[②]

（二）其他根据地

晋察冀边区经济、文化比较落后，医药极为缺乏，一般农户生活十分困苦，住房低窄简陋，垃圾粪便到处可见，蚊、蝇、虱、蚤、鼠较多，环境卫生很差。群众卫生习惯不良，发病较多。[③] 抗战时期，边区流行的传染病有疟疾、回归热、痢疾、疥疮、肠炎、流感、天花、麻疹、伤寒、肺炎、百日咳、肺结核等。据统计，"十四年抗战时期，疟疾在全边区军民中发病高达2000余万例次，灵丘县225户的740人中发病就有323人，占43%；痢疾总发病800余万例，约占当时居民总数的20%；感冒和流行性感冒全区发病618万多人"。此外，回归热发病400余万人，斑疹伤寒发病5722人。[④] 全面抗战八年，晋察冀军区收治病员21.6万人，其中疟疾、痢疾、感冒、回归热、斑疹伤寒为最多。[⑤]

1939年夏，边区暴发大洪水，日军又乘机进攻，天灾人祸导致传染病大流行，疟疾、痢疾、肠炎等在部队大量发生。1942年安平、安国县平民医院春季伤病类统计中疟疾占20%。1943年秋，据安平、肃宁、饶阳、高阳、安国经治病类统计，在155个村治疗病人27900人，其中疟疾占23%。

① 《中西医药研究会派医赶赴关中调查疫病严重情况》，《解放日报》1945年4月28日，第2版。

② 《关中时疫仍严重当地各界应一齐努力防止》，《解放日报》1945年5月11日，第2版。

③ 《新中国预防医学历史经验》编委会编：《新中国预防医学历史经验（第1卷）》，第81页。

④ 山西省史志研究院编：《山西通志》第41卷《医药志》，北京：中华书局，1998年，第230页。

⑤ 晋察冀军区卫生部：《抗日战争时期晋察冀边区军区医疗卫生工作介绍》，1946年2月。

1943 年秋至 1944 年夏，行唐县 46 个村 20650 名病人中，疟疾占 45.5%。[①]
1943 年秋，灵寿三区 5 个村共有人口 2166 人，两个月内即死亡 313 人。
同年底，灵丘南部病人约占全人口 40%，阜平、行唐、平山病人约占全人
口 25%。1944 年 5、6 两月，繁峙三区 4 个村共有人口 2300 人，得病者
303 人。同年 1 至 6 月，阜平一、二区新生婴儿 180 人，初生至 1 周岁死者
35 人，1 至 5 周岁死者 69 人，共死亡 104 人，妇女死亡 58 人。又同年 1
至 12 月，曲阳东邸村 1 至 12 岁的儿童共有 373 人，病者 173 人，死亡 46
人。1945 年春，冀□7 个村仅儿童就死了六七百，定南张谦一个村就死了
儿童 200 多。[②] 1944 年 11 月前后，在日军残酷"扫荡"、烧杀下，晋察冀
各地疟疾、痢疾流行。"其中有严重者以平山某村病人达三分之一，甚至
到二分之一。井陉 8 个村的病人占总人口的 22%。满城 5 个村共有病人
440 人。徐水某村病人达总数 70%。有的村庄一天死三四个人，完县西朝
阳仅儿童即病了 200 多。平北涞水紫石口村也病了三分之一的人。"[③] 抗战
最后阶段，边区无论新、老解放区疾疫仍然流行。1945 年以来，"行唐 3
个月来，患病者达到 5687 人，已死 329 人；曲阳儿童患麻疹者在万人以
上，只四、五、六、七区 100 个村由去年 10 月底到今年 2 月底 4 个月死亡
14 岁以下儿童即达 2000 人以上；定唐田兴庄患病者近 400 人，占全村总
人口四分之一以上；死 67 人，占病人六分之一以上。新解放区游击区因敌
烧杀蹂躏，病灾更易流行。行唐只刘库池一村去春患瘟症死亡者即有 83
人，占全村人口 45%"[④]。

　　晋绥边区经济不发达，以农业为主，缺医少药，疾病繁多，加之敌人

　　① 北京军区后勤部党史资料征集办公室编：《晋察冀军区抗战时期后勤工作史料选编》，北
京：军事学院出版社，1985 年，第 557~567 页。
　　② 刘皑风：《加强群众的卫生防疫教育，减少疾病死亡》，《新教育论文选集》，教育阵地
社，1944 年，第 43~44 页。
　　③ 《晋察冀中西医合作下乡突击扑灭病灾》，《抗战日报》1944 年 11 月 18 日，第 3 版。
　　④ 《关于开展民众卫生医疗工作的指示》（1945 年 5 月 21 日），晋察冀边区阜平县红色档案
丛书编委会编：《晋察冀边区法律法规文件汇编（下）》，第 428 页。

烧杀掠夺，许多人贫病交加，不但给我军创建根据地带来种种困难，而且给卫生防病工作增加了负担。全面抗战八年中，晋绥边区有多起传染病流行，疫情比较严重。1941 年春季，兴县寨上村发生伤寒流行，发病 420 余人，病死 70 人，发病数占全村人数 16%；中会村全村 108 人中，死于伤寒者 30 人；双全村全村 180 人，死于伤寒者 70 人。① 1942 年 3 月，"河曲巡镇一带瘟疫流行，每天都有不少人死亡，有的人家在几天里全家丧命，发病人数不详"。② 1945 年，忻州等地发生天花；临县一区发生伤寒和斑疹伤寒流行，前柏塔村 70 余户，患病 33 户，死亡 14 人；保德四区发生流行性感冒，白家村三分之一的人害病，病死 10 余人。③ 此外，赤痢、疟疾、猩红热、白喉、回归热、麻疹、水痘等传染病也在边区流行过。1945 年以来，山西民众罹患各类传染病，数量惊人，最普遍的是伤寒、斑疹、赤痢、鼠疫、花柳、梅毒、白喉、天花、霍乱、回归热、脑膜炎、急性肺炎等，估计妇女有性病者占 68%，小孩死亡率 56% 以上。④

晋冀鲁豫边区在全面抗战八年中连年战争，群众挨饿受冻惊怕，人民健康受到很大损害，加以营养不良，生活水平低下，霍乱、疟疾、天花、伤寒、斑疹伤寒等传染病在各地普遍流行，尤以疟疾、痢疾最盛。在太行区，抗战以来部队害病的共 83676 人。太行区辽县拐儿镇 1939 至 1941 年有五分之一人口害伤寒、疟疾、疥疮等病，其中贫农占绝对多数，受影响最大。⑤ 边区虽是低疟区，但居民中仍有不少人患过。据 1944 年太行军区第一、第四、第七分区统计，感染传染病 3971 人，其中疟疾 2022 名。武

---

① 张汝光：《120 师卫生工作概况》，《军队卫生工作文件汇编》（1937 年 7 月—1945 年 9 月），总后卫生部。

② 贺彪：《记一二〇师白衣战士们的英雄业绩》，《党史资料通讯》，总后勤部党史资料征集办公室，1986 年 6 月。

③ 《新中国预防医学历史经验》编委会编：《新中国预防医学历史经验（第 1 卷）》，第 107 页。

④ 《敌人在华北的暴行》（1945 年 11 月 20 日），谢忠厚主编：《日本侵略华北罪行档案·5·细菌战》，石家庄：河北人民出版社，2005 年，第 191~192 页。

⑤ 《太行区社会经济调查（第 1 集）》（1944 年 8 月），晋冀鲁豫边区财政经济史编辑组等编：《抗日战争时期晋冀鲁豫边区财政经济史资料选编》第 2 辑，第 1371 页。

安马店头全村有 411 人，就有 308 人患病，占总人口 74.9% 强。上麻田 604 人，害疟疾的 514 人，占总人口 85.1%。其中以壮年最多，约占 45%，其余为老年、幼年。就发病趋势而言，太行区日益向外扩大，疾病却日益向内发展。"就疟疾来说，1938、1939 年在冀西发生。1940 年赞皇一带发生甚炽，1941 年至武北直到清漳河岸，1942、1943 年到了武乡、襄垣等处，1944 年又到了二分区，这种趋势，日有增加。再说汗病，1939 年由河间开始传至林县、平顺，1940 年，1941 年，又至黎城、襄垣、左权，1942、1943 年榆社、武乡，直至现在武西仍在蔓延。这说明太行区不仅遭受日寇摧残，并受疾病侵害。"①

二、解放战争时期的传染病流行

解放战争时期，华北根据地各大解放区因战事倥偬，人口流动大，一些地区人畜大量死亡，传染病仍然大范围流行。

1946 年，陕甘宁边区传染病为小区域散在发生，如安塞、延安市曾发生流行性脑脊髓膜炎。② 当年 2 月，陇东、关中分区曾流行伤寒、浮花病。尤其是关中伤寒病极为流行，因病而死者已达 121 人，其中中心区 41 人、赤水五区二、三乡共 42 人、新正马栏区 30 人、淳耀 8 人。③ 3 月，各分区因传染病死亡者续有发生，尤以麻疹最为流行。④

1947 年，国民党胡宗南集团数十万军队向陕甘宁边区发起进攻，边区群众家园被毁，土地荒芜，文献中称之为"胡灾"。1948 年胡宗南部队撤退时，城乡遭到严重破坏，疫病在居民中大规模流行。陕甘宁边区政府民

---

① 钱信忠：《开展群众卫生运动——一九四五年四月在太行文教群英大会上的讲话》，太行革命根据地史总编委会编：《文化事业》，太原：山西人民出版社，1989 年，第 663~664 页。
② 欧阳竞：《回忆陕甘宁边区的卫生工作》，武衡主编：《抗日战争时期解放区科学技术发展史资料》第 5 辑，北京：中国学术出版社，1986 年，第 345 页。
③ 《陇东关中人畜疫病流行边区卫生署指示工作组救治办法》，《解放日报》1946 年 2 月 11 日，第 2 版。
④ 《继续开展卫生防疫》，《解放日报》1946 年 3 月 29 日，第 2 版。

政厅在 6 月 28 日紧急指示："甘泉、安塞等县疫病流行甚剧，有 60% 的居民患病。镇川、葭县死亡 1300 人，占人口数的 2%。延长县一半居民家中有病人，1 月份以来已病死 1229 人，占人口数的 4%。"① 《延属报》在 6 月 25 日也报道："丰富区冯庄 110 户，居民约 400 人患病，半年来死亡 50 人。响水沟 30 户居民有 100 人患病，死亡 18 人。"② 1948 年 12 月 18 日边区政府在《关于开展 1949 年卫生防疫工作的指示》中指出："今年夏季疫病流行蔓延 20 余县，病者 10 万余人。……8 月病势缓和，9 月停止传染，病死已达 2 万余人。"③ 这次疫病流行，有伤寒、霍乱、痢疾、斑疹伤寒、回归热、天花、流行性感冒和"吐黄水病"等④，是一次多种传染病的同时流行，当时统称为"瘟疫"。

这次疫病流行的特点是传播快、波及面广，发病率、病死率都很高。1948 年 2 月开始，至 6 月，疫情蔓延至 20 个县，病者 10 万余人。⑤ 仅延长、延川等 14 个县（市）不完全统计，死亡人数即达 7637 人，病死率高达 17%~27%。其中甘泉县发病 1124 人，死亡 198 人，病死率约 17%；延长县发病 5129 人，死亡 1229 人，病死率约为 24%；南泥湾垦区发病 1300 人，死亡 340 人，病死率达 26%；延川县发病 3000 余人，死亡 800 余人，病死率高达 27%。死者以小孩、老人为多。⑥ 这次疫病流行的原因是多方面的，主要原因是"蒋胡残暴的军事侵扰所造成边区人民空前的饥馑灾荒"⑦。边区"遍遭蒋胡摧残，兽蹄所致，百般蹂躏，被杀牲畜的皮骨肚

---

① 邓铁涛主编：《中国防疫史》，南宁：广西科学技术出版社，2006 年，第 522 页。
② 《新中国预防医学历史经验》编委会编：《新中国预防医学历史经验（第 1 卷）》，第 199 页。
③ 《陕甘宁边区政府关于开展 1949 年防疫卫生工作的指示》（1948 年 12 月 28 日），甘肃省社会科学院历史研究所编：《陕甘宁革命根据地史料选辑》第 3 辑，兰州：甘肃人民出版社，1983 年，第 308 页。
④ 陕甘宁边区政府：《陕甘宁边区目前的瘟疫蔓延及防治工作情况》，1948 年 8 月。
⑤ 《陕甘宁边区政府关于开展 1949 年防疫卫生工作的指示》（1948 年 12 月 28 日），甘肃省社会科学院历史研究所编：《陕甘宁革命根据地史料选辑》第 3 辑，第 308 页。
⑥ 陕甘宁边区政府：《陕甘宁边区目前的瘟疫蔓延及防治工作情况》，1948 年 8 月。
⑦ 中共中央西北局、陕甘宁边区政府、陕甘宁晋绥联防军司令部：《关于防止疫病的联合通知》，1948 年。

肠，到处抛掷。不管室内室外尽是人畜粪便，以及作战地区在敌人败逃之后，更是遗尸累累，遍地污血。我当地政府虽经动员打扫，但多不彻底，或因时间紧迫不及深埋，或因群众对敌仇恨敷衍的掩埋一下，甚至抛之沟壑饱食狼犬的，以至暴尸腐败，臭气冲天。"① "灾民由于去年惨遭敌人蹂躏和被迫饱受的风寒潮湿等，随使各种疫病潜滋暗长，当春暖以来即有发生。……又由于灾已长久，饥饿及食用性质不纯之杂草、野菜过多，身体衰弱，抵抗力降低，容易感染与死亡。"② 其次，这次疫病流行，与居民缺乏卫生防病知识也有关系。

东部各解放区自 1945 年以来传染病大流行，最初表现为在个别地方的散在发生，1948 年以来则呈大规模传播态势。1945 年以来，山西民众罹患各类传染病，数量惊人，最普遍的是伤寒、斑疹、赤痢、鼠疫、花柳、梅毒、白喉、天花、霍乱、回归热、脑膜炎、急性肺炎等，估计妇女有性病者占 68%，小孩死亡率 56% 以上。③ 1947 年，太行区屯留县五、六区发生传染病，"得病的人头痛，四肢发凉，往往上午起病，到半夜就死了"④。1948 年 10 月，太行区博爱县又爆发疟疾和痢疾。该县因地势潮湿，数年以来每逢夏秋即有疟疾流行。该年入暑以来，淫雨连绵，"疟疾蔓延至一、二、五、六、八五个区，病者已达两万人，比一九四六年还严重。六区流行者二十一个村，病人八千二百七十九口，其中较重者有六个村，病人占全村人口的百分之五十六。一区北马营，全村六百余口，病了四百余口。主要是疟疾和痢疾两种，其次是瘟症（患者只热不冷），但死亡很少。此外，还有一种虎列拉（霍乱），病人虽少，但死亡率大，重者上午得病下

---

① 《陕甘宁边区民政厅指示信》（战字第 1 号），1947 年 10 月 20 日。

② 中共中央西北局、陕甘宁边区政府、陕甘宁晋绥联防军司令部：《关于防止疫病的联合通知》，1948 年。

③ 《敌人在华北的暴行》（1945 年 11 月 20 日），谢忠厚主编：《日本侵略华北罪行档案·5·细菌战》，第 191~192 页。

④ 陈长有：《开展卫生防疫工作》，《人民日报》1947 年 3 月 28 日，第 4 版。

午就死"①。太行区 1948 年疾病比之往年流行更为严重。根据各专区、县报告：博爱、沁阳、焦作、武陟、温县、陵川、辉县、汲县、淇县、武安、磁县、涉县及一专区各县等地，普遍流行痢疾、瘟疫、天花、感冒等病。"病的来势猖狂、蔓延很快，面积很大。如四分区的疟疾、痢疾已流行三年，在前年就开始，蔓延未止，直至今年又大肆发展。七月份由福田区发生传染到博爱，八月份即蔓延全县，病者达三万人，只就六区西庄等六个村的统计，病人占人口的百分之五十六点五，以后相继传染焦作、温县。焦作一区就有八千病人，温县四西保营等十几个村病者占百分之七十，九月份又发展到沁阳，蔓延全县，病者达两万五千人。"②

　　同一时期，平遥、介休、灵石、沁县、沁源也普遍发生痢疾、霍乱，沁县、沁源还发现了天花。"灵石张秀一村，就死了十八人。介休林家庄八十余户，就死了三十多人，二分区沁水及四分区高平一、三区也发现痢疾，患者多系小孩。三区北村七月份死小孩二十多个。一区全王村死了五六个。其他如晋城有些死小孩也很多"。③《人民日报》刊文指出，整个 1948 年，"华北土地改革基本上已完成，封建制度已消灭，武装敌人亦将全部肃清。现在提出的迫切问题，除生产文化教育外，就是群众有了病，要想办法进行普遍治疗。天花、麻疹、猩红热、伤寒、霍乱、痢疾……等病，在全区各地此起彼落或轻或重的流行着，发病率与死亡率的高，在某些部分地区是相当惊人的。例如：太行四专区人口八十万二千五百一十人，在去年春秋两季疫病流行最严重时，病倒六万多，发病率约占人口百分之八。冀中区，去年夏秋疫病流行严重时达二十一个县、一百十

---

　　① 超韩：《博爱疟疾流行政府正组织医生扑灭》，《人民日报》1948 年 10 月 7 日，第 2 版。

　　② 《十个月来太行区的社会卫生工作》（1948 年），太行革命根据地史总编委会编：《文化事业》，第 694 页。

　　③ 《全区人民团结斗争战胜各种灾害》，《人民日报》1948 年 10 月 10 日，第 1 版。

九个村，发病数二万二千八百五十五人，大大影响了生产"①。山东解放区以回归热为夏季流传最烈的一种疫病，其次为脑膜炎。② 因长期战争，人民生活紊乱，健康水平下降，1948 年 2 月，鲁中、鲁南、滨北、滨海各地时疫流行，山东省政府指示各地加紧做好卫生工作。③

1949 年，各地疫灾流行规模更大。冀中区自 1948 年至 1949 年春流行以下多种传染病：麻疹、赤痢、天花、霍乱、肺炎、脑膜炎、流行感冒、回归热、伤寒等。至 1949 年 5 月，冀中区发生病疫的村庄共 853 处，占全专区总村数的 24% 强。患病人数 48859 人，死亡 3866 人，经卫生部门治愈者 44173 人，其中麻疹占病人总数的 60%，赤痢占 30%，其他占 10%。④ 1949 年，入春以来雨水缺少，"气候干燥，忽冷忽热，加以清洁卫生工作尚未能普遍展开的情况下"，瘟疫遂在察哈尔省不少地区流行开来。其中良乡、涞涿、徐水等县疫情流行相当严重，"良乡五区有 11 个村得疫症者即达 269 人，已死者 21 人；涞涿六区有 40 余人，病症大部是麻疹、慢性伤寒，病者一部分是七八岁的孩子，也有五六十岁的老人"⑤。入春以来，太行、冀中、晋中、冀东、察哈尔、石家庄市等地相继发生流行性的瘟疫、天花、麻疹、猩红热、霍乱等病。仅在晋中的五台尤丁村一带，患天花者即有 490 余人，死亡 50 余人。平定县桃坡村 100 户人家，患天花、麻疹的即有 130 余人。冀东通县、三河因天花麻疹两种病而死亡人数达 971 人。太行估计有 14 个县，冀中有 12 个县普遍流行。⑥

综观解放战争时期各大解放区传染病流行情况，以疟疾、痢疾、伤

---

① 朱琭：《开展群众性的卫生运动》，《人民日报》1949 年 2 月 25 日，第 4 版。

② 《山东省政府关于颁发卫生会议决议的命令》（1947 年 2 月 28 日），山东省档案馆等编：《山东革命历史档案资料选编》第 18 辑，第 290 页。

③ 山东省档案馆等编：《山东革命历史档案资料选编》第 20 辑，济南：山东人民出版社，1986 年，第 71 页。

④ 《冀中九专区防疫工作经验》，《人民日报》1949 年 5 月 11 日，第 2 版。

⑤ 《赶快预防和扑灭瘟疫》，《人民日报》1949 年 5 月 5 日，第 2 版。

⑥ 《华北各地组织医生全力防治流行疫病逐渐扑灭全区种牛痘注射防疫针者四十余万人》，《人民日报》1949 年 5 月 11 日，第 2 版。

寒、霍乱为主，发生疫病的原因，一是战争导致人民流离失所，人畜大量死亡，来不及埋葬，致使细菌滋生；二是因长期战争，人民生活动荡不安，营养不足，抵抗力减弱，易于感染病疫；三是农村普遍堆积污物，环境卫生条件太差，病菌易于生存。[①]

第二节　人为施毒：日军细菌战与华北根据地疫灾流行

全面抗战期间，日军在"扫荡"和进攻华北敌后根据地时普遍开展细菌战和毒气（质）战。比较来说，细菌战比毒气战"存在着更加厉害的毒效"，细菌战在任何时期都可以使用，而毒气战只限于"扫荡"时期。各种病菌在适当温度下繁殖大于死亡，可以长期存在，而毒气只能挥发不能繁殖，在其浓度扩散降至稀薄程度后，便会失效。病毒、细菌传染，尤其是鼠疫、霍乱的传染，极为迅速广泛，而毒气（质）没有传染效能，对于病毒、细菌的防范和治疗比毒气（质）要困难得多。[②]

一、晋绥

日军开展细菌战的目的和具体操作是明确的，而且时间极早。据曾任日军第一〇九师团卫生队步兵曹长的彬下兼藏在 1954 年 8 月 13 日的口供，早在 1937 年 10 月至 1938 年 5 月日军就曾于山西省太原、忻县、五台、太谷、平遥、汾阳、交城、文水、昔阳等地进行了详密的"卫生调查"，如风速、水速、流行病等，而"调查"的目的则是为撒布细菌做准备。[③] 1938 年 3 月，朱德、彭德怀关于日军投放细菌炸弹的电文指出，因敌在山西频加失利，"颇受重创，并因冀、晋、鲁各处游击队甚为活跃，故决定加以报复"，拟派数十架飞机飞往山西和陕北延安等地投掷"微菌

---

① 《全区人民团结斗争战胜各种灾害》，《人民日报》1948 年 10 月 10 日，第 1 版。
② 谢忠厚主编：《日本侵略华北罪行档案·5·细菌战》，第 187 页。
③ 谢忠厚主编：《日本侵略华北罪行档案·5·细菌战》，第 203 页。

弹轰炸"。①

1942 年春，边区反"扫荡"结束后，在河曲县巡镇一带发现鼠疫，很多病人吐血、便血，短期内即死亡，附近居民死亡率达 50%。② 1942 年 5 月 7 日的《抗战日报》载，日军在五寨县城公开提出所谓"毒疫攻势"，预先收集了大批老鼠，在城内作"鼠疫实验"，将五寨"城里的老百姓'实验'死了 1500 多人。……我军某部，在苛岚五区查获化装挑担小贩敌探一名，他深入各村活动，行担内藏有好几个散播病菌的老鼠"③。1943 年春，日军"扫荡"边区八分区时曾在屯兰川放了大批伤寒毒菌，"入秋后病菌滋发，伤寒病蔓延全村，仅营立一个不满百户的村子，不到一个月便死了 50 余人"④。1944 年 4 月，日军又计划向边区投放各类病毒、细菌，边区《抗战日报》连日揭露如下消息：（1）敌绥远巴盟公署训令，向绥远各地要活老鼠，分张家口、大同、集宁、包头等 5 处，1 至 3 月为第一期，3 至 9 月为第二期，朔县、开鲁敌现向每户各派 2000 只。（2）1 月 13 日，伪大同省治卫处强迫命令每村捕捉 2000 只老鼠，限期缴到。（3）该年 1 月份内，平鲁敌人曾下令各村，每户交老鼠 2000 只，已引起群众普遍反抗；4 月份又下令每户交虱子 1 斤半，并且要活的，限几天内交齐。⑤ 1945 年 1 月 13 日，伪大同省勒令所属各村限期"缴纳定量蚤虱、老鼠，朔代等县要每间交老鼠五个至十个，平鲁南丈于每村要老鼠二千个、虱子二两，据闻敌寇准备大量制造鼠疫，毒害我解放区军民"⑥。

① 《敌将放毒屠杀我民众朱总司令通电呼吁请全世界人民抗议敌暴行》，《新华日报》1938 年 3 月 29 日，第 2 版。
② 《河曲发现猛烈鼠疫各方商讨防疫办法》，《解放日报》1942 年 4 月 19 日，第 1 版。
③ 《五寨敌"鼠疫实验"害死民众千五百人》，《抗战日报》1942 年 5 月 7 日，第 2 版。
④ 《屯兰川敌放伤寒菌我派医生抢救》，《抗战日报》1943 年 11 月 2 日，第 1 版。
⑤ 《晋绥边区文联发出宣言控诉敌寇准备大规模施放鼠疫菌的滔天罪行》（1944 年 4 月 20 日），《抗战日报》1944 年 4 月 23 日，第 1 版。
⑥ 《敌寇阴谋制造鼠疫》，《解放日报》1945 年 4 月 2 日，第 1 版。

二、晋察冀

1941 年 10 月 30 日，晋察冀军区政治部下达《关于开展卫生运动的指示》，指出由于敌人到处焚烧抢掠，使边区军民被迫露营野外，饥寒之后无力抗拒病菌袭击，于是疾病发生，造成疫病流行。[①] 华北抗日根据地与日军占据的城市、交通线及据点，形成了犬牙交错的态势。日军在华北的细菌战是与"扫荡"作战相结合的作战形式。最臭名昭著者为华北（甲）一八五五部队，"他们穿着白衣衫，打着防疫旗号，使用十分原始而又极其隐蔽的方式，使疫病突然地猖獗传染开来，而群众还以为是天灾，它所造成的疫情损失之巨大是难以想象的"，是一支十足的化为白衣天使的魔鬼部队。[②]

据谢忠厚研究，侵华日军驻华北（甲）一八五五部队，在战场上及各地城乡广泛而大量地使用细菌武器，主要针对八路军部队和根据地人民群众，大体可分为 3 个时期。在 1937 年至 1940 年，侵华日军使用细菌武器，间隙时间较长，使用规模亦较小。1941 年至 1942 年，侵华日军使用细菌武器，开始由间隙使用为主转变为经常地使用为主，由小规模地使用为主转变为大规模地使用为主。1943 年至 1945 年，侵华日军根据石井四郎在 1943 年 4 月总参谋部秘密"保号碰头会"上提出的"准备使用大量细菌武器，先发制人"的主张，及准备实施对苏、对美细菌攻击的计划，在华北进行了大规模的细菌战及各种相应准备工作。据现有保留下来的部分资料记载，1938 年至 1945 年，日军在华北地区进行细菌战的事实达 70 余次之多，致使华北军民死亡至少在 27 万人以上。[③]

---

① 北京军区后勤部党史资料征集办公室编：《晋察冀军区抗战时期后勤工作史料选编》，北京：军事学院出版社，1985 年，第 475 页。

② 谢忠厚、谢丽丽：《华北（甲）一八五五部队的细菌战犯罪》，《抗日战争研究》2003 年第 4 期。

③ 谢忠厚、谢丽丽：《华北（甲）一八五五部队的细菌战犯罪》，《抗日战争研究》2003 年第 4 期。

敌后抗日力量对华北各铁路公路沿线敌人的打击，使其损失惨重，敌军行动不便，"恨我沿线民众助攻敌军，于各重要村镇饮水井内大量散放霍乱、伤寒等病菌。故华北月来，疫疬流行，势颇猖獗，我民众染疫而亡者在八月份之一个月中已达四五万人"①。1940年至1941年，日军对阜平"扫荡"，投放细菌。仅4个区抽查，发病3.94万人，发病率达94%，死亡5911人，占总人口14.1%，多见流行性感冒、痢疾、疟疾、伤寒、回归热、麻疹、天花、水痘等。②

1942年以来，敌后抗战日益胶着而艰难，日军为瓦解和残害敌后抗日力量，加剧细菌战进攻力度，将细菌战使用对象由军队为主改为群众为主，对晋察冀边区开展经常性、大规模细菌战。病菌种类包括霍乱、伤寒、赤痢、鼠疫、传染性黄疸等。日军在"扫荡"中施放病菌，或派间谍投掷病菌于井水内。赤痢病菌多投掷于房内或井内；鼠疫、鼠伤寒病菌是施放注射过的鼠于村落内；传染性黄疸病菌，是将身藏病菌的鼠投于村落内或投掷于井内。③当年3月，日军在冀中正定、无极、深泽等地"扫荡"中，施放携带鼠疫杆菌的病鼠于各地，这些老鼠均不畏猫，行走迟缓，病态甚重，死后身有红色斑点。3月7日，冀中军区控诉：日军在2月14日为配合其军事"扫荡"，沿平汉路定县一带散放大批经过注射鼠疫病菌的病鼠，"企图造成鼠疫流行的大惨祸"。④在冀中捕获的日本在华特务机关长大本清的供词也证实："日本在华北的北平、天津、大同等地，都有制造细菌的场所；日军中经常配属有携带大量鼠疫、伤寒、霍乱等菌种的专门人员，只要有命令就可以施放。当时冀中形势是敌我犬牙交错，所以只

---

①　《华北寇军放病菌八月份我染疫死亡四五万》，《新华日报》1938年9月22日，第2版。

②　高明乡主编，阜平县地方志编纂委员会编：《阜平县志》，北京：方志出版社，1999年，第767页。

③　《晋察冀军区司令部通报》（1942年5月9日），谢忠厚主编：《日本侵略华北罪行档案·5·细菌战》，第185~186页。

④　《敌寇散放毒菌残无人道冀中军区向全世界控诉》，《晋察冀日报》1942年3月7日，第3版。

是一些试验，不能大量使用，只等把八路军压缩到山地或日本军队撤退时，才大规模地采用细菌战术。"① 1942 年 5 月 9 日，晋察冀军区司令部通报粉碎敌人毒质战和病菌站，指出日军制造的病菌有霍乱、伤寒、赤痢、鼠疫、鼠伤寒、传染性黄疸等。霍乱、伤寒病菌是在"扫荡"中，或派间谍，投掷于井水内，其他如赤痢病菌、鼠疫、鼠伤寒病菌、传染性黄疸病菌等，也都有隐蔽和恶毒的投放方式，已如前所述，都是与百姓生活密切相关的环境及其设施如水井等。② 在雁北地区，敌伪"使用种种方法，强迫人民交纳虱子、老鼠、臭虫，喂养病菌，然后向我军散放。4 月初，敌寇即屡令敌占区老百姓交纳胡须、鸡毛、老鼠。胡须不论老少每人交 2 两，鸡毛每间交 2 两，老鼠每人交 2 只。不能交出者，须用白银代替（据说每只老鼠折合白银 1 元 4 角）。伪广灵县政府下令各村每户交虱子、臭虫各 5000，浑源、应县各伪县府亦有同样命令"③。此外，敌人还在应县盐池内投放大量病菌，"根据地军民患霍乱、痢疾、疟疾等病，与吃有毒盐有关"。④

三、晋冀鲁豫

1938 年 10 月 11 日，朱德、彭德怀向国民政府行政院报告日寇在豫北地区滥施霍乱等病菌之罪行电，指出："豫北敌以迭遭我袭击，伤亡惨重，乃在道清路两侧地区，滥施霍乱及疟疫病菌，民众罹毒者甚众，内黄、博爱等县尤剧，每村均有百数十人，惨绝寰宇，无复人性。"⑤ 日军不仅在进攻敌后根据地和抗日力量过程中散布病毒、细菌，而且在抗日力量收复沦陷区之前在撤离时向当地水井、饮食、蔬菜、水果中投放各种病菌。如 1939 年 8 月，日军撤离濮阳时向城内井中投放伤寒病菌，

---

① 谢忠厚主编：《日本侵略华北罪行档案·5·细菌战》，第 206 页。
② 《晋察冀军区司令部通报》（1942 年 5 月 9 日），《日本侵华细菌战研究报告》，第 279～280 页。
③ 《敌又一灭绝人道暴行迭在华北放毒菌》，《新华日报》1942 年 7 月 20 日，第 2 版。
④ 《应县敌寇在盐中放毒》，《解放日报》1942 年 11 月 25 日，第 1 版。
⑤ 谢忠厚主编：《日本侵略华北罪行档案·5·细菌战》，第 173 页。

在商丘的瓜地里将霍乱菌用注射器打入瓜内，导致当地发生严重的霍乱疫情。①

　　1940 年冬，日军沿平汉路进扰，在冀西赞皇县竹里村一带滋扰时，曾施放霍乱病菌于村郊，1941 年"立春后中毒者分害绞肠痧、肚疼、头晕，不二三日即死亡"，患病者计达 60 余人，每日死亡均在二三人以上。②1944 年 11 月间，日军八七旅团长吉武秀人指挥步兵、骑兵及防疫给水班攻击林县及浚县东部地区八路军。在步兵部队撤出林县南部地区时给水班在三四个村庄里散布了霍乱病菌，导致该县至少有 100 名以上居民感染霍乱而发病死亡。③1944 年 4 月至 1945 年 5 月，林县西面的山西潞安地区 8 个村庄遭到日军细菌战残害。据日军战俘供称，日军在水井中投放伤寒菌，导致 4 个星期中有 38 名百姓感染，死亡 14 名，并传染至附近村庄。同时，又在常村站附近村里的井中投入了伤寒菌，经 3 次调查后，受感染的百姓 35 名，其中死亡者 15 名。同年 6 月，在常村南约 1 公里的某村及潞安东面约 2 公里的成坊庄，散布了伤寒菌。马坊庄受感染的百姓 22 名，其中死亡 7 名，常村附近之某村亦感染了 60 多名，其死亡者十七八名。同年 7 月，在潞安南约 1 公里的某村，投入伤寒菌，经两次调查后，受感染的百姓 30 名，其死亡者十二三名。同时，在潞安南约 2 公里的某村的水池内投入了伤寒菌，经调查两次后，受感染的百姓 20 多名，其中死亡 5 名。又在潞安南方约 1 公里某村前约 100 公尺的厕所内投入伤寒菌，经调查后，受害的百姓 23 名，其中死亡十二三名。同年 8 月，日军在潞安陆军病院东约 500 公尺的井内投入赤痢菌，一星期后，染病者 30 多名，其中死亡小孩 2 名。同月，由潞安撤退时，日军在陆军病院的井内、火房前的水池里投入伤寒菌。同月下旬，在撤退路经沁县车站时，日军在车站水缸内和脏土

① 谢忠厚主编：《日本侵略华北罪行档案·5·细菌战》，第 174 页。
② 《敌寇放毒到处散放霍乱病菌》，《晋察冀日报》1941 年 4 月 6 日，第 2 版。
③ 《铃木启久的口供》（1955 年 5 月 6 日），谢忠厚主编：《日本侵略华北罪行档案·5·细菌战》，第 211 页。

堆里投入伤寒菌。①

　　日军主要在村庄水井或附近河中投放传染病菌，有的还将病菌掺入大米、白面里甚至食器上，这直接导致群众被感染。敌后根据地普遍存在环境卫生问题，这也便利了日军投放病菌。如山西长治郊区寨子村于1944年4月日军盘踞时发生伤寒传染病。该村"确有厕所、水池各一个，因得病者大部是在水池洗澡、洗衣服"。而一名群众家的厕所在水池附近，"经常使用，密集蝇子甚多"。群众认为日军投放了伤寒病菌，影响环境卫生，最终导致该村65人被传染，死亡17人。②

第三节　华北根据地的环境卫生整治

　　人体与环境之间是辩证统一的关系。环境卫生整治关注大气、水、土壤、城乡居住条件等自然和社会环境因素对人体健康的影响，通过有目的地改善、控制和消除上述环境中的有害因素，充分利用其有利因素，以预防和消灭疾病，创造有益于健康的生活居住环境。应当指出，早在20世纪20年代的国内文献中已经出现了"环境卫生"这一概念③，环境卫生涉及的内容包括：饮食方面——管理食物，改良饮水；房屋方面——便利采光，冷暖适宜；疾病方面——隔离消毒，防治瘟疫；城市方面——街道整洁，公园林立。④ 至华北根据地时期，环境卫生的概念和具体内容应当说已经是一种公共知识，只是一般民众限于文化水平和卫生习惯对此并不关注。

---

　　① 《种村文三的口供》（1954年8月31日），谢忠厚主编：《日本侵略华北罪行档案·5·细菌战》，第215页。

　　② 《长治市城郊区寨子村的证明书》（1953年7月15日），谢忠厚主编：《日本侵略华北罪行档案·5·细菌战》，第221页。

　　③ 如《关于上海学校环境卫生之调查及期望》，《卫生月刊》1929年第2卷第11期，第8~9页。

　　④ 《环境卫生》，《河北民政汇刊》1929年第5编，第350页。

自全面抗战以来，在较长时期内中国共产党控制区域除了少数中小城市，绝大多数是农村地区。由于旧的卫生习惯束缚，加之经济文化落后，城乡环境卫生状况普遍低下。但是，不断发生的传染病疫情使得党和各级政府不得不正视这个问题，为阻断传染病传播源，切断病原体生存的"温床"，各大根据地均开展了环境卫生整治工作。

一、环境卫生整治的总体特征

（一）加强领导、教育、宣传

1. 加强领导

1939 年，在中国共产党陕甘宁边区第二次代表大会上通过了加强卫生保健工作的决议。1941 年 5 月，由中共中央西北局提出的陕甘宁边区施政纲领中，第 15 条规定"推广卫生行政，增进医药建设，欢迎医务人才，以达减少人民疾病之目的"。在同月召开的陕甘宁边区政府委员会第 63 次会议上，决定由边区政府卫生处拟定 3 年卫生建设计划，以加强卫生保健工作。1942 年 8 月，在边区卫生处召开的有关卫生设施的座谈会上，参会者建议并经领导机关批准成立了延安市卫生事务所，聘请专家组成卫生指导组，从延安市到市内各机关、部队以及按行政区划都成立了卫生委员会，并广泛组织与发动群众，开展卫生运动。[①]

中央领导人毛泽东等也强调要搞好卫生工作，保障"人财两旺"，这对其他根据地具有重要的指导作用。1945 年 5 月，晋察冀边区《关于开展民众卫生医疗工作的指示》提出："'人财两旺'是准备反攻的物质基础，病灾的不解决，民众健康不能恢复、提高，即难达此目的。"[②] 中央主管的报纸根据中央思想，大力宣传开展卫生教育、组织军民开展卫生运动（当

[①] 《新中国预防医学历史经验》编委会编：《新中国预防医学历史经验（第 1 卷）》，第 65 页。

[②] 《关于开展民众卫生医疗工作的指示》（1945 年 5 月 21 日），《晋察冀边区法律法规文件汇编（下）》，第 430 页。

时也叫清洁运动），以改善环境，移风易俗，保障健康，减少疾病。1939年4月7日，《新中华报》发表的社论《把卫生运动广泛地开展起来》，对当年的活动做了概括："在民主的边区政府领导下，边区卫生运动，比之过去，是有了长足的进步。这表现在疾病的发生与死亡率大大减少，表现在群众已认识卫生对于他们生活的深切的关系，注意与接受一般的关于卫生常识与卫生设施的教育；更表现在群众对于医药科学有了进一步的理解与信仰。"该社论还强调，卫生宣传的目的是发动群众，落实到群众性的卫生活动中去。因此，要紧紧依靠群众中有影响的代表人物，如生产模范、变工队长、小学教师以及各级行政领导，带头参加，更能很快地带动起来。就环境卫生来说，要将各级卫生委员会建立起来，加强对卫生运动的领导；结合运动的展开，搞好卫生设施，如营房装纱窗、门帘；厨房、厕所设暗道；剩食盖纱布；设立垃圾坑，修建深坑厕所；改造畜圈，用堆肥法处理粪便；改善水源和挖排水沟等。①

党中央不仅直接领导了陕甘宁边区的医疗卫生事业建设，而且通过制定的各项卫生防疫政策影响了其他抗日根据地的卫生事业。晋察冀边区政府根据党中央《抗日救国十大纲领》，在1940年制定了"双十纲领"，将"改善公共卫生，预防疾病流行"列为一项施政纲领。② 当然，由于战争影响和各种条件的限制，各大根据地主要着重于党政机关和军队医疗卫生工作，群众医疗卫生问题重视得还不够。直到1943年以后，随着大生产运动和整风运动的深入，各根据地普遍开始重视群众医疗保健工作的开展，开展清洁卫生运动和破除迷信活动，在传染病流行时，派医疗队深入乡村进行防治，指导并帮助当地群众改善居住环境。

华北根据地加强环境卫生工作领导的主要方式是建立领导机构及与环

---

① 《新中国预防医学历史经验》编委会编：《新中国预防医学历史经验（第1卷）》，第68页。

② 吴永主编：《延安时期党的社会建设文献与研究·研究卷》，西安：陕西旅游出版社，2018年，第121页。

境卫生有关的规章制度。1940 年 5 月，陕甘宁边区民政厅与八路军军医处联合召开延安卫生部门及有关机关代表会议，研究延安卫生防疫问题，决定成立延安防疫运动筹备会，先在延安市和延安县推行防疫运动，进而推广到全边区。5 月 26 日，延安防疫委员会正式成立。该委员会为延安防疫最高领导机关，负责推动延安地区的卫生防疫运动。这样，专门负责边区卫生防疫的行政领导机构初步建立，卫生防疫试点工作正式起步。1941 年 3 月，甘泉县流行瘟疫，引起边区政府和民政厅的高度重视，加速了边区政府防疫工作的进展。1942 年春，陕甘宁边区周边地区流行鼠疫，为防范病疫的传入，4 月，边区政府成立了由民政厅长刘景范为主任委员的"防疫委员会"，开展防疫工作。这次防疫工作初步改善了边区卫生状况，并出现了一批卫生模范村和模范家庭。同月，陕甘宁边区成立了防疫总会并举行了第一次会议。6 月，边区政府公布《陕甘宁边区防疫委员会组织条例》，规定边区成立的防疫总会直属边区政府领导，统一管理全边区防疫工作；委员会设总务、防疫统计、环境卫生、宣传教育、医务治疗 5 个部门；各分区、县均设立防疫分会，负责管理该地区的防疫工作。此后，边区的卫生防疫工作走上正轨，开展了大量实际工作，在保障人民生命安全方面发挥了应有的作用。

　　陕甘宁边区卫生防疫方面的成功做法，对其他抗日民主根据地起到了示范和带头作用。毛泽东强调："所谓国民卫生，离开了三亿六千万农民，岂非大半成了空话？"中国共产党"应当积极地预防和医治人民的疾病，推行人民的医药卫生事业"。[①] 各根据地制定法规，重视卫生建设，加强领导工作。1940 年 8 月 13 日，中共中央北方分局提案公布的《晋察冀边区目前施政纲领》之第十一条规定"提倡清洁运动，改良公共卫生，预防疾病灾害"。《晋冀鲁豫边区政府施政纲领》提出建设卫生行政，减少人民疾病死亡。其具体措施是："甲、逐渐建立民众医院，增进医务设备，对贫

---

　　① 毛泽东：《论联合政府》，《毛泽东选集》第 3 卷，北京：人民出版社，1991 年，第 1078、1083 页。

苦抗属及人民实行免费或减费治疗，奖励私人医院之建立。乙、利用各种土产药材，改良自制药品。丙、欢迎与培养医务人材，并给予优待。丁、加强人民的卫生教育，提高人民的卫生常识，注重公共卫生。"①

2. 加强环境卫生教育、知识宣传

战争环境下，华北根据地民众生存环境普遍恶劣，文化水平落后，民众对于身体健康尚且自顾不暇，遑论环境卫生。各大根据地民众一般不讲究卫生，人畜同屋，人畜相邻，厕所与水井相邻的情况比比皆是。晋察冀边区民众"炕上的被子一年也不洗一下，黑漆漆的像一张铁片，闻着还有一股臭味儿。做饭的家具，也不常洗，就洗，也是'毛里毛草'地洗一下。洗碗的抹布，黑得也够瞧。地下这儿一些白菜片，那儿一些蔓菁头。出了院，一个臭水缸，蹲在当院，破布条、碎瓦片搅在一块儿，柴柴草草，和成一堆"②。

为了提高群众的卫生保健意识，各根据地的医疗卫生工作人员都积极响应党中央号召，运用多种形式对群众进行卫生常识的宣传和教育，以便向根据地居民传授卫生知识，帮助他们改善居住环境。各大根据地发行的报纸如《新中华报》《解放日报》《晋绥日报》《晋察冀日报》《新华日报》《人民日报》等都有卫生知识的宣传。这些报刊所登文字主要包括疾病的名称及其致病原因、预防措施，以及主要病原体和传播媒介干预、治疗方法等。如1949年5月24日，《人民日报》刊载《肠胃传染病的预防方法》一文，指出肠胃传染病中最主要的是伤寒、赤痢、霍乱三种："伤寒、赤痢在我国经常的散在的发生着，尤以夏秋为甚，有时来一次大流行。……肠胃传染病所以惹起流行，不外于三种基本条件：一为病原菌的存在，二为传染媒介的形成，三为人民免疫力的缺如。"③ 该文重点对传染媒介进行分析：第一是由于病人所用什物的媒介传染，第二是以粪便作为传染的媒介，第三是以水为媒介的传染。有些地方在河内冲洗马桶，将河水污染。

① 《中国新民主主义革命时期根据地法制文献选编》第1卷，第49页。
② 张有福：《讲究干净少灾病》，《晋察冀日报》1941年2月22日，第4版。
③ 李克温：《肠胃传染病的预防方法》，《人民日报》1949年5月24日，第4版。

接下来，该文对粪便—苍蝇—水源的关系进行详细的分析，从而指出加强粪便处理、水源改良、防蝇灭蝇的重要性。如称："目前我国人民饮用的水，仍以井水河水为主，供水的单位很多，管理起来就比较困难。并且一般井的建筑，十有八九多不合规定，不是井壁漏水，引致病菌的渗入，就是井台井栏不好，诱使污水倒流，一有疾病流行，就有作为传染媒介的可能。"①

此外，通过开展群众性的卫生防疫教育，启发广大群众改善环境卫生在各大根据地也多被采用。以晋察冀边区为例，"有的地方，人畜同居，猪不设圈，人无厕所，到处便溺，蚊蝇成群，传染疾病，就要针对这种情形进行教育；有的地方，得了传染病不知隔离，全家仍然伙睡一炕，以致全家皆病，甚或全家死亡，就要教育群众有病隔离，以防传染"等②。因此，边区领导层认为开展群众卫生教育要打开群众的脑筋，使之懂得讲究卫生预防疾病的道理，要教育群众掌握一般的卫生常识与医药常识，并且针对具体情况和不同对象来进行。在教育方式方法上，晋察冀边区政府强调要利用一切机会，多种多样，不拘形式，如通过小学、民校、读报组、黑板报、演戏、歌唱、图书、展览会、集市宣传、庙会宣传、大会讲演、个别谈话、卫生训练班、订立卫生公约等，来进行卫生防疫教育。边区将卫生防疫宣传教育工作与组织工作结合起来，用宣传教育打开群众脑筋，使群众了解到为什么讲卫生与怎样讲卫生；用组织工作组织与推动群众进行卫生活动，养成卫生习惯。

（二）开展清洁卫生运动

全面抗战以来，各大根据地通过加强卫生防疫工作的领导和宣传，普及宣传环境卫生知识、开展卫生教育，各地群众对环境卫生的认识应该说较之以往有了很大的进步，但若要切实改变广大城乡居民的旧有环境卫生

---

① 李克温：《肠胃传染病的预防方法》，《人民日报》1949 年 5 月 24 日，第 4 版。
② 刘皑风：《加强群众的卫生防疫教育，减少疾病死亡》，《新教育论文选集》，第 44～45 页。

面貌则离不开政府部门的切实推动。为此，各大根据地广泛开展了清洁卫生运动，以推动根据地环境卫生状况的改善。

1940 年，华北各地疾疫流行。1941 年 2 月 19 日，《晋察冀日报》刊载社论，号召各地开展春季清洁卫生运动，明确指出病菌是一切疾病之来源菌。"病菌，是我们人身之大敌；病菌的滋长，就是我们身体的消损。展开与病菌的斗争，扑灭它，这是我们健身的中心问题"，而清洁卫生就是扑灭病菌的良法。"现在已经是暖风吹拂的春天了，一切有生之伦，皆将在这一个时候，开始萌动和滋生起来，病菌当然也不能例外。一切的污秽垃圾，都是此等病菌托生的园地"。加之，各处战场及敌人放毒，如果不及时预防，不及时开展清洁卫生运动，以消灭毒物与病菌，那么其一旦蔓延和传播起来，会使边区疫疾流行开来。① 社论强调，开展清洁卫生运动的基本工作是对群众进行宣传教育。加强对科学知识的宣传，引起群众对清洁卫生的重视。应当使群众了解清洁卫生是一种美德，养成群众崇尚清洁卫生的习俗。再次，必须全村、全区集体工作，并不限于个人，使群众互相督促，家家户户一致动员起来，造成一个紧张而广泛的运动。清洁卫生的方法包括填垫厕所、猪圈，捕杀苍蝇、蚊子，打扫街头巷尾，洗涤衣被、手脸等。

10 月 21 日，《晋察冀日报》再次发表《广泛开展卫生运动加紧防治流行疾疫》的社论。这次社论尤其指出了日寇烧杀造成的疾疫流行问题。在日军对边区空前的"大扫荡"以来，由于"敌寇极度野蛮疯狂，烧杀抢掠，以致造成了我边区目前普遍流行的严重疾疫"。为防止和杜绝疾疫的流行，采取的重要措施就是普遍开展群众卫生运动，号召、教育广大人民群众严格注意个人卫生及室内外、村内外的清洁。各级干部要以身作则，制定工作计划，按步骤执行，以自己的模范作用推动群众参加。特别是各机关团体所住村庄，更要以本身模范的卫生行动，去推动和帮助全村群众

---

① 《开展清洁卫生运动》，《晋察冀日报》1941 年 2 月 19 日，第 1 版。

开展卫生工作。①

　　1942 年 3 月 8 日至 15 日，北岳区各团体联合指示各地开展防疫卫生突击周运动，"普遍的开展防疫卫生运动，为今后的防疫卫生工作，打下巩固的基础"。② 防疫周期间，各地一方面进行广泛的宣传发动工作，组织防疫卫生的宣传队，并揭发敌寇散毒制疫的卑劣行径，提高了人民群众的警惕性，打击与严防敌寇汉奸的放毒行为。另一方面，通过加强环境卫生整治，实行普遍的大扫除，将住室、厨房、院落、厕所、街道、衣服、用具，进行全面打扫、洗晒和整理。指示特别强调，厕所、猪圈等应尽量远离厨房和住室，或经常加盖新土，并把这一工作与积蓄肥料联系起来。各团体应在所住村庄切实帮助群众实行，经常定期扫除，并配合村政权、村代表会定出全村卫生公约，提倡多养猫，消灭老鼠，防止鼠疫。

　　开展群众性清洁卫生运动不能脱离群众，而是要依靠群众的觉悟与自愿，根据地领导层对此是清楚的。晋察冀边区教育处处长刘皑风指出："强迫命令一定不能成功，所以进行卫生教育必须耐心，要用灵活曲折的教育方法，启发群众的觉悟，逐渐达到群众都能自觉自愿的讲究卫生，预防疾病的发生和蔓延。……须要加强医药工作与科学卫生教育，否则强迫命令，用单纯的行政手段反对迷信，便会脱离群众。"③ 1945 年，晋察冀边区各地在搞好家庭卫生的基础上，开展妇婴卫生工作。各地提倡三净四勤，利用旧的习惯习俗，开展清洁卫生运动。将妇婴卫生运动与群众卫生结合，一些卫生工作开展，村有卫生干事，生产组有生产员。通过制定相关制度，五天扫一次大街，每天扫院一次，七天垫圈一次等。④

------

①　《广泛开展卫生运动加紧防治流行疾疫》，《晋察冀日报》1941 年 10 月 21 日，第 1 版。

②　《北岳区各团体联合指示展开防疫卫生突击周》，《晋察冀日报》1942 年 3 月 6 日，第 3 版。

③　刘皑风：《加强群众的卫生防疫教育，减少疾病死亡》，《新教育论文选集》，第 46～47 页。

④　晋察冀边区北岳区妇女抗日斗争史料编辑组：《晋察冀边区妇女抗日斗争史料》，北京：中国妇女出版社，1989 年，第 728 页。

在晋冀鲁豫边区，1944 年 6 月 7 日，太岳区由太岳纵队发起，开展全区卫生防疫运动。各县随后也纷纷召开防疫会议，教育群众破除迷信，组织中西医的医生为群众治病，创办群众性的医药合作社，发动群众采药，开展群众性防病治病运动。1945 年 6 月 17 日，《太岳日报》发表了《开展社会卫生运动》的社论，指出太岳军区司令部协助驻地群众开展卫生周活动，建立了农民医院，为群众减除病痛，并且在各村建立卫生工作指导委员会，开展群众性的社会卫生运动。[①] 晋冀鲁豫军区军队也帮助开展群众性的卫生运动。从 1946 年开始，在晋冀鲁豫军区，第三纵队同当地群众一起，逢年过节、春秋或冬春季节，经常军民联合进行卫生突击运动，包括环境卫生、饮食卫生及联合进行检查和评比竞赛等。在整个解放战争时期，二野部队无论在老根据地或进入新区，凡是整训或休整，都坚持开展群众性的卫生运动，有时同当地群众联合，有时部队单独进行。卫生运动的内容，一般包括开展卫生宣传教育、清除垃圾、室内外大清扫以及个人卫生的彻底清理，有时还包括灭蝇、灭蚊、灭鼠、灭蚤等活动。[②]

解放战争时期，由于多年的战乱，加上广大华北根据地农村医疗条件很差，天花、麻疹、猩红热、伤寒、霍乱、痢疾等病在华北各地此起彼落或轻或重地流行着，发病率与死亡率在部分地区相当惊人。例如，"太行四专区人口 802510 人，在去年（指 1948 年）春秋两季疫病流行最严重时病倒 6 万多，发病率约占 8%。冀中区去年夏秋疫病流行严重时达 21 个县占 119 个村，发病数 22855 人，死亡数 3362 人"。[③] 华北人民政府成立后，于 1949 年初专门召开华北全区卫生工作会议，交流各地开展医疗卫生工作的情况和经验，研究解决一些专门性卫生问题，实行对贫苦群众和荣退军人免费医疗政策。会议对加强农村医疗卫生工作提出了几项主要任务，其

---

① 山西省地方志办公室编：《太岳革命根据地史》，太原：山西人民出版社，2015 年，第 198 页。

② 四川省卫生厅：《解放战争时期第二野战军预防医学的实践经验》，（内部资料）1986 年，第 17 页。

③ 《共和国雏形——华北人民政府》，第 60 页。

中之一就是广泛开展卫生运动，实施卫生教育，采取各种形式进行防疫实例宣传，提高人民卫生认识，养成良好的环境卫生习惯。

二、城乡环境卫生综合整治

（一）城市环境卫生整治

中国共产党走的是农村包围城市的革命道路，长期在农村地区建立根据地，随着力量的增强，依托波浪式推进逐渐囊括城市区域。因此，在较长时间内，华北根据地主要控制少数中小城市，直至解放战争时期方解放张家口、邯郸等大城市。不过，由于城市人口集中，开展防疫卫生、环境卫生整治工作有着空间上的便利。限于资料，我们主要以延安、张家口、邯郸三座城市为例，考察华北根据地时期城市环境卫生整治情况。

1. 延安

作为陕甘宁边区首府，延安市传染病防治的力度和被重视度自然要高于边区其他城市，边区政府尤其重视通过开展环境卫生整治来预防各类传染病的发生。

（1）开展卫生运动，加强公共卫生设施清洁、改造和建设。早在1937年3月16日，延安市即举行卫生运动周，主要内容包括开展卫生运动宣传、全城大扫除、建立公共厕所与动员种牛痘等三项工作。[①] 运动周结束后，全城建立了6个公共厕所，并在延安县政府卫生委员领导下，"全城商民募集了80多元国币——准备修理并加造"。全城1000多人拿着扫帚、铲子开展大扫除运动。[②] 由此也能看出，在中共中央到达延安之前，城市公共厕所缺乏，环境卫生状况不佳。当然，卫生运动需要定期开展，否则即流于形式。边区卫生人士强调，1939年4月八路军卫生部在延安发动了一次清洁运动，虽然获得了部分成绩，但仍然是不够的。今后应把这一运动和抗战、生产更密切地联系起来，使之有更大的收获。今后的工作方针

---

① 《大家来做卫生运动》，《新中华报》1937年3月16日，第4版。
② 《延城的卫生运动周》，《新中华报》1937年3月23日，第4版。

包括定期举行清洁运动，有计划地改良环境卫生，普及必要的卫生设施。①
1940 年 5 月 26 日，为了把延安的党、政、军各系统的卫生防疫工作协调
起来，边区政府组建了延安市防疫委员会，统一指导延安市卫生运动的开
展，并决定各机关、部队、学校、群众组织都成立防疫委员会。该防疫委
员会为延安防疫运动最高领导机关，负责推动延安市县境内卫生防疫运
动。不久，延安市防疫委员会规定自 5 月 27 日起一周内为防疫运动之宣传
组织时期，6 月 3 日起为防疫运动周。延安防疫委员会规定了防疫运动实
施计划，印发各单位执行，其中，环境卫生整治是重要内容，主要包括：
举行大扫除；关于卫生设施，如垃圾坑、污水坑及沟，及厕所等之修建，
及公共场所卫生设施等。② 1940 年 7 月，延安市各界组织延安防疫委员会
再次发起防疫运动突击周，在环境卫生整治上取得了如下成绩：各机关、
部队、学校、医院以及其他团体等的厨房和食堂都做到了"防蝇暗道"的
设置；厕所也都挖掘了深坑；污水坑、垃圾坑也都已逐渐添设。③

　　防疫清洁卫生运动如果不能得到广大市民、机关单位干部的切实执行
就流于形式。对此，边区防疫委员会专门商请边区政府，以命令的方式通
令延安市各单位认真执行。1942 年 8 月 11 日，陕甘宁边区政府命令全市
各机关、团体、学校自 8 月 15 日至月底开展"防疫清洁大扫除运动"。④
1943 年 6 月 10 日，边区中央卫生处为预防伤寒、痢疾等胃肠传染病，特
通知中直、军直等机关及学校，在 6 月底前发动一次大扫除，要求"厨房
水房内部及周围……马棚、猪栏、厕所等处，打扫干净，并在厕所、猪
栏、垃圾坑内铺撒石灰或沙土，有蛆时并用滚开水冲浇"⑤。除了开展定期

---

① 《把卫生运动广泛的开展起来》，《新中华报》1939 年 4 月 7 日，第 1 版。
② 《防疫动员大会上延安防疫委员会成立》，《新中华报》1940 年 5 月 31 日，第 3 版。
③ 《延安防疫委员会总结防疫卫生工作》，《新中华报》1940 年 7 月 26 日，第 4 版。
④ 陕西省档案馆：《陕甘宁边区政府文件汇编》第 6 卷，西安：陕西人民教育出版社，
2015 年，第 160 页。
⑤ 《中央总卫生处为预防伤寒痢疾急性胃肠炎（泻肚）的紧急通知》（1943 年 6 月 10 日），
《解放日报》1943 年 6 月 17 日，第 4 版。

清洁卫生运动，边区政府还在延安市内建立清洁卫生设施，以及改造旧的设备，及时添置新设施。如 1946 年 5 月，延安市政府又成立了卫生管理委员会及整顿市容卫生小组，其工作包括试办洒水车，划定摊贩设摊区域，加强清道夫教育，扩大其工作范围（如清扫阴沟等）。设卫生警察 5 人，进行检查督促。①

（2）捕杀疫病传染媒介。苍蝇、虱子、跳蚤、老鼠是传染病的重要传染媒介，传统城乡群众对此认识不清。全面抗战以来，随着中共中央及大量知识分子奔赴延安，科学的卫生知识逐渐普及，加之中央主办的报纸大力宣传卫生知识，苍蝇、虱子、跳蚤、老鼠在传染病传播过程中的作用及捕杀它们的重要性逐渐为群众所认知，在边区和延安市卫生部门领导下，延安市开展了经常性的捕杀运动。

边区常见传染病为胃肠传染病和虫媒传染病，胃肠传染病主要有痢疾、伤寒，虫媒传染病有回归热和斑疹伤寒。胃肠传染病会以媒介间接传播，尤以苍蝇最让人头疼，从而成为环境卫生整治的"首要"对象。在延安流行性感冒是第一位传染病，而痢疾则为第二位传染病，痢疾"和苍蝇有不解之缘，就是当苍蝇发生时，它就发生了；苍蝇最多时，流行起来；苍蝇消失时，它也就减少或潜伏起来"。②虫媒传染病依靠害虫直接传播，如虱子会传染斑疹伤寒、回归热病等，主要与群众常年不洗澡、不洗衣晒被有关。针对这种情况，卫生工作者不断在报纸上刊文，向群众解释为什么要扑灭这些传播媒介。如傅连暲在《春季防疫的重要性》一文中说："承继去年给我们的血的教训，而在今年春季各种细菌开始活跃、繁殖，苍蝇及各地害虫开始孳生的时候，特发一防疫专刊，提起大家的注意，是很必要的。"③林南的《为啥要打蝇子?》一文语言轻松活泼，颇能吸引人：

---

①　欧阳竞：《回忆陕甘宁边区的卫生工作》，武衡主编：《抗日战争时期解放区科学技术发展史资料》第 5 辑，第 344 页。

②　敬桓：《痢疾在延安》，《解放日报》1942 年 8 月 14 日，第 4 版。

③　傅连暲：《春季防疫的重要性》，《解放日报》1942 年 3 月 22 日，第 4 版。按，傅连暲《解放日报》也写作傅连暲。

"蝇子是最脏的东西，它飞来飞去，常是先去叮了大粪、痰、烂了的东西，再飞到家里叮小米饭、叮菜，它倒比人先吃了。"[1] 虱子、跳蚤会传播斑疹伤寒，甚至是鼠疫。地方性斑疹伤寒是由鼠、蚤传播给人的，病势较轻，病死率较低，约为5%；流行性的斑疹伤寒是由虱子传播的，病势大多沉重，病死率可高至70%，地方性斑疹伤寒可借虱子传播而酿成流行性斑疹伤寒。据边区卫生工作者的临诊经验，陕北的斑疹伤寒似是一种地方性的病，特别在冬、春两季发现较多。但因为边区虱子散布颇广，如不加以预防，很可能使地方性的病转为流行性的病。[2]

因虫媒传染病主要依靠害虫媒介作用，较之看不见的细菌、病毒的清除直接而简便，边区卫生工作者因而大力倡导捕杀这些昆虫。减少虫媒的第一种方法是将滋生苍蝇、虱子、跳蚤、老鼠的环境加以清洁。1942年6月，边区防疫总会指示延安各防疫分会预防伤寒、赤痢流行，开展灭蝇清洁环境工作。边区防疫总会指出："垃圾、污水、马粪是苍蝇的繁殖地，应每日打扫收集后，放在离厨房一百公尺以外，离水井三十公尺以外的地点，掘坑掩埋，每日覆以厚土，以能掩遮为度。厨房开水房的清洁，尤为必要，伙夫如有发热泄肚应马上停止其工作，并即时就医隔离。厕所每日要有专人打扫，每日在坑内外铺撒石灰，以防蝇蛆（现在灭蝇已不胜灭了，灭蛆是主要的）。"[3] 卫生工作者也指出，预防痢疾的办法很简单，一是不吃生水，二是不吃苍蝇叮过的饮食和瓜果，三是吃饭前、大便后要洗手。就公共环境卫生来说，动员大扫除，减少苍蝇和蛆，以及清除蝇蛆孳生的地方——马厩、厕所、污水池、垃圾坑等；管理饮用水不使污染，保证人人吃开水。[4] 人畜粪便要妥善处理，厕所要挖深，定期覆盖石灰，"把

① 林南：《为啥要打蝇子？》，《解放日报》1944年6月1日，第4版。
② 张经：《怎样预防斑疹伤寒》，《解放日报》1942年1月19日，第4版。
③ 《防疫总会指示延安各防疫分会预防伤寒赤痢流行四个月内以此为中心工作》，《解放日报》1942年6月15日，第2版。
④ 敬桓：《痢疾在延安》，《解放日报》1942年8月14日，第4版。

马、牛粪堆起来，最好是埋起来，不要烂放在地上"。① 虱子、跳蚤"横行"与群众不讲卫生和环境卫生条件差直接相关，卫生工作者专门介绍防虱法和灭虱法，如定期洗澡，换衣服、裤子和被褥，不在有虱子的地方睡觉；水煮、气蒸虱衣、裤、被褥等。②

第二种方法则是制定奖励办法，开展捕蝇、捕虱、捕蚤、捕鼠运动。1940年，边区西部、北部相邻地区发生鼠疫，由于及时采取宣传、预防和灭鼠措施，阻止了鼠疫侵入。1942年3月，中央总卫生处发布《捕老鼠防鼠疫奖励办法》，规定捕鼠奖金总数为3000元，"每五头老鼠可向蓝家坪中央总卫生处或自然科学院、鲁艺两卫生所换取奖金两元，多则类推。个人或团体如累交至一百头加奖第二期有奖储蓄券一条（全张中头奖得奖三万元）；三百头加奖四条；五百头加奖一大张（十条）；八百头加奖两大张；一千头加奖三大张，多则类推。并登报表扬"③。1944年2月，中央总卫生处再订出捕鼠灭蝇奖励办法，奖金又有提高。本金由"中直军直各机关学校由生产、节约、红利三项收益中拨出百分之五，作为本机关卫生建设费（修整厨房、饭厅、水井、厕所等）及捕鼠灭蝇的奖金"，捕鼠灭蝇奖励办法为3月15日以前每蝇20只奖金10元，3月31日以前每蝇40只奖金10元，4月15日以前每蝇100只奖金10元，4月30日以前每蝇300只奖金10元，5月1日以后每蝇市秤1两发奖200元；捕鼠1只奖金10元，捕鼠10只发奖120元，捕鼠50只发奖700元，捕鼠100只发奖1500元，再多类推。以上每月总结算一次，奖金发给各处卫生所会同总务工作同志负责处理。④ 1944年3月，延安市北、东、西三个区又发动了捕蝇运动，"许多老乡及娃娃，过去从来没有打过蝇子的，在两个月内打了不少。

---

① 林南：《为啥要打蝇子？》，《解放日报》1944年6月1日，第4版。
② 张经：《怎样预防斑疹伤寒》，《解放日报》1942年1月19日，第4版。
③ 《捕老鼠防鼠疫总卫生处发布奖励办法》，《解放日报》1942年3月13日，第4版。
④ 《总卫生处通知加强防疫订出捕鼠灭蝇奖励办法》，《解放日报》1944年2月24日，第2版。

据不完全的统计，这一时期，三个区已打了十六万以上了"。① 总之，经过定期开展大规模的卫生大扫除、清洁卫生运动，延安市蚊、蝇、虱、蚤等传染病媒介大大减少。②

（3）制定环境卫生规章、公约。1942年6月，陕甘宁边区防疫委员会制定管理传染病规则，其中规定凡发疫病之地区，均应实行必要之健康检查，扩大卫生宣传，推行预防注射，厉行清洁。井泉、沟渠、厕所、垃圾堆积场所等视疫情发展情况，须加以修改，或停止使用，饮食物品有传染病毒之疑者须加以取缔，禁止购买。③ 1942年7月，边区防疫委员会下设环境卫生股，为预防传染病流行，尤其是夏末秋初的赤痢、伤寒、副伤寒，专门制定了延安市环境卫生规章：（1）不准卖病死牲畜之肉类。（2）不准卖腐烂之瓜果、蔬菜及其他不洁之生冷物品。（3）不准卖未经煮过之茶汤菜饭等。具体实施办法为：首先，由各防疫分区环境卫生组分别召开饮食店铺摊贩的会议，动员执行之。其次，各警察分所的卫生警察，每日到各饭铺摊贩检查二次至三次。再次，自7月1日起有违反以上之规定者，以违警条例论罪，必要时得停止其营业。④ 1943年，在延安市政府领导下，延安市公营商店联合会召开防疫动员大会，一致通过公营商店防疫卫生公约十条，其中有九条是关于环境卫生整治的条文：（1）各商店、栈行、工厂，应挖垃圾洞或安置垃圾箱，保证垃圾倒入洞箱内。（2）各店门口必须预备太平水缸，并保证缸内经常有清水。（3）保证自己住宅周围十丈内没有死鼠及其它兽尸。（4）保证不在住宅周围或公共场所随便大小便。（5）保证自己门前院内每天洒扫一次。（6）厕所内应经常撒石灰或黑矾以杀蛆虫。（7）厨房器具必用开水洗净。（8）不吃陈腐的水果或生冷之物，并宜

---

① 林南：《为啥要打蝇子？》，《解放日报》1944年6月1日，第4版。
② 张联：《陕甘宁边区的医药卫生工作》，《抗日战争时期解放区科学技术发展史资料》第6辑，北京：中国学术出版社，1988年，第381~382页。
③ 《边区防疫委员会制定管理传染病规则》，《解放日报》1942年6月12日，第2版。
④ 《边区防疫会改进本市环境卫生》，《解放日报》1942年7月1日，第2版。

多喝开水。（9）如在空地发现死老鼠时，应立即掩埋。①

2. 张家口

张家口是解放战争初期晋察冀解放区控制的唯一大城市，后虽然有失，但最终被解放。因人口集中，每年夏季传染病也极为流行。为此，张家口市政府开展了大量环境卫生整治工作。

首先，加强环境卫生组织机构建设。在 1946 年 4 月 24 日颁布的《张家口市政府组织条例》中，规定市政府下设七个局，其中第六局为卫生局。卫生局所管事务就有"关于街道清洁"和"公共卫生之建设事项"。②

其次，开展整顿市容运动。在日本侵占的八年中，张家口成了"垃圾"城市。全市除了解放大街长清路及日本居留民住区较整洁外，其余则到处"灰尘堆积，粪便满地，有不少重要路口，行人过之，莫不掩鼻疾走。据统计，全市千车以上的垃圾堆达百余处，以致 1943—1944 年连续发生疾病，群众损失很大"③。自第一次解放后，全市党政军民连续进行垃圾清除工作，特别是全市开展了大规模的整顿市容运动。1946 年旧历年前，经过 20 天的突击，市政府雇用大车 932 辆，清出垃圾 28916 车；修建公共厕所 42 个，挖渗水井 165 个，全市环境卫生面貌大为改观。

再次，开展清洁卫生运动。1946 年 6 月 14 日，张家口市政府召开各界夏季卫生运动委员会成立大会，商讨夏季防疫卫生工作，晋察冀边区及张家口市各界党政军民代表 20 余人参会。大会决定委员会下设宣教、清洁、防疫三个组和秘书处，规定 6 月 20 日以前为筹备时期，21 日正式开展卫生运动，从 21 日至 27 日为运动之第一周，主要对市民进行大规模宣传教育，以及先开展机关、团体、学校、工厂、大商店及部队等的内部卫生工作。从 28 日至 7 月 5 日为第二周，主要开展居民卫生及饮食业卫生工

---

① 《本市公营商店订防疫公约》，《解放日报》1943 年 6 月 23 日，第 2 版。
② 《张家口市政府组织条例》（1946 年 4 月 24 日），晋察冀边区阜平县红色档案丛书编委会编：《晋察冀边区法律法规文件汇编（上）》，第 132 页。
③ 《张市市面一新》，《晋察冀日报》1946 年 2 月 12 日，第 2 版。

作。7 月 6 日至 12 日为第三周，进行全市捕蝇运动。13 日至 20 日为第四周，进行工作总结，选举模范，评定成绩。在运动中，卫生运动委员会高度重视卫生宣教工作，将之贯穿于全部运动之中。其方式包括广泛进行卫生讲演、卫生座谈，举办卫生展览会，"放映卫生幻灯"，及在各类学校上卫生课等。① 该市副市长强调，不应拿乡村观点来看城市，城市人口集中，防疫有特殊重要性。为此，市政府"号召对病菌媒介物——各地的污秽、垃圾，进行彻底清除的歼灭战，组织市民开展清扫、捕蝇工作，添设各种卫生设备"，使人们真正享受到"人财两旺"的幸福。

1949 年，华北解放区瘟疫流行严重，张家口市政府也积极领导环境卫生整治工作，开展清洁卫生突击运动。4 月 17 日，张家口市开展清洁卫生突击周，事先在街干部会议上做了动员和布置，各街成立了卫生委员会。在一周突击中，全市共清除垃圾 4000 余大车，建立了垃圾站，指定倾倒垃圾的地点，各户每日所除出的垃圾由卫生车运出，为以后的卫生工作打下了基础。②

3. 邯郸

抗战期间，邯郸市在城市医药卫生建设方面根本谈不上。市民因传染病致死者不计其数。当时城市公共卫生主要由警察所管理，没有专业人员。城区主要街道没有清扫队伍，只有几家私人大粪场，均为自扫状态。③ 1945 年 10 月，邯郸解放。不久，市政府即注意公共卫生的建设，整顿市容，把肮脏的街道，散乱各处的垃圾、烂骨头等，逐渐清除干净。1946 年 3 月，晋冀鲁豫边区卫生局驻邯后，协同市政府开展防疫运动，卫生建设更加改进。不久，市政府在街道两侧建立水缸 223 个，垃圾箱 69 个，马路两旁的阴沟全部修浚，并把多年堆下的粪土全部运出。另外，在井边建围墙，井口加盖，并设立公共打水桶。日军占据邯郸时期，城壕中填满了煤

---

① 《张垣各界召开夏季卫生运动委员会布置开展卫生运动》，《晋察冀日报》1946 年 6 月 15 日，第 2 版。

② 兴：《张市卫生突击周运出垃圾四千车》，《人民日报》1949 年 4 月 18 日，第 2 版。

③ 陈朝卿主编，邯郸市地方志编纂委员会编：《邯郸市志》，北京：新华出版社，1992 年，第 293 页。

渣粪土，此次防疫运动中计划修通，并将淡阳河水引入城壕。其他如商场、饭馆、澡堂等公共场所，也订出卫生公约，每天洒扫街道检查卫生。街道马路也得到整修，邯郸市容逐渐整洁。① 7 月，为预防夏季传染病，邯郸市政府又专门召开卫生指导委员会会议，边区卫生局局长朱琏、冯于九副市长及公安局、市救国会、各区署等代表均参加会议。经过讨论，决定加强公共卫生工作，尤其重视环境卫生管理和推动：一方面，加强公共场所卫生监督、管理，如饭馆、洗澡堂等及小摊贩露售零食，各同业订出公约，严防出卖腐食和苍蝇叮过的食物。另一方面，环境卫生管理在三个问题上用力，一是除了继续日常卫生工作，各家、机关、学校定出清洁运动计划，每月底卫生指导委员会抽查一次。二是政府购牲口一头，水车、大车各一辆，并增加清道夫粪夫等，加强卫生警察的教育。三是把环市城濠修通引水，并拟在第一、三商场建筑两个较科学的公共厕所，同时修理全市排水沟。②

1948 年 2 月，邯郸市专门成立出 10 人组成的清扫组，归属市政府民政科领导，主管火车站、和平路西段的卫生工作，不过当时只有几个垃圾箱和排子车。③ 此后，为进一步改善城市环境卫生，邯郸市政府先后制定了《邯郸市城市卫生暂行规定》（1948 年 5 月 27 日）、《邯郸市公共卫生规则》（1948 年 8 月 21 日）、《邯郸市公共卫生管理暂行规则》（1949 年 6 月 25 日）、《饮食卫生管理规则》（1949 年 6 月 25 日）等文件。

《邯郸市城市卫生暂行规定》主要内容如下：市内大粪场一律迁移到市外指定地点，并由公安局负责督促检查；各商号各自打扫门前街道，洒水、修垫街道，并将垃圾土移至指定地点；垃圾土要在指定 4 处地点倾倒；各街指定 1 个或 2 个公共厕所地点，由市政府插牌标明；市内现存积土、垃圾、排水沟内脏土，一律于最短时间内移到市外指

---

① 《邯市加强公共卫生建设清除街道注意卫生》，《人民日报》1946 年 5 月 28 日，第 2 版。
② 一民：《邯市召开卫生会议决定加强防疫工作》，《人民日报》1946 年 7 月 10 日，第 2 版。
③ 邯郸市地方志编纂委员会编：《邯郸市志》，第 293 页。

定地点。①

而《邯郸市公共卫生规则》《邯郸市公共卫生管理暂行规则》主要针对城市公共环境卫生整治而制定，是中华人民共和国成立之前华北城市环境卫生整治的典型文献。《邯郸市公共卫生规则》共有 6 章，全部涉及公共环境卫生整治内容，除了第一章、第六章为总则和附则，核心内容为二、三、四、五章，分别对应街道卫生、住户卫生、公共场所卫生、公厕与粪场卫生，除了未涉及城市饮用水卫生等问题，基本涵盖了城市环境卫生整治的主要内容。②《邯郸市公共卫生管理暂行规则》则是邯郸市在中华人民共和国成立前有关城市公共卫生的过渡文献，具有重要的意义。该规则第一条明确指出环境治理的目的是整洁市容，培养市民卫生习惯，以减少疫病流行，增强市民健康。规定邯郸市区内无论公私机关及全体商民均应切实执行。主要内容有：规定每日上午 7 时以前，凡居住本市之机关、部队、学校、团体、商民住户，应将自己门前之街道打扫干净，将扫除之垃圾，倒在垃圾箱内，不准随地乱倒。每日以清水上下午洒街 2 次，重点街道每日洒水 3 次，卫生队排车每日摇铃督促各户倒垃圾。市内大堆砖瓦石砾，市民应自行运至郊外指定地点，不准倒入垃圾箱内。不论大人小孩，均不准在大街小巷便溺，违者处以罚金。凡污水、尿便应自备污水桶，运至郊外倾倒。一切动物尸体不准抛弃市内，以免传染疾病，应自行运至郊外偏僻处掩埋。下水道与阴沟内，不准倾倒垃圾及抛弃菜叶、瓜果、果核等物。卫生队必须将各街、各巷垃圾箱内垃圾及时清除，运至郊外指定地点。就家庭环境卫生来说，市内各户院屋内外均应扫除清洁，不得留养家畜，如养猪必须有圈，大街上绝对不准有猪。该规则对于公共场所环境卫生也有明确规定，公共场所如陵园、阅览室、车站、公共体育场、戏院、电影院、说书场、澡堂等，不准随地吐痰及便溺；不准随意抛

---

① 邯郸市档案馆编：《邯郸市档案史料选编·1945—1949 年·下》，石家庄：河北人民出版社，1990 年，第 755~756 页。

② 邯郸市档案馆编：《邯郸市档案史料选编·1945—1949 年·下》，第 764~767 页。

弃果核、瓜皮；每日必须洒扫 2 次，保持清洁；厕所必须清洁，每日 2 次清理，洒盖石灰及消毒等设施；禁止有显露的传染病者入内。[①] 这些规定细致而具体，主要是针对传染病防治而设置环境卫生整治规则，具有很强的目的性和科学性。

（二）农村环境卫生整治

农村环境卫生问题的主要症结在于家庭环境卫生和公共环境卫生。公共环境卫生问题集中于厕所、水源、街道、垃圾（废水）池等几个方面。家庭环境卫生不注意，公共环境卫生也势必搞不好，对此各根据地加以重视，并采取了多种举措。

1. 家庭环境卫生整治

农村家庭环境卫生看似个人家族之事，实则家庭与公共是休戚与共、唇齿相依的关系。群众家庭环境卫生差，也自然不关注公共卫生。各根据地政府和卫生部门在开展群众卫生运动时都比较重视这个问题。家庭环境卫生整治集中在厨房、厕所、牲畜圈、水井等方面。

李景汉在 20 世纪 30 年代的定县调查时指出，当地家庭"有时这一边做饭做菜，那一边就喂马喂驴。这一边骡马粪尿，堆了满地，臭气熏人；那一边小菜水饭，萝卜菜粥。夏天天气炎热，苍蝇满屋，提不到卫生"[②]。即使是富农，院中饮水井与厕所、猪圈、猪棚紧邻，好在卧室区与牲口区是分开的，而农家的院落普遍是卧室中间夹着牲畜房[③]，再看农村街道环境，"往往农民在家门口街道旁边晒晾大粪，臭气满街"。乡村的男厕所普遍都建筑在院外，或靠街道的墙边，自街上出入。女厕所普遍都建筑在院里，并且常与猪圈相连，大小便完全落在猪圈里与猪粪及其他秽物打成一片。男厕所普遍没有顶，女厕所则有房顶。男女厕所一般都用土坯建筑厕

---

①　邯郸市档案馆编：《邯郸市档案史料选编·1945—1949 年·下》，石家庄：河北人民出版社，1990 年，第 774~776 页。

②　李景汉编著：《定县社会概况调查》，上海：上海人民出版社，2005 年，第 268 页。

③　李景汉编著：《定县社会概况调查》，第 269、第 270 页。

所墙壁，也有的是高粱秆编的篱笆。厕所里面在地下挖一个 3 尺长、2 尺宽、4 尺深的土坑。土坑上面有一层盖，盖当中留一长孔，即大小便落下的地方。等到坑内满了粪尿时即淘取出来，约每隔三四个月之久一次。往往厕所内的小便从里面流到街上，有碍行路，又有气味，苍蝇往来其中自然是方便的。有许多农民以为凡是苍蝇落上吃过的食品人吃了更没病。[1] 农家厕所与饮水井距离很近，农民却不知道注意。李景汉在 3 个村内调查 175 口井与最近厕所之距离，发现距离不到 40 尺者占大多数，有近至 10 尺以下者（表5-1）

表 5-1　定县 175 村内井与厕所之距离（1929 年）

厕所距井尺数	井　数	百分比（%）	厕所距井尺数	井　数	百分比（%）
10 尺以下	7	4.0	60~69	12	6.9
10~19	22	12.6	70~79	3	1.7
20~29	41	23.4	80~89	3	1.7
30~39	40	22.8	90~99	…	…
40~49	18	10.6	100 以上	14	8.0
50~59	15	8.6	总合	175	100.0

资料来源：李景汉编著《定县社会概况调查》，第 272 页。

由此，因家庭环境卫生观念淡薄，不注意厨房、厕所、水井及牲畜圈卫生的现象，在各大根据地几乎都属常见，便利了疾疫的流行与传播。为此，各根据地积极提倡搞好家庭环境卫生。

首先，各根据地在报纸上刊文强调疾疫流行与家庭卫生不良的关系，进而指出如何搞好家庭环境卫生。1944 年，延安裴庄乡麻疹流行严重。第二年春，延安市政府召开卫生委员会会议，专门提出春季群众防疫卫生的

---

[1]　李景汉编著：《定县社会概况调查》，第 271 页。

中心是搞好家庭卫生——以饮食卫生、妇婴卫生为主。① 陕甘宁边区对于家庭环境卫生整治的建议是"不喝生水、不吃死气饭、食物防蝇、灭蝇灭蛆、修好井水窖，人畜分居、修厕所、开大窗、通烟筒；勤洒扫洗浴洗衣晒被等等"②。

1949年2月1日，《人民日报》专门刊文为防止春季瘟疫在华北解放区流行，提倡搞好家庭卫生和公共卫生。其中，家庭卫生方面指出："第一、经常地打扫庭院，在院子旁边挖一个坑，把脏土脏水灶灰等倒在里面。隔几天盖上一层土，这样可积肥，又可免得臭味发散。第二、茅房应该离住人和做饭的地方远一些，有的地方家里不挖茅房，随便大小便，这些很不卫生的。第三、应该搭猪圈、圈牲口，并经常打扫。热天要每十天清除一回，喂牲口喂猪的槽，要经常保持干净。随便把牲口和猪放在院里和街上，会到处弄得很脏，而且也不容易积攒肥料。"③ 为此，《人民日报》建议制定家庭卫生公约，其内容如下：（1）井台要垒高，要加盖。（2）各户分段打扫街道，转移妨碍卫生的厕所，每个厕所要挖深，口要小，要加盖，好防蝇子。（3）改造猪圈，挖圈坑，猪窝向太阳，猪长得快，又不在街上乱跑，又好攒粪。（4）家具水缸，要常洗刷干净。（5）消灭虱子臭虫，常洗衣服，晒被晒席。

其次，加强环境卫生宣传工作。各根据地利用多种方式宣传搞好环境卫生的重要性。在陕甘宁边区，有的小学生排好卫生秧歌演出；有的利用大众黑板，或在壁报上宣传环境卫生知识及搞好家庭环境卫生的主要方法。边区政府认为搞好环境卫生，"一定要先在一个区，一个乡，一个村，一个家庭中办好，再推到其它地方"④。1944年11月，陕甘宁边区文教工

---

① 《延市布置春季防疫工作组织医疗队赴裴庄乡》，《解放日报》1945年4月2日，第2版。
② 《关于开展群众卫生医药工作的决议》，《解放日报》1945年1月8日，第4版。
③ 《家庭卫生和公共卫生》，《人民日报》1949年2月1日，第4版。
④ 《怎样推进乡村卫生工作——答吴堡保健药社的来信并给各县县政府及各县中西医作参考》，《解放日报》1944年6月1日，第4版。

作者会议通过的《关于开展群众卫生医药工作的决议》，号召"全边区各界人士，必须针对各地具体情况，利用一切机会和方法（如小学校、干训班、自卫军、读报识字组、黑板报、歌谣、戏剧、秧歌、书报、画图、庙会、展览会等）进行对人民的卫生教育"[①]。在太行区，许多剧团上演关于讲卫生的戏剧，民校、小学增设卫生课，学校经常组织小学生搞卫生，用自己的行动带动别人。此外，还选举了卫生模范，进行了奖励。经过这些活动，在有些村庄，逐步做到了水井上盖，用公共水桶汲水，村里不留臭水池，每家的厕所做到清洁，街道做到了定期扫除。[②]

2. 开展群众卫生运动，加强公共环境卫生整治

建立环境卫生整治组织机构。前文已述，1940 年 5 月 26 日延安市防疫委员会成立，统一指导延安市开展卫生运动，并决定各机关、部队、学校、群众组织都成立防疫委员会。从当年的报刊资料看，防疫委员会每年都有计划和工作总结，每个时期都提出具体要求，并派医疗队、工作组深入基层调查，同时进行具体指导。如延安市防疫委员会曾提出：每个居住院设一个厕所；每个村挖一个好水井；每天洗一次脸；9 天打扫一次院子；不喝生水，不吃不洁食物；勤洗衣服，常晒铺盖，注意防寒防湿；有病不请巫医，要请医生；要打苍蝇、灭老鼠、灭虱子。

1942 年，为广泛深入开展防疫卫生运动，晋察冀边区委员会特于 2 月 15 日召开首次军政民卫生联席会议，针对前一年疾病流行情况，要求春季全边区军政民"严重"注意与预防，以防患于未然；确定自 2 月 8 日至 3 月 15 日举行防疫卫生突击周，普遍开展防疫卫生运动。运动涉及环境卫生整治方面的有以下几点：（1）街道院落：各村庄的街道，每天打扫一次。扫除街道院落拐角转弯处的一切垃圾。填塞或沟通污水，清除阴暗潮湿地带。街道小巷经常洒水，防尘土飞扬。（2）水源：保护水源，防汉奸放毒，防污水流入。改变全边区的水井，在水井口建立房子，各村单独设立

---

① 《关于开展群众卫生医药工作的决议》，《解放日报》1945 年 1 月 8 日，第 4 版。
② 太行革命根据地史总编委会编：《太行革命根据地史稿（1937—1949）》，第 367 页。

洗涤井（池）。（3）垃圾池：以村为单位建立垃圾池。（4）厕所：划分厕所，掩盖粪便，防止蛆虫发生。整好厕所并保持卫生，猪圈与厕所要分离，防人畜共染。厕所、猪圈的建筑，应在偏僻角落，并每天扫洗一次。①1945年太行区环境卫生整治的要求是：（1）水池要变成活水，否则容易传染。（2）水井口垒高，上盖。（3）厕所用石条铺上，缝留得小一点。里面较为黑暗，苍蝇滋生就少，臭气不大。（4）清洁大扫除。（5）厨房应整齐清洁，陈腐剩饭切不可食。厨房应与卧室隔离，特别是要与厕所离远点。②

应当承认，经过几年来的努力，各根据地环境卫生总体状况有所改善，但在战争环境下，医疗卫生工作的开展毕竟也有很大困难。抗日战争后期，各大根据地仍面临大量传染病的流行，为此，各根据地政府和医药卫生部门仍继续不遗余力地开展群众性医药卫生工作，且对环境卫生整治更加注意。1945年4月24日，《解放日报》专门发表社论，指出各地仍有相当严重的疾病死亡，究其原因是"迷信愚昧肮脏等坏习惯所造成的，这些坏习惯，是几千年来旧社会遗留给群众的"。要改变这种状况需要耐心和细致，以往卫生工作有"操之过急"的情况，为此，今后应因地制宜地开展医药卫生工作。就环境卫生来说，尤应根据各地具体实际开展工作，"比如在人畜同居的地方，主要的应抓紧进行人畜分居的工作，改善环境卫生。在某些梢沟里，群众因吃水而致病最多，则主要的应发动群众打井、修井，改良吃水"③。

解放战争以来，土地改革逐步完成，各地农民的物质生活有所改善。于是，为保障在自己土地上发挥最高的生产劳动强度，爱护身体、保持健康越来越受到群众的重视。不过，因旧的卫生观念根深蒂固，加之几年来

---

① 刘春梅、卢景国主编：《抗战时期晋察冀边区卫生工作研究》，第178~179页。
② 钱信忠：《开展群众卫生运动——1945年4月在太行文教群英大会上的讲话》，太行革命根据地史总编委会编：《文化事业》，第665页。
③ 《继续开展卫生医药运动》，《解放日报》1945年4月24日，第1版。

战争频繁、灾荒严重，疟疾、疥疮、伤寒等对各解放区群众仍有很大威胁，因此，加强医药卫生工作尤其是环境卫生的整治仍然较为迫切。1949年，华北区人民政府继续倡导开展环境卫生整治工作，就公共卫生来说，特别强调要注意以下几个问题：（1）街道要常打扫，可以分段来管，或者轮流扫除。一个村子村干部应负责组织举行定期的大扫除。（2）全村吃水的地方（水井、水泉等）周围 100 尺，一定不能有茅房，以免把水源弄脏。（3）街上和院里都可以栽些树木，以便调剂雨量，使空气新鲜，还可供给木料之用。提倡栽果木树。（4）应该把粪堆弄到村外或场边。把粪堆在坑里，堆在地面上的也可以用泥封起来，这样可以使其能充分发酵，使肥料变得更好。不要把粪堆在街上或院里，否则会被风吹走或雨水冲走，进而妨碍卫生。[①]

3. 树立卫生模范典型人物，建立卫生模范村

各根据地旧有的不卫生习惯长期流行，要改变群众固有的环境卫生观点，不能采取强迫命令的办法。于是，各根据地又通过梳理卫生模范典型人物，建立卫生模范村来引领和推动农村环境卫生的治理。首先，注重地方干部或地方知名人士在公共环境整治中的作用，通过树立卫生积极分子，以发挥他们的带头作用，以影响周边群众。1944 年，延安北区的刘号臣老先生在区长和医生的协助与指导下成了卫生模范，成为卫生积极分子。随后，他动员全村人，在不需公家资金的背景下，建立了三处公共厕所。其次，树立卫生模范家庭、模范村，推动区域环境卫生状况向好发展。陕甘宁边区政府指出："要积极分子多向群众宣传，多解释，多推动。创造模范卫生家庭，就要从积极分子开始。同时，区、乡、村各级干部，及机关、学校也要以身作则，先把卫生搞好才可推动群众。"[②] 1944 年 11月 16 日，边区《关于开展群众卫生医药工作的决议》中再次强调，在卫

---

① 《家庭卫生和公共卫生》，《人民日报》1949 年 2 月 1 日，第 4 版。
② 《怎样推进乡村卫生工作——答吴堡保健药社的来信并给各县县政府及各县中西医作参考》，《解放日报》1944 年 6 月 1 日，第 4 版。

生医药工作中，"应防止强迫命令和形式主义，并须注意发现、创造和表扬一个人、一个家庭、一个村、一个乡、一个区的范例，用以推动全局"①。资料所见，陕甘宁边区各地共建立卫生模范村20个，参见表5-2。

表5-2　陕甘宁边区卫生模范村分布

分　区	市、县	数量	村　名	资料来源
延属分区	延　安	5	杨家湾	《从肮脏变成清洁杨家湾当选卫生模范村》，《解放日报》1944年6月30日，第2版
			北区杨家湾、阎家塔，西区南窑子，东区黑龙沟，南区高家园子	《延安市半年来的群众卫生工作》，《解放日报》1944年8月13日，第4版
	固　临	1	南庄村	《固临南庄村荣膺卫生模范村》，《解放日报》1944年12月23日，第2版
	甘　泉	1	"胜利"部驻区村庄	《"胜利"部卫生队建立驻区卫生模范村》，《解放日报》1944年7月14日，第2版
关中分区	马　栏	2	阴坡、史家窑	《"坚决"部协助政府民众建立两个卫生模范村》，《解放日报》1944年6月11日，第2版
	新　正	2	前掌村	《新正前掌村今年夏季无人生病》，《解放日报》1944年9月3日，第2版
			东庄洼	《新宁姚家川居民不喝生水住窑开大窗》，《解放日报》1945年2月9日，第2版

---

① 《关于开展群众卫生医药工作的决议》，《解放日报》1945年1月8日，第4版。

（续表）

分　区	市、县	数量	村　名	资料来源
关中分区	新　宁	3	窦家湾	《新宁县的模范卫生村——窦家湾》，《解放日报》1944年10月28日，第4版
			姚家川	《新宁姚家川居民不喝生水住窑开大窗》，《解放日报》1945年2月9日，第2版
			刘家湾	周而复：《难忘的征尘》，北京：文化艺术出版社，2004年，140页
	不　详	3	三个卫生模范村	《边区部队十七个医务据点帮助群众治病开展卫生运动》，《解放日报》1945年1月9日，第2版
绥德分区	米　脂	1	椿塌梁	《绥德分区文教会决议》，《解放日报》1944年10月12日，第2版
陇东分区	庆　阳	1	岬峪沟	《五旅卫生部为群众扑灭传染病协助建立卫生模范村》，《解放日报》1944年3月10日，第2版
	华　池	1	城壕村	《城壕村的卫生工作》，《解放日报·卫生版》，1944年11月11日
合　计		20		

4. 医疗队下乡，加强环境卫生知识宣传、整治

由于各大根据地医生、医药缺乏，除了各根据地首府及个别重要城市

医疗条件较好，广大农村地区普遍缺医少药。为改造群众卫生观念，组织医疗队下乡是一种重要的方式。1944 年，陕甘宁边区卫生处组织巡回医疗队，深入安塞、子长、志丹、绥德、米脂、清涧等县，开展卫生宣传、疾病诊疗、环境卫生宣传治理工作。一方面，进行预防为主的宣传教育，发动地方工作人员，如教师、妇女干部等共同开展工作。医疗队利用集市、会议、农民休息时间、乘凉等机会，边宣传，边治疗，很受群众欢迎。另一方面，医疗队下乡后也积极推动乡村环境卫生的整治。在陕甘宁边区，医务工作者回忆指出，当时农村卫生条件很差，"边区蝇、蚊、臭虫、虱子很多，群众中迷信思想严重，认为虱子是富贵虫，不能没有。医疗队和当地干部配合，帮助群众搞家庭卫生，打扫环境，拆洗被褥，把很脏的家庭搞得变了样。群众看到清洁、卫生的舒适环境都很高兴"①。有的医务工作者通过耐心细致的工作，与群众制定卫生公约，如每年拆洗被子两次，常洗衬衣，勤扫地，每两家挖一个茅厕，捕鼠灭蝇，提倡养猫，不喝凉水等。②有的机关干部也深入农村，积极帮助农民修厕、灭蝇，如延安北区一农村在区干部的影响下，开展大扫除、拆洗被褥运动，"390 户居民中，建立了 169 个厕所"。③

小　结

总体来说，华北根据地各阶层在长期面临敌对力量的侵扰之外，也始终与自然、人为作用下的各类传染病作艰苦的斗争。疫灾流行，不仅影响民众生产、生活，不利于社会稳定，也造成各大根据地人口大量死亡，很大程度上削弱了根据地军民的战斗力。由于医疗水平低下，群众文化观念

---

① 欧阳竞：《回忆陕甘宁边区的卫生工作》，武衡主编：《抗日战争时期解放区科学技术发展史资料》第 5 辑，第 343 页。

② 傅连暲：《群众卫生工作的一些初步材料》，《解放日报》1944 年 4 月 30 日，第 4 版。

③ 《延安市召开第三次卫生会议总结群众卫生工作》，《解放日报》1944 年 6 月 26 日，第 2 版。

落后、医药知识缺乏及旧的卫生习惯的限制，各大根据地在应对各类传染病时并不能进行广泛而有效的疫苗接种。为此，各大根据地应对疫灾流行的主要举措是环境卫生整治，以期阻断、消灭致病微生物滋生的"温床"，从而达到预防传染病的目的。一方面，各根据地通过宣传、教育等方式，传播科学的环境卫生知识，提高了民众搞好公共、家庭环境卫生的自觉意识；另一方面，各大根据地在党的领导下采取了多种实际举措来整治公共、家庭环境卫生，这包括建立环境卫生领导组织和机关、制定环境卫生公约、改善和增设环境卫生设备、发动群众捕杀传染媒介、组建环境卫生清洁队伍、树立环境卫生模范等。

应该说，华北根据地各地应对疫灾流行的环境卫生整治举措在战争环境下虽然有着一定的困难，但毕竟对于预防传染病流行起到了积极作用，其间相关政策的制定与实践也为中华人民共和国成立后的城乡环境卫生整治工作贡献了历史经验。

第六章　华北平原根据地的地貌改造与
河道环境治理

　　平原根据地是华北根据地的重要组成部分。平原地区物产丰饶、人口众多。平原根据地的创建与发展是中国共产党自抗战以来逐步崛起的关键因素之一。正因如此，敌我力量在平原地区的争夺也极为胶着，焦点之一在于对平原地貌、自然地物（如植物、河流等）的利用和改造，以达到削弱、战胜对方的目的。在此过程中，平原根据地的自然（地貌、自然地物）参与了战争，甚至影响了战争历史，而战争又对其加以作用，从而反映了战争环境下人与自然的互动过程。以往有关平原根据地的研究主要集中于军事、政治和经济等方面的探讨。本章通过考察抗战时期平原根据地挖道沟运动和解放战争时期平原根据地对黄河河道的治理，从人与自然互动的视角开展平原根据地史的研究。

第一节　战争、地貌改造与社会动员：
平原抗日根据地挖道沟运动

　　华北平原抗日根据地①的建立与发展对于中国共产党自抗战以来的逐步崛起至关重要。不过，平原平坦的地貌条件利于现代化日军的行动和进攻，并不利于抗日力量的防御和坚守。我们当然承认在中国共产党的卓越领导下，通过放手发动群众、坚持全面抗战的路线，最终使得中国共产党在平原地区立足并走向强大。但是，这种"宏大"的叙事理论，也会忽视一些微观性问题：党对平原人民的组织、动员是如何落实到"地理"上的？党和人民能在平原地貌条件下长期坚持斗争的方法或依托是什么？

　　早在1936年12月，毛泽东就指出了地理、气候等在战争过程中扮演的重要角色。② 研究发现，自1938年以来，华北平原抗日根据地军民在党的领导下为改变平原地貌形态，掀起了大规模的挖道沟运动，从而为抗日军民坚持持久抗战构筑了新的地理依托。已有少数研究者关注到平原抗日道沟问题，但对于道沟的起源、规格、规模、分布、功能、效果等问题都缺乏深入而系统的分析。③ 道沟是抗战时期人为创造的人工地貌，最先起源于冀中，后向冀南、冀东、冀鲁边、山东、淮北、苏北等平原地区扩展。道沟具有一定的规格和内部构造，不仅能阻滞日军行进、截断敌方运输补给，还具有隐蔽自己、打击敌人及战时便于我方运输、转移和突围等多种功能。道沟具有网状的结构和地上隆起的景观形态，使平原变成了

---

　　① 本书所说华北平原抗日根据地是指中国共产党在华北平原建立的冀中、冀南、冀东、冀鲁边、山东、淮北、苏北等抗日根据地的全部或部分平原地区。

　　② 毛泽东：《中国革命战争的战略问题》，《毛泽东选集》第1卷，北京：人民出版社，1991年，第180~181页。

　　③ 张聪杰、伏秀平：《改造平原地形——战争史上的奇迹》，《沧州师范专科学校学报》2005年第2期；赵红卫、齐照华：《平原游击战的创举——广北抗日沟》，《春秋》2014年第5期；杨东：《抗战时期平原地区凹道战探实》，《平顶山学院学报》2017年第4期；徐畅：《封锁与反封锁：抗战时期鲁西冀南地形改造》，《兰州学刊》2017年第5期等。

"丘陵"，最终成为华北平原抗日根据地军民坚持持久抗战的地理依托。道沟的存在也丰富了我们对华北平原抗日根据地对敌作战地理条件和斗争方式的认知。

一、道沟的兴起与空间拓展

敌后抗日根据地被认为是与游击战、正规军并列的保障中国共产党抗战持久的"三驾马车"之一。[①] 毛泽东认为抗日根据地大体不外三种：山地、平地和河湖港汊地。[②] 不过，一般来说，平地和河湖港汊地根据地都属于平原根据地。中国共产党抗日根据地建立、发展的地理过程是由山地向平原地带波浪式推进的。

（一）华北平原抗日根据地的重要性

华北平原人口众多、资源丰富，能为华北敌后抗战持续性地输出大量人力、物力和财力。以晋察冀边区为例，1940 年边区总人口 1200 万[③]，而冀中根据地则有 700 万人口[④]，约占边区总人口的 58%。晋察冀边区的兵源主要靠冀中来补充。[⑤] 平原地区物产丰富，又可有效支持山地根据地的发展。冀中平原盛产高粱、玉米、小麦、棉花等粮食和经济作物，"是晋察冀边区的衣粮库"。[⑥] 日军方面认为晋察冀边区山岳地带"人力、物力之补给 80% 依赖冀中"，将冀中区与山岳地带比作滇缅路对于中国、乌克兰之于苏联。[⑦]

---

① 黄道炫：《中共抗战持久的"三驾马车"：游击战、根据地、正规军》，《抗日战争研究》2015 年第 2 期。

② 毛泽东：《抗日游击战争的战略问题》，《毛泽东选集》第 2 卷，北京：人民出版社，1991 年，第 419 页。

③ 聂荣臻：《晋察冀边区的形势》（1940 年 2 月 28 日），魏宏运主编：《抗日战争时期晋察冀边区财政经济史资料选编》第 1 编，第 70 页。

④ 吕正操：《冀中的抗战形势》（1940 年 3 月 4 日），魏宏运主编：《抗日战争时期晋察冀边区财政经济史资料选编》第 1 编，第 162 页。

⑤ 杨成武：《杨成武回忆录》，北京：解放军出版社，2005 年，第 753 页。

⑥ 吕正操：《冀中回忆录》，北京：解放军出版社，1984 年，第 45 页。

⑦ 程子华：《敌对冀中扫荡与冀中战局》，《晋察冀日报》1942 年 8 月 4 日，第 1 版。

在军事战略上，华北平原抗日根据地又可与山区根据地互相依托、相互支持。平原根据地与山区根据地是"唇齿相依不可分的关系，任何一方面孤立起来，则坚持敌后抗战的前途，将成为不可想象"。[1] 聂荣臻认为冀中区是晋察冀边区西部山岳地带的屏障且与之互相依倚，又与平西、冀东、平北的游击战争密切联系和配合，其在战略上的地位与重要性随着战争的发展而愈益提高。[2] 日军也认为北岳、冀中两区"紧密结合，互相支援"。[3] 在山东，清河平原根据地领导人杨国夫与景晓村同样认为从全山东抗战形势看，如果丢了平原根据地，敌人便可以集中兵力对付山区，给山区抗战增加困难，平原根据地绝不能丢。[4]

从长江以北抗战全局来看，华北平原抗日根据地也能有效牵制日伪军事力量，支援其他战场。华北平原抗日根据地多位于津浦、平汉、陇海、胶济等重要铁路线两侧，对日军在华北、华中的控制区域形成战略包围。抗日战争以来，华北平原抗日根据地的存在和发展不仅"对敌人的交通命脉构成致命的威胁，而且敌人要想确保华北占领区也是不可能的"。[5] 同时，华北平原抗日力量的顽强坚持也粉碎了日军要将华北作为"大东亚圣战的兵战基地"的图谋。[6]

（二）平原地貌对敌后抗战的限制

华北平原地区的人力、物力和财力支持着中国共产党在抗战时期的逐步崛起，这种战略空间的经略不可谓没有丰厚的回报。但是，平原地貌对于攻守方的作用却大有不同。军事地形学认为，地貌、地表水与地下水对于平原地区战争的影响作用最大。在我国，南方平原被称为水网稻田地

① 徐大本：《冀中一年来的政权工作》（1941 年 5 月），魏宏运主编：《抗日战争时期晋察冀边区财政经济史资料选编》第 1 编，第 174 页。

② 聂荣臻：《庆祝三纵队成立三周年》，《晋察冀日报》1941 年 5 月 4 日，第 1 版。

③ 《华北治安战（上）》，第 87 页。

④ 杨国夫：《创建清河平原根据地》，常连霆主编：《山东抗战口述史（上）》，济南：山东人民出版社，2015 年，第 363 页。

⑤ 杨成武：《杨成武回忆录》，第 754 页。

⑥ 《敌寇五年来"扫荡"华北的总结》，《晋察冀日报》1943 年 3 月 4 日，第 1 版。

形，虽平坦广阔，但由于河湖港汊横于稻田之间，除了主干道连接较大居民地，次要道路等级较北方低，故南方平原严重影响大部队行动，特别是装甲部队的越野行动。与此相反，北方平原上旱地遍布，居民点比较集中且多形成密集街区。除了干线公路，简易公路较南方宽且直，许多道路除了雨季，一般多可通行汽车，越野机动条件较好。因此，北方平原便于机动部队、装甲部队从行进间发起进攻，而不利于防御力量的坚守。

在较长时间内华北平原抗日力量是以防御为主的，这就使得华北平原敌后游击战争异常艰难，以至于抗战初期，中国共产党党内、军内很多人不看好能在平原地区开辟敌后根据地。毛泽东在 1938 年 5 月所作《抗日游击战争的战略问题》一文中就指出平地较之山地、河湖港汊地建立根据地的难度最大。虽然毛泽东看到河北、山东平原地区已经发展了广大的游击战争，但"能否在平原地区建立长期支持的根据地，这一点现在还没有证明"。①

当然，我们也会联想到华北平原抗日军民可以利用青纱帐、地道等作物和人为工事作为作战凭据。平原高秆作物如高粱、玉米等一般在每年六月至十月间形成"青纱帐"②，利于敌后作战，但其他季节则无此便利。地道开挖则首先需要考虑土质、地下水位。华北平原很多地方土质松散，地势低洼，地下水位偏高，并不适合开挖地道。③ 其次，挖地道"是一个浩大的工程"，需要丰富的物质和众多的人口，代价高昂。④ 程子华指出："据一般估计，每村修筑地道，如果大部有劳动力的人民都参加，需要一个月的时间，而一部顶棚所用的木料，需要一千元至两千元。"⑤

---

① 毛泽东：《抗日游击战争的战略问题》，《毛泽东选集》第 2 卷，第 420 页。

② 周士第：《冀中区平原游击战争的经验教训》，《八路军军政杂志》第 2 卷第 5 期，1940 年 5 月 25 日。

③ 《中共定南县委关于开展地道修理道沟工作的报告》（1945 年 5 月 1 日），河北省档案馆编：《地道战档案史料选编》，石家庄：河北人民出版社，1987 年，第 89 页。

④ 杨成武：《冀中平原上的地道斗争》（1945 年 5 月），《地道战档案史料选编》，第 108 页。

⑤ 程子华：《冀中平原上的民兵斗争（节录）》（1942 年 11 月），《地道战档案史料选编》，第 19 页。

总之，战争频繁，地形又无险可守，给华北平原敌后游击战带来了极大的不便。正如徐向前所说："游击队在平原上的活动，自然没有像山地那样多的地形上的便利。相反的敌人的机械化的兵种或骑兵，倒有较便利的条件了。"[①]

（三）波浪式推进：道沟的兴起与空间拓展

为将平原地貌转变为于我有利之地形，在中国共产党领导下华北平原抗日根据地军民掀起了大规模的地形改造运动——破路、挖沟、拆墙、拆围寨等。破路即破坏铁路、公路；挖沟即开挖道沟；拆墙、拆围寨分别是指将平原城市的城墙和村寨的围墙拆除。在这些活动中挖道沟运动规模最大、分布范围最广、持续时间最长，对平原抗日军民坚持持久抗战作用最大。

1. 道沟的兴起

道沟，又称凹沟、凹道、抗日沟、抗日交通沟、抗日道沟等，是抗战时期以华北平原根据地军民为代表的抗日力量，在平原地区道路或平地上开挖的深沟或壕沟。这种沟道具有一定的标准，沟内能通行农村车辆，作战时又能运输、隐蔽、转移、伏击、设防等，在平原敌后抗战中发挥了重要作用。

道沟起源于冀中抗日根据地，是根据地人民创造的最显著的人为奇迹之一。[②] 冀中平原无山丘之阻，内部有平汉、平津、石德、津浦诸铁路穿过，又有纵贯南北的平大公路和横贯东西的津保公路。各县城之间大都可以通汽车；村与村之道路纵横交错，密如蛛网，阡陌之间，小路极多。这种异常便利的交通条件，对敌之"扫荡"、机械化部队之进攻甚为有利。后任山东野战军第7师19团参谋长的陈钦曾于1941年3月根据冀中根据

---

① 徐向前：《开展河北的游击战争》（1938年5月21日），中共中央文献研究室中央档案馆编：《建党以来重要文献选编（1921—1949）》第15册，第345页。

② 《八路军冀中军区司令部关于再次全力发动挖掘壕沟的命令》（1941年10月9日），《冀中历史文献选编（上）》，北京：中共党史出版社，1994年，第519页。

地利用道沟作战的经验，写成了《凹沟"抗日沟"战术的几个基本原则》一文。该文明确指出，"凹道战术的发起，是在冀中区河北大平原"，是抗日军民在冀中平原这种交通条件和地貌条件下不断总结对敌作战的经验教训，"掘沟破路""构筑新道"后普遍施行的。①

1938 年 1 月，冀中军民为迟滞、阻断日伪行军和运输，在"破路就是抗日"的口号下，对所有道路进行了全面破坏，在当年秋季基本完成任务。② 起初，破路是拦路挖横沟或挖方形土坑，但是群众往来和耕作、运输极为不便，且敌人部队仍可由路旁耕地绕行。③ 后来，为"彻底改造路形"，冀中根据地军民改为顺道挖沟，即顺着道路走向在路中间挖掘一定深、宽尺寸的壕沟，敌人汽车、坦克、装甲车无法行驶，而农村大车却可通行其中，于是破路工程变成了筑沟工程，在冀中全面扩展开来。

2. 道沟的空间拓展

道沟在冀中兴起后很快传入冀南，以这两块根据地为中心，逐步波浪式推进至冀鲁边、冀鲁豫、冀东、山东、淮北、苏北等平原地区。冀中、冀南两块根据地是敌人"腹心之患"，却能依托道沟长期坚持，这对其他平原地区坚持敌后抗战是极好的借鉴。在山东清河区，罗荣桓在 1939 年春天为八路军四支队干部作的一次报告中，就专门介绍了冀中平原挖道沟的经验，给清河区地方干部留下了深刻印象，清河区随即发动了挖道沟运动。④

再看单个根据地内道沟的扩展情况。曾任冀中军区特务营长的魏文建说，道沟是"从中心区挖到边沿区，从根据地挖到敌占区，整个平原千里

---

① 陈钦：《凹沟"抗日沟"战术的几个基本原则》，《清河军人》1942 年第 11 期。

② 吕正操：《吕正操回忆录》，北京：解放军出版社，2007 年，第 93 页。

③ 董玉璞：《抗日民主政府的有关农村政策》，巨鹿县政协文史资料研究委员会编印：《巨鹿文史资料》第 4 辑，1993 年，第 19 页。

④ 伏伯言：《清河区第一个抗日民主政府——临淄县政府成立前后》，淄博市临淄区政协文史资料研究委员会编印：《临淄文史资料》第 9 辑，1995 年，第 81 页。

纵横、道沟成网"①。在山东清河平原，从 1939 年 8 月起，地方领导干部组织学习冀中挖道沟经验并动员群众挖道沟。"根据地内挖完了，再向接敌区、游击区发展，白天不能挖就夜间挖，由部队掩护着挖"。② 清河区临淄县县长伏伯言也说："抗日沟在我根据地完成挖掘任务后，又从根据地边沿向敌占区逐步延伸，这使敌伪惊慌失措。"③ 由此，单个根据地内道沟挖掘的空间推进模式是：根据地—接敌区（游击区）—敌占区，也呈波浪式空间推进图式。

平原道沟战也得到了中央层面的认可与宣传，从而进一步推动了道沟在平原抗日根据地的扩展。朱德曾将冀中、冀南挖道沟的情况向卫立煌做过汇报。④ 在延安抗日军政大学，中国共产党中央领导人和前线高级将领都曾为学员们讲授主要军事、政治课程，左权曾讲授《平原游击战争》《抗日道沟与地道战》。⑤ 这些学员毕业后奔赴各大根据地，无疑进一步宣传了道沟的重要作用。

道沟在当时被誉为"新的万里长城"，扩展迅速，规模巨大。1941 年 10 月前，冀中地区已将全区 18.6 万余里的乡村大道挖成了道沟。⑥ 冀南区至 1940 年 2 月道沟总长度也已达到了 12 万里。⑦ 抛开其他根据地所挖道沟里程不计，仅冀中、冀南所挖道沟的总长度就已经超过了历代长城的总长度。⑧ 最终，各平原抗日根据地上纵横交错、密如蛛网的道沟网络得以建

---

① 魏文建：《在革命的道路上》，北京：海洋出版社，1990 年，第 283 页。

② 景晓村：《依靠人民坚持清河、渤海平原抗日游击战争》（1985 年 5 月），《景晓村文集》，北京：中共党史出版社，1995 年，第 277 页。

③ 伏伯言：《清河区第一个抗日民主政府——临淄县政府成立前后》，《临淄文史资料》第 9 辑，第 82 页。

④ 袁德金：《军事家朱德（下）》，北京：中国青年出版社，2013 年，第 590 页。

⑤ 叶尚志：《九秩续笔》，上海：上海人民出版社，2010 年，第 328 页。

⑥ 《八路军冀中军区司令部关于再次全力发动挖掘壕沟的命令》（1941 年 10 月 9 日），《冀中历史文献选编（上）》，第 519 页。

⑦ 戒夫：《敌后的"马奇诺"防线——一个新的万里长城的创造》，《新华日报》（重庆）1940 年 6 月 7 日，第 2 版。

⑧ 国家文物局 2012 年宣布中国历代长城总长度为 21196.18 千米。

立起来，平原"道路纵横变为沟道纵横"，成为华北平原抗日根据地军民坚持敌后抗战的地理依托。

二、因地制宜：道沟的规格、内部构造和种类

为适应战争环境，冀中、冀南抗日根据地军民对道沟的规格、构造等进行了必要的"设计"，这对其他地区产生了影响，起到了示范作用。随着抗日战争的发展及各地人力、敌情、地质等因素的不同，各地道沟在规格、种类上又有变化，反映了各地军民在敌我斗争艰苦形势下对地理环境认知与改造的能动性。

（一）道沟的规格

1. 冀中、冀南根据地

冀中根据地挖道沟运动经历了两个阶段，第一个阶段从 1938 年 1 月至 1940 年，先横路挖沟以破坏交通，后改为顺路挖道沟。1941 年秋以后为第二个阶段，道沟规格要求更高，规模更大。据吕正操回忆，冀中村庄之间的大道沟，"深达 2 米多，宽 3 米左右，大车可以通行无阻"。[①] 陈钦则指出，道沟的宽度要以"能阻止敌一切车辆而不妨碍百姓的交通"为标准，深度"挖到能隐蔽人的全体为止"，从积土到沟底深约 1.8 米。[②] 又据《"抗日沟"——新的长城》一文，冀中道沟"深度是三尺（连胸墙算起有五六尺），宽度是六尺，积土叠为胸墙，背座可以行人马自行车。沟内仅能容大车，汽车在里边不能行动"。[③] 民国 1 尺约等于 33.33 厘米[④]，则道沟深度平地以下约 1 米，连胸墙算起则约 2 米，宽度约 2 米。据此三则材料，冀中道沟一般深 1.8~2 米（包括胸墙），宽约 2~3 米。冀南根据地是在 1938 年以后大规模开展挖道沟运动的，后经过修改、确定，道沟的规

---

①　吕正操：《吕正操回忆录》，第 59 页。

②　陈钦：《凹沟"抗日沟"战术的几个基本原则》，《清河军人》1942 年第 11 期。

③　田涯：《"抗日沟"——新的长城》，《解放日报》1942 年 2 月 6 日，第 4 版。

④　丘光明编：《中国历代度量衡考》，北京：科学出版社，1992 年。

格如下：深 3 尺（约 1 米），两岸培土 2 尺（约 0.7 米）；底宽为 3 尺 6 寸（约 1.2 米），上口宽为 4 尺 8 寸（约 1.6 米）。①

　　冀中、冀南道沟开挖的基本规格是必须保证道沟深度能隐蔽抗日力量，宽度要满足阻止敌人交通而不妨碍我方交通的目的。结合冀中、冀南一些县的道沟资料总体来看，冀中、冀南各地道沟不包括胸墙的深度一般为 1 米，包括胸墙则深 1.5~2 米不等；宽度一般为 1.5~2 米。部分地区道沟上下口宽不一样，下口窄于上口，上口较宽是防止道沟两壁泥土塌落。②吕正操所说冀中道沟的宽度为 3 米应是指道沟上口宽度。

　　在 1941 年之前，冀中道沟前期为横路挖沟，只为限制敌人交通；后期改为顺路挖沟，但又属于直线挖沟，易受敌人顺沟火力攻击。1941 年以来日军对冀中根据地的"扫荡"更加残酷，当年秋季冀中再次掀起"整旧挖新"的挖道沟运动，以便"更好的阻滞敌人机械化部队的猖狂进攻"。③ 于是，"新的道沟"设计更为精细化、标准化。首先，道沟两侧有胸墙、背座，形成地上隆起的景观形态。胸墙是由"挖出的积土堆于沟之两侧"形成的，便于战斗。将两侧胸墙平整，各留 1 尺小路，以便人马行走，从而形成背座。④ 其次，道沟"每隔五六十公尺"挖一个方便农村大车行驶的错车处。⑤ 这种错车处一般为弧形或圆形，中间为土丘，两侧是行进沟道，类似今天的交通转盘。其设计目的一是方便农村车辆往来交通，二是防止敌人顺道沟纵深射击。⑥ 冀南道沟的错车处是弧形"宽沟"，中间没有土丘。⑦

---

　　① 戒夫：《敌后的"马奇诺"防线——一个新的万里长城的创造》，《新华日报》（重庆）1940 年 6 月 7 日，第 2 版。
　　② 戒夫：《敌后的"马奇诺"防线——一个新的万里长城的创造》，《新华日报》（重庆）1940 年 6 月 7 日，第 2 版。
　　③ 《八路军冀中军区司令部关于再次全力发动挖掘壕沟的命令》（1941 年 10 月 9 日），《冀中历史文献选编》（上），第 519 页。
　　④ 李英武：《冀中平原的交通战》，《八路军军政杂志》第 3 卷第 9 期，1941 年 9 月 25 日。
　　⑤ 陈钦：《凹沟"抗日沟"战术的几个基本原则》，《清河军人》1942 年第 11 期。
　　⑥ 吕正操：《吕正操回忆录》，第 59 页。
　　⑦ 宋任穷：《宋任穷回忆录》，北京：解放军出版社，1994 年，第 162 页。

2. 其他根据地

在道沟由冀中、冀南向外扩展的过程中，各地军民对其尺寸、构造、种类等都进行了因地制宜的借鉴和调整，反映了挖道沟过程中各平原抗日根据地军民对地理、民情、战情的认知并做出应对的智慧。

在全面爬梳其他平原根据地道沟史料后可知，各地道沟的深度一般为 1.3~2 米，以 1.5 米最多，1.5 米以上者应是包括胸墙的高度；宽度一般为 1.4~2 米，可以满足农村大车的交通要求。3 米及 3 米以上宽度的道沟主要是为阻止敌人骑兵通过而开挖。例如，冀东地区道沟的宽度为 3 米；清河区垦利县的道沟宽度竟达到 5 米。初看似乎不合情理，但考察其挖沟的原因和道沟的功用就会发现，冀东地区的道沟主要是为防御日伪、伪蒙骑兵[1]，而垦利县发动群众挖沟时明确要求所挖道沟的宽度以敌人骑兵越不过去为标准。[2]

需要指出的是，华北平原各抗日根据地军民是在一个不断反思、总结的过程中认识道沟并最终确立规格的。冀中军区参谋长李英武明确指出，1941 年前冀中道沟不仅不利于我方人员行军、运输，也没能阻止日军汽车"由平地绕进村庄，任意抢掠"。[3] 山东平原道沟在 1941 年前也存在三个方面的问题：一是前期道沟深度、宽度不够，人或大车不能在沟内通行。沟内又无会车让路的地方，民众都不从沟内走，反而在沟外另辟新路，踏毁了庄稼，引起群众不满。二是许多道沟只挖通一二条，纵横不相通，不仅民众日常走路不便，战时也易为敌人封锁。三是道沟两端没有深入村庄内或隐蔽处，暴露在外面，军民出沟、入沟易被敌人发现。因此，抗日道沟不但失去了作用，有时反而有害。[4] 究其原因，1941 年前，各地主要着眼

---

[1]　张玉泉主编：《中国共产党迁安县历史大事记》，北京：中共党史出版社，1998 年，第 76 页。

[2]　路德河口述，赵汝坤整理：《抗战琐忆》，垦利县政协文史资料工作委员会编印：《垦利文史资料》第 4 辑，1991 年，第 60 页。

[3]　李英武：《冀中平原的交通战》，《八路军军政杂志》第 3 卷第 9 期，1941 年 9 月 25 日。

[4]　赵志坚：《关于破路工作的几点意见》，《大众日报》1942 年 12 月 11 日，第 4 版。

于挖掘道沟以"破路"，对依托道沟开展敌后抗战的"技术"问题认识不够深入。1941年以来，为适应抗战需要，华北平原抗日根据地军民对道沟的认识、设计和规划逐渐成熟。道沟不仅有干沟、支沟，而且要根据适用情况来确定其宽度、深度、坡度及内部构造。同时，还必须做到"沟沟相连，村村互通"。①

（二）道沟的内部构造和种类

平原道沟一方面要能御敌，另一方面要能利我，早期道沟在这两方面做得都不好。冀中根据地1939年前的道沟都是直线的，而且道沟是半地下式的壕沟，由于没有挖掘"出口和踏足孔"，危急时刻，我军不能迅速跳出道沟，易受敌人火力压制。农民日常田间劳作，从沟内进入农田也不方便。另外，北方平原雨季集中，道沟内因没有排水井、排水沟，雨季积水严重，抗日军民只能践踏禾苗。② 此后，根据地军民开始在道沟内部构造上进行设计和改进。1939年4月28日，朱德就平原挖沟情况致电卫立煌，电文进一步揭示了冀中、冀南道沟的构造：

> 挖成缓湾〔弯〕的交通沟，使敌不能通射。宽仅容大车 不 能通行，宽 以阻汽车通行。沟的两旁作六寸宽的踏跺，沟深约五尺，站踏跺为立射，每五里有让来往车错通的车站，每一里有上地面针〔斜〕短沟，为人之待避所，以便游击队出入。无通排水沟渠者，则在待避 者 所侧挖排水井。村落周围多挖出路。③

道沟沟壁有踏跺，为沟内人员观察沟外敌情、射击之用。为方便民众

---

① 门金甲：《对广北抗日沟的回忆》，广饶县政协文史资料研究委员会编印：《广饶文史资料选辑》第8辑，1990年，第1~2页。

② 李英武：《冀中平原的交通战》，《八路军军政杂志》第3卷第9期，1941年9月25日。

③ 《朱德关于平原挖沟之办法致卫立煌电》（1939年4月28日），中国人民解放军历史资料丛书编审委员会编：《八路军·文献》，北京：解放军出版社，1994年，第335页。

出入，道沟每隔一段距离挖掘一个出入口。排水井有的文献中也叫"贮水池"，"深度 7 尺"，"如距离旧有坑湾较近，则掘一引水沟将贮水池与其连接起来"。① 但是，雨季中很多贮水池并没有注水，而没有贮水池的地方反而有水。最后，百姓提出了解决办法——"下了雨再说"。雨后自然就能分辨地势的高低，再组织突击小组在道沟内存水的地方挖掘贮水池。此外，朱德这封电报还提到了冀中、冀南道沟是"缓弯"的，这就改变了此前沿道路直线挖沟的形式。弯形道沟一是更加利于隐藏，二是能有效防止敌人顺道沟射击。总之，1939 年以后，冀中、冀南道沟内增加了踏跺、掩体、散兵坑、排水井、排水沟、出入口等"构件"，以适用于抗战形势，其他根据地也逐步效仿。②

随着战争形势的发展，平原抗日根据地军民对道沟的认知、利用更为成熟，道沟的形式和种类也更为多样。1941 年秋，冀中区从分区到县、县到乡村，普遍挖掘三类道沟：连接县、村之间的乡村大道称为道沟；联络村与村、道沟与道沟之间的人行道沟叫做交通沟；沿着村落周围开挖的用作防空游击之用的叫做围村沟。③ 一些地方还挖了防水沟、放水沟和将敌人引入沟内便于消灭的迷惑沟。④ 在山东，清河区于 1942 年春发动各县群众挖掘三种道沟：一是在村周围挖三四米宽、2 米深的抗日掩蔽沟（围墙式），便于预防敌特夜袭，叫做"抗日护庄沟"；二是顺道路挖 2 米宽、1.5 米至 2 米左右深的抗日沟，把村与村、联防与联防、区与区的道路挖通，叫抗日交通沟；三是在敌据点周围及敌人经常出动行走的地方，挖抗日封锁沟，以便将敌人交通要道阻断、破坏。为防止敌人借抗日沟袭击，

---

① 戒夫：《敌后的"马奇诺"防线——一个新的万里长城的创造》，《新华日报》（重庆）1940 年 6 月 7 日，第 2 版。

② 谢胜利主笔，中国共产党夏邑县委党史征编办公室编印：《夏邑县党史大事记（1919.5—1949.9）》，1986 年，第 40 页。

③ 《八路军冀中军区司令部关于再次全力发动挖掘壕沟的命令》（1941 年 10 月 9 日），《冀中历史文献选编（上）》，第 519 页。

④ 陈绘主编：《易县公路交通史》，保定地区行政公署交通局 1986 年编印，第 70 页。

又把抗日沟挖成"S"形的转沟，并在沟坡挖掩蔽体、战备坑，坑下设脚踏台，以便截击或伏击敌人，或在转沟内和敌人打游击。[①]

三、"平原变山地，人造新长城"：道沟的功能与实际效果

华北平原抗日根据地军民对道沟的认识经历了由破路到构筑打击敌人的地理依托的过程。1941 年之前，道沟主要是为破坏利敌之交通而开挖；1941 年以来，平原敌后抗战形势日益严酷，各地军民更加注重道沟在隐蔽、运输、打击敌人等方面的功用，道沟成为抗日军民利己之"交通阵地"。总体来说，平原道沟主要有两大功能：破坏交通以御敌、改造交通以利己。

（一）破坏交通以御敌

1. 阻滞敌军行进

日军是现代化的部队，坦克、汽车、装甲车、摩托车等在平原上横冲直撞、"速行无阻"，加上骑兵部队，日军在华北地区尽得平原地貌之利。平原道路成网，成为敌人缩小抗日根据地、扩大日伪势力范围、切断我方联络四处"扫荡"的凭据。为此，日军进占平原各城镇后，即以各城镇为基点"修筑交通路，以机械化部队四出扫荡"。[②] 日军所修公路主要是环状、平行、放射状道路，以便利其机动、快速出击。[③]

道沟最初的功能就是为了破路，以便阻滞日军机械化、摩托化等部队行进，为平原敌后军民御敌、转移等赢得时间，这是道沟最基本的功能。杨成武认为，在平原敌后抗日游击战中，交通战是一种日常主要的持久斗

---

① 门金甲：《开辟广北抗日根据地》，《东营文史》第 9 辑，东营市政协文史资料研究委员会 2000 年编印，第 117 页。

② 《周恩来为送左权著〈一月来华北战局概况〉与刘维京往来函》（1939 年 6 月），中国第二历史档案馆编：《中华民国史档案资料汇编》第 5 辑第 2 编"军事五"，南京：江苏古籍出版社，1998 年，第 156 页。

③ 日本防卫厅战史室编：《华北治安战（上）》，第 162~163 页。

争形式，"交通破坏成功，才是完成了任务，否则，即是失职"①。道沟出现以后，日军表示"平原地区之敌匪挖掘道路改成交通壕，为了做到各村之间的联络和防备我用汽车袭击"②。1941 年以来，大规模挖掘道沟后华北平原根据地道路多被改造成了"凹形道"，"非治安区的车行道路遭到破坏"，"交通壕联络着各村落"，日军方面也不得不承认"各部队在推行肃正工作时极为困难"③。日军华北派遣军作战主任在广播谈话中说，中国共产党"将一望千里之冀中平原由农地变为阵地，因之成为最大苦心者，即为交通问题。彼等为令我军行动困难，将主要道路破坏，不仅使我军不能发挥能力，彼等且以交通壕互相联络，其中且可通行车马"④。伪军方面对平原道沟也大感头疼。1941 年 11 月，河南豫东道第三次"强化治安运动"实施计划之第十条就是"铲平敌壕"。该计划指出，豫东"各县境内敌匪盘踞之处，附近多掘交通壕"，此次治安强化运动期间各县知事应督饬警团或联络驻军设法一律填平，"以弱匪势"⑤。道沟阻滞敌军行进的实际效果，据 1944 年 8 月 9 日彭德怀对美军观察组人员的谈话，日军"汽车、装甲车不能畅行，速率降为与步兵相等，平均每小时只能走 4 至 6 公里。这样就使敌人失去了快速部队的优点，迫其像步兵一样的与我们作战"⑥。

　　2. 截断日军运输补给线

　　华北平原地区是日军掠夺战备物资、人力资源的主要源地。日军依靠其现代交通工具将平原资源不断输送到各大战场及其国内，道沟的出现不仅给日军后方运输补给构成障碍，也牵制了大量敌伪力量用于平原交通的

---

① 日本防卫厅战史室编：《华北治安战（上）》，第 337 页。
② 日本防卫厅战史室编：《华北治安战（上）》，第 282 页。
③ 日本防卫厅战史室编：《华北治安战（下）》，第 140、155 页。
④ 程子华：《敌对冀中扫荡与冀中战局》，《晋察冀日报》1942 年 8 月 4 日，第 1 版。
⑤ 中央档案馆：《日本帝国主义侵华档案资料选编·华北治安强化运动》，北京：中华书局，1997 年，第 395 页。
⑥ 彭德怀：《八路军七年来在华北抗战的概况》，中国抗日战争军事史料丛书编审委员会编：《八路军·回忆史料（1）》，北京：解放军出版社，2015 年，第 28 页。

恢复。为此，日军方面一直重视对中国共产党交通战方面情报的搜集，并采取措施予以应对。日军"新民会"在所搜集到的中国共产党北方局1938年9月的指示后明确指出，中国共产党在华北今后的"重点放在破坏交通及通信机关的工作上，切断我后方运输线"。[①] 1940年，日军针对当年华北地区治安"肃正"制定了根本方针，指出中国共产党交通战导致"交通运输断绝，严重影响华北建设"[②]，"华北建设的最大障阻是交通网被破坏"。[③] 李公朴在对晋察冀边区考察后也指出，很多地方的日军"只能躲在城圈子里，没路可走，这就是一个重要的原因"。[④] 因此，在日军看来，整顿交通运输对"肃正建设的促进，治安地区的扩大"具有非常重要的意义。1943年，日方认为本年度秋、冬两季华北治安"肃正"中军事作战的目的是强化华北大东亚战争兵站基地的作用，以便将华北尤其是平原地区作为日军"取得和运输供应日本的物资"基地，确保资源地区及交通线，但中国共产党方面构筑"交通壕"等对这一目的的实施造成困难。[⑤]

（二）改造交通以利己

1. 隐蔽自己

抗日力量在华北平原地区作战时，除了村落、城寨和季节性高秆作物，基本无险可守。在平原抗日斗争中，有效隐蔽自己，才能有效打击敌人，道沟能有效满足平原抗日军民的这一战术需求。

首先，道沟纵横交错、密如蛛网的形态有利于增加作战隐蔽性。朱德曾明确指出平原道沟的开挖就在于"隐蔽运动作游击战"。[⑥] 在《华北治安

---

①　日本防卫厅战史室编：《华北治安战（上）》，第98页。

②　日本防卫厅战史室编：《华北治安战（上）》，第223页。

③　日本防卫厅防卫研究所战史室著，田琪之、齐福霖译：《中国事变陆军作战史》第3卷第2分册，北京：中华书局，1983年，第55页。

④　李公朴：《华北敌后——晋察冀》，北京：生活·读书·新知三联书店，1979年，第126页。

⑤　日本防卫厅战史室编：《华北治安战（下）》，第338、343页。

⑥　《朱德关于平原挖沟之办法致卫立煌电》（1939年4月28日），中国人民解放军历史资料丛书编审委员会编：《八路军·文献》，第335页。

战》中日方着意引用中方资料："道沟纵横交错修成蜘蛛网状形状，因而我方可以通行无阻。在受到敌人攻击时可能为隐蔽掩护物体，便于分散退避，同时又可隐蔽地接近敌人。"① 抗日力量在道沟内行动曲折不定，特别是在夜间，更是来去无踪，而且己方在道沟内易于听到外来的声响，自己的声响反而不易被敌听到，因此，"在凹道中不与一般的平原相同"②。

其次，道沟的深度和外观也提升了抗日力量依托道沟作战的隐蔽性。道沟的深度再加上两旁胸墙的高度能有效地隐蔽抗日力量。后来，各根据地军民还在道沟背座上种植各种树木、作物，如茵柳、高粱、芝麻、玉米、向日葵、蓖麻等，从而进一步提升了隐蔽性。时人指出："假使农民走下了农田，在沟中，这世界无论是怎样动的，但是，在这广漠的平原上看不到一个人影。"③

2. 打击敌人

隐蔽自己是为保存自己，但保存自己的同时还要消灭敌人，一味保存自己不可能长期立足于平原地区。消灭敌人就要坚持武装斗争，道沟为平原武装斗争奠定了地理依托。正如冀中军区安平县特务营营长张根生在其日记中所说："能否坚持根据地的抗日斗争，关键在于能否坚持武装斗争。"为了能在平原地区坚持武装斗争，冀中群众"把所有的大车道都挖成了可以藏身的道沟"，为"游击战争创造了有利的条件"。④ 李公朴也说，平原根据地军民将道沟"随时可以用作阵地，攻击敌人"。⑤

利用道沟打击敌人，首先可以隐蔽地接近敌人，发挥自身武器优势。地方军政人员指出，抗日力量依托道沟作战不易被日本飞机侦察，敌人大

① 日本防卫厅战史室编：《华北治安战（下）》，第268页。
② 陈钦：《凹沟"抗日沟"战术的几个基本原则》，《清河军人》1942年第11期。
③ 戒夫：《敌后的"马奇诺"防线——一个新的万里长城的创造》，《新华日报》（重庆）1940年6月7日，第2版。
④ 张根生：《滹沱河风云——回忆安平"五一反扫荡"斗争》，长春：吉林文史出版社，1985年，第362页。
⑤ 李公朴：《华北敌后——晋察冀》，第127页。

炮、自动火器也不易发挥其威力，而装备较差的我方军队能在道沟内"隐蔽行动，接近敌人，进行短兵器战斗。手榴弹成为在道沟内消灭敌人的主要武器"。[1] 曾在冀南坚持敌后抗日的向守志也说："人在里面走，外面看不见。"敌人来"扫荡"，群众便从交通沟撤离，与日军在平原上展开看不见人的游击战，日军经常被埋伏在交通沟的八路军部队袭击，可就是看不见人，不知子弹来自何方。[2] 此外，利用道沟的隐蔽性也可实施伏击战[3]、奇袭战。[4]

其次，华北平原抗日根据地军民依托道沟开展敌后游击战，形成了各种战术。在苏北、皖北的津浦路沿线，日军重点防控，以沟（封锁沟）、点（据点）、线（公路）相结合的方式牢牢控制所占区域。根据地民兵则以道沟为依托开展"以沟对沟，以沟破点，以沟破线"的战术斗争，对敌人据点进行反分割、反包围，日夜轮番袭击敌人。[5] 在山东根据地，陈钦将运用道沟作战的战术归纳出来，以作山东地区坚持道沟战的借鉴，包括道沟内的通信联络、道沟侦察、道沟遭遇战、道沟进攻战、道沟防御战、撤退、特种战斗等。[6] 1945 年 7 月，为配合主力反攻，山东省武委会指示对各根据地外的重要边沿区应布置爆炸线，专门对实行抢劫、勒索、突击的敌人实行爆炸，而道沟正是设置爆炸线的有利依托。[7]

3. 战时便于我方运输、转移和突围

道沟呈一张网状的结构密布于平原之上，其沟口一般与村口连接，群

---

① 陈钦：《凹沟"抗日沟"战术的几个基本原则》，《清河军人》1942 年第 11 期。

② 向守志：《向守志回忆录》，北京：解放军出版社，2006 年，第 82 页。

③ 郭今生：《冀中人民创造的世界奇迹——忆抗日战争初期的特殊道路》，河北省公路交通史编写委员会编印：《河北省公路交通史参考资料》第 7 期，1982 年，第 13 页。

④ 王寿仁：《冀中二十三团一营在"五一反扫荡"中的战斗》，冀中人民抗日斗争史资料研究会编：《冀中人民抗日斗争文集》第 5 卷，北京：航空工业出版社，2015 年，第 1759 页。

⑤ 中共铜山县委党史工作委员会编：《铜山革命史》，北京：中共党史出版社，1996 年，第 172 页。

⑥ 陈钦：《凹沟"抗日沟"战术的几个基本原则》，《清河军人》1942 年第 11 期。

⑦ 《山东省武委会关于目前形势与具体任务的紧急指示》（1945 年 7 月 28 日），《山东革命历史档案资料选编》第 15 辑，济南：山东人民出版社，1984 年，第 171 页。

众赶着大车一出村就可进入道沟，形成了村村相通的道沟网。于是，道路运输转变成了以沟代路、沟沟相通的道沟运输。战时抗日军民可以在道沟内运输物资，从而避免被敌俘获，平时群众也可由道沟运输农副产品和出入农田劳作。华北平原抗日根据地军民利用道沟进行交通运输的案例很多。1938—1940 年，冀南根据地支持前线的粮食和军需，大部分是用大车、独轮车、扁担挑和人背等方式通过道沟运输完成的。① 1941 年，冀中任丘县委发动民兵依靠道沟赶着毛驴、推着小车穿越平汉路日军封锁线，将粮食、衣服等物资运送至冀西，使山区军民度过了灾荒。②

日军实施快速"扫荡"时首先会遇到道沟的阻碍，根据地军民便可抓住时机安全转移。地方干部曾做过计算，在敌人要"扫荡"之前，"没有一两个钟头的平沟是不行的，这时我们早就得到消息转移了。……抗日沟不仅便利了抗战，也便利了保民和人民自保"③。1940 年以后，日军对华北平原抗日根据地愈发"重视"，频繁"扫荡"。抗日道沟就成了平原根据地军民实施快速转移、坚持持久抗战的主要地理依托。在冀南，1940 年下半年，面对日军的报复性"扫荡"，根据地军民依靠道沟与敌周旋。"群众抱着孩子，牵着牲口在路沟里安全转移……我们在路沟中看敌人的行动一清二楚，而敌人却看不到我们"。④ 在危急时刻，抗日力量也可借助道沟实施突围。⑤

应当指出，道沟也有其不足之处。陈钦归纳出六点不足：（1）遇敌时指挥员不便在狭长道沟内进行前后指挥。（2）联络困难，没有良好的指挥

---

① 崔银峰主编：《馆陶县交通志》，北京：方志出版社，2008 年，第 309 页。
② 王传玉：《抗日战争时期任丘破交战》，《任丘文史资料》第 6 辑，任丘市政协文史资料研究委员会 2006 年编印，第 170 页。
③ 王联主编：《中国共产党商丘党史资料选·回忆录》，郑州：中州古籍出版社，1999 年，第 471 页。
④ 司枕亚：《破路·打狗·挖洞·改造村形》，《大名文史资料》第 4 辑，政协文史资料研究委员会 1994 年编印，第 107 页。
⑤ 阎朝科：《冀中军区六分区（警备旅）第二团史料》，冀中人民抗日斗争史资料研究会编：《冀中人民抗日斗争文集》第 7 卷，北京：航空工业出版社，2015 年，第 2174 页。

点可利用。（3）各地道沟规格是"多样式的"，部队隐蔽运动中有时会受到道沟形状的限制。（4）有的沟挖得很深，超过人的身长，在道沟内行动只能听到外来声音，目视困难。要想爬出沟观察敌情，则目标太大，易暴露自己。（5）道沟纵横交错，若无向导，在道沟内行动时易迷失方向，多走弯路。（6）若敌人事先知道我方意图，或事先占领了村落或道沟内的待避所，我方侦察不好，易发生遭遇战。[①] 此外，开挖道沟会占用一定面积的耕地，农民由地上经过半地下的道沟再入农田劳作毕竟有所不便，解放战争后期道沟基本被填平。[②]

尽管依托道沟作战会有一定不足，但在缺乏山地依托和有利隐蔽条件的广阔平原上长期坚持敌后游击战争，反击敌人的"扫荡"，道沟毕竟是最好的阵地和屏障。时人认为，抗日道沟"为改造地形便利游击队之最好办法"。[③] 中国共产党领导华北平原抗日根据地军民挖道沟的经验甚至为国民党敌后抗日游击力量所借鉴。1939 年 6 月，苏北历经挫折的国民党"丰县义勇常备总队"领导人黄体润，在八路军苏鲁豫支队作战经验的启发下，动员群众积极破路、挖沟，"务使全县村与村相通之道路，一概挖掘成沟，使路路变沟，条条不通，将原来一望无际的平原，变成纵横交错的蛛网式壕沟"。[④]

四、平原地貌改造中的人：挖道沟与社会动员

在中国共产党领导下，通过有效的组织与人力、物力等"能量"的投入，道沟在华北平原持续扩展。不过，挖道沟运动需要投入极大的人力、

---

① 陈钦：《凹沟"抗日沟"战术的几个基本原则》，《清河军人》1942 年第 11 期。
② 解放战争初期，华北平原解放区又曾掀起挖道沟运动。但 1948 年以来，华北解放战争局势逐步向好发展，为便利生产、生活，各地除少量道沟保存到 1949 年之后，平原解放区道沟基本被填平。参见《应该号召群众把道沟填平》，《冀中导报》1948 年 12 月 7 日，第 4 版。
③ 《沂水各区赶挖抗日沟》，《大众日报》1940 年 8 月 1 日，第 4 版。
④ 黄体润：《十年来抗日"剿匪"的回忆》，台北丰县旅台同乡联谊会编纂：《丰县文献》1977 年第 1 期，第 16 页。

物力和财力，没有积极的动员、宣传，要完成道沟挖掘任务是不可能的。挖道沟运动也是对中国共产党在华北平原各抗日根据地执政能力、动员能力和组织能力的重大考验。

（一）动员中的领导、组织与实施

抗战时期，中国共产党组织建设、政权建设等的思想和制度日益成熟，通过制定适宜的政策逐步确立了在国民党军政力量从华北败退之后的政权主体地位和合法性。依靠艰苦而复杂的工作，中国共产党有效地将华北平原千百万人民群众组织起来，从而实践其平原抗战的"人山"思想。黄道炫指出，冀中根据地 1942 年前的地道主要是各地自发挖掘，1944 年后的地道挖掘高潮则更多缘于中国共产党的组织动员。[①] 而道沟的挖掘规模更大、所需人力更多，也更易暴露。因此，这一运动从一开始就是在中国共产党的社会动员下兴起的。挖道沟运动中社会动员的主体是党的各级政权及其干部、群众组织，动员对象则为广大人民群众。

首先，党的各级政权及其干部是挖道沟运动社会动员中的第一主体，挖道沟运动落实的关键在于各级干部的组织力、执行力和创造力。其工作方式主要有两种，一是地方党的最高领导机构先动员党、政、群各级组织开展挖沟运动，并加强行政督导。[②] 然后，各级县委、行署在动员各区、村干部后直接领导、检查督促群众挖沟。同时，在挖沟动员中地方领导干部也注意讲究效率，如组成青年破路突击组或突击队和开展青壮年挖沟竞赛等。[③] 二是地方党的最高领导机构直接发布行政命令，进行强制动员。如 1939 年 2 月 25 日，冀南行署发出 56 号破路训令。大名县从接到训令起，全县一律开始破路；各村群众凡 15 岁以上、50 岁以下者均须参加挖

---

① 黄道炫：《敌意：抗战时期冀中地区的地道和地道斗争》，《近代史研究》2015 年第 3 期。

② 王念基、张辉主编，中国共产党沧州地委党史资料征集审委员会编印：《冀中八分区抗日斗争史资料选编》上册，1987 年，第 87 页。

③ 郭清书：《鲁西北青年运动的概况》，中国共产党聊城地委党史资料征集研究委员会编：《聊城地区党史资料》1983 年第 5 期。

沟破路。①

　　其次，党和各级政权领导下的各类群众组织是党组织、政权组织动员民众的重要助手，也是挖道沟运动社会动员中的第二主体。群众组织在党的领导下工作，遵循党的策略路线，这是中国共产党通过群众组织实施民众动员的一项基本原则。② 抗日根据地的群众组织主要有抗日自卫队、农民救国会、工人救国会、青年救国会、青年抗日先锋队、妇女救国会、教育界救国会和商人救国会等，这些群众组织接受党的领导，政府则提供保护和帮助。以晋察冀边区为例，至 1940 年 2 月，边区各类群众组织已有一百多万会员，在每次战争动员中，"都证明他们能起绝大的作用"。③ 各类群众组织以中农、贫农为主，在中国共产党抗日民族统一战线的组织下实行全民组织、全民抗战④，积极参与发动、组织群众投入挖道沟运动之中。例如，1941 年 5 月至 1943 年 2 月，清河区农救会组织万余群众挖抗日沟1300 公里。⑤ 各地群众组织在动员群众挖道沟运动中也会注重对贫苦农民的救济，具有 "以工代赈" 的作用。在山东菏泽，各村农救会在组织群众破路挖沟时按每户土地数额分配挖沟任务，且要求 "按期完成，违者罚"。于是无地、少地的群众因受他人雇用挖沟而获得报酬，挖道沟运动也就起到了救济贫苦农民的作用。⑥ 1943 年 12 月，苏北响水县组织全县群众挖沟时从富有者 2074 户募捐法币、山芋干、稻头、花生饼等，救济了贫苦破路队员 3300 户。⑦

---

　　① 司枕亚：《破路·打狗·挖洞·改造村形》，《大名文史资料》第 4 辑，第 107 页。
　　② 《中共中央北方分局对冀中工作的指示信》（1939 年 8 月 11 日），《晋察冀抗日根据地史料选编》，石家庄：河北人民出版社，1983 年，第 167 页。
　　③ 聂荣臻：《晋察冀边区的形势》（1940 年 2 月 28 日），魏宏运主编：《抗日战争时期晋察冀边区财政经济史资料选编》第 1 编，第 82 页。
　　④ 日本防卫厅战史室编：《华北治安战（上）》，第 399 页。
　　⑤ 山东省地方史志编纂委员会：《山东省志·农民团体志》，济南：山东人民出版社，1996 年，第 308 页。
　　⑥ 程力夫：《抗日民族统一战线在鲁西南的曙光——回忆创建鲁西南抗日救国总会》，《菏泽文史资料》第 4 辑，菏泽市政协文史资料研究委员会 1995 年编印，第 43 页。
　　⑦ 中国共产党响水县委党史办公室编：《响水革命史料选》第 2 辑，1985 年，第 112 页。

在具体实施上，各地抗日自卫队是挖道沟运动的主力军。抗日自卫队即人民武装自卫队，是与群众日常生活紧密结合的半武装群众组织，分为县总队部、区大队部、中心村或大村中队部三个层级，其根基在第三个层级——下分壮年队、青年队、守护队、妇女队和儿童队，囊括了农村 11~55 岁的广大群众。人民自卫队的主要任务之一就是破坏敌军交通、维护我军交通以及协助构筑工事。① 冀中饶阳县于 1939 年冬和 1940 年春组织男自卫队员 18 岁至 55 岁、女自卫队员 18 岁至 50 岁轮流出勤挖道沟。② 日军在对中国共产党动员民众的调查中也发现，各村自卫队的活动相当活跃，"运输、通讯、挖掘交通壕以及作战正成为自卫队主要的活动"。③

（二）动员中的教育与宣传

挖道沟属于巨大的人力工程，难免增加群众负担。日军方面也观察到，挖道沟运动"使村民付出极大劳力"。④ 最初，个别地方不经深入宣传动员就强迫群众挖沟，有的地方挖道沟按人头、劳动力摊派任务，此外，挖道沟有时也会与农时发生矛盾，一些群众不免有抵触情绪。于是有群众说"挖路，挖路，不叫人活"，这就使群众产生误解，甚至助长了暴乱。⑤

为此，在挖道沟运动中，一方面各级干部逐渐对群众进行耐心说服、教育，让其明了道沟的真正功用，以避免敌人造谣和群众反感。⑥ 在动员中逐步注重教育群众挖道沟不仅是战争需要，也与农民本身利益紧

---

① 日本防卫厅战史室编：《华北治安战（上）》，第 287 页。
② 王念基、张辉主编：《冀中八分区抗日斗争史资料选编》上册，第 87 页。
③ 日本华北方面军：《冀中边区西南部民众获得工作实情调查报告》，东京：亚洲历史资料中心藏档案，C04122567800，1940。转引自张屹、徐家林：《中共在晋察冀边区的民众组织与动员——以日本文献为中心》，《江西社会科学》2020 年第 4 期。
④ 日本防卫厅战史室编：《华北治安战（上）》，第 282 页。
⑤ 《冀鲁豫党史资料选编》第 20 集，中国共产党贵州省委党史研究室冀鲁豫小组 1996 年编印，第 106 页。
⑥ 中国共产党河北省委党史研究室编：《冀南历史文献选编》，北京：中共党史出版社，1994 年，第 350 页。

密相连。① 吕正操也指出，只有教育群众、组织群众，深入政治动员，"使群众了解这一工作是与他自己切身利益有联系的"，以提高其积极性与主动性，发挥其"无限的"力量，才能保证挖道沟工作全部完成。②

另一方面，各级干部对道沟的作用、功能、意义进行了广泛宣传，让"广大人民群众亲身体会到改造平原地形的重要性"。③ 为提升宣传动员效果，中国共产党在挖道沟运动中也采取了一些具体方法。

首先，适应平原抗战的形势，适时地提出各种挖道沟动员口号。冀中平原最初提出的口号是"破路就是抗日"，但部分群众不了解其中意义、表现得不够热心。不久，党又提出"多流一滴汗，少流一滴血"的口号，经过多次战斗实践群众体验到了这个口号的"真意"，从而积极投入到挖沟运动之中。④ 1941 年秋，冀中区在道沟"整旧挖新"运动中又提出了更为坚决的口号："一切为着战争，一切为着胜利，不惜花费一定的土地、人力、时间！"⑤ 一些地方，挖道沟口号能直观地揭示道沟与群众自身利益的利害关系，如鲁西平原的口号是"不挖道沟会死人"。⑥

其次，通过组织编写、传播各种活泼的歌谣开展挖沟动员。抗战时期，在党的领导下，新诗歌运动从延安兴起后，很快扩展到各大根据地。新诗歌的表现形式一是墙头诗，一是新民歌。墙头诗是将诗歌贴于街头或墙上，民歌则由军队文艺人员"走到一处，宣传一处"⑦，或由农村歌咏队

---

① 《朱德关于平原挖沟之办法致卫立煌电》（1939 年 4 月 28 日），中国人民解放军历史资料丛书编审委员会编：《八路军·文献》，第 335 页。

② 吕正操：《论平原游击战争》，北京：解放军出版社，1987 年，第 60 页。

③ 宋任穷：《宋任穷回忆录》，第 162 页。

④ 吕正操：《吕正操回忆录》，第 93 页。

⑤ 《八路军冀中军区司令部关于全力发动挖掘壕沟的命令》，《冀中历史文献选编（上）》，第 519 页。

⑥ 中国共产党安阳地委党史资料征编委员会办公室编印：《革命回忆录选》第 1 集，1982 年，第 255 页。

⑦ 杨尚昆：《论华北抗日根据地的建立与巩固》（1944 年 7 月），魏宏运主编：《抗日战争时期晋察冀边区财政经济史资料选编》第 1 编，第 121 页。

传唱。① 这些歌谣创作表现出强烈的革命性和时代性，才能在民众间持久传唱，并在社会动员方面发挥出文字宣传难以企及的积极作用。②

图6-1　抗战街头诗

说明：图片源自王雁主编《沙飞摄影全集》，第 229 页。

华北平原抗日根据地挖道沟运动中有大量墙头诗和歌谣被创作并用于民众动员之中，我们姑且称这些诗歌为"道沟诗歌"。道沟诗歌一方面会强调平原地貌被改造后的实际功用，具有明确的动员目的。1941 年 10 月，欧阳平由太行山进入冀南平原后每日走在抗日道沟里，他看到冀南唐庄的墙头诗这样写道："抗日沟千万条，平原变深山，处处象地堡。抗日沟昼夜挖，纵横交错，四通八达，救国又保家。"③ 在冀鲁豫，朱毅创造了《挖路歌》教给群众，边挖沟，边演唱，成了挖路的动员令。歌词主要内容

---

① 张屹：《抗战时期中共领导下的民歌再造与革命动员》，《党的文献》2020 年第 2 期。

② 路畅：《抗战时期革命歌谣的创作——以山西革命根据地为中心的考察》，《文艺研究》2014 年第 5 期。

③ 欧阳平：《敌后战歌：四十年前日记诗抄》，1982 年，第 32~33 页。

是："大家努力挖啊，挖啊！挖啊！挖成五尺深，挖成七尺阔，挖得汽车跳不过，跳不过……平原变山区，创建根据地……"①

另一方面，道沟诗歌也会着重描绘道沟对日军的打击作用，语言朴实、活泼能贴近群众，从而具有很好的动员作用。冀中地区这样的歌谣很多，如："道沟就是抗日沟，鬼子害怕我欢迎！鬼子汽车团团转，变成乌龟爬着行！子弟兵顺着道沟打日寇，神出鬼没好威风！好威风！利用道沟反'扫荡'，狡猾鬼子难逞凶！难逞凶！"② 冀中群众甚至会在道沟土壁上写上自编歌谣，如："道沟弯弯一条线，十村八村紧相连，小车大车沟中走，鬼子白脖（伪军）看不见，敌人挨打不能还，日寇见沟心胆寒。"③

总体来说，道沟诗歌缺乏韵律，甚至有错字，但大都语言简洁、朴实，能切合实际和贴近民众，表达了华北平原抗日根据地民众坚定的信念和必胜的信心，有力地推动了中国共产党领导的挖道沟社会动员工作。被动员起来的乡村民众不再是革命的旁观者，他们开始立足于革命立场，以已经内化的革命思维方式和自然的情感，认同中国共产党的革命理念，认识社会问题，理解革命行动，最终以实际行动参与或支持革命。④

（三）挖沟与填沟：动员中的敌我斗争

华北平原抗日根据地军民依托道沟坚持斗争，并不断扩大根据地面积，日军不可能置之不顾。1940 年以来，日军一方面加大对各大根据地"扫荡"的力度与频度，另一方面又不断构筑据点、封锁沟、公路网等以强力推行其"囚笼政策"。于是，以争取群众、动员群众为手段，中日双方在华北平原上演了"挖沟与填沟"的特殊斗争剧目。

---

① 朱毅：《忠诚战歌》，沈阳：沈阳出版社，2010 年，第 35、226～227 页。
② 李健：《抗日战争时期冀中平原的交通战》，冀中人民抗日斗争史资料研究会编：《冀中人民抗日斗争文集》第 7 卷，第 2450 页。
③ 刘树仁主编：《晋察冀边区交通史》，北京：人民日报出版社，1995 年，第 32 页。
④ 张屹：《抗战时期中共领导下的民歌再造与革命动员》，《党的文献》2020 年第 2 期。

　　日军方面，所谓挖沟是指在铁路两侧为割断山地与平原联系及各平原根据地之间联系而挖掘的"遮断壕"或"封锁沟"；公路两侧挖掘的护路沟；城墙外和县区交界地带挖掘的"惠民壕"或"治安壕"。日军所挖各类壕沟远较道沟为大，深宽一般"各丈余"，有的为干沟，有的直接灌水，主要目的是"交通阻绝"，以实现其封锁、分割根据地、阻断抗日力量活动的目的。各类壕沟对平原抗日力量的确产生极大的困扰，根据地不断被切割，甚至变质。日军指出，京汉铁路两侧的隔离壕沟切断了"冀中、冀南的丰富物资向其根据地运送的通路"；各县区交界地带所挖"惠民沟"不仅"阻止共军入侵"，还能防止中国共产党对敌"治安区"、"准治安区"和"未治安区"民众的争取，促使民众向日方靠拢。① 所谓填沟则是强迫民众填埋平原抗日道沟。在冀南地区，1941 年以来，日军一面增修公路、碉堡、封锁沟、封锁墙，一面"大肆摧毁我之抗日道沟及天然沟道"。② 1942 年，日军第四次"治安强化运动"期间，伪河北省提出加强"剿共自卫力"，其中一条就是"敌方交通壕的掩埋作业"。③ 在治安强化运动中，一些根据地军民"所掘交通沟亦大部填平"。④

　　在中国共产党方面，一方面积极研究防止日军修筑各类封锁壕及通过封锁壕的办法，动员群众填埋。⑤ 另一方面，动员群众挖掘道沟，这包括挖掘新的道沟和将敌人所填道沟再次挖开。这两个方面的工作是长期反复的斗争过程，都需要进行大量的社会动员工作。正如刘伯承在 1941 年 2 月所指出的："对敌人交通不断的破击，护路沟的填平，山地隐蔽小路的构筑，平原沟道的发展，这应成为抗战军民经常的职责。……交通斗争原来是一件非常重大的事。我们对于敌人的铁路、公路及其护路沟，必须破坏

---

① 日本防卫厅战史室编：《华北治安战（上）》，第 419 页。
② 《第十八集团军总部关于目前日军之活动特点与"清剿"办法的通报》（1942 年 5 月 1 日），中国人民解放军历史资料丛书编审委员会编：《八路军·文献》，第 794 页。
③ 中央档案馆：《日本帝国主义侵华档案资料选编·华北治安强化运动》，第 456 页。
④ 中央档案馆：《日本帝国主义侵华档案资料选编·华北治安强化运动》，第 521~522 页。
⑤ 日本防卫厅战史室编：《华北治安战（上）》，第 457 页。

一次又一次，对于敌人挖断我们在山地的小路，在平原的沟道，必须修复一次又一次。敌人修破得快，我们人多修破更快，必须顽强斗争下去。"①

应当说，在广泛而形式多样的社会动员下，各根据地军民在中国共产党领导下对此是有深刻认识并能切实执行下去的。在晋察冀边区，敌人白天修路、挖沟，民兵们夜间去破路、填沟，破一夜，敌人要修三天，就这样一直纠缠下去。② 在鲁西郓北县，从 1940 年起，敌人平沟，根据地军民挖沟，这种对抗长达四年之久。③ 根据地军民挖沟、填沟的方法灵活多样，这包括一是发动民兵和群众夜间挖道沟④，二是乘敌人白天逼迫民夫填埋道沟时，组织地方民兵进行扰乱，夜间群众又重新挖开道沟。⑤ 因此，华北平原抗日根据地军民的挖沟、填沟活动是"反复连续不断的艰苦斗争，谁最后战胜了，谁就能坚持到最后"⑥。尽管 1940 年以后日军在华北平原不断加强挖沟、填沟的力度，平原抗日根据地遭到封锁、分割、"清剿"和"剔抉"，但在中国共产党广泛而持续的社会动员下，平原道沟一直被抗日军民维护、保存，山地与平原往来并未断绝⑦，华北平原抗日根据地也一直能长期坚持下去。

总之，1938 年以来，当华北大部沦陷，固守山地游击战已不适合华北抗战形势，中共中央最终作出八路军向平原挺进的战略决策。不过，中央领导人虽然指出了自然地理条件对建立平原根据地的限制作用，但更主要强调动员群众、军事指挥等人为因素的重要性。朱德说："只要群众组织

---

① 刘伯承：《关于太行军区的建设与作战问题》（1941 年 2 月 1 日），山西省档案馆编：《太行党史资料汇编》第 4 卷，太原：山西人民出版社，2000 年，第 122~123 页。

② 孙元范：《百炼成钢的晋察冀边区》，《解放日报》1944 年 7 月 10 日，第 4 版。

③ 《冀鲁豫党史资料选编》第 13 集，中国共产党贵州省委党史办公室冀鲁豫小组 1989 年编印，第 161 页。

④ 《群众报》1940 年 10 月 24 日，第 4 版。

⑤ 伏伯言：《清河区第一个抗日民主政府——临淄县政府成立前后》，《临淄文史资料》第 9 辑，第 82 页。

⑥ 《刘伯承、邓小平关于反对日军"囚笼政策"的指示》（1941 年 5 月 10 日），中国人民解放军历史资料丛书编审委员会编：《八路军·文献》，第 636~637 页。

⑦ 杨成武：《杨成武回忆录》，第 759~761 页。

得好的地方，即依靠民众为堡垒，在平原开阔地也可以进行游击战。"① 相较而言，前线指挥官则着重于探索平原敌后游击战的战略战术，将平原地形的利用与动员平原群众同等重视。彭雪枫是平原游击战的积极探索者，他就指出："我们可以利用稠密的村落，利用青纱帐，依靠广大群众，纵横驰骋，与敌人周旋；采取夜袭、伏击等手段，积小胜为大胜。"②

毋庸置疑，将敌后千百万人民群众动员起来，坚持人民游击战争，是抗日战争最终胜利的重要保证。③ 但是，如若忽视平原人民认识地理、改造地理的作用，仅仅强调动员敌后人民群众就能取得最终胜利，恐怕有将平原抗战历史"简单化"之嫌。因为，任何人类活动都是在自然—社会系统之中开展的，自然与社会因素都应被充分认识和考量，不可偏废。平原敌后游击战也不能例外，除了需动员人民群众，也要认真思考利用、改造平原地理条件的问题，被动员后的广大人民也只有劳作于平原地理之上才有施展其力量的舞台和方向。因此，既执行中央总的平原游击战方针，又因地制宜地利用各地平原地貌、地物等地理条件，运用灵活多样的游击战术，是各平原根据地得以保存、坚持的主要原因。道沟的广泛存在，改变了我们对华北平原抗日根据地对敌作战地理条件和斗争方式的认知，也是上述认识的典型例证。具体来说，道沟是人为创造的地上隆起物，使平原变成了"丘陵"，塑造了新的平原地貌景观形态；在空间形态上，道沟是纵横交错的"蛛网式"结构，密布于平原之上，"像捕猎的兽网"，成为打游击的好战场。④

在此，我们并非强调认识和改造自然地理条件在华北平原敌后抗战史

---

① 朱德：《论抗日游击战争》（1938年），中共中央文献研究室、中央档案馆编：《建党以来重要文献选编（1921—1949）》第15册，第119页。

② 河南省民政厅《忆彭雪枫同志》编辑组：《忆彭雪枫同志（续集）》，郑州：河南人民出版社，1981年，第290页。

③ 吴宏亮：《论人民游击战争是抗日战争最终胜利的重要保证》，《中国高校社会科学》2015年第5期。

④ 刘志坚、张友萱：《冀南平原最艰难时期的武工队和瓦解敌军工作》，《八路军回忆史料》（三），北京：解放军出版社，1991年，第200页。

中具有决定作用，而是认为中国共产党敌后抗战史的叙事和研究应补充一个重要的缺失环节——自然地理条件及其被抗日力量认识、利用和改造的历史，从而使敌后抗战史更为丰富和完整。

第二节　黄水归来：平原解放区黄河故道的 环境治理（1946—1947）

抗战时期的黄河花园口决堤事件给华北平原地区社会、经济、生态等各个方面均造成了深重影响，已有研究几乎都关注黄泛区生态环境、水利纠纷等方面。[①] 解放战争全面爆发前，国民党宣布即将堵塞黄河花园口决口，迫使黄河回归故道[②]，其背后蕴含着重大军事、政治目的。相关研究集中于对黄河归故争端事实的考证分析，从环境史角度考察黄河故道生态及中国共产党在黄河归故前后的生态环境治理则尚属稀见。黄河故道治理关乎冀鲁豫、山东平原解放区沿黄河故道群众的切身利益和解放区的生态安全，如果治理不当，黄河水将成为助推国民党军队进攻解放区的重要"武器"。因此，平原解放区对黄河故道生态环境的治理不仅是一个关乎河流生态的环境问题，也是一个重要的军事政治问题，其背后反映了战争环境下人与自然的互动关系。

---

① 如渠长根：《阻敌自卫，功过任评说——1938 年花园口事件研究概览》，《军事历史研究》2003 年第 2 期；徐有礼、朱兰兰：《略论花园口决堤与泛区生态环境的恶化》，《抗日战争研究》2005 年第 2 期；奚庆庆：《抗战时期黄河南泛与豫东黄泛区生态环境的变迁》，《河南大学学报（社会科学版）》2011 年第 2 期；苏新留：《抗战时期黄河花园口决堤对河南乡村生态环境影响研究》，《中州学刊》2012 年第 4 期；汪志国：《抗战时期花园口决堤对皖北黄泛区生态环境的影响》，《安徽史学》2013 年第 3 期；曾磊磊：《试论 1938—1947 年黄泛区灾民的生产活动》，《兰州学刊》2018 年第 12 期；史行洋：《1938 年黄河南岸大堤决口新探》，《中国历史地理论丛》2021 年第 2 辑；鲍梦隐：《阻敌与救灾：黄河掘堤之后国民政府的应对》，《抗日战争研究》2021 年第 4 期；史行洋：《抗战时期豫东平原的排水困境与地方秩序——以扶沟县双洎河为例》，《中国历史地理论丛》2022 年第 2 辑等。

② 一般简称黄河归故。

一、计划与协议：国共双方围绕黄河堵口与复堤的斗争过程

黄河故道处于冀鲁豫根据地和山东根据地的渤海区内，冀鲁豫根据地的中心区长垣、濮阳、濮县、范县、东明、鄄城等县都在黄河故道两岸；渤海区则位于黄河故道下游。1945 年冬，国民党政府在积极计划发动内战的同时，决定堵塞花园口决堤口门，引黄河水回归故道。国民党此举，意在"以水为兵"，因为一方面黄河回归故道会切断冀鲁豫边区的东西联系，防止刘邓大军东进山东、豫北；另一方面，黄河故道已有大量村庄、农田，在无前期河道治理的情况下，遽然引水势必酿成巨大灾祸。1946 年 1 月，黄河将要回归故道的消息传入冀鲁豫边区，民情汹汹。2 月，国民政府在黄河水利委员会下设"黄河堵口复堤工程局"，黄委会委员长赵守钰兼任局长，具体负责堵口复堤事务。于是，国共双方围绕着堵口与复堤展开了一系列的斗争，达成了若干协议。但是国民党的堵口计划是坚决的，故这些协议被国民党一次次撕毁。堵口与复堤的斗争及协议的达成对解放区黄河故道的治理都产生了影响。

（一）"开封会议"前国民政府的堵口计划与执行

国民党方面提出"黄河归故"是单方面的，一般认为是一种军事上的阴谋，时人认为："一条黄河，等于美式装备的国军 40 师，是毫无问题了。"[1] 蒋军内部也确实对黄河归故通报为"黄河战略"，扬言黄河水可抵 40 万大军。[2] 这一战略的目的一是分割与紧缩解放区，将晋冀鲁豫边区与山东、华中等解放区隔断，达到分而击破的战略目的，以配合其军事进攻。同时，"亦在故意制造借口，欲加我以反对归故的罪名，以为掀起全国内战的舆论准备"。[3] 正如周恩来所说："黄河是蒋介石的'外壕'，陇

---

① 捷夫：《黄河：进攻冀鲁豫边区的四十师大军》，《时代文摘》1947 年第 1 卷第 6 期，第 8 页。

② 鲁西良：《战地采访——忆在冀鲁豫日报的采访工作》，《冀鲁豫日报史》编委会编，杜文远主编：《冀鲁豫日报史》，贵阳：贵州人民出版社，1993 年，第 285 页。

③ 《我黄委会发言人答记者问》，《冀鲁豫日报》1947 年 8 月 26 日。

海路是他的'铁丝网',长江是他的'内壕',蒋介石总想赶我们过'外壕'。"①

国民党黄河归故战略与当年花园口掘堤,从效果上来说都是希望利用黄河水来实现军事目的。穆盛博从"能量"角度重新诠释了国民党军队的掘堤行为,认为黄河虽然蕴藏巨大的"能量",但能量本身只能"做功"(do work),除非"按照人类的动机和欲望"加以利用才能产生"力量"(power),"花园口掘堤"便是国民党军队为对抗日军,把黄河能量转化成力量(即所谓"以水代兵")的一种方式。这种方式起到了"改变敌人的能量需求",也就是"增加日军军事行动的能量成本以及其他后勤方面需求"的作用。② 可以说,利用黄河水巨大的能量来实现军事目的在国民党方面是有经验的,对于堵口计划是既定且坚决执行的。这就能解释为什么面对国内外舆论、中国共产党方面的积极斗争,国民党方面仍一直在执行堵口计划。

1945 年 12 月下旬,国民党黄河水利委员会(以下简称黄委会)移驻开封,从人力、物力、财力等多个方面做堵口放水的前期筹备工作。1946 年 1 月 11 日,美籍水利工程师、黄委会工程顾问塔德等一行 4 人,突然由开封来到冀鲁豫根据地的菏泽,声言要勘察黄河故道。解放区冀鲁豫行署给予热情接待,并派专人领其至临濮集一带勘察了黄河故道的堤坝和河床。勘察团停留 3 天即返回。不料,返回不久,国民党中央社发表文章说"由于中共之一再阻挠,迫使勘测工作无法顺利进行",以此为他们不复堤整险制造借口。③

1 月 22 日上午 9 时,河南救济总署署长马杰召开救济灾区座谈会,联

① 周恩来:《全国大反攻,打倒蒋介石》,《周恩来选集(上卷)》,北京:人民出版社,1980 年,第 278 页。

② 张岩:《环境史视野下的抗战史书写——评穆盛博:〈中国的战争生态学:河南、黄河及其他(1938—1950)〉》,《抗日战争研究》2016 年第 4 期。

③ 段君毅:《一场严峻的黄河归故斗争》,《段君毅纪念文集(上)》,北京:北京出版社,2009 年,第 383 页。本小节内容多源自该文。

合国驻中国办事处主任范海宁（加拿大籍）专程到会致辞，阐述堵口重要性。1月31日，国民党水利委员会、黄委会及行政院善后救济总署（以下简称行总）豫分署，连日视察花园口口门情况，研究堵塞口门方案，计划建立堵口复堤工程局，分设冀鲁豫3个复堤工程处，并对工程款项、器材、工人食宿、卫生等做了详细的研究。

　　2月1日，水委会派遣工程师及技工偕同联合国善后救济总署（以下简称联总）驻该会工作的道特（美籍）前往河南泛区勘察，在泛区群众中散播堵口言论，意图为堵口造势。2月4日，国民党黄委会顾问王恢先，黄泛区复兴与建设协会常委易伯坚及社会处代表等在黄泛区举行座谈会。会议只谈及黄泛区居民的救济问题，并不言及黄河故道居民救济的工作。2月中旬，国民党方面成立了黄河堵口复堤工程局（以下简称堵复局），赵守钰兼任局长，李钟鸣、潘镒芬任副局长。2月16日下午3时，赵守钰在黄委会举行记者招待会，就工程计划问题提出以下困难：一是中央核拨之工款5亿元法币，中央银行不能一次提取；二是整修汛期堤防预算需费11亿元法币，尚未核准，以致无法动工；三是考城以下国共军队"阻挠"，测量工作无法进行。赵守钰希望新闻界代向各界呼吁，要求疏通河道，修筑河堤，妥善救济和迁移沿河居民；吸收沿河群众代表与民主政府，组成统一的治河委员会，共筹"移河"大计。这些说法较为中肯，顾及了黄泛区与黄河故道居民共同的利益。

　　3月1日，国民党政府在未通知冀鲁豫解放区政府的情况下，指示堵复局在花园口正式开工堵口。以塔德为首的外籍工程技术人员，带着桥梁材料、木船、汽船、推土机、开山机、钢轨、斗车、汽车、修理机械等展开施工。行总派出工作队、卫生队，河南省政府组织了招工购料委员会，交通部彰洛段工程处赶修通往花园口的铁路专线，平汉铁路局拨出了赶运堵口器材的车皮。根据塔德的建议，国民党最高当局做出决定：花园口堵口工程6月底以前完成口门合龙任务。蒋介石还把这件事列为"首要急务"。原国民党黄委会工程师徐福龄指出，堵口是秘密破土动工的。一个月以后，国民党方面才由中央通讯社宣布花园口堵复工程已经开始，计划两个月完成。①

解放区民众听闻国民党花园口堵口的消息后，沿河各人民团体、群众组织、进步人士，纷纷组织集会，发表谈话，游行示威，呼吁国民党政府要顾全民命。沿河人民的呼声和要求，得到了国民党黄委会和堵复局大部分人员的同情。1946 年 3 月 3 日，黄委会委员长兼堵复局局长赵守钰亲赴河南新乡，会晤了正在进行军事调处的中国共产党代表周恩来、美国特使马歇尔、国民党代表张治中，共同商谈了有关黄河堵口复堤问题。

（二）从《开封协议》到《上海协议》：国共双方的交涉与斗争

1946 年 4 月 7 日，国共首次谈判，解放区代表与国民党代表经过会谈，初步达成了《开封协议》，主要内容有：1. 堵口复堤程序。堵口复堤同时并进，但花园口合龙日期须等候会勘下游河道堤防淤垫破坏情形及估修复堤工程大小而定。2. 施工机构。直接主办堵口复堤工程之施工机构应本统一合作原则，由双方参加人员管理。具体办法为：（1）仍维持原有堵口复堤工程局系统。（2）中国共产党区域工段由中国共产党方面推荐人员参加办理。3. 河床村庄迁移救济问题。河床内居民之迁移救济，原则上自属必要，应一面由国民党黄委会拟具整个河床内居民迁移费预算专案呈请国民党中央委员会核拨，一面由马署长及范海宁分向行总、联总申请救济。其在中国共产党辖区内河段由中国共产党代表转知当地政府筹拟救济。所有具体办法，仍候实地履勘后视必需情形再行商定。同时，对中国共产党协助工程进行办法，以及招工、购料、运输、工粮发放等问题，也作了初步协商和规定。

《开封协议》签字后，国民党黄委会委员长赵守钰、联总顾问塔德等

---

① 徐福龄：《蒋介石在黄河上犯下的滔天罪行——记蒋介石一九三八年在黄河花园口扒口和一九四六年在花园口堵口的真相》，中国人民政治协商会议河南省委员会文史资料研究委员会编：《河南文史资料》第 1 辑，（内部资料）1979 年，第 3 页。

多人于 4 月 8 日出发赴黄河下游查勘。中国共产党代表赵明甫、成润等人陪同。经一周时间，他们从菏泽直到黄河入海口作了实地调查，并听取了解放区各级政府和人民群众的意见，15 日返回菏泽，下午 7 时在冀、鲁、豫行署菏泽交际处又一次举行了黄河问题座谈会。参加人员有：黄委会赵守钰、陶述曾、左起彭、孔令榕、许瑞鳌，解放区冀鲁豫行署段君毅、贾心斋、罗士高、赵明甫、华夫、成润，渤海区代表刘季青等。经过双方商谈，又达成了《菏泽协议》。其内容主要有四点：（1）故道先行浚河、复堤，然后再在花园口实行堵口放水。（2）河道内村镇之迁移，每人发放 10 万元法币迁移费，由黄委会转呈国民政府行政院拨发。（3）施工机构由双方派人合组。（4）逐步修复有关交通，但保证不做军用。会议三方面均同意该协议。但是，"国民党某些当局却不顾这一公平合理的协定，强制黄委会要在两个月当中全部完成花园口堵口工作。对于故道下游仅仅提出加高五公分泥堤的敷衍办法"[①]，一方面迟迟不拨付救济款项，另一方面昼夜加紧堵口。

《菏泽协议》刚刚签订，4 月 20 日国民党中央通讯社却发出了"黄河堵口复堤决定两月内同时完成"的消息，内称："倘秋汛期前不克完成复堤全部工程，政府方面实不能负其全责。"[②] 南京中央社竟称此事"已征得共方同意"。国民党方面驱赶 17000 名民夫，调集大量美制机械，昼夜不停地在花园口加紧堵口施工。至 5 月中旬，花园口即将抛石合龙。与此同时，国民党加紧对中原解放区的军事进攻，通过发动豫东地区的进攻，企图切断冀鲁豫同中原地区之间的联系。晋冀鲁豫解放区代表赵明甫亲往花园口视察回来说："全长 1500 公尺的决口，东西两端的土工已经完成。只剩下当中 500 公尺的小流了。假若一旦全部堵口，则首当其冲的郓城、鄄

---

　　① 《黄河的复堤与堵口·冀鲁豫边区通讯》，《群众》第 11 卷第 5 期，1946 年 6 月 3 日。

　　② 《赵明甫氏发表在开封谈治河经过反对国民党当局两月堵口计划》，《冀鲁豫日报》1946 年 5 月 3 日，王传忠、丁龙嘉主编：《黄河归故斗争资料选》，济南：山东大学出版社，1987 年，第 159 页。以下简称《归故资料》。

城、寿张、濮县等四县内就有 856 个村庄，20490 间房屋，1086306 亩土地被淹没，379316 人民流离失所。"[1]

与此同时，国民党高级将领陈诚、顾祝同等也分别到花园口"视察""参观"，为加速堵口工程"打气"。面对如此情况，5 月 5 日，新华社发表了晋冀鲁豫边区政府负责人的谈话，指出：国民党两个月内堵口"显系包含军事企图，有意指挥黄委会放水，水淹冀鲁两省沿河人民"，"要求国民党当局立即停止花园口堵口工程，坚决反对两个月完成堵口计划"。最后声明："如当局不顾民命，则老百姓势必起而自卫，因此引起之严重后果，应由国民党当局负完全责任。"5 月 10 日，中共中央发言人发表谈话："坚决反对国民党此种蓄意淹我解放区的恶毒计划，要求国内外人士主持正义，制止花园口堵口工程，彻底实行《菏泽协议》。"[2]

中共中央密切注意事态的发展，1946 年 5 月 10 日，中共中央发言人发表重要谈话，全面阐明中国共产党对黄河堵口问题的立场主张。周恩来直接领导下的重庆《新华日报》，5 月 14 日刊登了中共中央的严正声明，题为"反动派撕毁《菏泽协定》，不先浚河复堤，而竟先积极堵口，蓄意淹毙解放区旧河道七百万人民。这一阴谋，如不立即制止，一切后果，当由国民党当局负全责"[3]。声明指出："现抗战结束，以充分之人力物力与友邦援助，疏导黄河入归故道，原则上是可能的。虽然这对冀鲁豫与山东解放区的人民会带来灾难，但为了更多数人民的利益，冀鲁豫与山东解放区人民及中共是赞成此举，并愿积极参加此项工程。然而黄河下游的故道还有很多积弊，经改道八年后，河床竟高出地面一丈以上，势如屋脊。其上新建之村庄，已达一千七百个。……（复堤工程）决非几个月所能办到的。而我解放区经八年抗战，三年灾荒，更决难独立完成此项工程之可

①　《黄河的复堤与堵口·冀鲁豫边区通讯》，《群众》第 11 卷第 5 期，1946 年 6 月 3 日。
②　张汉祥：《国共黄河归故谈判》，《春秋》1996 年第 5 期。
③　《国民党违约阴谋堵口黄河中共中央发表严正声明》，《新华日报》（重庆）1946 年 5 月 14 日，第 2 版。

能。《菏泽协议》合情合理，且得到绝大多数治河人士的赞同，应切实执行。"

中共中央的声明虽有理、有节，但国民党花园口堵口工程还是日夜进行。不久，黄委会技术人员提出的堵口合龙时间推迟至汛后的方案，也被行政院长宋子文否定了。鉴于《菏泽协议》有被国民党政府彻底背弃的危险，中国共产党代表赵明甫、王笑一、成润于 5 月 8 日与塔德、张季春就贯彻《菏泽协议》问题进一步交换了意见。

5 月 15 日，赵明甫、王笑一同联总河南区主任范海宁共同前往南京。赵、王到南京后，首先听取了中共中央代表周恩来的指示，并在周恩来的陪同下同国民党水利委员会主任薛笃弼进行了商谈。5 月 18 日上午，中共、联总、行总、水利委员会、黄委会，堵复局的代表赵明甫、王笑一、陶述曾、杨乃俊、须恺、阎振兴、郭暄、李家琛、朱光彩、张季春等作了具体研究，达成了《南京协议》。内容如下：1. 关于复堤工程。（1）下游急要复堤工程包括险工及局部整理河槽尽先完成，同时规划全部工程衔接推进。（2）急要工程所需配合之器材及工粮请行总、联总尽先尽速供给。（3）急要工程所需工款由水利委员会充分筹拨。（4）此项复堤工作争取于 6 月 5 日以前开工。（5）复堤工作关于技术方面由黄委会统一筹划，施工事项在中共区域以内地段由中共办理。2. 关于下游河道以内居民迁移救济问题，黄委会已呈请有案，希望国民党中央从速核定办理。3. 堵口工程继续进行，以不使下游发生水害为原则。中国共产党代表提出保留意见：大汛前打桩抛石以不超出河底两米为限，但须（1）不受任何军事政治影响。（2）汴新铁路、公路暂不拆除。（3）由中国共产党派工程师住花园口密切联系。5 月 18 日，中共中央代表周恩来还与联总中国分署代理署长福兰克苗、联总工程顾问塔德达成 6 条口头协议：（1）下游修堤浚河，应克服一切困难，从速施工。（2）关于工程所需要之一切器材、工粮，由联总、行总负责供给，不受任何军事政治影响。（3）行总办理器材、物资之供应事项，在菏泽设立办事处，由中国共产党参加。（4）关于下游河道内居民迁徙之救济，由三方组织委员会负责处理，该委员会由政府派二人、中共派二人、联总派一人、行总派一人组织之。（5）在 6 月 15 日以前，花园口以下故道不挖引河，汴新铁路及公路不得拆除。至 6 月 15 日视下游工程进行情形，经双方协议后始得改变之。（6）打桩继续进行，至于抛石与否，须待 6 月 15 日前视下游工程进行情形，然后经双方协定决定。如决定抛石，亦以不超过河底两米为限。以上两条所说下游工程进行情形，以不使下游发生水害为原则。《南京协议》签订之前，国民党一面签协议，一面仍在花园口实施堵口工程，同时不付给解放区 23 万修堤之工款、工粮，直至《南京协议》后，始付给一部分，但"距定额相差甚远"。①

由于国民党政府只热衷于堵口，而对协议规定的复堤工款及河床居民迁移费等，迟迟不予拨付，7 月 14 日，周恩来由南京来到上海，直接与行总、联总商谈堵口及救济问题。7 月 15 日至 22 日，周恩来与行总、联总、国民党方面再次谈判，最终达成了《上海协议》。这轮谈判能够实现，研究者指出原因是中共方面董必武等人多次向联总、行总申述国民党对解放区救济物资的不公正分配。因国民党当局拖延复堤公款及救济费的发放，7 月 12 日，冀鲁豫解放区代表赴开封质问行总、联总代表，并严正指出：如果一意孤行，解放区将采取自卫自救，在河道内筑拦河横堤，不让河水东流。其间，中国共产党地方武装部队炸毁堵口部分采石场。国民党当局不能不正视这些情况。②

《上海协议》的主要内容有：（1）为复堤，中国共产党所支付全部工料款项，由国民党政府拨款付还。已有 40 亿汇交中国共产党，另 20 亿专列银行账户，根据需要，三方会签提取。（2）中国共产党购置物资，行总应予协助，并供给交通运输工具。（3）付给解放区复堤工人面粉 8600 吨。

---

① 《我黄委会发言人答记者问》，《冀鲁豫日报》1947 年 8 月 26 日，《归故资料》，第 283 页。

② 乔金伯：《国共关于黄河堵口及救济问题在沪谈判述论》，上海革命历史博物馆筹备处等编：《上海革命史资料与研究》第 5 辑，上海：上海古籍出版社，2005 年，第 485 页。

（4）中共地区难民救济款为 150 亿，8、9、10 每月拨 40 亿元，11 月拨 30 亿元。（5）洪水期间不再堵口，维护口门已成工程，9 月中旬重新进行。综观条文内容，该协议比以往历次协议更为具体实在，不少内容对解放区是有利的，如暂停堵口，允诺拨发工料款、救济费、提供交通工具等。但也存在着限制中国共产党应有权利和为国民党方面后期违反协议推卸责任的潜台词，如有关款项"其数目可能被行政院核减"等语。①

但是，联总和国民党当局并无诚意兑现诺言。联总拒绝接受中国共产党提出的由联总直接与解总分配救济物资的意见，限制中国共产党出席联总远东会议。行总则在中国共产党请购物资时，处处设难阻挠。至于 150 亿迁移费，几经交涉直至 11 月 23 日才议决 1 月 5 日前拨款 100 亿元，其余 50 亿元月底拨给。

对于驶往解放区的运输船只，国民党方面时时借机扣押，甚至进行飞机扫射、轰炸。8 月 28 日，国民党军队在对冀鲁豫解放区的进攻时，用飞机轰炸解放区堤岸，用机枪扫射工地农民，致使复堤工程不得不中止。国民党当局配合军事进攻，于 10 月 5 日恢复堵口工程，声称 50 天内完成。蒋介石电示水委会"希督饬所属昼夜赶工，并将实际情形具报"；国防部陈诚、顾祝同亲赴堵口工地"视察""督导"。12 月 27 日，国民党不顾下游整理险工、疏通河槽及居民迁移尚未完成，悍然开挖引河，将一部分黄水引入故道。解放区"人人自危，个个惊惶"。但 12 月 29 日，蒋介石仍复电水委会及堵复局，表示他的堵口决心"已令各有关部队，协助运石车辆"，让其赶进堵口工程。针对国民党当局的行径，1947 年 1 月 1 日，董必武特电告延安党中央及有关解放区，希及时做好自救准备。1 月 2 日，蒋介石又电示水委会负责人："堵口工程务须按照原拟进程表所定元月五日完工，不可拖延。"②

---

① 乔金伯：《国共关于黄河堵口及救济问题在沪谈判述论》，《上海革命史资料与研究》第 5 辑，第 487 页。

② 段君毅：《段君毅纪念文集（上）》，第 405 页。

随着发动内战步伐的加快，国民党方面堵口过程进一步加快。至 3 月 15 日，国民党当局宣布堵口合龙成功。

（三）水情与工程设计：国民党初期堵口的尝试与失败

尽管中国共产党与国民党方面围绕堵口、复堤问题几经谈判，签订了《开封协议》《菏泽协议》《南京协议》《上海协议》等①，但是堵口这一生态问题的背后又隐含着国民党政治、军事的战略，因此，国民党堵口计划是坚决的。因国内外舆论和各种干扰因素使国民党方面被迫签订了上述协议，然而这些协议并不能束缚蒋介石及国民党方面堵口的决心。例如，《菏泽协议》墨迹未干，为了在 6 月底发动全面内战，国民党政府电令工程局务必在 7 月 1 日前完成堵口工程。此时解放区复堤工程尚未进行，一旦黄河水回归故道，必将造成巨大灾难。解放区一边派代表同国民党代表继续谈判和斗争，一边抓紧进行复堤工程。7 月上旬，解放区第一期复堤工程大部分完成，残破不全的大堤基本修复。

那么，从 1946 年 3 月 1 日花园口开始堵口工程，至 1947 年 3 月 15 日花园口抛石合龙，国民党花园口堵口为何迁延一年多之久？实际上，国共双方所签订的历次协议和中国共产党方面的斗争对国民党方面延缓堵口具有一定影响，但不起决定性作用。

国民党花园口堵口工程的延宕主要与黄河水情变化及堵口工程的设计有关。

《南京协议》签订刚刚 3 天，花园口即开始抛石，并积极准备开挖引河，拆除汴新铁路、公路，进行合龙放水。经过紧张施工，至 6 月 21 日，花园口堵口打桩、架桥工程完毕，开始在口门抛石。但是，6 月 27 日，黄河水位猛涨，溜势汹涌。显然，黄河入汛时间提前了，国民党方面对黄河水情的掌握超出了预期。6 月 29 日，由于黄河水突然上涨，堵口工程桥桩被破坏，合龙工程才不得不推迟到汛后进行。至 7 月中旬，先后有 48 排木

---

① 除了这些重要协议，中共与国民党还举行过多次会谈，如 1946 年 12 月 9 日，举行了张秋会谈；1947 年 1 月 3 日，举行了邯郸会谈；1947 年 6 月 4 日，举行了东明会谈。

桩被冲走，汛前合龙计划落空。这是第一次堵口失败。究其原因，堵口期间正值黄河夏汛，大水将抛石及堵口桥桩冲毁，客观上难以继续堵口。

第二次堵口始于 10 月 5 日，当日堵口工程重新开始，国民党政府又限令 12 月底完成堵口。国民政府行政院水利委员会副委员长沈百先等到工地督工，决定改变堵口地点，在口门以下 350 米处另筑新堤，重新打桩架桥。后因新线打桩受阻，又移回原口门处打桩。11 月 29 日，蒋介石密电黄委会 "督饬所属，昼夜赶工"，堵口进度加快，至 12 月 15 日补桩完毕，开始抛石平堵。为缓解口门压力，又开挖花园口引河，导引一部分河水流入故道。但随着石坝升高，桥前水位抬高，流速增大。1947 年 1 月 15 日深夜，部分石坝陡然下陷 4 米，大溜汹涌冲出，坝身立即塌断，半小时后四排桥桩被洪水冲走，接着其他桥桩相继折断，石坝缺口扩大，上游水面下降，坝顶全部露出水面，上下游水位差一米左右。至此，第二次架桥平堵工程也归于失败。

另一方面，国民党堵口工程的设计前后也有不同。联总顾问塔德曾自信两个月完成堵口，并不认可国民党黄委会总工程师陶述曾的建议。陶认为花园口决口全宽 1460 米，在小水时期，靠西坝的 1000 米是浅滩，靠东坝的 460 米是河槽。堵口计划中，浅滩部分用旧法 "捆厢进占，后浇饯土"；深水部分用新法：先建排桩木桥，上铺双轨铁路，用火车运石块从桥上平均抛下，筑成透水石堤。然后，一面在故道河头挑挖引河，减低石堤所挡的水面，引水冲刷故道，一面在石堤的背后捆厢边坝，填筑土柜，使石堤闭气。最后，决口断流，全河回归故道。这个计划早在重庆水工实验处做过好几次小型试验，并且在四川长寿做过一次大规模的实验，专家们都认为是最妥当不过的办法。木桥和长堤的长度为 400 米，是按照黄河冬春常有的流量 2000m³/s 决定的，流量偶尔涨到 4000m³/s 以上，这个方法还不至于失败。黄河在霜降以后伏汛以前，流量很少涨到 4000m³/s 以上。[1]

---

[1]　陶述曾：《谈黄河堵复工程》，《大公报》（重庆）1946 年 8 月 14 日，第 3 版。

根据以上要点，黄河水利委员会做出工程设计，估算主要工料计需土方7000万立方米，片石68万立方米，秸料、柳枝8000万斤，木桩40万根，芒麻100万斤，预算工款按战前物价标准，共需4500万元。其中，堵口部分占土工70万立方米，秸料、柳枝5000万斤，木桩20万根，麻60万斤。如此巨大的工程，在战后社会秩序未复、运输工具奇缺、地方穷困、国库空虚的情形下，即使一年完工已是需要付出巨大努力了，更别说要在两三个月内完成。

根据以上五点和沿河踏勘情形，陶述曾在4月中旬拟定了全部施工计划，对于时间的规定，大要可分四点：

（1）复堤工程和河槽裁弯取顺工程本年11月底完成。加培堤工明年4月完成。

（2）堵口工程大汛前仅做成西部浅水，占800米。留下东部的深水工程到本年10月初复工，12月底完成。黄水于12月间复故道。

（3）利用已回故道的水道运输沿河险工所需的石料，整理险工工程及修防备料，明年6月底以前办完。

（4）本年大汛前，加强防泛新堤。开通涡河通泛水道，分泄洪水，减轻泛区的灾情。①

陶述曾的施工计划得到了黄河水利委员会堵复工程局赵守钰局长的同意，水利委员会主任薛笃弼及各高级技术人员也认为是合理的。但没想到进行了几天就遇到障碍。塔德等并未完成全部黄河故道的勘察就认为可以在两个月内完成堵口，只需100亿工款。塔德后被黄河水利委员会聘为顾问。3月1日，堵口复堤工程局组织还没完备，堵口工程就已开工。联总认为黄泛区黄灾处理是最重要的救济善后工作之一，但是堵口和复堤是完

---

① 陶述曾：《谈黄河堵复工程》，《大公报》（重庆）1946年8月14日，第3版。

整的系统工程，不顾黄河水情的赶工做法，并不能轻易实现堵口。陶述曾认为塔德决定本年 6 月底完成堵口工程时，并未注意到复堤工程和整理险工、化除险工的重要，他没有计算堵口材料在战后运输工具极端缺乏的情况下，需要多少时间才能运齐，也没有注意到正当伏秋大汛放水恢复残破了七年的故道，会发生怎样的生态后果。

中国共产党方面反对堵口的情绪因桥桩缓打而平静，又因塔德再度声明堵口在 6 月底完成而高涨，于是有了 5 月 18 日南京的会谈。在会议上，联总代表声明了堵口停工则器材停止供给的原则；中国共产党代表坚决反对汛前打桩抛石。在僵持局面下，副总工程师张季春提出了一个调和计划，就是在大汛前把堵口木桥修成，但石堤只做 2 米高，控制口门流量，使大汛时黄水由故道分流一部分，复堤工程在大汛前做到战前旧状，另外平均加高 0.5 米。①

塔德对于这个决议并未接受。建筑堵口木桥的全部器材，他向联总支款由自己在上海购办运工，由联总派美籍工程师监造。只要木桥造建成功，石堤抛筑的高低便可由其决定。他认为 7 月中旬堵口可以成功，至少有四分之三的水回到故道。显然，陶述曾的堵口计划建议是稳健的，但是不被重视。6 月 21 日木桥完成，29 日黄河流量涨到 4800 m³/s，口门一部分刷深到 10 米，桥桩开始动摇，次日冲走 2 排，7 月 5 日水涨到 6000 m³/s，靠东坝的桥桩又冲去 36 排（全桥共 124 排），这就是第一次堵口失败的原因。②

最终，1947 年 1 月，国民党方面再次恢复堵口工程，并重新设计堵口方案。1 月 16 日，国民党军总参谋长陈诚与陆军总司令顾祝同前往花园口视察，国民政府行政院水利委员会主任薛笃弼也率工程技术人员赶赴花园口工地，研究堵口方案。堵口工程在蒋介石"限期完成，不成则杀"的严令督促下，堵复局改之前塔德的架桥平堵法为传统的捆厢进占立堵法，制

①　陶述曾：《谈黄河堵复工程（续）》，《大公报》（重庆）1946 年 8 月 15 日，第 3 版。
②　陶述曾：《谈黄河堵复工程（续）》，《大公报》（重庆）1946 年 8 月 15 日，第 3 版。

定了增挖引河、接长及增修挑水坝、加强大坝、盘固坝头、抛堵合龙 5 项计划，并决定：从正坝金门两旁东西坝头起，用平堵法相向分抛大铁丝石笼与柳石辊，先将正坝堵塞合龙，然后再用立堵法在边坝合龙的具体堵口方案。[①] 国民党方面又调集 6 万多民工参与施工。3 月 7 日，增挖的三条引河完成。8 日，引河开放，开始向故道放水，流量已达全河水量的三分之二。15 日凌晨，终于将花园口口门大坝合龙。不久，蒋介石特电黄河水利委员会委员长薛笃弼"在工出力人员，抢堵有功，并希传谕嘉奖为盼"。[②] 3 月 24 日，黄河水头流入渤海。5 月，堵口工程竣工，黄河水全部归入故道。正如冀鲁豫黄河水利委员会主任王化云所说，花园口堵口工程，自 1946 年 3 月 1 日开始打桩，至 1947 年 3 月 15 日合龙，历时 1 年零 15 天。按照国民党当局的愿望，1946 年汛前即行完成，然而事与愿违，一方面由于国内舆论压力，使国民党当局不能不有所顾忌，另一方面则是技术上迭次发生问题，造成三次断桥，合龙日期不得不一再推迟。[③]

　　总之，国共双方围绕黄河花园口堵口与故道复堤的谈判与斗争过程不仅仅是黄河战后环境治理的问题，其背后还有复杂的政治、军事背景。国民党在战后对黄河的治理集中于花园口堵口工程，表面上是为改变黄泛区民众的生存困境，实则具有军事上的战略考虑。国民党方面一再不顾客观条件催促堵口，已然暴露其用心。在堵口期间，蒋介石为了发动对解放区的进攻，拟用黄河切断山东解放区和冀鲁豫解放区的联系，并以黄河为防线，阻挡刘、邓大军于黄河以北，企图让解放区军民在复堤中大量消耗人力、物力、财力，从而令解放区无法坚持。同时，利用黄河将山东解放区与冀鲁豫解放区分割，以便抽调更多兵力重点围攻山东解放区，消灭山东解放区后再进攻其他解放区，达到各个击破的目的。应该说，中国共产党方面对国民党已经签订协议却一直持续实施堵口计划的初衷和目的始终明

---

　　① 段君毅：《段君毅纪念文集（上）》，第 409~410 页。
　　② 《黄河花园口决口庆告合龙》，《水利通讯》第 3 期，1947 年 3 月 31 日。
　　③ 王化云：《我的治河实践》，郑州：黄河水利出版社，2017 年，第 18 页。

了——"蒋介石水淹解放区是肯定的，这在他打内战的前一天，提出黄河归故的时候，就已经肯定了"①。因此，国民党不顾历次协议而持续性的孤注一掷的堵口，已经表明堵口并非单纯的河道治理问题，而是具有更为复杂的政治、军事目的。对国民党治理黄河环境要放在解放战争的全局中去考察。而中国共产党方面则要应对黄河复归对故道及两岸人民可能带来的生态灾难，在对黄河故道的环境治理上兼顾民生、政治等多重考量。

二、解放区黄河故道的生态环境与民生

自花园口决堤以后，黄河主流除了由花园口口门流向东南，还有部分水量仍由故道下泄，因水浅流缓，大量泥沙淤淀于口门下游 50 公里左右的老河床内，至 1938 年 11 月 20 日，故道淤塞断流。此后，黄河故道无水。在抗日战争中，由于日军的蹂躏和战火的破坏，加之风雨侵蚀等自然作用，故道堤防损坏在十分之三以上，河床内沙丘起伏。由于长期无水，河床部分被垦为农田，不少地方还建有新的村庄，冀、鲁、豫三省大量农民耕作生息其间。

（一）黄河归故前的河道生态环境

冀、鲁、豫三省内黄河大堤共长 1284 公里，民埝 200 公里，主要分属冀鲁豫边区和山东解放区的渤海区，余为国民党控制区域。"旧河道固然是'悬河'，同时也是一条延绵的小丘陵"，底岸和两边的河堤因军事斗争，久失修防，加以民众任意耕种，在自然与人为的损坏下已经残破不堪。② 黄河故道自无水以后，解放区故道两岸居民翻沟培土将之变成良田，在河道内提倡植树，数年来已蔚然成林。故道大堤除了过去倾倒溃决处，在抗日战争中有的堤段被敌伪挖截作为封锁沟、墙，有的被解放区军民挖断以阻敌伪，有的则被两岸居民平毁从事农业种植，"蜿蜒千里堤身

---

① 《我黄委会发言人答记者问》，《冀鲁豫日报》1947 年 8 月 26 日，《归故资料》，第 287 页。

② 捷夫：《黄河——进攻冀鲁豫边区的四十师大军》，《时代文摘》1947 年第 1 卷第 6 期。

已尽易旧观"。① 故道沿岸民众主要通过翻沙挖土将故道变成耕地，种植小麦、花生、高粱等作物。② 日军顺河堤密修碉堡、封锁沟，仅鄄城城东 40 余里的河堤上就筑有 15 个以上的碉堡，其间封锁沟纵横交错，致三分之二的河堤破烂不堪。③ 冀鲁豫边区境内沿河县有考城、封丘、滑县、长垣、东明、濮阳、菏泽、濮县、鄄城、观城、范县、寿张、郓城、东平、东阿、平阴、长清、齐河等 18 个县之多，各县境内河身一般高出堤岸甚多，据 1933 年测量，长垣段河床较堤外平原高出 5 至 7 米不等，故世称"悬河"。且自黄河改道后，历年风吹沙积，自 1946 年河身更高出堤外。国民党黄河水利委员会勘察团对黄河故道勘察过，赵守钰说："黄河故道之河床平均约高出地面 1 丈，堤坝破坏情形以北岸自寿张至临泽、濮县一段为最甚，济南以东则险工较多，须要修补。"④

黄河在冀鲁豫区横贯十余县，流经地区都是平原，"土概属沙性，经常坍塌，倒湾极多，含沙量在 60% 以上，流速甚缓，河床沉淀高出堤外平地六七公尺，已成悬河，每逢夏秋水涨常致决口泛滥成灾"⑤。仅长垣至濮县一段大堤约 100 里，在 1913 年以后的 23 年间即决口 21 次，每次水宽达二三十里，长四五百里，所过皆成泽国，人民流离失所。自 1938 年黄河自花园口向东南改道后，沿河居民纷纷返回故里，虽处战争变乱之中，但因水患已去，即使是荒凉之区，在边区政府鼓励、扶持之下，相继建立村庄，开垦土地，植树造林。

---

① 《黄河水利委员会不顾民命竟在中牟堵塞黄河》，《冀鲁豫日报》1946 年 4 月 2 日，《归故资料》，第 136 页。
② 陈铭：《黄河的复堤与堵口（冀鲁豫边区通讯）》，《群众》第 11 卷第 5 期，1946 年 6 月 3 日。
③ 《坚持实现菏泽治河改道协议》，《冀鲁豫日报》1946 年 5 月 3 日，《归故资料》，第 155 页。
④ 《黄委会勘察团返回菏泽续商治河改道问题》，《冀鲁豫日报》1946 年 4 月 19 日，《归故资料》，第 145 页。
⑤ 《为妥善处理黄河改道问题边区成立治河委员会》，《冀鲁豫日报》1946 年 3 月 7 日，《归故资料》，第 131 页。

国民党黄河堵复工程局总工程师陶述曾的报告则提供了黄河故道生态更为具体的细节：

> 自花园口到利津，故道两岸原有大堤 1280 公里，沿河险工又不下五六十处。自故道断流以后，沿堤挖战壕、种庄稼、开大车缺口，有些地方甚至把堤挖平了种地。护堤砖石多移做了碉堡和墙基，秸埽腐烂，不见遗迹。护滩柳林连根都挖掉了，汛房、办公室、庙宇等全数拆光，一间也不剩。河槽里垦成了麦地，建筑了公路和铁路，新辟了一些村庄，到处有风积成的小沙丘，这些工程必须恢复。仅仅恢复到战前的情形还不够，因为冀、鲁两省境内的黄堤本来就不够高厚，河槽也太弯曲，战前已经连年决口（1933 年决冯楼，1934 年决贯台，1935 年决董庄，1937 年决官家对岸，1938 年决花园口改道）。7 年失修，河槽更坏。回复故道以后，决口的次数必更多，所以黄河水利委员会计划于大堤修复原形以后，还要按 1942 年的特高洪水记录计算，加高培厚。险工除修复原状以外，还要把大弯曲的河槽裁弯取顺，把最坏的几处大险工根本化除，使水归故道以后比较保险。[①]

黄河故道的生态环境既受解放区民众生产生活影响，也受敌伪破坏影响。在持久的军事对抗过程中，黄水的缺失使得黄河故道变成了另一种公共资源而被敌我双方加以利用、改造，堤身破坏严重是自然和人为共同作用的结果。

黄河故道的新村和人口到底有多少？一般认为，黄河下游河床约有 40 万居民，故道沿岸共 22 个县，即冀鲁豫上述 18 个县，加上山东解放区渤海区 4 个县，共 700 余万人口。[②] 1946 年 7 月，董必武等人就黄河复堤问

---

① 陶述曾：《谈黄河堵复工程》，《大公报》（重庆）1946 年 8 月 14 日，第 3 版。
② 《解放区救济总会为国民党破坏黄河协议片面堵口合龙水淹解放区人民向中外人士申述书》，1947 年 3 月 18 日，《归故资料》，第 248 页。

题发表谈话指出，冀鲁豫边区黄河故道中应补助迁移费之居民有 20 余万人，共需费 205 亿元。① 村庄方面，1946 年 4 月 20 日，国民党《中央日报》文章指出，故道长垣至济南一段河滩内居民旧有村庄约 1500 个村，新建者约 200 个村。② 4 月 30 日的文字则引用中国共产党方面的调查数据，故道河床新建村庄冀、鲁境内共有 500 个，居民 25 万，不包括河南境内。③ 山东解放区渤海区垦利县处于黄河尾闾，黄河改道后民众垦殖河滩，全县 347 个村十分之九为新建村。④ 黄河故道全岸 2000 余里，其上新建置村庄达 1700 个，"所谓河道，早已名存实亡"。⑤

（二）黄河故道民众的生计

民众在黄河故道上的生计，我们可以国民党黄河水利委员会和联合国善后救济总署人员的勘察记录为依据。1946 年 4 月 8 日，国民党黄河委员会组成的黄河故道勘察团由解放区菏泽县出发北上，沿黄河故道勘察，历时一周，经过 17 个县，跋涉 2000 余里，于 15 日返回菏泽。此次考察，勘察团意在掌握一手资料为制定堵口、救济故道民众提供依据，尽管国民党方面后来并未按照考察团勘察信息来执行国共堵口、复堤协议。

在临濮集，著名的黄河险工——江苏坝就在那里。"在 7 里多地内的南岸，共有 18 个大石坝，因多年失修，已大部坍毁。石头被抛在河身里，有的坝上已经再看不到一块石头。在渡过灾荒时，附近的群众已把坝内的高樑杆挖去烧掉，全数的坝尽失旧观，个别的已成岛形"。⑥ 可以想见，若

---

① 《中共代表董必武王笑一二氏对救济物资黄河复堤问题发表谈话》，《冀鲁豫日报》1946 年 7 月 23 日，《归故资料》，第 218 页。

② 《黄河下游堵堤施工尚有困难中共制造问题阻挠》，《中央日报》1946 年 4 月 20 日，第 2 版。

③ 《黄河堵复工程明年大汛前完成江汉工程须增拨工款》，《中央日报》1946 年 4 月 30 日，第 2 版。

④ 《黄委会勘察团返回荷泽续商治河改道问题》，《冀鲁豫日报》1946 年 4 月 19 日，《归故资料》，第 146 页。

⑤ 《国民党堵口计划与内战阴谋有关中共中央发言人发表谈话》，《冀鲁豫日报》1946 年 5 月 13 日，《归故资料》，第 168~169 页。

⑥ 《勘黄纪行》，《冀鲁豫日报》1946 年 4 月 25、27、29 日，《归故资料》，第 149 页。

黄水复归，江苏坝必将不堪一击，沿岸民众日夜忧虑。江苏坝位于黄河河道弯曲处，受黄河冲击，水势很大，成为险工。考察人员认为，复堤时此处不能只修河坝，因坝越多对水流的阻力越大，水流转弯势必造成更多的险工，因此治本之道必须截弯取直。由此处向东北行，勘察团人员目测河身高出堤外平地 1 丈以上，是为"悬河"。在河身的沙滩里，有大片麦田，考察人员认为这是全面抗战以来的七八年中河滩居民"流尽血汗"将荒沙变为粮田的成果。在麦田中间，是被直径不及 1 尺的柳树嫩芽所掩映的村庄。这些村庄是在黄河南去后，难民回乡由民主政府资助重建的新村。这些村庄的居民"正在日夜不安地为黄河再来而犯愁、而恐慌"。①

　　故道大堤破坏最严重的是鄄城县以东 40 余里的一段。该段大堤处于当年冀鲁豫臭名昭著的伪军刘本功盘踞的边沿地区。当时，伪军就堤岸地势将大堤从中擗去一半，并再加挖深，造成对北面的封锁沟。在 40 多里长的堤岸上，筑有为两道深沟所包围的碉堡 50 个以上，在封锁和反封锁的对敌斗争之下，三分之二的堤岸已破烂不堪了。平阴县东平湖区，原来是因黄河潴蓄而成。因黄河、运河时常决溢湖区，当地有"东平州十年九不收"的民谣。自黄河改道，鲁西主任公署拨巨资治湖，在湖东北挖 160 里地的湖河，湖水引入河内，300 顷湖地变为良田。勘察团考察时看到湖区几乎全部是麦田，东平湖区是冀鲁豫著名的产麦区。当地居民告诉随行记者，湖区的麦子收割时有一人高，每亩收成平均 300 斤。但是，因湖区与运河相连，运河又与黄河相连，湖地较黄河低 3 丈以上，如黄水再来，据当地居民预算，非但 300 顷湖田被淹，即湖外也将再有 300 顷尽成泽国。②

　　在黄河尾闾利津县，以往境内没有黄河大堤。"过去即为漫流区，现在还是一片积沙，河身很窄，有的地方仅宽 5 尺余，平均亦在 60 公尺以下。过去的荒地均已变为麦田，只有沿海 30 里以内仍是遍生荆条的"。全县 260 余个新村，每村平均 60 户，"新村的建设颇有近代化的风格，街道

---

① 《勘黄纪行》，《冀鲁豫日报》1946 年 4 月 25、27、29 日，《归故资料》，第 149 页。
② 《勘黄纪行》，《冀鲁豫日报》1946 年 4 月 25、27、29 日，《归故资料》，第 151 页。

整洁，院落宽大，虽然有的是草舍，但从里面牵出来的都是肥牛大马"①。
经过全面考察，勘察团认为黄河故道 30% 破坏严重，应予修补。故道新村
及沿岸民众对黄河堵口极为恐慌，勘察团在考察中曾被 800 名民众包围请
愿，高喊："我们才把日子过好又要被淹！""我们因黄水多年逃离，才回
来过几天好日子，黄河一来就又倾家荡产了！"群众一致提出必须先治理
河道，重筑河堤，并救济因改河道而遭损失的群众。

　　1946 年 6 月 12 日，联总救济专家罗惠士等 3 个人再入解放区黄河故
道调查。在范县境内视察新村时他们了解到，该县大部分居民在黄河南迁
后在外地务工或要饭。抗战胜利后，外出民众始返回故乡，在冀鲁豫边区
政府的帮助下重新安置家业。新村居民的生计是种植棉花、高粱和从事柳
编，黄河归故后将"失去一切生产原料"。②

　　总之，黄河自花园口决堤后，因故道无水，绵延 1000 多公里的河身和
堤岸成为一种无"黄水"的公共资源。在战乱、饥荒等各种危机下，民众
选取在故道内开辟农田，营建村庄；敌伪力量也对故道大堤加以利用。就
解放区来说，自黄河改道后，民众在黄河故道开辟良田，构建村庄，故道
由断堤、沙碛、粮田、村庄、人工植被等多样物件构成。黄河故道关系沿
线新来的和原居住居民切身利益，在黄河回归故道之前，若不加以系统治
理，后果不堪设想。

三、解放区黄河故道的环境治理

　　在国民党对花园口堵口合龙之前，解放区政府对黄河故道的治理以恢
复堤坝，汛期抢险、固堤为中心，以防止初入故道的黄水冲毁堤坝，制造
险情。基于此，在与环境——黄水的斗争中，解放区的环境治理主要是制
度性治理与运动式治理相结合的方式，采取政府治理与民间治理共同作用

---

　　① 《勘黄纪行》，《冀鲁豫日报》1946 年 4 月 25、27、29 日，《归故资料》，第 152~153 页。
　　② 《亲见新村居民修堤工人粮款困难》，《冀鲁豫日报》1946 年 6 月 18 日，《归故资料》，第
192 页。

的方法，以政府治理为主，成立治河委员会、黄委会，通过号召、宣传，使民间认识到国民党黄河堵口的危害和用心，从而动员二三十万民众投入到复堤运动之中。

（一）制度性治理：解放区治河机构的设置与治理制度的建立

1. 冀鲁豫解放区治河机构的设置与相关制度的建立

国民党政府抢先堵口的消息传出后，冀鲁豫解放区沿河各县群众无不震惊万分，纷纷向各级民主政府请愿，反对国民党政府不复堤就堵口的做法。为此，冀鲁豫行署认为：国民党政府既然要在花园口堵口，位于黄河下游的解放区就必须得做好思想上、组织上、人力上、物力上等方面的工作，准备黄河水回归故道。[①] 1946 年 1 月 31 日，解放区冀鲁豫行政公署令长垣、滨河（今长垣、滑县、东明、濮阳各一部分）、昆吾（今濮阳一部分）、南华（今菏泽一部分）、濮县、范县、鄄城、郓城、寿张（今台前）、东阿、平阴、长清等沿黄河故道各县，立即调查黄河故道耕地、林地、村庄、房屋、户口及堤坝破坏情形等。[②]

2 月中旬，中共中央来电指示："黄河归故，华北、华中利弊各异，但归故意见在全国占优势，我们无法反对。此事关系我解放区极大，我们拟提出参加水利委员会、黄委会、治河工程局，以便了解真相，保护人民利益。"[③] 根据这一指示精神，冀鲁豫行署决定，除了在群众中宣布国民党政府要改河归故的消息，并就如何使群众的损失得到赔偿，应向国民党政府提出什么条件、什么要求，如何参加治河机构等问题进行了广泛的调研与讨论。

此后，国民党政府在花园口实施堵口工程计划日益明显，黄河即将返回故道的消息传到晋冀鲁豫边区后，边区政府为慎重处理起见，为了确保

---

① 段君毅：《段君毅纪念文集（上）》，第 384 页。

② 黄河水利委员会黄河志总编辑室编：《黄河志》卷 1《黄河大事记》，郑州：河南人民出版社，2017 年，第 192 页。

③ 王化云：《我的治河实践》，第 3 页。

我方对黄河治理的领导权力，于 1946 年 2 月 22 日在菏泽成立冀鲁豫区解放区行政公署治河委员会。冀鲁豫行署主任徐达本兼任治河委员会主任委员。徐曾在北洋大学学习工程学，其他委员也都是治河有经验之士。治河委员会成立后决定主要工作有三点：（1）沿河各专区、县分别成立治河委员会，广揽治河人才，征求群众意见，为复堤做计划；（2）立即勘察故道两岸堤埝破坏情形并测量河身地势等情况；（3）调查故道两堤间村庄人口及财产数目，策划迁移居民及救济等事宜。

2 月 27 日，冀鲁豫行署又做出决定：在行署和一、二、四、五专署及沿河各县成立黄河故道管理委员会，迅速清查河道历次决口的时间、地点、流经区域、受灾面积、修复时间、工程耗费、目前河滩土地面积、村庄、人口、林木数目、河道淤塞情况，堤内外地势高低及堤坝破坏情况，并收集群众对黄河归故的意见，做到有准备、有对策，以便和国民党政府进行谈判，防止河水突然到来。于是，沿河各县的党、政、军、民在冀鲁豫区党委、行署的领导下，开始了一场治理黄河故道的紧张战斗。

冀鲁豫边区治河委员会于 1946 年 3 月 12 日召开第 3 次会议，商讨目前治河工作及组织机构划段问题，经讨论后决议，在治河委员会以下，按南北两岸共设 5 个修防处：第一处辖南岸考城、东明、临泽之 130 里；第二处辖南岸鄄城、郓北、寿张、昆山、张秋之 170 里；第三处辖北岸长垣、濮阳之 150 里；第四处辖北岸昆吾、濮县、范县之 120 里；张秋以下至齐河之南北两岸为第五处，各修防处以下以县为界设段。治河委员会内部之组织则分设工程、秘书二处。修防处与段之组织机构，按工作需要自行规定，目前治河工作决定为勘察河道，准备复堤修坝工程。①

5 月底，治河委员会改为冀鲁豫解放区黄河水利委员会，王化云任主任，刘季兴任副主任，下设工程处、秘书处、材料处、会计室，共 40 余人，分驻于菏泽和鄄城临濮集两地，此后又多次迁移，下属第一、二、

---

① 《边区治河委员会决议组织 5 个修防处》，《冀鲁豫日报》1946 年 3 月 23 日，《归故资料》，第 135 页。

三、四修防处和各县修防段。1947 年 7 月 28 日增设第五修防处。[1] 冀鲁豫解放区黄河水利委员会后为平原黄河河务局，其辖区范围如表 6-1 所示：

表 6-1　1947 年冀鲁豫解放区黄河水利委员会所属机构

冀鲁豫解放区黄河水利委员会				
第一修防处	第二修防处	第三修防处	第四修防处	第五修防处
东　垣	长　垣	鄄　城	东　阿	濮　县
东　明	滑　县	郓　北	平　阴	范　县
南　华	濮　阳	寿　南	河　西	寿　北
	昆　吾	昆　山	徐　翼	张　秋
			齐　禹	

资料来源：黄河水利委员会黄河志总编辑室编《黄河志》卷 10《黄河河政志》，第 61 页。

关于沿河治黄机构的设置，冀鲁豫黄河水利委员会的做法是原则上打破国民党政府主导时期设总段、分段的办法，规定专区设修防处，县设修防段，建制上归属黄委会，实行双重领导，即业务以黄委会为主，党的领导归地方，干部由各级党委调配。黄河委员会的主要工作包括了解故道工程破坏情况，制定修复方案；统计故道村庄、人口，制订搬迁和救济计划，为黄河谈判代表提供资料；组织大规模修堤工程，开展三年艰苦的"反蒋治黄"斗争等。

　　2. 山东解放区黄河故道治理机构的建立

　　1946 年 4 月初，山东解放区渤海区行政公署开始筹划黄河归故的防御措施。4 月 15 日，"菏泽会议"签到的同日，渤海区行署发布训令指出，

---

　　[1]　黄河水利委员会黄河志总编辑室编：《黄河志》卷 10《黄河河政志》，郑州：河南人民出版社，2017 年，第 60 页。

黄河归故势在必行，若不早筑堤防，黄水归来，可能被其灾害，动员沿黄各县立即行动起来修筑堤防。随着国民党方面不顾协议，"高调"宣布"黄河堵口复堤决定两个月同时完成"的消息，渤海区党、政、军、民动用了一切宣传工具，宣传中国共产党先复堤后堵口的主张。黄河下游沿岸各县的民众包括部分社会贤达、士绅普遍发起签名抗议运动，渤海区救济会、参议会、各救总会也联合通电提出抗议。①

5月18日，《南京协议》签订后，为执行该《协议》和确保治黄复堤工程的顺利进行，渤海区行署决定成立河务局。该局也称山东河务局，驻蒲台县城，隶属山东省政府和渤海区行署双重领导，不久改称山东省河务局，江衍坤任局长，王宜之任副局长。为了更好地领导治黄工作，沿黄各县也纷纷成立了沿河办事处，办事处为常设机构，主任由县长兼任，副主任由相当于县级或区长级干部担任。办事处还配备了会计、购料、保管等专职人员以及相应的股、分段等职能部门。5月22日，行署又决定：（1）河务局在沿黄河故道十县建立办事处。（2）建立渤海区修治黄河工程总指挥部，行政公署主任李人凤任指挥，下设西段、中段和东段指挥部，负责宣传、动员和组织民工完成治黄任务。沿黄十县成立治黄指挥部。（3）成立黄河归故损失调查委员会，负责沿河居民损失调查和救济工作。各县治黄办事处是临时机构，是为加强黄河故道环境治理的制度性建设。6月8日，行署决定将沿黄河故道各县治黄办事处由临时机构改为常设机构，并充实领导力量和专业干部。②渤海区治黄机构的建立有力地推动了该区黄河故道治理工作。

3. 国共政治边缘区黄河故道的治理：齐河民众治河委员会

在山东境内，冀鲁豫解放区与渤海解放区中间的国民党军占领下的黄河北岸齐河等地，复堤工程却迟迟未见开始。在这一中国共产党与国民党

---

① 薄文军等编著：《垦区：山东战略区的稳定后方》，北京：中共党史出版社，2005年，第184~185页。

② 黄河水利委员会黄河志总编辑室编：《黄河志》卷1《黄河大事记》，第194页。

政治控制的边缘地带，黄河故道基本上处于国民党控制范围，但中国共产党力量又与其犬牙交错。在这一政治边缘地带，黄河故道的治理需要采取妥善的方式。

齐河城是黄河北岸解放最晚的一座县城，与济南一同解放。城内住有国民党主力一个师——6000 多人，还有一个行政公署，20 多个流亡县政府和还乡团，反动武装 1 万多人。① 当时，冀鲁豫区黄委会第四修防处所属的齐禹修防段，仅能控制谯庄险工以下 5 华里的堤线。其余包括齐河县城及其上下 100 华里的堤线以及张村、豆腐沃、水牛赵、索袁徐、五里堡、南坦、齐城、王庄等险工均在国民党军队和地方武装占领下，无法进行复堤。

如果黄河在这些地方决口，将淹没冀鲁豫、冀南和渤海几个解放区。为保证黄河归故后的安全，冀鲁豫区党委分析了当时形势，决定在齐河县城以上至水牛赵的堤段，由人民解放军掩护进行武装修堤。对齐河县城以下至鹊山堤段，则成立民众治河委员会组织修堤。

在这些地区治理黄河故道是曲折而复杂艰难的，武装修堤进展并不顺利。1946 年，为了齐河城南水牛赵以南段 40 华里修堤，防止济南和齐河城内敌人破坏，解放区军事上曾组织两个团的兵力，掩护民工修堤，但由于修堤时间长，力量暴露。国民党军队对此进行了多方破坏，并派主力兵团袭击保卫修堤的解放区军队，解放军伤亡 50 多人。

为此，边区政府和水利委员会考虑利用合法身份进行民间治河。1946 年 11 月中旬，王化云在阳谷县召集有关人员开会，专门研究这段堤防的修复问题。会议决定在齐河县建立合法的民众治河委员会，由当地士绅名流出面组织，工作骨干则由解放区配备，抓紧开展齐河县国民党控制区的修堤工作。

1946 年底，中国共产党方面派齐禹县民主人士李中甫、刘汉荣等进入

---

① 周海舟、曲子玉：《回忆人民治黄中的几件大事》，中共聊城地委党史资料征集研究委员会：《聊城地区党史资料》第 16 辑，内部资料，第 198 页。

济南市和国民党山东省黄河修防处主任孔令熔联系，以民众代表的名义，建立齐河县民众治河委员会进行治黄。当时国民党防一汛50多人住齐河县南坦，防二汛40多人住齐河城王庄，防三汛70多人住油坊赵。国民党防汛人员畏惧解放军，多数住在济南郊区和齐河城里。国民党修防处人员又不敢向北越过黄河，从而没法向国民党的黄委会报告治黄成绩。在这种情况下，国民党方面允许建立齐河县民众治黄委员会，招收工人、民工修堤和整险，由解放区发工资，并收买治黄料物。齐河县民众治黄委员会当时有20多人，委员会主任李中甫，副主任为刘汉荣。为了领导掌握委员会工作，解放区派共产党员赵明达同志当秘书。

齐河县民众治黄委员会在齐河城南一户地主祠堂内办公。为了担负起这段堤线河道的治理任务，1947年齐禹县黄河工程队60多人到达敌占区，以临时工的名义，带领5000多名民工修堤，整险。1948年，第四修防处工程大队100多人，也到达敌占区变为临时工，和原齐禹县黄河工程队合并，参加这段堤线治黄工作。

至1948年济南解放前，冀鲁豫解放区用齐河县民众治黄委员会的名义，完成修堤土方100多万立方米，整险完成石方2万多立方米，保证了敌人控制的60多华里的河道安全。在这段时间，中国共产党还利用齐河县民众治黄委员会的名义，通过国民党山东黄河修防处主任孔令熔，买了5万多条麻袋、2万多斤铅丝、3500斤煤油，还买了一台美式水准仪，一台日式精纬仪，还给解放军买了一部分西药，从而直接或间接地支援了解放战争。[①]

1948年9月，齐河县城解放区齐禹修防段段长翟少青、工程大队指导员曲子玉作为人民政府代表随解放军进入齐河县城，接管了山东修防处防一汛、防二汛治黄员工210多人和部分房产、工具及治黄料物。同年12月，这些员工合编为齐禹修防段工程大队。随着齐河县城的解放和接收山

---

①　周海舟、曲子玉：《回忆人民治黄中的几件大事》，中共聊城地委党史资料征集研究委员会：《聊城地区党史资料》第16辑，第200页。

东修防处驻齐河县的治黄机构，齐河县民众治河委员会自行消失。[①]

　　齐河县处于国共政治、军事犬牙交错的边缘地带，境内黄河故道治理的成功，归因于中国共产党利用合法斗争和地下斗争相结合的方式。其间，齐河县民众治河委员会不仅领导、治理黄河故道，还联系和团结了国民党在山东的治黄上层人士、技术人员和广大工人，宣传了中国共产党的知识分子政策，为解放济南后接收治黄机构做了思想和组织准备。

（二）运动式治理：解放区黄河故道治理中的社会动员与实践

　　运动式治理常常用于概括"严打"、专项整治、运动式执法等政府行为。较规范的术语为动员式政策执行或政策执行的动员模式，即上级通过动员官员、公务员等，调动他们的积极性，促使他们更有效地执行政策的一种方法；对应概念是常规模式，即制度、政策等按部就班实施或执行。[②] 在解放区，中国共产党依靠其强大的组织、动员能力，在各项事务中广泛动员群众，这被认为是中国共产党走向成功的秘诀之一。就治水活动来说，已有研究指出，中国共产党能通过组织群众进行"运动式治水"，在短期内动员几万甚至几十万群众投身于治水事业，尽管这种治水模式存在效能和技术问题，但无疑为解放区治水事业取得初步成绩做出突出贡献。[③]

　　1. 筑堤自卫与中共中央的干预

　　1946 年 3 月 1 日，周恩来向马歇尔提出国民党方面当日在花园口开始黄河堵口工程的问题。[④]《人民治理黄河六十年》则认为早在 1946 年 3 月初，解放区民众得知国民党开始堵筑花园口决口、故道即将复流的消息

---

①　山东黄河河务局德州修防处编：《德州地区黄河志（1855—1985）》，（内部资料）1990年，第 237~238 页。

②　王礼鑫、陈永亮：《〈叫魂〉中的"运动式治理"》，陈明明、刘春荣主编：《保护社会的政治》，上海：上海人民出版社，2015 年，第 272 页。

③　曾磊磊：《动员与效能：1946—1947 年中共黄河复堤运动》，《青海社会科学》2015 年第6 期。

④　中共中央文献研究室编：《周恩来年谱 1889—1949（下）》，北京：中央文献出版社，2007 年，第 664 页。

后，即有一些县的群众提出要在河道内修筑拦河横堤，阻水东流。为了顾
全大局，争取治河和舆论主动，周恩来急电晋冀鲁豫边区政府：立即停止
修筑横堤，集中力量修复沿河堤防及开展浚河整险工作，以策安全。① 不
过，修筑横堤之议只是民众出于义愤所提，尚未付诸修筑。因此，这个说
法在时间上是提前了，是不正确的。实际上，冀鲁豫边区在 5 月 8 日才第
一次向外提出号召群众修筑挡水横堤。

《菏泽协议》被撕毁后，国民党方面认为中共解放区握有雄厚的人力、
物力，组织力强，能够配合他们在两个月内完成故道复堤工程，实现花园
口堵口工程。国民党中央社认为中国共产党以为复堤在 2 个月内完成根本
不可能是"有为而不能为"，"故意阻挠"。为了防止国民党孤注一掷，中
共冀鲁豫行署充分准备，1946 年 5 月 8 日，《冀鲁豫日报》发表"动员起
来筑堤自救"的社论，第一次向国内外提出中共解放区方面在不得已情况
下将筑堤自救、阻水北来的计划。社论对《菏泽协议》以来国共双方围绕
堵口与复堤的实施情况进行细致的阐述，向国内外表明中国共产党方面在
复堤方面的实际困难和国民党方面不顾民命、要在两个月内实现堵口的阴
谋，指出"解放区的军民不是好欺侮的，决不能让国民党放水淹死我们，
如果他们不先进行复堤浚河，我们坚决反对黄水北来，我们要实行自卫，
我们要阻水北来，全边区的人民，不问贫富男女老幼，一起动员起来，筑
堤自救，不让黄水浸入边区，时间已经非常迫切，号召全区人民，紧急动
员起来，只有筑堤自救才是出路！"② 社论号召边区人民不要对国民党当局
存丝毫的幻想，"他们不会有什么仁慈怜悯，他们说话不当话，协议订了
可以不执行"。"今天我们只有筑堤才能自救，全边区的同胞，我们愈加团
结，我们的力量就愈加强大，才能使国民党军队不敢轻易进犯。"当然，
社论最后也要求"全国同胞，全世界人士主持正义，制止国民党当局引黄

① 水利部黄河水利委员会编著：《人民治理黄河六十年》，郑州：黄河水利出版社，2006
年，第 10 页。

② 《动员起来筑堤自救》，《冀鲁豫日报》1946 年 5 月 8 日，《归故资料》，第 166 页。

水淹害华北解放区军民的阴谋，要求国民党当局执行《菏泽协议》，忠实自己的诺言，彻底修堤浚河，修理险工，立即停止花园口堵口工程"。这显然又留有余地，言下之意，解放区筑堤之举是不得已的行为，只要国民党方面按照协议工作，解放区民众会继续开展复堤浚河的工程。

5月10日，中共中央发言人随后发表谈话，指出中国共产党驻南京代表已向有关当局提出抗议，声明如果国民党当局一意孤行，不顾民命，则首当其冲的冀鲁豫解放区人民为了生存，将被迫采取必要的自卫措施，其后果应由国民党当局负其全责。① 核实而论，冀鲁豫边区筑堤自救之举是孤注一掷，即在看到边区方面不可能在两个月内实现全部故道的复堤工程后，解放区号召民众筑堤挡水，阻水北来。当然，一旦筑堤成功，黄河不能行经故道入海而四处漫溢，则又会增加新的"黄泛区"。

5月16日，晋冀鲁豫解放区机关报《人民日报》刊载鲁豫行署主任段君毅、副主任贾心斋向全国发出的紧急呼吁电文："本府决率领全区人民，誓死力争菏泽协议之实现，倘国民党当局仍不幡然悔悟，本区人民将不甘坐待淹毙，决奋起筑堤，挡水自救。"②

那么，冀鲁豫边区要发动群众修筑的挡水大堤具体走向是怎样的？5月17日的《人民日报》指出，冀鲁豫行署自9日至11日，连开紧急会议三天，讨论黄河归故问题，出席会议者有行署领导、边区黄委会负责人、各专区负责人，以及各县县长及群众士绅代表等共40余人。参会人员一致通过筑堤防水，"以粉碎国民党放水淹我解放区人民的毒辣阴谋"。大堤西起于滑县，东南至徐州约300公里。"日内将有各地群众二十余万人，分赴筑堤区域开始动工"。③ 这个大堤走向大致沿着咸丰五年（1855）黄河故道的方向，位于黄泛区以东。如果花园口堵口成功，黄河东去为新堤所

① 《国民党堵口计划与内战阴谋有关》，《冀鲁豫日报》1946年5月13日，《归故资料》，第170页。

② 《冀鲁豫行署对国民党堵口阴谋通电全国为民请命》，《人民日报》1946年5月16日，第2版。

③ 《制止国民党制造水灾冀鲁豫决定修堤自卫》，《人民日报》1946年5月17日，第2版。

挡，则向东南漫溢，从而会制造更大的黄泛区。

5月20日，《冀鲁豫日报》刊登"再一次呼吁立即停止黄河堵口工程"文章，指出："如国民党当局真敢实现放水淹民的罪行，则解放区人民被逼无奈，势将采取一切必要手段与办法冒死自救，即不惜以其人之道还治其人之身，那么由此产生的一切恶果，应由国民党当局负其全责。"①同日，冀鲁豫三省沿河六百万居民代表谷子惠等致电全国水利委员会，上海联合国救济总署，若国民党方面不执行《菏泽协议》，不立即停止堵口工程，边区人民将不惜任何牺牲，以自救自卫，目前已经动员全区民众"阻水北泛"，结果如何不可预料。②冀鲁豫行署又向边区民众发出"告全边区三千万人民书"，指出国民党水淹边区的行动已经展开，"我们只有紧急动员起来自救自卫"，政府将与广大人民"同生死，共存亡"。③

同时，当日报纸还刊载冀鲁豫边区"700万居民向豫皖苏同胞呼吁"，说明冀鲁豫边区民众不能坐以待毙，只有紧急动员，"一致奋起，自救自卫，阻水北泛。若然，则黄水滔天，或南或北，殊难逆料"。文章指出边区民众要筑堤挡水实是无奈之举，为此呼吁豫皖苏泛区民众与冀鲁豫边区民众"一致团结起来向国民党反动派作生死斗争，使其立即停止堵口工程，抛弃放水罪行，让我们有浚河复堤，迁移安置河床居民的机会。否则我们将在国民党反动派的恶毒政策下同归于尽。同胞们，救救我们，救了我们也就是救了你们自己"④。

国民党中央社的报道指出，中国共产党方面在1946年下半年在山东、河南复堤、堵口工程进展顺利时期，中国共产党"突起异议，向政府提出

①　《再一次呼吁立即停止黄河堵口工程》，《冀鲁豫日报》1946年5月20日，《归故资料》，第174页。

②　《沿河人民代表电国民政府政府既有堵口放水自由人民自有拼死自卫办法》，《人民日报》1946年5月20日，第2版。

③　《国民党决心淹我解放区边府参议会告全区人民自卫》，《人民日报》1946年5月20日，第2版。

④　《制止国民党水淹五省冀鲁豫沿河七百万居民向豫皖苏同胞呼吁团结起来救人自救》，《人民日报》1946年5月20日，第2版。

警告，如花园口合龙，则共产党将在‘江苏堤’的地点，拦河筑成横坝，堵住上游复归河道的水流。在实际上，横坝工程已经开始"①。从目前资料来看，筑堤挡水已经开展了一部分，但是在中共中央及周恩来的指示下，解放区政府从大局出发最终搁置了这一工程，转为复堤工程。

2. 修复故道大堤与社会动员

国民党堵口计划一如既往地执行。在历次谈判的过程中，中国共产党一直强调要先复堤后堵口，这个程序不能改变。开封会议后周恩来明确指出不应寄希望于国民党，解放区要抓紧复堤自救。在黄河故道治理中，修堤是重中之重。修堤是大工程，需要动员民众积极投入。

中国共产党不遗余力地与国民党当局进行谈判的主要目的，除了揭露国民党当局花园口堵口的阴谋，也为黄河故道复堤争取了时间。当然，解放区政府也认识到不能完全依靠谈判来保障复堤时间，而是要在与国民党谈判的同时抓紧开展复堤工作。《南京协议》签订后，虽然正值麦收的大忙季节，冀鲁豫和渤海解放区还是先后开始了复堤工程。②

（1）冀鲁豫解放区

1946 年 3 月，在国民党政府即将放水之前，冀鲁豫区黄河水利委员会发出紧急通知，要求各修防处段立即做好准备，赶运料物，抢修险工。1946 年 3 月 19 日，冀鲁豫区黄委会向修防处又发紧急指示，强调"克服麻痹松懈思想，兢兢业业为人民生命财产负责"，并提出立即整修险工，对大堤的残缺加紧修补。3 月 21 日，冀鲁豫行署也连续发出指示，号召立即迁移故道滩区群众，修补大堤水沟浪窝，整修险工、筹集物料等。5 月 3 日，行署主任段君毅、副主任贾心斋又发出布告，号召全区人民"立即动员起来修堤自救"，"一手拿枪，一手拿锨，用血汗粉碎蒋、黄（指黄河水）的进攻"。③

---

① 《堵口复堤必期成功》，《中央日报》1947 年 2 月 12 日，第 2 版。

② 王化云：《我的治河实践》，第 11 页。

③ 孟广正：《解放战争时期鄄城县军民"反蒋治黄"斗争纪实》，中国人民政治协商会议鄄城县委员会文史资料研究委员会编：《鄄城文史资料》第 2 辑，（内部资料）1987 年，第 105 页。

1946 年 5 月底,冀鲁豫行署召开由沿黄专员、县长、修防处主任和修防段段长参加的会议,行署主任段君毅做了政治动员,王化云讲了修堤的要求。王化云指出,当时,黄委会对大堤要修成什么标准、如何修,并不懂,只是说修堤任务十分紧迫和重要,各专区、县务必动员群众全力以赴,在麦收前或麦收后就要开工,把大堤修复到 1938 年国民党扒开花园口以前的那个样子。每个民工每天给 1 公斤小米,工程粮先由各县垫支,修堤工具、篷子等由民工自带,各县要组成复堤指挥部,修防处、段参加领导和指挥修堤,具体问题由各专区讨论解决。这次会议决定动员 20 多万人全线开工修堤。至 6 月 10 日,沿河 18 个县组织 23 万民工,在西起河南长垣、东到山东齐河长达 300 公里的堤线上进行复堤工程。

经过 1 个多月的培修,残破的黄河大堤初步得以修复。塔德、范铭德及张季春等到解放区查勘时,也不得不对"解放区政府忠实执行《南京协议》及群众紧张工作之精神,表示赞佩"。张季春说:"此次修堤规模宏大,为黄河有史以来所未有。"并说:"解放区百分之百执行了《南京协议》。联总因客观之阻碍,执行了百分之五十,至国民党政府则等于零。"[①]但是,因国民党政府答应的复堤、迁安费用到位不足一半,国民党军队又发动军事进攻,复堤整险工程难以继续进行。[②]

(2)渤海解放区

1946 年 5 月 27 日起,山东解放区渤海区第一期复堤工程开工,按恢复 1938 年前大堤原状后再"戴帽"加高 1 米的标准进行。[③] 6 月 8 日,渤海解放区行署发布布告,动员全区人民积极修堤浚河,规定"沿黄各县之男子凡年在十八岁以上五十岁以下者,均有受调修治河工之义务"。每修做土方 1.5 立方米,政府发给工资粮 3.5 公斤。虽然当时正处在麦收农忙

---

① 王化云:《我的治河实践》,第 12 页。

② 程有为主编:《黄河中下游地区水利史》,郑州:河南人民出版社,2007 年,第 294 页。

③ 包爱芹、田利芳编著:《缚住黄龙:从治理黄河到引黄济青》,济南:山东人民出版社,2006 年,第 42 页。

季节，但是渤海区广大人民群众还是放下自己的生产，自带粮食，走上了复堤工地。至 6 月中旬，经渤海区各级民主政府与人民的共同努力，修补河堤残缺、填塞壕沟兽穴等初步工程大体完成。

7 月 10 日，渤海区修治黄河工程总指挥部、山东河务局联合发出通知，指出："据'联总'消息，国民党政府决定本月 20 日花园口堵口放水。而我区修河复堤工程浩大，迄今尚未完竣，应即星夜动员民工赶修。务于大汛前一律报捷。"为此要求沿黄各县办事处早日健全起来，办事处除了下设工程、材料、动员救济、总务各股，每县均建立工程队和组建 50 ～100 人的河防大队，保护堤防安全，"防备蒋特破坏"。① 至 7 月下旬，第一期复堤工程大部完成，利津段黄河岸堤普遍比原来增高 1～2 米，黄河故道大堤得到初步恢复。

在修堤过程中，地方领导身先士卒，发挥了动员示范作用。黄河利津段长达 75 公里，堤坝因多年失修既矮又破，仅宫家至王家庄一段就有险工十几处，因此复堤任务十分艰巨。为了尽快完成复堤任务，县长工雪亭身先士卒，亲自挑砖搬土，既当指挥员又当战斗员，与人民群众共同奋战在复堤第一线上，极大地鼓舞了群众的生产积极性。为了解决物料不足问题，利津城内的各机关、部队和广大市民一起，几天之内就把城墙上的砖石全部扒下来运到了河岸的工地上。

复堤工程中的主要动员对象是男劳力，"沿河各县的精壮男劳力都投身到修堤第一线，炎炎烈日下，数十万修堤民工挥汗如雨抢修堤防"。② 修堤工人利用简陋的施工工具如抬筐、铁锨、台硪、片硪进行劳作，涌现出了大量劳动模范。政府积极宣传，通过模范带头作用，推动复堤动员。1946 年 6 月 19 日的《冀鲁豫日报》还对修堤民工郭清州进行重点报道。

渤海区复堤工程中注意用科学技术"武装"复堤员工。山东省河务局在蒲台县（今滨州境内）开办了测绘训练班，共招收学员 60 多人。学员有的

---

① 薄文军等编著：《垦区：山东战略区的稳定后方》，第 186 页。
② 包爱芹、田利芳编著：《缚住黄龙：从治理黄河到引黄济青》，第 43 页。

是机关中抽调出的工作人员，有的是从农村招收的具有初中文化程度的青年。学员们在掌握了科学的治河技术后，积极投入到复堤工作中去。

尽管解放区物资极度匮乏，国民党当局又千方百计阻挠、破坏，复堤工程遇到重重困难，但广大军民仍然全面投入到复堤工程之中。1946 年 7 月底，第一期工程宣告完成，短短两个月内完成土方 416 万立方米。第一期工程完成后，残破的堤防得到初步整修，黄河故道大堤防洪能力有了较大提高，但总体看来仍然比较单薄。为了达到防御像 1937 年那样大洪水的标准，解放区又编制了黄河大堤的整修计划，继续加高培厚大堤，同步进行的还有疏浚河槽、修筑险工等工程。

（3）修堤过程中物料、工具的筹集与动员

解放区复堤工程在当时是义务劳动，补助粮仅够民工食用，但群众为了保家自卫，修堤治河积极性很高。各县修堤任务下达后，广大群众纷纷报名参加，上堤前各村即自动开展了竞赛，保证按标准、按规定时间完工。各村还组织了生产互助组或代耕组，保证了上堤民工按时收麦和秋种。当时夯实工具不够，各地就地取材改造了一批石硪。

复堤的过程中，群众还成立挖獾组，负责挖獾，堵獾洞。① 因复堤而取土，造成沿河居民田地被毁，群众哭诉："自从黄河走了，数今年的高粱好，一打堤只好挖了！""俺就这 2 亩地，唉！黄河为啥又来呢？"② 但为了整个故道大堤的安全，在政府动员之下，群众为了故道环境治理的公共利益，个人利益做出了牺牲。

此外，在复堤过程中解放区发动了广泛的献石、献料运动。冀鲁豫地处大平原，无山石可采，战争年代群众也没有建窑烧砖。故道大堤险工所需砖石料极为缺乏。为此，边区发动群众献石、献料，各县治河指挥部通过各种会议讲解整修险工的重要性，号召群众献砖献石。这也考验着沿河群众的觉悟。以濮阳为例，濮阳县提出"多献一砖一石，就能多保一条生

---

① 《八十里河堤上》，《冀鲁豫日报》1946 年 6 月 30 日，《归故资料》，第 208 页。
② 《八十里河堤上》，《冀鲁豫日报》1946 年 6 月 30 日，《归故资料》，第 209 页。

命，就能保住黄水到后不房倒屋塌"。于是，在修堤的同时，全县掀起了一场捐献砖石的运动。在运动中各村的农民协会起到了主力军作用，在未开展土改的地方，农民协会组织群众将地主家里大门的台阶、房门台阶、墓碑、供桌、德行碑、石牌坊全部拿走。各村的庙宇、祠堂内的石料也一扫而光。在运动高潮时，广大贫下中农将家具中仅有的捶布石也献了出来。① 王化云指出："事实总是这样，当人们把握不住自己的命运时，总是膜拜历史，祈求神明，一旦他们成为社会的主人，就把命运紧紧掌握在自己手里。广大干部和群众表现了高度的革命热情和主人翁的责任感。远离黄河的内黄等县，也动员大批民工自带工具，支援沿黄人民修堤。"②

山东解放区渤海区同样地处平原地带，复堤急需各种物料，但国民党当局对协议中有关拨付工程款及移民经费的条款置若罔闻，以种种理由敷衍塞责，各种物资设备难以到位，解放区的复堤工作受到很大影响。为了克服石料缺乏的困难，解放区民众将城墙、城楼、破庙等拆除，用砖来代替石料赶修堤防。在聊城地区（包括齐河县），1946 至 1949 年，群众献石、献砖约计 14 万立方米，仅据 1947 年一年的不完全统计，献石、献砖达 6.6 万多立方米。③

（4）地方性环境治理与动员——鄄城、范县的个案

黄河自 1938 年 6 月 9 日人为改道南流，至 1947 年 3 月 15 日花园口合龙竣工复归故道。九年间，鄄城县黄河大堤经战争破坏、风雨侵蚀，到处是堑壕碉堡，獾洞鼠穴，残破不堪。④ 根据地冀鲁豫解放区行署指示，鄄

---

① 中国人民政治协商会议河南省濮阳市委员会文史资料委员会编：《濮阳文史资料》第 10辑《农林水专辑》，（内部资料）1996 年，第 157~158 页。

② 王化云：《我的治河实践》，第 11 页。

③ 周海舟、曲子玉：《回忆人民治黄中的几件大事》，中共聊城地委党史资料征集研究委员会：《聊城地区党史资料》第 16 辑，第 195 页。

④ 孟广正：《解放战争时期鄄城县军民"反蒋治黄"斗争纪实》，《鄄城文史资料》第 2 辑，第 100~101 页。

城县于 1946 年 5 月成立黄河修防段，负责复堤修防。因国民党加紧花园口堵口工程，黄河随时有回归故道的可能，各县修防段的主要任务就是在黄水到来前完成修堤任务，鄄城也不例外。1946 年 6 月 3 日，冀鲁豫区黄河水利委员会召开沿河各县黄河修防段长联席会议，对全面开展复堤工作做出部署。①

夏季麦收刚过，鄄城县人民在党和政府的领导下，组织动员群众，开展了大规模的人民复堤自救运动。从 6 月 13 日至 15 日，鄄城县黄河堤防全部动工，共计上堤民工 8956 人。修堤劳力以村为单位，每人每天发给 2 斤半原粮。复堤工具大多为小土车，有的是抬筐挑篮。在人力、物力极端困难的条件下，广大群众经过半个多月的紧张战斗，全县 76 华里的大堤，共完成修堤土方 266592 立方米，使一些残破不堪的堤防得到恢复。施工中，在“反蒋治黄”“修堤保家”的号召下，参加修堤的广大农民汗流浃背，紧张工作，政治热情很高。民工上堤后，立即推土，下着雨照样干。土工、硪工互相开展劳动竞赛，保证了工程质量，都按时完成了修堤任务。

在复堤的同时，为了抢修原有残缺腐朽的埽坝工程，鄄城县修堤人员先后在江苏坝、苏泗庄、临濮老口门等险工处整修了旱埽，于洪水到来之前完成了工程。在修埽过程中，地方领导干部积极主动、深入工地跟班学习，掌握了相关修埽技术的操作及应用范围，使修堤工程迅速推进。

范县为了执行《南京协议》，按照冀鲁豫行署的统一部署，一面做好黄河故道灾民搬迁工作，一面积极加紧修复黄河故道。在组织故道灾民搬迁工作中，中国共产党提出了“天下劳苦人民是一家”和“一家有难，百家支援”等口号，发动堤上群众分片负责，帮助灾民搬迁、安家，解决灾

① 孟广正：《解放战争时期鄄城县军民“反蒋治黄”斗争纪实》，《鄄城文史资料》第 2 辑，第 102 页。

户困难。政府除了组织群众，还对重灾户进行生活救济，以帮助其渡过难关。①

在复堤工作中，范县地方党委早在 1946 年 4 月即动员全县人民，集中人力、物力火速动工。1946 年 6 月 4 日后，范县与濮县（今属范县）等县动员组织五六万民工，开始了复堤自救斗争。时值麦收大忙季节，群众放下自己田地的农活，自带粮食，迅速参加复堤施工。复堤工程中，范县设立复堤总指挥，民工实行军事编制，每村建立一个营，营以下是连、排，每村为一个伙食单位，干部群众都上河修复大堤，村里只剩下老弱病残儿童。通过成立生产互助组搞生产，减少了生产损失，也使复堤民工无后顾之忧。至 7 月上旬，濮县、范县、观城地区基本完成了第一期复堤工程，黄河大堤得到初步恢复。

3. 环境治理中的敌我斗争

如上所述，解放区军民对于国民党"假谈真堵"的做法早有思想准备，在《南京协议》签后不久，即 1946 年 5 月间，冀鲁豫解放区黄河沿线就开始了大规模复堤运动。在复堤过程中，国民党军经常袭击治河工地，进行破坏，逮捕杀害治河工人，抢劫工程物料。据不完全统计，在黄河归故前几个月里，复堤员工 36 人被杀害，200 多万斤面粉和 45 万多斤麻绳遭到抢劫。

至 1947 年 2 月，距离堵口合龙日期迫近，国民党方面"更疯狂出动了大批飞机沿河滥施轰炸，在连续轰炸的 2 月中，打死打伤 100 余人。不要说修堤，就 1 个人在大堤附近走，也有性命之危险。其他如秸料被焚烧，险工被炸坏，船只被击沉，即联总运输物资标志明显的卡车也被击毁"②。

---

① 吉建一供稿，王文峰整理：《回忆我在濮县工作时期所经历的几件大事》，中国人民政治协商会议范县委员会文史资料委员会编：《范县文史资料》第 2 辑，（内部资料）1986 年，第 16 页。

② 《为反对蒋介石违约堵口合龙行署发表告群众书号召沿河同胞急起自救》，《冀鲁豫日报》1947 年 3 月 19 日，《归故资料》，第 251 页。

因此，解放区黄河故道环境治理的过程中呈现出治理与反治理、斗争与反斗争的胶着局势。黄河故道生态作为一个自然要素，混入国共双方的军事、政治斗争之中。具体来说，一方面解放区在治理黄河故道的过程中，通过动员群众、教育群众，整合了沿线地方社会，并凝聚了民心，提升了党的良好形象；另一方面，国民党方面将黄河故道生态视为干扰和阻止解放区发展的重要"力量"，意图在黄河回归故道的过程中，再结合黄河水力冲击解放区，满足军事战略需要。如 1947 年 3 月花园口堵口合龙后，黄河水进入解放区故道，至 21 日"水深处已达 2 丈，宽达 3 里，而水势上涨不已，一部分地方已溢出河槽，情状危急。张秋县境之邵庄、前林楼等 30 余村，范县之邱庄、观音堂等 7 村，寿张之孙那里、辛庄等村均被淹没"①。尚不及完全修复、治理的黄河故道生态，在黄河水的作用下，成为国民党方面"进攻"解放区的"利器"。

解放区政府首先通过报纸宣传，向国内外详细控诉国民党方面对解放区复堤工作的破坏。1947 年 4 月 6 日，《冀鲁豫日报》发表了《边府发言人发表谈话控诉蒋介石制造黄灾》：

> 自去年（1946）7 月蒋介石纵使其特务捕杀我复堤员工 24 名，其中长清修防段段长张兴农及工程师等 6 人已被乱刀刺死。去年 8 月复结合军事进攻，大肆掠夺我修堤物资，仅菏泽、曹县一带即掠去麻绳 49 万斤，麻袋 74000 条，工料 100 万斤，木桩 7 万根，汽油、煤油 30 桶及面粉 200 余万斤。而其他各地蒋军陆续出扰抢劫掠夺，我先后损失约达三四十亿元之巨。
>
> 蒋军首次偷挖引河放水后，水流至寿张、东平等地，彼时天寒地冻，灾民在凉水中抢救财物，修复河堤，以致冻死累累，并淹没了广大肥田，其中仅东平洼地即损失 200 余顷。蒋军并未以此为足，更出

① 《边府发言人发表谈话控诉蒋介石制造黄灾》，《冀鲁豫日报》1947 年 4 月 6 日，《归故资料》，第 260 页。

动其美造飞机，逐日飞赴沿河各处轮番轰炸扫射，持续约 2 月之久。炸毁堤坝、险工、器材许多。在昆山十里铺轰炸 7 次，该处修险秸料 3 万斤全部被焚毁，至被迫停工，我抢修之员工及靠近堤岸行人被击毙者，据不完全统计，已达 100 余人之多。蒋方配合其军事进攻，更背信违约，拖欠工款、工粮及迁移救济等费，致有险工 37 处未完成，120 里河堤未修复，接近蒋占区之 300 里堤防，更属无法修复。①

国民党方面以破坏解放区复堤配合军事进攻，意图削弱解放区人力、物力、财力，达到遏制解放区发展的目的。不过，中国共产党领导下的解放区政府充分发挥其强大的动员能力，与国民党军破坏复堤之举做坚决斗争。在解放区看来，未及完全复堤的解放区黄河故道迎来的是滔滔"黄灾"，1947 年 3 月 21 日《人民日报》发表《抢救蒋介石造成的黄灾》社论，指出，国民党花园口合龙"擅自放水，造成严重黄灾……我尚有险工三十余处未完成，堤工四百余里未修复"。② 解放区政府为此一方面积极开展动员、宣传工作，号召各地"应当紧急动员起来，组织起来与黄灾搏斗，开展群众性的自救运动。河床居民要即刻迁移。要有组织地抢险修堤，保护堤坝，赶造并修补船只。要用自己的力量来消灭灾难，要继续半年来自卫战争及治河工作的精神，更加努力进行自救工作"③。

其次，解放区政府也积极组织、领导黄河故道沿线群众抓住一切时机加紧复堤，并组织有效人力在故道两岸巡查、督修。以渤海区为例，黄河花园口合龙前后，渤海区群众在政府领导下的修堤"战斗"可谓争分夺秒，目的是力争在大汛前修好故道大堤，"他们深知这不仅是和时间的斗争，也是和蒋介石集团的斗争"。在抢修堤防的同时，沿河各县成立了河

---

① 《边府发言人发表谈话控诉蒋介石制造黄灾》，《冀鲁豫日报》1947 年 4 月 6 日，《归故资料》，第 261 页。

② 《抢救蒋介石造成的黄灾》，《人民日报》1947 年 3 月 21 日，第 1 版。

③ 《抢救蒋介石造成的黄灾》，《人民日报》1947 年 3 月 21 日，第 1 版。

防大队。河防队员日夜监守大堤，防止敌特破坏。山东省渤海解放区行署还未雨绸缪，在黄河两岸北镇至济阳一线架设了长途电话，确保复堤工作的各项指示及时传达到每一个治黄机关。[①]

小　结

本章从地貌改造、河道治理视角，来考察华北根据地时期在战争环境下人与自然的互动问题。一方面，华北平原地貌对战争攻守方有着不同的作用，甚至影响了战争的进程。通过人为改造，平原地貌成为抗日力量坚持持久抗战的地理凭借，从而"参与到"抗日战争的历史当中，反映了平原抗日力量应对平原地理限制的能动性。另一方面，黄河故道的生态环境在花园口决堤后逐渐改变，经过人工营造，故道耕地广布、村庄林立。在黄河即将回归故道的消息传入解放区后，故道生态与"黄水"成为严重威胁故道民生的"猛兽"。为此，中国共产党和各级政府通过制度构建、运动式治理等措施，在较短的时间内基本恢复了黄河故道的堤防，巩固了黄河大堤，保障了故道沿岸民众的生命安全。总体来说，平原地貌改造和河流故道的环境治理，表明战争环境下敌我双方都充分利用了自然因素——地貌、河流的"力量"，加以改造和运用，使之成为保存自己、打击对手的凭据。由此，自然"参与了"战争历史，战争又改造了自然，反映出战争环境下的一幅特殊的环境史图卷。

---

① 包爱芹、田利芳编著：《缚住黄龙：从治理黄河到引黄济青》，第43~44页。

第七章　华北根据地的人与野生动物关系

　　野生动物是自然环境的主要组成因素和活跃因子。自有人类以来，野生动物即与人类生活发生生态关联。最初，人与野生动物在生态系统中"并行不悖"，人食用野生动物，野生动物也常猎杀人类。随着人类生理素质和生产能力、技术的提高，人与野生动物的关系也日趋紧张，人类面对野生动物逐渐占据优势，野生动物最终退避，甚至消亡。这给生态系统带来了深重影响，又进而作用于人类生产、生活，引发一系列危机。以往涉及华北根据地人与环境关系的论著中极少关注野生动物，然而我们在披览这一时期的史料后可以发现，野生动物在华北根据地一方面被视为一种重要的资源加以利用，另一方面因人类活动的加剧，野生动物与人类接触频繁，野生动物不断出入农耕区咬死、咬伤人畜，从而被视为一种危害加以应对。于是，野生动物影响根据地社会，自然"走入"了历史，而根据地社会层面又通过各种举措对野生动物施加影响，进而改造了自然。本章从资源利用与灾害应对视角探究华北根据地时期人与野生动物的关系，以便揭示这一时期人与自然互动关系的另一个剖面。①

第一节　打山与除害：陕甘宁边区的人与野生动物

陕甘宁边区自 1935 年以后长期作为中共中央所在地和中国革命的大本营，学术界对此给予了高度重视。以往研究重点关注边区的政治、制度、社会、经济、文化、教育等方面，取得了丰硕的成果。21 世纪以来，考察边区大生产运动及其环境效应、森林变迁等方面的论著渐次增多。② 不过，这些研究主要是以人及其活动为中心，采取单向的生产开发—环境破坏的叙事模式或研究范式，缺乏探讨人与自然相互关系研究的视野。当代人类愈发认识到人与自然处于同一生态系统之中，人与自然互相作用、相互依赖，人类历史发展无法独立于自然之外。陕甘宁边区一直有大量野生动物生存其间，边区军民一方面通过"打山"来获取野生动物，另一方面又因野生动物进入农耕区咬死、咬伤人畜及危害生产而开展除害运动加以应对。

一、"打山"：野生动物资源的利用

如第一章所述，陕甘宁边区于 1937 年 9 月 6 日成立，1950 年 1 月 19

---

① 目前仅有数篇论文涉及抗战时期和中华人民共和国成立初期人与动物关系的论题，参见朱鸿召：《狼与虱子的生死浮沉》，载林贤治编，筱敏主编：《人文随笔·2005·冬之卷》，广州：花城出版社，2006 年，第 90~105 页；杨焕鹏：《微观视野中的胶东抗日根据地研究》，北京：学习出版社，2017 年；阿拉坦：《捕鼠记——内蒙古防疫运动中的秩序操练与社会展演（1949—1952）》，《社会学研究》2017 年第 3 期；宋弘：《"灭敌人耳目"：中共华北抗日根据地的打狗运动》，《抗日战争研究》2020 年第 1 期；姜鸿：《川陕地区野生动物资源的利用与保护（1949—1962）》，《中共党史研究》2020 年第 2 期等。

② 参见黄正林、栗晓斌：《关于陕甘宁边区森林开发和保护的几个问题》，《中国历史地理论丛》2002 年第 3 辑；李芳：《试论陕甘宁边区的农业开发及对生态环境的影响》，《固原师专学报》2003 年第 2 期；严艳、吴宏岐：《20 世纪前半期黄土高原生态环境研究——以陕甘宁边区为例》，《西北大学学报（自然科学版）》2004 年第 5 期；秦燕：《陕甘宁边区时期农业开发政策的环境效应》，《开发研究》2006 年第 4 期；朱鸿召：《伐木烧炭的运作机制》，《书城》2007 年第 10 期；谭虎娃、高尚斌：《陕甘宁边区植树造林与林木保护》，《中共党史研究》2012 年第 10 期等。

日撤销。边区"地广人稀"，加之地貌特殊，境内有大量野生动物生存其中。

（一）边区的自然生态与野生动物

陕甘宁边区境内绝大部分地区被黄土覆盖，平均海拔约1000米。在气候和植被类型上，边区处于东部季风湿润区与内陆干旱区的过渡地带，植被从暖温带落叶阔叶林向森林灌丛草原、干草原和荒漠草原过渡。边区延安以南植被较好，尤其是子午岭、桥山和黄龙山，属次生落叶阔叶林，当地群众称为"梢林"。① 阔叶林以辽东栎、山杨、麻栎、栓皮栎、白桦、山桃、山杏等为主，常形成森林群落。此外，还有油松、侧柏等针叶林，夹杂于阔叶林中，构成松栎林，属针阔叶混交林。延安以北森林稀少，灌木草丛较多。灌木异常丰富，如荆条、酸枣、杭子梢、狼牙刺、虎榛子、绣线菊、黄刺玫、山丁香、马棘、毛樱桃等。草本植物更多，如白羊草、黄背草、四季青、大油芒、马牙槽等都是阔叶林下或荒坡的主要种类。另一方面，清末以来，起义军、军阀、土匪、民团、哥老会在这一地区轮番登场，各方势力相互角逐。在边区政府成立以前，这里是中国最落后最复杂的区域。② 因此，灾荒、战乱是这一地区民众长期以来耳熟能详的"根基故事"。总之，边区独特的地貌条件和气候、植被的过渡特点产生了特殊的生态边缘效应，方便了不同物种的共存和迁徙，也丰富了边区的生物种群。而社会环境又为自然植被的保存和次生植被的复萌创造条件③，也间接为各种野生动物的繁衍提供了多种生境。正如曾在延安传教12年的马克·塞尔登所指出的，陕甘宁边区"荒无人烟，野兽横行，虽然平坦地带被重新耕作并拓展到较宽的山谷，但是较窄的沟壑成为野豹、野猪、狼等

---

① 陕西师范大学地理系《延安地区地理志》编写组编：《陕西省延安地区地理志》，西安：陕西人民出版社，1983年，第122页。

② 高自立：《边区政府对边区第一届参议会报告》（1939年1月），《抗日战争时期陕甘宁边区财政经济史摘编》第1编《总论》，第16页。

③ 乐天宇等人对边区森林资源的调查表明，边区森林经历了五次破坏与恢复期，见乐天宇：《陕甘宁边区森林考察团报告书（1940年）》，第30~31页。

野兽的繁殖之地"①。

边区野生动物的种类虽无法全面统计，但如第一章中笔者所作统计，边区主要野生动物有豹、狼、野猪、狐狸、豺、石貂、黄喉貂、金猫、野鸡、黄羊、狍、豪猪、獾、麝、鹿、黄鼠狼等。例如，在鄜县史家岔——八路军三五九旅屯垦地，当地不仅"有一片遮天蔽日的大森林"，还有大量野生动物如野羊、野兔、野鸡、狼、野猪等活跃于这片荒野。② 南泥湾垦区的金盆湾也是景观多样，动植物分布广泛：黄土荒原上是"近一人高的蒿草和一簇簇的灌木丛"，山坡上则到处是"桦、榆、柳、杏、松柏等"乔木。在灌丛、蒿草和乔木间有"野猪、野鸡、野兔"成群出没，而沟底则"流淌着哗哗作响的溪水，浸泡着腐烂的古木和野兽的尸骨"。③ 此外，边区南部与国统区交界地带是黄土高原与关中平原接壤的生态交错带，物种多样。1941 年，边区地质考察团成员武衡等人在这里考察时，看到当地植被茂密，荒无人烟，狼和豹子等野兽时常出没。④

（二）"打山"

由于生产水平限制，通过获取野生动物以满足人的物资和经济需要，在历史上一直被认为是一种可取的方式。狩猎在陕甘宁边区被称为"打山"，边区政府鼓励民众通过"打山"以获取野生动物的皮、肉，将野生动物视为调剂生活、增加收入的重要物资来源。⑤ 边区有"三宝"：盐、皮毛和甘草，其中皮毛主要指人工饲养的家畜皮毛，但野兽皮毛也是边区对外交流的重要物资。林学家在对陕甘宁边区林产进行调查时，特别

---

① ［美］马克·赛尔登著，魏晓明、冯崇义译：《革命中的中国：延安道路》，北京：社会科学文献出版社，2002 年，第 26 页。

② 颜德明：《陕北好江南——史家岔屯垦记》，《战斗在南泥湾》，第 2 页。

③ 李吉生口述，史文元整理：《世纪沧桑话今昔：一个红军老战士的自述》，第 76 页。

④ 武衡主编：《抗日战争时期解放区科学技术发展史资料》第 2 辑，北京：中国学术出版社，1984 年，第 254 页。

⑤ 陕西省档案馆编：《陕甘宁边区政府文件选编》第 3 辑，第 220 页。

注意边区森林中豹、狐、狼、野羊、野猪、石貂、松鼠、兔等在狩猎上的价值。[①] 因生存环境要求不同，野生动物在边区的分布有差异，这也就决定了"打山"产品的地域差异。一般来说，三边地区产狐皮、豹皮和扫雪皮；华池、保安、甘泉等县产野鹿皮、鹿角、野猪皮、狼皮、豹皮、水獭皮等。[②]

1939 年以后在边区政府组织的历次农业展览会上都有狩猎产品展示，这也推动了边区民众将"打山"视为一项增加生产的重要副业。1939 年 1 月，边区举办第一届农业展览会，展出六类共 2000 多种农产品，其中一类即为狩猎产品。[③] 记者指出，边区兽类中最普遍的有狐、狼、豹、野猪、野羊和鹿等，展览会主要展出这些兽皮。其中鹿皮、扫雪皮和水獭皮是"农产中之最贵重者"。[④] 1940 年 1 月，边区第二届农工业展览会中的狩猎产品展览室内呈列有豹皮、狼皮、狐皮等三十余种，"内有扫雪皮、水獭皮价值珍贵……现边区人民以狩猎引为副业，边区输出以皮货为大宗"[⑤]。1943 年 11 月，边区将召开劳动英雄大会和生产展览会，为了开好展览会，预先在各分区举办展览会，农业类主要展品仍包括野兽毛皮。[⑥]

解放战争以来，因战争摧残和空前的大灾荒，边区 1947 年有 40 万灾民。为战胜灾荒，很多地方组织副业生产以救济灾民、增加收入，打猎即为重要副业。关中分区新正县中心区政府 1948 年组织民众进行副业生产，在十九项副业生产中，有八项是通过获取自然物或对自然物进行加工，其

---

① 江心：《陕甘宁边区林产初步调查》，《解放日报》1941 年 10 月 8 日，第 3 版。

② 《筹备陕甘宁边区农业竞赛展览会进行计划纲要》（1938 年 9 月 15 日），陕西省档案馆编：《陕甘宁边区政府文件选编》第 1 辑，北京：档案出版社，1986 年，第 55 页。扫雪即石貂。

③ 武衡主编：《抗日战争时期解放区科学技术发展史资料》第 3 辑，北京：中国学术出版社，1984 年，第 217 页。

④ 刘毅：《边区农展会印象记》，《新中华报》1939 年 2 月 7 日，第 3 版。

⑤ 郁文：《边区第二届农工业展览会参观记》，《新中华报》1940 年 3 月 8 日，第 4 版。

⑥ 武衡主编：《抗日战争时期解放区科学技术发展史资料》第 3 辑，第 79~86 页。

中之一是打野猪。[①] 1946 年 12 月 30 日，边区政府颁布的《边区产品出境销售税率表》中，列有狐豹皮，为半必需品，起征点为每张征税 5%。[②] 1948 年 2 月 10 日，边区政府颁发《陕甘宁晋绥边区货物税暂行条例》，出境货物税税率表中野兽皮出境税仍为每张 5%。[③] 这就表明，解放战争后期野兽皮仍是边区重要的出口商品。

　　猎取野生动物也是边区大生产运动期间各军事生产单位获取食物、增加收入的重要途径。军事生产单位分布于土地、水热条件良好，自然资源丰富的地区，这些地区通常保存着大量动植物资源。其中，边区留守部队生产规模最大，屯垦地点主要在边区中部延属分区的南泥湾，西部陇东分区的大、小凤川和南部关中分区的马栏、槐树庄等地。这些地方在屯垦前都是荒野，地貌方面包括山地、黄土丘陵，沟谷纵横，植被茂密，物种繁多。

　　南泥湾垦区是"陕北的森林地带"，屯垦之初三五九旅各团、中央警卫营、八路军炮兵团等屯垦部队各部门都成立了狩猎组或打猎队以解决粮食危机。中央警卫营仅一个月就猎取到"四个野猪，三十多个山羊"。[④] 在史家岔，打猎队"漫山遍野猎取山羊、狍子、豹子和黄鼠狼。于是吃肉不再发愁，也断绝了野兽伤人的事故，庄稼也减少了兽害"。[⑤] 野生动物不仅种类多，而且数量可观。南泥湾屯垦战士"到山上打野猪、山羊和抓野鸡"，有时可以抓到成百只甚至上千只野鸡。[⑥] 在陇东大、小凤川垦区，屯垦部队不仅组织打猎队，还将狩猎与练习打靶结合起来，"锻炼了射击本

---

　　① 杨德寿主编：《中国供销合作社史料选编》第 2 辑，北京：中国财政经济出版社，1990 年，第 1002 页。

　　② 陕西省档案馆编：《陕甘宁边区政府文件选编》第 11 辑，北京：档案出版社，1991 年，第 82 页。

　　③ 艾绍润、高海深主编：《陕甘宁边区法律法规汇编》，西安：陕西人民出版社，2007 年，第 284 页。

　　④ 何路：《南泥洼》，《解放日报》1941 年 9 月 30 日，第 4 版。山羊是指山羊，下同。

　　⑤ 颜德明：《陕北好江南——史家岔屯垦记》，《战斗在南泥湾》，第 6 页。

　　⑥ 贺庆积：《回忆南泥湾大生产运动》，《战斗在南泥湾》，第 17 页。

领，还猎获了不少野味"。① 关中分区马栏镇附近荒山上"满是又粗又高的青冈树、桦树、钻天杨。树与树中间生长着酸枣棵、野藤子"，野鸡、狼、豹出没无常。② 陕甘宁晋联防军警备第一旅直属队战士于 1942—1943 年在此一面防御国民党军队进逼，一面开荒。开荒战士组织了狩猎组，"获得了不少动物肉和油脂，改善了同志们的生活"③。

总之，边区地广人稀的自然、社会环境，为野生动物的生存和繁衍提供了条件。面对种类多样的野生动物，边区军民将野生动物视为能满足生活、生产需要的自然资源而加以利用。"靠山吃山"，"打山"最初是边区军民的自发性和个体性行为，随着战争环境的发展逐渐成为规模化和集体化行为，一些地方甚至出现了军民合作"打山"。④ 于是，"打山"这种资源利用行为导致了人与野生动物关系的紧张，这种紧张关系是由人积极主动地猎取野生动物引发的，反映了当时人对自然的认识及与自然竞争、斗争的"自然观"，打上了那个时代的特殊印记。

二、"兽害"的分布、表现与成因

与"打山"同时，边区种群多样、数量繁多的野生动物因出入农耕区危及人畜生命和生产安全，尤其是 20 世纪 40 年代以来更趋严重，被政府和民众视为一种灾害——兽害。野生动物日益"走进"人类历史，引发一系列生态、社会问题，从而又加剧人与野生动物关系的紧张。

（一）兽害的分布与表现

在诸多野生动物中狼、豹和野猪对边区民众生产、生活乃至生命影响

---

① 萧劲光：《一支保卫党中央和陕甘宁边区的劲旅——回忆抗日战争中的八路军留守兵团》，《陕西抗战史料选编》，西安：三秦出版社，2015 年，第 272 页。

② 刘占江：《在延安大门口》，米晓蓉、刘卫平主编：《陕甘宁边区大生产运动》，西安：陕西师范大学出版总社，2014 年，第 123 页。

③ 王绍先：《大生产在槐树庄》，米晓蓉、刘卫平主编：《陕甘宁边区大生产运动》，第 99 页。

④ 党忠实：《甘泉警卫队同群众合作打山》，《解放日报》1944 年 10 月 27 日，第 2 版。

最大：狼吃家畜，甚至伤人、吃人；豹偶有伤人，主要吃家畜；野猪则破坏庄稼。三种动物都会直接或间接造成农业减产，甚至影响社会稳定。朱鸿召曾对边区革命环境下狼的命运有所论述，不过所依据的材料零星而分散，不足以作为一定规模的量化统计的依据。[①] 本书主要依据《解放日报》对边区兽害的报道，再辅以其他资料对边区兽害的地理分布和年际、月季特征加以梳理。

披览《解放日报》，1942—1947 年共有 42 篇涉及边区兽害的直接或间接报道，见表 7-1。

表 7-1 《解放日报》报道兽害情况统计

年　份	报道篇数	行政分区	兽害发生地	报道次数	涉及野兽
1942	2	延属分区	志　丹	1	狼、野猪
1943	3	延属分区	志　丹	2	狼、豹、野猪
			延　安	1	野猪
1944	11	延属分区	甘　泉	3	狼、豹、野猪
			延　安	1	狼、野猪
			延　长	2	狼
			延　川	1	狼
			鄜　县	1	狼
			安　塞	2	狼
			志　丹	2	狼、豹子、野猪、狐狸、黄喉貂
			南泥湾垦区	1	豹

① 朱鸿召：《狼与虱子的生死浮沉》，林贤治，筱敏主编：《人文随笔·2005·冬之卷》，第 90~105 页。

（续表）

年　份	报道篇数	行政分区	兽害发生地	报道次数	涉及野兽
1944	11	绥德分区	吴堡	1	狼、豹
			绥德	2	狼
		关中分区	新宁	1	豹子、野猪
			淳耀	1	豹子
1945	14	延属分区	固临	1	狼
			志丹	4	狼、野猪
			延川	2	狼
			鄜县	1	野猪
		绥德分区	子洲	1	狼
		关中分区	中心区槐树庄	2	豹
			赤水	1	豹
			马栏	1	狼
			新宁	2	狼
		陇东分区	环县	1	狼
1946	10	延属分区	延安	1	狼
			子长	1	狼
			延川	2	狼
			甘泉	3	狼、豹子
			志丹	2	狼、野猪
			安塞	2	狼、豹、野猪
			南泥湾垦区	1	狼
		关中分区	赤水	1	狼
1947	2	延属分区	甘泉	1	狼、豹
			鄜县	1	狼、豹、野猪

　　说明：因报道篇数较多，表中未列具体报道篇名，不过在下文论述中多以脚注形式列出。

由表 7-1 来看，1942—1947 年，边区兽害以狼、豹、野猪为主，延属分区野兽活动最多，人兽冲突最激烈，其次是关中分区。延属分区动物种类最多，以狼最为活跃，其次是豹和野猪；而关中分区则以豹、野猪活动为主。总体来看，边区狼的活动、分布最多，对人的影响最大。再将六年所有报道所涉各地按政区总体统计，可以看出，边区各分区兽害共报道 53 次，其中延属分区九县区共报道 39 次，关中分区六县区报道 9 次，绥德分区三县共报道 4 次，陇东分区一县报道 1 次。延属分区以志丹、甘泉、延川、安塞四县兽害最烈。关中分区则以新宁、中心区、赤水三地为最。绥德、陇东二分区兽害不及延属分区和关中分区。1946 年 5 月，边区第三届参议会第一次大会议员通过的打狼提案得到边区政府批准，该提案指出："边区各地多山广林，一年四季狼豹三五成群，伤害牲畜很多，甚至吞噬小孩亦屡见不鲜，尤以延长、固临、志丹、甘泉等县为甚。"[1] 这与本文依据《解放日报》报道所揭示边区兽害的总体分布特征是一致的。延属分区一直是兽害最严重的地区。

就兽害发生的年际特点来说，边区一些地方自 20 世纪 30 年代已有兽害。1936 年以来，志丹县王家峁狼、豹、野猪等野兽长期侵害牲畜、影响生产，共计"大小猪三百头，黑、白羊二百四十只，蜜蜂四十一窝，粮食十大石以上，拦羊狗三十条，鸡子无数"，群众"认为是一种天灾"。[2] 1938 年 8 月，重庆《国讯》杂志记者陈学昭在陕北的路上即据人谈："延安的城外山里，狼很多，大早与黑夜，一群一群的出来，不过都是小狼，见了人多，它们就跑了，如果一个人，那它会来咬的。山里的小猪、小驴常被它们咬死，拖去吃掉。"[3] 1940 年 6 月，陇东华池县县长李丕福在向边区政府汇报工作时也指出，因"野牲"大量咬死、咬伤家畜给该县工作造

① 陕西省档案馆编：《陕甘宁边区政府文件选编》第 10 辑，北京：档案出版社，1991 年，第 58 页。

② 管加富、容飞：《勇敢的猎人王清玉》，《解放日报》1944 年 11 月 7 日，第 2 版。

③ 陈学昭：《延安访问记》，香港：北极书店，1940 年，第 72 页。

成很大困难。① 20 世纪 40 年代以来，边区兽害愈发严重。1942 年《解放日报》已有零星报道，至 1943 年后逐渐增多，1944、1945 两年兽害最为严重，《解放日报》报道次数最多。1946 年以来边区兽害整体有所下降，不过仍时有发生，一些地方一直持续到 1949 年以后。②

　　兽害的发生也有着明显的月季特征。依据《解放日报》对 1942—1947 年边区兽害发生的月份统计和对相关资料的分析，边区夏、秋、冬三季野兽最为活跃，兽害发生也最为频繁。夏季植被茂盛，野兽易于隐蔽，加以气候温暖，食肉动物活动量、食量都会加大，野兽不仅袭击家畜、家禽，还会咬死、咬伤人。志丹县在 1946 年 8 月 "被狼咬死耕牛四头、驴十二头、羊一百六十四只、猪三十八口，小孩两名（咬伤一个），小鸡不计其数"。③ 秋季草木虽然黄落，但若无人为砍伐、烧荒，边区各地依然便于野兽潜踪，而且农作物已经成熟，狼、豹、野猪活动频繁。正是 "野草秋田茂盛及农忙之际"，狼群会乘机活跃。④ 陕北入冬较早，无霜期短，入秋以后即近寒冷，大型兽类生存所需的食草类、啮齿类动物逐渐隐匿过冬，从而造成狼、豹、野猪等动物食物短缺⑤，于是频繁出入农耕区以获取食物。野猪和狼是志丹县 "三害" 中的两害。1943 年入秋以来，野猪吞食庄稼，狼吃羊、毛驴、小牛，农民 "每日不得安宁"。⑥ 1946 年，南泥湾垦区金盆区、延川清延区、甘泉四区等地入秋以来，"已被狼吃掉小孩七名、咬伤七名，猪、羊、牲口一百卅余头，怕得娃娃们都不敢上山拦羊，婆姨们也不敢到地里生产"。⑦ 冬季，食物匮乏，"三五成群的狼在村边上窜来窜

---

　　① 陕西省档案馆：《陕甘宁边区政府文件选编》第 2 辑，西安：陕西人民教育出版社，2013 年，第 231 页。

　　② 1949 年后陕北一些地方兽害依然严重，农田、家畜屡遭其害，20 世纪 60 年代尤为严重。见延安军事志编纂委员会编：《延安军事志》，西安：陕西人民出版社，2000 年，第 204 页。

　　③《志丹延川狼害又起》，《解放日报》1946 年 8 月 1 日，第 2 版。

　　④《志丹延川狼害又起》，《解放日报》1946 年 8 月 1 日，第 2 版。

　　⑤ 野猪属杂食性动物，兔、老鼠、蛇等也会是其猎食对象。

　　⑥《志丹 "三害" 为灾》，《解放日报》1942 年 10 月 7 日，第 2 版。

　　⑦《敬 "山神" 爷不济事甘泉等地打狼除害》，《解放日报》1946 年 9 月 20 日，第 2 版。

去"，大雪之后更易伤人，对于行路、打柴之人威胁更大。①

　　狼患几乎遍及边区各县，那么这些狼是从外地迁移而来还是本地所产？有研究者对光绪初年大旱时期陕、晋狼群聚集加以研究认为，当时深入关中、晋中南地区的狼群是从陕西和山西以北的草原区迁移而来，聚集的狼群主体从当地森林区迁来的可能性很小。② 笔者认为，陕甘宁边区时期甚至光绪初年大旱时期的狼患均是本地狼造成的。我们知道，与豹、野猪相比，狼对生存地区植被覆盖率的要求较低，狼既能在草原上生存，也能在林地、荒野生活，黄土高原地区一直是狼的重要生活区域。清至民国时期陕北各地方志对于狼的记载比比皆是，狼的分布十分广泛。各县民众熟知狼的习性，对狼皮毛的利用也久已有之。如（道光）重修《延川县志》载："狼，山沟多有，食羊豕畜类，土人置机阱得之，取皮作裘。"③（道光）《清涧县志》也载："狼食鸡、鸭、鼠物，能作小儿啼。"④（光绪）《米脂县志》也说："狼，皮毛温厚可为裯褥。"⑤ 如果狼不是当地所产，按照方志编纂的传统应不能记入"物产"之中。而且，由民国方志来看，狼患不仅在陕甘宁边区发生，"国统区"也有。边区北边横山县"狼尝害及家畜"⑥，而南边的洛川县狼"常食人畜，为害甚烈"。⑦ 此外，边区各地军民打狼过程中多发现狼窝，说明狼在此"常驻"。⑧ 在大旱时期，大量食草类、啮齿类动物被饿死，导致本地狼生存所需的食物短缺，从而使其成群出入农耕区获取死尸、人畜成为必然。因此，种种迹象表明，陕甘宁边区内外均有狼分布，边区狼患并非狼从境外迁徙而来所致，狼多是本地

---

① 《冬季加紧打狼!》，《解放日报》1946 年 1 月 9 日，第 2 版。

② 温震军、赵景波：《"丁戊奇荒"背景下的陕晋地区狼群大聚集与社会影响》，《学术研究》2017 年第 6 期。

③ （道光）《重修延川县志》卷 1《物产》，南京：凤凰出版社，2007 年，第 26 页。

④ （道光）《清涧县志》卷 4《物产》，南京：凤凰出版社，2007 年，第 82 页。

⑤ （光绪）《米脂县志》卷 9《物产志三》，南京：凤凰出版社，2007 年，第 457 页。

⑥ （民国）《横山县志》卷 3《物产》，台北：成文出版社，1979 年，第 258 页。

⑦ （民国）《洛川县志》卷 7《物产志》，南京：凤凰出版社，2007 年，第 137 页。

⑧ 《固临更乐区发动群众打狼》，《解放日报》1945 年 6 月 2 日，第 2 版。

所产。

由各类兽害资料来看，边区各地兽害的表现非常严重，野猪啃食作物；狼、豹不仅夜间猎取家畜，甚至白昼咬死、咬伤人畜也较常见。因此，兽害在当时已经成为"一个严重的社会问题，不能忽视"①。

狼：陕甘宁边区 1943 年以来狼害愈发严重。据 1944 年 8 月根据延属分区党外人士座谈会上的初步统计，1943 年以来延属分区：

> 被狼吃掉的小孩竟达五十五名，咬伤的七名，未统计到的当不止此数，仅延长一县，即传说被害的小孩在百名以上（尚有个别大人）。现在已知道的：该县二区一个乡，去年即被吃六名，延安县川口、青化、姚店、丰富四个区被吃十一名，鄜县十名，甘泉七名，安塞六名，其他各县都有。有些地方狼的确不少，延长一区有个老乡，一天上山背柴，久出未回，家里派人出去寻找他，结果发现他正被一大群狼密密包围在里面，竭力搏斗，几被伤害。牲畜的损失尤重，座谈会上所统计的一部分为：牛二十三头，驴九十七头，羊二百三十七只，实际总数当亦更多。②

这则材料所述边区 1943—1944 年延属分区延长、延安、鄜县、甘泉等县被狼咬死、咬伤的人员数量今天读来仍令人瞠目，狼不仅伤害家畜，而且直接攻击人。延属分区的志丹、延川二县狼害也很严重。一位曾在志丹生活的读者给《解放日报》写信，提醒边区政府和民众注意打狼，据其估算，1944 年"全县十三万只羊，伤害即达五千以上"。③ 延川县三乡风伯神、贺家崖一带 1945 年 3、4 月间，狼"已吃了两个十岁以上的小孩，另

---

① 《延属分区党外人士座谈会决定发动打狼打豹运动》，《解放日报》1944 年 8 月 22 日，第 2 版。

② 《延属分区党外人士座谈会决定发动打狼打豹运动》，《解放日报》1944 年 8 月 22 日，第 2 版。

③ 《打狼!》，《解放日报》1945 年 8 月 2 日，第 2 版。

一个十三岁女孩。吃掉大小猪近百只，羊十七只，耕牛一头"[1]。狼为什么如此"疯狂"？由这些材料的分析至少能得出两点推论，一是边区狼数量众多，且分布广泛，在政府没有组织大规模打狼除害运动之前，狼在边区各地是最常见的大型食肉动物；二是狼对人畜疯狂进攻的根本原因是食物来源不足，从而瞄准人和家畜。尤其是在冬季，因食物匮乏，狼对家畜伤害更大，不仅咬死、咬伤城外居民家畜，甚至入城猎取家畜。安塞县真武洞附近一带，1942年冬至1943年春，被吃掉的驴三十多头；甘泉城里一夜被咬死的羊达八十多只。[2]

野猪、豹：志丹、甘泉、新宁、赤水等县野猪、豹的危害最大。野猪属杂食性动物，繁殖能力强，取食范围广，活动幅度大。野猪又喜成群活动，不仅啃食作物，摧毁植株，而且会拱翻农地，使作物无法生长，造成农田绝收，具有较强的破坏性。所以文献中所记野猪的危害除了啃食作物，主要是"糟蹋"庄稼，群众深恶痛绝。甘泉县针对"野猪糟蹋庄稼"，自1943年9月至1944年4月专门组织警卫队打野猪。[3]关中分区新宁县"野猪常成群猎食，一夜能把一二十亩洋芋苞谷糟蹋光"[4]。豹性情谨慎，一般不进入农耕区。但当生存环境压缩、食物缺乏时也会攻击牛、驴、羊、马、鸡等家畜、家禽，偶尔也伤人。

一些地区，豹、狼、野猪在同一区域是能够共生的，共同危害家畜、农田。志丹县的狼、豹特别多，"每年被伤害的牲畜不知多少，在三区某些庄子，狗都被豹子吃光，鸡被狼、豹吃光，牛驴羊也经常被吃"[5]。豹的影响力最大，当其数量减少后，狼的活动则趋于频繁。甘泉县经过警卫队

---

① 《子洲驻军剿除狼窝延川永坪群众积极打狼》，《解放日报》1945年6月8日，第2版。

② 《延属分区党外人士座谈会决定发动打狼打豹运动》，《解放日报》1944年8月22日，第2版。

③ 《甘泉警卫队杀野兽保庄稼》，《解放日报》1944年8月2日，第2版。

④ 《新宁猎户梁老十计划今冬打豹子野猪卅五个》，《解放日报》1944年10月21日，第2版。

⑤ 王耀华：《志丹的牲畜防疫与饲养问题》，《解放日报》1943年4月3日，第4版。

大力打野猪、豹后，狼在 1946 年成了最大危害。当年 8 月，甘泉境内野狼成群逞凶，全县被狼咬死伤 30 余人，牲畜 130 余头（匹）。① 兽害造成边区一些地方儿童、农人不敢行路和上山劳作，甚至路断行人。② 南泥湾在屯垦前土地长期撂荒的原因之一就是民众对野兽的恐惧。③ 边区民众出门怕遇见狼、豹，往往结伴而行，或者携带棍棒。④ 因此，在民众的日常生活中，兽害不仅危及人的生命安全，造成财产、经济损失，而且会引发民众的心理恐慌，影响生产、生活和社会稳定。

（二）兽害发生的原因

现代动物学研究也表明，大型兽类虽有时伤害人畜，但主要发生于偏远地区。其取食范围和对象主要与地貌类型有关，以林地、草地、丘陵为主，如果自然生态系统能保障野兽所需食物，野兽一般并不轻易深入人类生产、生活区域。⑤ "令人慨叹的社会经济衰退，也带来了一个从生态的角度看来具有一定积极意义的后果，即自然生态环境的恢复，特别是草场和次生林的扩展"。⑥ 如上所述，陕甘宁边区成立之前，陕北迭经动乱，植被恢复，局部地区野生动物生存环境良好。上述志丹县王家峁村在 20 世纪 30 年代频繁发生兽害的原因也是该村"纵横交错遍是稠密而葱郁的大梢沟"。⑦ 因此，20 世纪 40 年代之前边区兽害发生的主要原因是野生动物种群、规模自然增长，野生动物为获取更多食物，自然易于扰及一些人烟稀少的农耕地带，这与当代国内很多地方野生动物扰及边缘农地、社区是一样的。

---

① 《甘泉及早布置搭火防冻保障秋收》，《解放日报》1946 年 8 月 28 日，第 2 版。

② 《绥德狼群为害政府派队搜打》，《解放日报》1944 年 9 月 30 日，第 2 版。

③ 佚名：《南泥湾调查》（1943 年 2 月），中央档案馆编：《中共中央西北局文件汇集·1943 年（一）》，第 269 页。

④ 钱家楣：《陕北战争期间播音工作的片断回忆》，《万众瞩目清凉山：延安时期新闻出版文史资料》第 1 辑，延安：清凉山新闻出版革命纪念馆，1986 年，第 309 页。

⑤ 高耀亭主编：《中国动物志·兽纲》第 8 卷《食肉目》，北京：科学出版社，1987 年，第 50 页。

⑥ 王利华：《中古华北的鹿类动物与生态环境》，《中国社会科学》2002 年第 3 期。

⑦ 管加富、容飞：《勇敢的猎人王清玉》，《解放日报》1944 年 11 月 7 日，第 2 版。

　　而从 20 世纪 40 年代以后，在国内外力量的进逼、围困下，陕甘宁边区政府主张依靠"自力更生"、进一步开展大生产运动来缓解边区面临的生存压力。于是，边区农业生态系统逐渐扩展至荒野地带，在特殊的地貌条件下自然生态系统日益破碎化，两大生态系统的生态边缘效应愈发明显。首先，自然生态空间因人类活动而压缩，动物生存环境不断被扰动。有限的生存环境内容易出现种群过载，在频发的自然灾害影响下，极易导致食物短缺，野生动物出入农耕区伤害人畜、危害生产的事件也更加频繁且剧烈。例如，1944 年 4 月 25 日，延安抗大七分校三大队在陇东合水县上坪川生产开荒。开荒期间，狼、豹经常叼走、咬伤猪和耕牛。[1] 一些地方群众已经注意到因食物短缺——"山空"而加剧野兽伤害人畜和庄稼的现象。[2] 其次，自然生态空间的破碎化增加了其与农业生态系统的边界数量，更易加剧两大系统的接触和竞争，表现为人类不断拓展农耕空间以利用自然生态系统的动植物资源，处于初级营养级的植食性动物因生存环境破坏而减少和迁徙，进而引发大型野生动物食物量的减少，使其不得不在更大的空间内寻求生存所需的能量，从而危及农耕区域而成为灾害。

　　推动边区农耕区域空间推移的主要动力是农业拓垦。陕甘宁边区有可耕地 3000 多万亩，1937 年耕地面积为 862.6006 万亩，仅占可耕地面积的 25% 左右，即有 2000 多万亩土地可供开垦。如第一章所述，抗战以来，边区政府不断鼓励移民、难民和边区民众开荒，政府规定公荒谁开归谁所有，3 年免收公粮；私荒如果地主不开，农民可自由开垦，并免交 3 年地租。移民、难民垦荒若无力购买耕牛、农具、籽种，政府给予农贷帮扶，边区耕地面积也逐年增加。（参见表 7-2）

---

　　[1]　贾容秀：《回忆太岳陆中》，作者自印，1983 年，第 46~47 页。
　　[2]　《加紧防害保护秋收！志丹鸟兽侵蚀庄稼损失很大》，《解放日报》1945 年 9 月 12 日，第 2 版。

表7-2　1937—1945年陕甘宁边区耕地增加情况

年　份	耕地面积（万亩）	耕地增加指数
1937	862.6	100.0
1938	989.4	114.7
1939	1007.6	116.8
1940	1174.2	136.1
1941	1213.2	140.6
1942	1241.3	143.9
1943	1338.7	155.2
1944	1338.7	155.2
1945	1425.6	165.3

资料来源：闫庆生、黄正林：《抗战时期陕甘宁边区的农村经济研究》，《近代史研究》2001年第3期，第138页。

延属分区、关中分区位于陕甘宁边区中部和南部，农业气候条件、土壤条件较好，加之荒地较多，边区87%的移民和难民被安置在这两个分区，仅有13%的移民和难民被安置在陇东和三边分区。另一方面，延属分区、关中分区又是自然植被保存较好、野生动物分布最多的地区。移民到达迁入地后的主要生计是垦荒，垦荒一方面扩大了边区的耕地面积，另一方面，随着农耕区的扩展，原始和次生植被也随之减少。乐天宇等人的调查也指出，在边区建立之初，陕北植被有所恢复，森林扰动尚不为大。但1940年以来，人口增加了，"与人口增加率成正比例的森林破坏率也就同时增加了"。[1] 例如，1942—1943年陕甘宁晋联防军警备第一旅直属队战士在关中分区马栏镇附近开荒。"经过一个月的辛勤劳动，荒山老林变了

---

① 乐天宇：《陕甘宁边区森林考察团报告书（1940年）》，第30页。

样"。植被被清除、利用，变成了木板和房料；连片的农业地块得到开辟。① 而这一区域正是关中分区野猪、豹频繁伤害人、畜、庄稼的核心地区之一。因此，人口的增加、人类活动的加剧导致了自然生态的衰退，迫使野兽进入村庄寻找食物和袭击村民。② 延属分区、关中分区也就成为兽害最严重的地区。

表 7-3　1943 年陕甘宁边区移民和难民安置情况

项目 ＼ 分区	延属分区	关中分区	陇东分区	三边分区	合　计
安置户数	3900	3746	439	485	8570
各区所占比例	45.5%	43.7%	5.1%	5.7%	
安置人口数	12294	14176	1745	2232	30447
各区所占比例	40.4%	46.6%	5.7%	7.3%	

资料来源：西北局调查研究室《边区经济情况简况》，1945 年 1 月 30 日，《抗日战争时期陕甘宁边区财政经济史料摘编》第 2 编《农业》，第 645 页。

边区狼害在各地几乎都有分布，说明狼对生存环境的要求较为宽松。有豹的地方基本上都有野猪，二者以延属分区的志丹、安塞、甘泉、南泥湾地区为最多，关中分区则以新宁、赤水、淳耀最为密集。自志丹南下至新宁、赤水、淳耀大致是子午岭的走向，是陕甘宁边区和当代陕西北部植被分布最密集的地区之一。志丹向东，沿安塞、甘泉、南泥湾一线是边区黄土地带与关中北部黄龙山区的过渡地带，属于梁山山脉，是延属分区植

---

① 刘占江：《在延安大门口》，米晓蓉、刘卫平主编：《陕甘宁边区大生产运动》，第 121～123 页。

② ［美］马立博（Marks, R. B.）著，王玉茹、关永强译：《虎、米、丝、泥：帝制晚期华南的环境与经济》，第 157、321 页。

被保存较好的地带。豹、野猪等兽类对植被的要求高于狼，具有重要的生态指示意义，其活动区域以边区南面子午岭南端和梁山山脉周边地区最为集中，但两大区域的森林在抗日战争后，"大为缩小，目前已不到全面积的十分之一"。① 因此，这两大区域豹、野猪的频繁活动与植被分布较多且因垦荒逐渐减少有直接关系。

三、除害：人与野生动物关系的进一步紧张

在西方文明之中，野生动植物生存的荒野被认为是文明的对立面，是拓荒者的障碍，需要清除。② 中国文化中并不排斥猎取野生动物，不过讲求在"山泽采捕"时要顺应节气，"皆以其时"③。边区兽害日益严重，给群众生产、生活乃至社会稳定造成极大的困扰，边区政府通过发动打狼、打豹等除害运动以应对。除害运动一方面改造了民众对野生动物的旧有认识或自然观，另一方面进一步加剧了人与野生动物关系的紧张。

（一）民众与政府对兽害的认识

长期以来，陕北因地方闭塞，风气落后，多数地方迷信盛行。一些民众将狼、豹等大型野兽视为山神，认为人畜被吃是"神意"，不仅不敢捕杀这些"山神"，甚至杀猪、羊以"献牲"。于是，一些民众即使居处附近有狼窝，自己不打也"不准别人打，任其繁殖，任其侵害"④。子洲县周复区八乡五龙山一带凶狼不仅捕杀家畜，而且扑杀成人，"猖獗异常"。当地有的群众却认为"狼是山神，如果冲动了他，就了不得！"⑤ 以致群众白天不敢上山种地，影响生产、生活。还有一些地方民众则认为野兽是山神爷

---

① 康迪：《边区农业环境》，《抗日战争时期陕甘宁边区财政经济史料摘编》第 2 编《农业》，第 16 页。

② ［美］罗德里克·弗雷泽·纳什著，侯文蕙、侯钧译：《荒野与美国思想》，北京：中国环境科学出版社，2012 年。

③ （清）张廷玉等：《明史》卷 72《职官一》，北京：中华书局，1974 年，第 1760 页。

④ 《延属分区党外人士座谈会决定发动打狼打豹运动》，《解放日报》1944 年 8 月 22 日，第 2 版。

⑤ 《子洲驻军剿除狼窝延川永坪群众积极打狼》，《解放日报》1945 年 6 月 8 日，第 2 版。

派来的，不能加以伤害。关中分区赤水县群众怕冬天豹子吃牛，"给'山神爷'许一只羊，请'山神爷'再不要叫豹子吃牛"①。当然，大型野兽本来就能给人带来恐惧心理，人不仅畏惧被其伤害，也恐被其报复。志丹县狼灾为患，很多民众却认为"狼不敢打，越打越多"②。

而革命队伍张扬的旗帜是唯物主义，自然不信山神之说。全面抗战以来，在新民主主义政权领导之下，边区各项事业均有了很大发展，频繁发生的兽害却威胁着民众的生产、生活和人畜生命。政府认为："新民主主义政权下的边区，没有残害人民的军阀、豪绅、土匪（除了边境上还有外来政治土匪的骚扰），人民安居乐业。因此，还有野兽危害的地方，就应当消除这种危害。"③ 在政府看来，兽害是灾害的一种，对民众生产、生活乃至生命造成重大威胁，必须加以解决。在 1944 年之前，边区一些地方的猎户、军士、干部已自发组织打山除害，而从 1944 年开始，则变成了由政府主导、提倡的集体化运动。政府认为："边区各地狼豹侵害人畜，达到了惊人的严重程度，对于社会安全及生产力颇有影响。……这是一个严重的社会问题，不能忽视。而过去各县受害群众从未向县府报告，县府也从未向专署报告，专署也未予以注意，此种疏忽态度，以后亟应纠正！"④

在严酷的战争环境下，猪、牛、羊、驴、庄稼等在政府看来都是稳定社会、支持革命队伍的集体财产。朱鸿召认为："革命队伍将狼视为仇敌，根本原因并非是狼伤害了公共财产如猪，而更是一种有害即仇敌，无用便消灭的集体精神心理。"⑤ 这个判断可能过于绝对。首先，大规模的除害运

①　《敬神献羊不顶事豹子吃牛只有打》，《解放日报》1945 年 1 月 15 日，第 2 版。

②　《打狼！》，《解放日报》1945 年 8 月 2 日，第 2 版。

③　《新宁猎户梁老十计划今冬打豹子野猪卅五个》，《解放日报》1944 年 10 月 21 日，第 2 版。

④　《延属分区党外人士座谈会决定发动打狼打豹运动》，《解放日报》1944 年 8 月 22 日，第 2 版。

⑤　朱鸿召：《狼与虱子的生死浮沉》，林贤治编，筱敏主编：《人文随笔·2005·冬之卷》，第 94 页。

动是从 1944 年以来开始的，此前革命队伍并没有对伤人害畜的野兽"无用便消灭"的大规模正式举动。其次，狼、豹、野猪等兽类也并非无用之物，边区政府和民众早已明了其"价值"，并积极利用。边区政府发动除害运动的根本原因是认为在新民主主义政权治理之下的边区还有大量野兽危害民众生产、生活，威胁人畜生命安全，这不仅是一个影响边区稳定的社会问题、自然生态问题，也考验一个民主政府的社会、环境治理能力，从而演化为一个政治问题，亟须解决。

在这一认识下，出入农耕区的野兽被认为是"侵略者"，如同国民党军队一样。偷入边区的国民党特务被视为"鼠狼"，边区政府号召"全边区的男女老少都要时时警惕，把这些老鼠豺狼一起打死"[①]。在这样的时代语境下，野兽（狼）就被分为两种，都应被予以清除："一种是社会科学范围里的狼，这就是进攻边区、解放区的蒋介石、胡宗南之类，另一种是自然科学范围里的狼，这就是到了冬天往往从山上下来吃老百姓的猪、鸡，甚至吃娃娃的那种狼。"[②]

（二）除害运动的具体举措

1. 发布除害命令，制定奖励办法

目前来看，边区除害兽的命令和奖励办法最先是在 1944 年由地方县级政府确立的。各县根据地方民情、财力因地制宜地制定了除害兽奖励办法，分为实物奖励和现金奖励两种。绥德县政府于 1944 年 9 月召开座谈会，号召打狼，确定打死"每只大狼奖小米三斗外，县政府奖每人小米一斗"[③]。子长县一猎手打死狼两条，政府"奖给边洋十二万五千元"[④]。1946 年 8 月，甘泉县为"普遍奖励群众打狼除豹"，决定以后打死狼一只"奖励边币十万元"[⑤]。当年 10 月，甘泉县自卫军连长及队员因打死一只黑

---

① 《防鼠打狼》，《解放日报》1946 年 9 月 27 日，第 2 版。
② 《打狼》，《解放日报》1946 年 12 月 17 日，第 2 版。
③ 《绥德狼群为害政府派队搜打》，《解放日报》1944 年 9 月 30 日，第 2 版。
④ 《子长北一区府组织枪手打狼》，《解放日报》1946 年 6 月 16 日，第 2 版。
⑤ 《甘泉及早布置搭火防冻保障秋收》，《解放日报》1946 年 8 月 28 日，第 2 版。

狼即被县政府奖励"十万边洋"①。

陕甘宁边区政府层面的除害命令始于 1946 年。1946 年 5 月 17 日，陕甘宁边区政府发布了要求各级政府积极打狼以免伤害人畜的命令——《令各级政府积极打狼以免伤害人畜》。② 该命令是在边区第三届参议会第一次大会通过的提案基础上形成的，说明其具有广泛的社会共识。命令指出：边区部分地区狼豹很多，对于人畜之伤害"确很严重"。今后的解决办法，一是积极发动军民打杀，"并请神枪手协助清除"；二是由政府明令规定打狼奖励办法，要求边区各级政府认真奖励，奖金是"打狼一只奖米伍斗"，由边区政府指定粮食局提供粮食供应，这比此前一些县政府所设奖金有所提高，也更能调动军民除害兽的积极性。1949 年 5 月 1 日，陕甘宁边区政府制定的地方粮款收支暂行办法，提到了地方财政开支中的生产建设费仍包括奖励打狼除害的费用。③

2. 军民参与，生产与练兵结合

边区除害兽的主要依靠力量是军队和地方民众。1946 年 5 月 17 日，边区政府号召各地积极打狼的命令即要求"积极发动军民打杀"。军队除害兽有两个类别：正规军和地方自卫队、警卫队。1945 年 6 月，子洲县狼患严重，当地驻军独一旅四团一营组建了 11 人的打狼队，在很快捕获大小狼后，"群众无不称快，纷纷前往慰劳驻军"④。地方自卫军、警卫队是各地军队除害兽的主力军，他们中的一些人都是熟稔地方自然环境、常年打猎的猎户。在除害运动中，地方自卫军领导会下乡发动群众除害兽⑤，也会与群众合作，共同除害。⑥ 在冬季，地方自卫队冬训的主要项目是将打

---

① 《甘泉洗衣少女狼口余生自卫军连长救命受奖励》，《解放日报》1946 年 10 月 7 日，第 2 版。

② 陕西省档案馆编：《陕甘宁边区政府文件选编》第 10 辑，第 58 页。

③ 陕西省社会科学院编：《陕甘宁边区政府文件选编》第 13 辑，北京：档案出版社，1991 年，第 281 页。

④ 《子洲驻军剿除狼窝延川永坪群众积极打狼》，《解放日报》1945 年 6 月 8 日，第 2 版。

⑤ 《固临更乐区发动群众打狼》，《解放日报》1945 年 6 月 2 日，第 2 版。

⑥ 《甘泉警卫队同群众合作打山》，《解放日报》1944 年 10 月 27 日，第 2 版。

猎与射击、体能训练结合起来，通过"打狼除害"，一方面可以"学瞄准，练武艺"①；另一方面又可"练习跑路爬山"②。

地方民众通过成立各类打山组织在除害兽运动中也发挥了积极作用，其名称多种多样，有打狼队、打山队、打豹队、打野队等。这些打山组织有的由地方政府派人组建或帮助组建，有的是由地方村干部组织，但以地方猎户、变工队自发组织起来居多。③ 群众打山队除了原有猎户有土枪和子弹，其他成员是没有的。因此，打山队一般需要政府或军队的帮助以便获得打山所需的武器装备。

在地方民众打山除害的过程中，一些群众在"实际效果"面前的确认识到了除害的意义，一定程度上改变了旧有的自然观。例如，以往甘泉县"豹子吃耕牛，野猪糟蹋庄稼，为害不小"。自从警卫队对野猪、豹子大力捕杀后，群众认为"警卫队实在做了好事！"④ 个别兽害严重的县，民众甚至会缴纳打猎基金作为打山之用，例如志丹县民众就自愿缴纳"捕狼基金"。⑤

3. 宣传打山英雄，破除迷信

《解放日报》和边区地方政府主办的小报⑥均有宣传打山、除害的报道，那些敢于反击兽害、向野兽进攻，以及有着丰富经验和技术手段的人会被视为英雄，成为报纸宣传的主要对象。在《解放日报》42 篇打山、除害有关报道中，有 13 篇涉及打山英雄，大约占总篇数的三分之一。这些打山英雄有民间猎户、自卫军成员、乡长、警卫队成员等，所选标准不一。这一方面起到宣传和表彰他们积极打山，保护民众生产、生活和生命的业

---

① 《新宁段家堡子决定平时打狼除害战时保卫家乡》，《解放日报》1945 年 11 月 29 日，第 2 版。

② 肖运：《延县将开始训练自卫军》，《解放日报》1944 年 12 月 4 日，第 2 版。

③ 《吴堡奖励打狼》，《解放日报》1944 年 9 月 8 日，第 2 版。

④ 《甘泉警卫队杀野兽保庄稼》，《解放日报》1944 年 8 月 2 日，第 2 版。

⑤ 《志丹"三害"为灾》，《解放日报》1942 年 10 月 7 日，第 2 版。

⑥ 刘增杰等编：《抗日战争时期延安及各抗日民主根据地文学运动资料（上）》，太原：山西人民出版社，1983 年，第 574 页。

绩，从而起到引领和垂范的作用；另一方面也有助于破除地方民众对野兽的畏惧和对"山神"的迷信。

1944 年 11 月 7 日，《解放日报》以"勇敢的猎人王清玉"为题报道了志丹县王家峁猎户王清玉的事迹。该文章首先指出当地民众对"山猛"极为恐慌——"天将黑，人心念，天一黑，走不得！"部分群众甚至举家迁移。随后，该报道笔锋一转，将猎户王清玉的形象"和盘托出"：王清玉"是一个体强力壮的汉子，他是王家峁最突出的人物，素性勇敢而擅长打猎，他自己很自信能为庄人除害"。① 这类报道语言朴实且"接地气"，易引起读者认同。在一些文章中，民众对打山英雄的态度也会被报道起来，以引起共鸣。环县甜水堡猎手曹贵林护羊打狼，群众都说："老曹替咱们除了大害，要不是他打，这七八年中咱们的羊不知道要被狼糟蹋多少。"② 打山英雄不信"山神"之说，打死狼、豹这样的"山神爷"，对于破除百姓迷信、推进除害工作显然是重要的。《解放日报》一方面旗帜鲜明地指出迷信思想之不可取，如有报道标题为《敬神献羊不顶事豹子吃牛只有打》③；另一方面则通过宣传"打山"英雄以破除民众迷信"山神"之说，如《延川中区野狼到处吃羊高崇则不信神打死"山神爷"》④ 等。一些猎户在长期的狩猎过程中练就了过人的枪法，在对敌斗争中成为民兵中的杰出代表，成为连续报道的对象，如鄜县任喜招。⑤ 甚至普通村民的打狼、斗狼事迹也会被报道出来。⑥

由前文来看，边区一些民众长期从事"打山"活动，因而并不畏惧

---

① 管加富、容飞：《勇敢的猎人王清玉》，《解放日报》1944 年 11 月 7 日，第 2 版。

② 《环县甜水堡猎手曹贵林努力打狼保护羊子安全》，《解放日报》1945 年 7 月 25 日，第 2 版。

③ 《敬神献羊不顶事豹子吃牛只有打》，《解放日报》1945 年 1 月 15 日，第 2 版。

④ 《延川中区野狼到处吃羊　高崇则不信神打死"山神爷"》，《解放日报》1945 年 9 月 17 日，第 2 版。

⑤ 王志一、张铁夫：《自卫英雄任喜招》，《解放日报》1945 年 1 月 17 日，第 2 版；也卒：《任喜招和罗传治》，《解放日报》1947 年 1 月 19 日，第 2 版。

⑥ 《延川乔增德打狼除害》，《解放日报》1946 年 7 月 2 日，第 2 版；《打狼救亲女》，《解放日报》1946 年 8 月 4 日，第 2 版。

野兽或迷信"山神"之说；而另一部分民众却对野兽充满"敬意"，甚至做出各种"敬神"之举。这看似矛盾的表现，实则反映了建立在人与野生动物关系之上的地方文化观或自然观在各地的差异和张力。就后者来说，地方民众通过敬神、献牲的文化表达，实则构成了一种特殊的"地方感"，这种"地方感"是基层民众超出"知识"分类的某种感受和表达，一般是在学者的视野之外。① 而革命政府正是代表科学的学者"知识"力量，其工作方向是要以理性、科学的知识、文化去消弭这些被认为落后的"地方感"的张力和生存空间。不过，民间迷信思想的破除并非一朝一夕之事，1945 年以后仍能看到一些地方民众花许多钱给"山神爷""献牲、烧香"的材料。② 因此，尽管政府通过除害兽这种运动式灾害治理模式，试图介入民间文化或破除迷信，但似乎需要一段时间方能完全产生效果。

4. 推广民间打猎技术、经验

"打山"非常艰苦，"打山"除害的人要有三得——"饿得，受得，跑得"；两好——"胆量好，射击好"。③ 可见，"打山"除害非一般民众所能尝试，需要勇气，更需要技术和经验。因此，边区政府积极报道一些猎户、枪手的"打山"经验和技术手段，并加以宣传推广。王清玉"打山"靠三件武器：猎狗、矛子和夹脑。猎狗需"头大，嘴宽，腿粗，身长三尺，高二尺，体重三十多斤"的"隆头狗"；矛子要"光滑锋利，能以一插即中"；夹脑"是一种铁器，大的重量约七斤，小的只有五斤，这是打狼最好的一种利器"。④

此外，对野生动物生活习性、生境的熟稔程度也都会影响到"打山"的成绩。1944 年 10 月 21 日，《解放日报》用大量篇幅介绍新宁猎户梁老

---

① 杨念群：《如何从"医疗史"的视角理解现代政治》，常建华主编：《中国社会历史评论》第 8 卷，天津：天津古籍出版社，2007 年，第 34~35 页。

② 《敬"山神"爷不济事　甘泉等地打狼除害》，《解放日报》1946 年 9 月 20 日，第 2 版。

③ 《甘泉警卫队同群众合作打山》，《解放日报》1944 年 10 月 27 日，第 2 版。

④ 管加富、容飞：《勇敢的猎人王清玉》，《解放日报》1944 年 11 月 7 日，第 2 版。

十对野兽生活习性的掌握及狩猎经验："豹子早晨藏在洞里或阳洼处,上午寻食常走高岭,多利用地形等候小动物。……大梢林,离水近的地方容易藏野猪,行走多在半山坡,冬天常在阳洼处,夏天则在沟渠阴凉的地方。"[1] 接下来,该报道又进一步介绍了梁老十针对不同野兽性情而采取的不同狩猎方法:"豹性不善与人斗,见人尽量走避,但被人打伤或被惹怒时,它就像猫扑老鼠向人扑来,若连扑两三下不成就走了。一般的公豹体大毛长,当冲到距人一丈多远的地方就半直立起来,用前爪向人头部抓挖(土豹子则厉害些,力大难防),但它站起来就失去重心,只要用棍一格,再用力一推,就可推倒。"野猪更猛,"若万一避不及,就用手推它的下嘴巴,用力向外一推就不可伤人"。这些文字既鲜活又具体而细致,《解放日报》屡屡推介地方民众"打山"的经验,一方面表达了政府层面对兽害的态度;另一方面主要目的是为各地民众"打山"提供经验,以提高除害运动的成效。

第二节　东部四大根据地的除"害兽"运动

华北地区除了平原,在山东、河北、山西境内均有山地分布。尽管自明清以来,民众生产、生活导致植被大量减少,但是农耕区之外的边缘地带仍然分布着一些林地、草地,为野生动物的栖息提供了一定的条件。不过,自全面抗战以来,在自然灾害、连年战争等影响下,华北根据地面临严重的生态危机,境内野生动物频繁异常活动——出入农耕区危害人畜生命和农业生产,成为各大根据地的"天灾"。本节考察抗日战争至解放战争时期晋绥、晋察冀、晋冀鲁豫与山东四大根据地内野生动物的异常活动及其对人的影响,以及人对野生动物的认识与应对。

---

[1] 《新宁猎户梁老十计划今冬打豹子野猪卅五个》,《解放日报》1944 年 10 月 21 日,第 2版。

一、兽害：生态危机下的野生动物活动

晋绥、晋察冀、晋冀鲁豫、山东四大根据地内东有鲁中山地，西有太行山脉、太岳山脉和吕梁山脉，北有燕山山脉，南有华北平原，气候上从湿润区伸展至半干旱区，跨越暖温带和温带。植被区划上属于华北暖温带落叶阔叶林、森林草原区，主要植被为落叶阔叶林和草原。森林有落叶阔叶林、针阔混交林，天然森林残存于境内主要高山之中，余以次生植被为主。草原有森林草原、干草原和荒漠草原。其余地带则为大范围的农田和人类生活环境。

在这一区域生活着大量野生动物，山区主要有熊、豹、野猪、狼、豹猫、松鼠、鹿、麝、貂等兽类，平原地区有狐狸、獾、黄鼬、兔等，以及各种啮齿类动物，此外山地和平原都有各种飞禽。动物分布与各种自然要素——地貌、气候、植被、水文、土壤等有着不可分割的关系，其中尤以植被为重要。植被为野生动物提供隐蔽条件，又是动物直接或间接的食料。当食物丰富、种群规模不大、生境较好的状态下，野生动物主要在其栖息地内自由活动，一般对人的生活影响不大。反之，则不断出入农耕区，影响人的生产、生活乃至生命安全。

（一）根据地的灾荒与生态危机

自抗日战争以来，各大根据地除了应对战争危机，还要面对在自然灾害和战争共同作用下的生态危机。一方面，生态环境退化，自然灾害频发且烈度大。李明珠认为，古代的华北地区由于有大量的河流、湖泊、灌溉水源十分丰富，但是经过几个世纪的人类居住和农业生产活动，以及专项工程的建设，这个广阔地域的生态平衡遭到了严重的破坏。作为人类最早持续定居的地区之一，华北很可能经历了最为严重的环境退化过程。[①] 另一方面，为支持战争、维持生产，各大根据地通过开荒、生产，扩大农业

---

① ［美］李明珠：《华北的饥荒：国家、市场与环境退化（1690—1949）》，第 1 页。

生产规模，从而也加剧了自然植被的大规模减少和破坏。

如第一章所示，全面抗战以来，各根据地旱灾、水灾、虫灾等各种自然灾害接踵而来，再加日军蹂躏，可谓祸不单行。在晋冀鲁豫边区，1939年冀南发生大水灾，1942年秋至1943年又发生大旱灾。1944、1945年全边区又爆发大蝗灾。晋察冀边区，1939年遭遇大水灾，全区17万顷田亩被毁。1942年冀西大旱，受灾39个县，灾民18万。1943年完县、曲阳连旱。1944年滹沱河、永定河下游发生水灾，灾民140万，同时46个县发生蝗灾。1945年，晋察冀边区水灾、旱灾、雹灾、虫灾并发，冀东100万亩土地没有收成，灾民50万，阜平全县10万人口，灾民达2.3万。[①] 再看山东根据地。1942年入夏不久，鲁南区和泰山区因"天气亢旱，禾苗枯槁，几濒于死，且旱区广阔，救济困难，敌人抢粮又极凶残，因之粮价飞涨，人心不安"[②]。1943年夏秋时，清河区也因没有降水而普遍歉收，1943年冬天和1944年春天延续的干旱，使得麦苗枯萎，麦收很不如意，敌占区难民又蜂拥而来，到处蔓延着令人焦灼的荒情。1945年，山东根据地的部分地区仍然干热逼人。胶东地区的东海区入春以来连续半年滴雨未下，北海区的沿海地区几乎颗粒无收，其他地区的麦收也只有正常年景的一半。[③]所谓"八年抗战，四年灾荒"正是全面抗战期间华北各大根据地灾情的真实写照。

进入解放战争时期，自然灾害仍然未远离各大根据地。1947—1948年春，晋绥边区发生了数十年未有的旱灾。旱荒等导致晋绥边区普遍歉收，造成数十年来未有的灾荒。[④] 晋冀鲁豫边区太行区由于1947年春"普遍天

①　魏宏运主编：《抗日战争时期晋察冀边区财政经济史资料选编》第2编《农业》，第736页。
②　《山东省战时工作推行委员会关于救济旱灾预防粮荒的指示》（1942年7月18日），山东社会科学院历史研究所：《山东革命历史档案资料选编》第8辑，济南：山东人民出版社，1983年，第430页。
③　苑书耸：《山东抗日根据地的灾荒与救济》，《中国石油大学学报（社会科学版）》2012年第4期。
④　王方中：《解放战争时期西北、华北五大解放区的农业生产》，《中国经济史研究》2010年第2期。

旱及一年中间在某些地区雹、水、虫、风、霜等自然灾害的袭击，再加上蒋、阎匪军对我豫北、白晋、正太沿线长期劫夺烧杀的敌灾"，1948 年边区出现了十分严重的灾荒。全区 26 个县共有灾民 73 万余人，其中最严重的达 30 多万人。30 余万之灾民普遍出卖衣、牲口、农具等物资，吃草根树皮，甚至吃死猫肉、观音土充饥，逃荒乞讨。边（区）游（击）地区的土地荒芜，1947 年约计在 25%～50%以上。① 1948 年以来，华北解放区水灾、旱灾、虫灾、雹灾、瘟疫、兽害不断发生，全区秋收萎缩严重："冀南六成，冀鲁豫六成，冀中六成至七成，北岳、太岳各七成，太行无具体数字作依据，估计约在五成至六成，全年华北区平均六成半年景。"② 1949年春，华北解放区灾民达两百万以上。③

　　自然灾害的发生，除了如第一章所述有自然气候变化原因，主要与战争环境有关。连年战争也给华北根据地农耕区带来极大破坏，各地"兵灾"严重。抗战期间，晋冀鲁豫根据地一直处于敌伪顽的包围之中。进入相持阶段之后，日寇更是把进攻重点转向敌后抗日根据地。从 1939 年到1942 年，敌人对根据地的大小"扫荡"达 540 多次。千人至万人的"扫荡"有 132 次，万人至 7 万人的"扫荡"达 27 次。④ 在晋察冀边区，1941年和 1943 年，日军对北岳区的两次秋季"扫荡"，即屠杀边区军民 1.1 万余人，抓走劳工 2 万余人，烧毁民房近 30 万间，庄稼 5 万余亩，抢走粮食10 万石，棉花 1.2 万多斤，牲畜家畜 20 多万头，毁坏农具数十万件，使军民罹病者 10 万余人。⑤ 残酷的"扫荡"和"三光"政策，使根据地的

---

　　① 史敬棠等：《中国农业合作化运动史料（上册）》，北京：生活·读书·新知三联书店，1957 年，第 968～969 页。

　　② 中央档案馆等编：《晋察冀解放区历史文献选编（1945—1949)》，北京：中国档案出版社，1998 年，第 522 页。

　　③ 华北解放区财政经济史资料选编编辑组等编：《华北解放区财政经济史资料选编》第 1辑，第 1079 页。

　　④ 齐武：《一个革命根据地的成长：抗日战争和解放战争时期的晋冀鲁豫边区概况》，北京：人民出版社，1957 年，第 61～62 页。

　　⑤ 谢忠厚、肖银成主编：《晋察冀抗日根据地史》，北京：改革出版社，1992 年，第 398 页。

广大农村"从平原到山地，没有不被摧毁的村庄，没有不被抢掠的村庄"。① 人民赖以生存的物质条件几被摧毁殆尽，有生力量锐减，元气大伤，抵御自然灾害的能力大大降低，这就使连年的灾荒更加严重，情况异常恶劣。②

战争环境下的人为因素同样加剧、促成了灾害的发生。1942 年大旱之后，冀南地区又复洪涝，"敌人乘机于大名、馆陶、临清、曲周等处决堤"，一时河水加剧泛滥。③ 解放战争时期华北根据地各地水灾的发生，首先是因"连年战争，河堤失修，兽穴水眼，多处未补，河道淤塞，水流不畅"。其次，敌人"或明或暗破坏河堤"。最后，灾害发生后，为了生存，人对自然资源过度索取，更加剧了生态危机。在山区，为"山地开荒、伐林，林山变成秃山，不能防风蓄水，山水易发"。④ 平原地区水灾除了因夏季洪水影响，其直接原因是"自然环境破坏，如森林砍伐、滥垦山地，蓄水湖泊的淤塞等"。⑤

（二）生态危机背景下的野兽活动

自然灾害频发主导下各根据地的生态危机对人与野生动物的生存环境都造成了严重影响，最终引发人与野生动物关系的紧张。首先，自然灾害频发，野生动物食物链易于断裂，为获取食物，野生动物频繁出入农耕区，造成人畜伤亡、庄稼减产。其次，各大根据地为了生存、发展，开展的以农业生产为中心的生产运动必不可免地压缩了自然生态系统的空间。大规模的生产开荒也使得自然生态系统日益碎片化和简单化，这使得自然生态系统与农业生态系统的"耦合"程度加大，人与动物接触的

---

① 河南省财政厅等编：《晋冀鲁豫抗日根据地财经史料选编（河南部分，1）》，第 650 页。
② 高冬梅：《抗日根据地救灾工作述论》，《抗日战争研究》2002 年第 3 期。
③ 《冀南军民怎样战胜灾荒》，《解放日报》1944 年 11 月 24 日，第 3 版。
④ 《中共中央华北局关于灾害情况与救灾经验向中央的报告（1948 年 9 月）》，中央档案馆等编：《晋察冀解放区历史文献选编（1945—1949）》，第 522 页。
⑤ 齐武：《一个革命根据地的成长：抗日战争和解放战争时期的晋冀鲁豫边区概况》，第 157 页。

边界量增加，从而给狼、野猪等边际物种频繁出入农耕区以获取食物提供更多的机会，这就必不可免地引发人与野生动物关系的紧张。最后，自然灾害和战争破坏又在一定时期、不同地区造成了人的死亡、逃荒，引发田地荒芜，一些地区出现了"乱草比人高，野兽成群"的"人退兽进"局面。①

华北四大根据地兽害频繁发生，以狼灾最为严重，其次是野猪、獾、松鼠等对庄稼的损害。1943 年，豫北地区普遍遭受旱灾，狼灾肆虐。博爱山区土地荒芜，庄稼绝收，乡民以树叶、树皮、野果，甚至"观音土"充饥。因荒旱严重，山区十室九空，"一棵棵桑榆只剩下白光光的树干。坑上、地下、村边、路旁，处处都是死尸"。②博爱、沁阳北与晋城东组成的三角区域因荒旱、瘟疫和日伪军的战祸成了敌人占领的"无人区"，民众死亡遍地，野兽横行。当年十月，太行军区第三军区第七团挺进当地后一面组织群众大搞生产自救，抢种冬小麦，力争使灾民摆脱来年的饥荒；另一面，为了群众的生命安全，军民共同组织了"打狼队"，挖陷阱、造土枪，开展大规模的打狼运动，一直持续至 1944 年春。③

到了解放战争时期，豫北狼灾更重。1947 年夏，济源县全县被狼吃掉、咬伤的群众达 2000 余人。1948 年夏收开始济源县仅二区就被狼吃掉24 人，咬伤 47 人。狼害严重威胁着人们的生命安全，影响了农业生产。6月 2 日，济源县委号召铲除狼害，张贴布告进行悬赏：打死"驴头虫"（狼的一种）一只，奖小麦一石；打死大狼一只，奖麦五斗；打死小狼一只，奖麦一斗。此后，各区先后组织起打狼小组，经过捉打，逐渐解除了

---

① 《在敌人疯狂进攻和严重天灾侵袭下敌后抗日根据地国民经济惨遭破坏——以晋察冀和晋冀鲁豫为例》，《中共党史参考资料》第 9 册，中国人民解放军政治学院党史研究室，1979 年，第62 页。

② 杜金萍：《"太行山上闹嚷嚷军民生产忙"——记 1943 年党领导山区开展生产救灾》，《博爱文史资料（第 4 辑）》，政协河南省博爱县文史资料征集研究委员会，1989 年，第 20~22 页。

③ 卫振铎：《挺进"无人区"》，赵政民总编：《山西文史资料全编（第 4 卷）》，《山西文史资料》编辑部，1998 年，第 166 页。

狼的威胁。自全面抗日战争以来济源"人民生灵涂炭，饿殍遍地，田园荒芜，致使狼害发展严重"①。

在晋冀鲁豫解放区冀南区涉县，1947年6月以来全县各地狼患日益增多，狼"经常成群结队出现在山坡田野之间，严重危及妇女儿童的生命安全，狼吃儿童事件时有发生"。②1948年夏，安阳解放区不少地方出现了狼咬伤人和吃人的事件。"马家乡岭头村村民、自卫军队员连续遭到狼的袭击。瓦缸沟两个小女孩在瓜地干活，被饿狼将其中一个扑倒在地，咬死并吃了起来。鹤壁煤矿工人夜里下班回家，四人中一人被狼扑倒，后被狼群吃掉。浚县郭庄一农妇两个多月的男孩夜间被狼叼走。"③1949年以来，太行区壶关县西区狼患严重，"各村被狼咬伤、咬死、吃了的小孩子不少。高岸上村靳保成的八岁小女，被狼吃了，南沟村有个十四岁的放羊孩子，也被狼吃了，崔家庄、大会等村也有类此情况"④。当地狼患严重，但部分山村迷信盛行，村民"献供山神"，以期减缓狼患。壶关县政府特组织群众打狼，一面揭发各村迷信现象，一面积极发动干部组织群众打狼。长治市境内狼狐猖獗，不仅吃小孩，而且"到处吃小猪吃鸡子"，为害甚大。⑤狼甚至出入长治市内潞安医院，当地狼患可见一斑。⑥

野生动物的异常活动与干旱等自然灾害有着密切的关联，而在华北根据地时期旱灾的发生频率最大，对生态系统的破坏力最强、总的持续时间又最长。如1942年至1943年，华北地区发生"百年未见"的奇旱，重灾的晋冀鲁豫和晋察冀边区的冀西、冀中地区，由春至秋，赤日炎炎，苗枯禾干。冀南从1942年春到1943年8月，"从来没有落

①　《中共济源党史资料选编》第3集《解放战争时期》，中共济源市委党史征编委办公室，1989年，第270页。

②　涉县档案馆编：《涉县大事记（1937—1989）》，涉县档案馆，1987年，第48页。

③　王怀筠：《解放区组织民兵打豺狼》，《安阳县文史资料》第7辑，（内部资料）1992年，第172~173页。

④　《壶关四区组织打狼》，《人民日报》1949年4月16日，第2版。

⑤　《组织打狼》，《长市导报》1949年4月9日，第2版。

⑥　《杜云忠打狼受奖励》，《长市导报》1949年10月26日，第1版。

过雨"，884 万亩的良田，"成了一片赤地"。① 1943 年灾情、荒情更加严重。5 月 20 日《申报》报道，"华北各省久旱成灾，灾民众多，惨况空前"，"华北灾区，包括河北、河南、山东、山西四省之一部分，以全面积计算，四省人口约一万万之中，灾民至少占三分之一"。② 据晋冀鲁豫边区政府的不完全统计，1942—1943 年的大旱灾，农业收成只达常年产量的二至四成。③

由于食物奇缺，野生动物也发生"饥荒"。抗日力量在冀南地区夜间行军时常看到老鼠像"波浪一般滚滚移动"，转移就食。④ 而旱灾之后大型哺乳动物的异常活动则成了严重的灾害。1942—1943 年的大旱灾期间，晋冀鲁豫边区爆发"狼灾"，野狼"成群结队，不仅进村啃吃死人，还吃活人"，百姓"谈狼色变"，甚至有的村庄出现"夜惊"，半夜"大人小孩从梦中起来大喊'撵狼'"。边区军政人员除了救灾，还要"组织群众打狼、躲狼，和恶狼作斗争"。⑤ 1947 年晋冀鲁豫边区因春夏苦旱，"大部地区是夏秋两季歉收"。进入 1948 年，太行、太岳、冀南、冀鲁豫等分区因旱灾造成严重春荒，灾民不下 400 万，总计全区"天灾敌祸下之灾胞约有七分之一的人口"。⑥ 在此背景下，各地兽害又普遍发生，如太岳区狼、野猪为害严重：

> 二分区翼城二、三区靠山村庄，山猪吃庄稼很多，沁水三区山猪吃庄稼（山药旦）五十多亩，獾子各区都有，一、二、三区较厉

① 《冀南军民怎样战胜灾荒》，《解放日报》1944 年 11 月 24 日，第 3 版。
② 《刻不容缓的华北赈灾》社评，《申报》1943 年 5 月 20 日。
③ 赵秀山主编，星光等撰稿：《抗日战争时期晋冀鲁豫边区财政经济史》，北京：中国财政经济出版社，1995 年，第 167 页。
④ 齐武：《一个革命根据地的成长：抗日战争和解放战争时期的晋冀鲁豫边区概况》，第 164 页。
⑤ 卢效科：《太行第八军分区的开创及其贡献》，中共焦作市委党史资料征编委员会办公室编：《焦作抗日烽火：纪念抗日战争胜利四十周年》，1985 年，第 126 页。
⑥ 《边府号召全区同胞一齐动手生产渡荒》，《人民日报》1948 年 4 月 16 日，第 1 版。

害。又一分区之沁源、沁县、安泽，四分区济源，二分区浮山、沁
水等县，狼伤人很厉害。如浮山四区钻天沟，今年一月至今被吃二
十一人，五区龙王沟被吃七十四人，一二人不敢上地，据统计全区
先后被狼咬死者共四百二十四人，阳城西山村一夜被咬死羊四十
二只。[①]

这就表明，频发的旱灾和长期的战争环境使得各大根据地面临严重的
生态危机，突出表现即为人与野生动物都面临着生存考验，自然生态系统
自我调整能力下降，植被等易遭破坏，导致生态系统食物链频遭断裂，人
与野生动物等消费者缺乏食物而死亡或异常活动。野生动物由自然生态系
统频繁进入农业生态系统以获取食物，而人类为了生存也不断加大对自然
生态系统的索取力度，以获取生存所需的资源如野生动物、林木、土地
等，这又进一步加剧了生态危机。

大量而频繁的野兽活动严重影响了灾荒发生后"余留"的人的生产、
生活和生命安全。于是，依靠党和政府领导、民众支持，以保护生产、生
命的消灭害兽为目标的除害兽运动在各根据地推行开来，这也使得人在灾
荒背景下的生态系统中逐渐占据主导地位。

二、除害、生产与练兵：抗日战争时期的除害兽运动

自全面抗战以来，华北四大根据地除害兽运动逐步开展。这一时期
除害兽运动主要有两个目的和特点：一是除害兽与保护生产。首先，频
发的兽害威胁着民众生产、生活和生命安全，"除害"是除害兽运动最
本质和最直接的目的。其次，在天灾和敌祸的双重压力下，保障农业生
产、获取更多的实物是生存下去的根本任务。除害兽是保障农业生产的
重要举措。二是生产与练兵。首先，抗日战争的持续性和艰巨性，给

---

① 《中共中央华北局关于灾害情况与抗灾经验向中央的报告（1948 年 9 月）》，《晋察冀解放
区历史文献选编（1945—1949）》，第 521 页。

华北各大根据地军民带来了生存挑战，除害兽能获取野兽皮肉，也就成为一项生产内容，被认为支持了抗战。其次，由于中国共产党在抗日战争中主要采取游击战，小规模的游击力量在华北根据地发挥突出作用，除害兽运动又与游击队练兵结合起来，成为锻炼游击队员军事素养的一种手段。

（一）除害兽与保护生产

四大根据地"除害"的对象主要有狼、野猪、狐狸、獾、松鼠、黄鼠、兔等，狼不仅伤害家畜而且危及人的生命，其他野生动物则主要为害农业生产。此外，一些在食物短缺时期吃庄稼的鸟类如麻雀、鸽子、斑鸠、乌鸦等也被视为农业生产的威胁。[①] 因此，在频繁的天灾、敌祸环境下，捕杀害兽、害鸟成为华北根据地军民战胜天灾的重要方式[②]，除害兽成为保护人畜生命、农业生产及减少农业损失的重要手段。

1. 民兵与英雄

各地民兵主要来自地方上身手敏捷、敢于斗争的群众，尤其是山区猎手最易成为民兵。由于枪法精湛，这类民兵在抗战时期又成为除害兽的先锋。晋绥边区主要地区以吕梁山脉为依托，"山林很多，群众庄稼被山猪糟踏的非常厉害，有时几十垧谷禾，一夜之间就被咬完。民兵群众为了保护田禾，各地产生了很多打山合作、照山合作等"。[③] 太行区以太行山南段为依托，境内野生动物广泛分布，但狼、松鼠、獾、兔等对人畜、庄稼危害严重。如松鼠"盗食成熟之玉茭山芋等庄稼，每只每年能毁粮食达四五斗之多"，平顺县民兵成立了土枪组、打狼队，开展了用土枪打狼打松鼠运动。[④]

那些敢于向猛兽"宣战"、与猛兽搏斗的猎手或村干部成为除害兽运

---

① 刘邦安：《消灭害鸟》，《解放日报》1945 年 4 月 7 日，第 2 版。
② 《八年来晋察冀怎样战胜了敌祸天灾》，《北方文化》第 2 卷第 3 期，1946 年 7 月 1 日。
③ 《一年来劳武结合的新发展》（1944 年 12 月），中共吕梁地委党史资料征集办公室：《晋绥根据地资料选编》第 4 集，1984 年，第 175 页。
④ 《练武自学保护生产平顺民兵打狼打松鼠》，《解放日报》1945 年 8 月 10 日，第 2 版。

动的英雄，受到政府、人民的推重。晋察冀边区怀安县俞昌在其女儿于
1941 年被狼叼走后便立志除狼，20 多年间转战河北、内蒙古、山西一带，
培养徒弟 5400 多名，消灭狼 567 只，豹子、野猪、狐狸等 3 万多只，从狼
口中救出 7 人，新中国成立时还受到毛泽东接见。① 晋冀鲁豫太行区第二
专员公署昔阳县白羊峪村政治主任，在解放战争期间带领群众把消灭山害
作为增产的主要措施之一，以土枪手为骨干，组织起 17 人的打山组，基本
消灭了山害。②

2. 发动群众除害兽、害鸟

猎手或打山组毕竟属于广大根据地军民中的少数，其打山行为总体上
属于小规模的除害行为。前文已述，1940 年以来华北各大根据地灾荒不
断，加之日寇"扫荡"，各根据地面临严重的生存困境。与之同时，各地
兽害也频繁发生。于是，在各根据地政府领导下，大规模的群众性除害兽
运动被发动起来。

在山东抗日根据地，1940 年旱情严重，胶东各抗日政权号召广大群众
抗旱防灾，除害兽成为保障农业生产、降低灾害的重要举措。旱灾期间，
害鸟、害兽被认为严重影响了正常的粮食生产。为保障粮食增产，1941 年
来，在开荒之外，胶东抗日根据地又发动群众捕捉害兽 5 万余只、害鸟 6
万余只，减少了农业损失。③ 其中，文登县捕捉害鸟 5697 只、害兽 8096
只；荣成县捕捉害鸟 28285 只、害兽 832 只；牟海县捉害鸟 542 只，捕害
兽 501 只。④ 1941—1942 年，胶东抗日根据地各区捕捉害兽总数达 1529887
只（见表 7-4）。

---

① 《河北市县概况（上）》，河北省地方志编纂委员会，1986 年，第 643 页。

② 史文寿、凌三苟主编：《昔阳县志》，北京：中华书局，1999 年，第 954 页。

③ 李伟：《胶东抗战：新民主主义革命实践的楷模》，《胶东文化与海上丝绸之路论文集》，济南：山东人民出版社，2016 年，第 331 页。

④ 杨焕鹏：《微观视野中的胶东抗日根据地研究》，北京：学习出版社，2017 年，第 196 页。

表7-4　1941—1942年胶东抗日根据地各区捕捉害兽不完全统计（单位：只）

年　份	东　海	北　海	西　海	南　海	合　计
1941	2534	143610	184921	2628	333693
1942	20131	1170040	6023		1196194
总　计	22665	1313650	190944	2628	1529887
备　注	1942年西海、南海区是半年数字				

资料来源：《胶东区1938年至1942年五年来财政经济建设工作总结（上）》，山东省档案馆藏档案，档案号31-1-28-1，转引自杨焕鹏《微观视野中的胶东抗日根据地研究》，第197页。

表7-5反映了晋察冀边区在1944—1946年间发动群众捕杀害兽、害鸟的情况，运动所获逐年递增。其中，1945年是边区水旱、虫灾、兽害比较严重的一年，春天久旱不雨，秋天雨涝成灾，边区军民采取各种方式与灾荒斗争。在自然灾害严重和反攻大进军的艰难环境下，捕害兽等均取得很大成绩，降低了灾荒损失。[1] 边区第二专区从消灭各种害虫、害兽上估计可增产粮食488.8石。[2]

表7-5　晋察冀边区1944—1946年捕杀害禽害兽成绩统计（单位：只）

年　限	地　区	害禽（只）	害兽（只）	备　考
1944	两个分区十四个县	819	76667	两个分区与另十四个县
1945	一个分区十六个县	214950	149982	

---

[1] 《晋察冀边区行政委员会召开财经会议》，《革命根据地经济史料选编（下）》，南昌：江西人民出版社，1986年，第24页。

[2] 《一九四五年冀晋区生产会议总结报告》（1946年2月），魏宏运主编：《晋察冀抗日根据地财政经济史稿》，第331页。

（续表）

年　限	地　区	害禽（只）	害兽（只）	备　考
1946	九个县	221217	187659	其中有 48722 只禽兽掺混在一起，作平分计算
	合　计	436986	414308	

资料来源：华北人民政府农业部编《华北农业生产统计资料（1）》，第 126 页。

需要指出的是，群众性除害兽运动在实施过程中有了"分工"——成年劳力主要驱除大型兽类，而小型动物如鸟类、昆虫、啮齿类动物则通过儿童去驱逐、捕获。抗战时期，华北根据地一些地区的抗日儿童团被组织起来经常开展除三害（害鸟、害虫、害兽）活动。一些地区对小学生进行"生产教育"，小学生也被发动起来除害兽、害鸟，生产成绩也很"可观"。例如，晋察冀边区盂阳县李庄小学生在政府号召除害虫、害鸟、害兽时，"十天就捉了十四斤花媳妇（瓢虫），两个月内打死了 180 只鼠。行唐县小劳动英雄牛国材一个人就用江米醉鸽子 650 只，用油条诱捕老鼠 730 只"[①]。唐县儿童自 1938 年至 1941 年 6 月，捉害鸟 64090 只，捕老鼠 101543 斤。[②]

（二）除害兽：生产与练兵的重要手段

1. 生产品展览

应该说，在华北抗日根据地各政府的认识中，除害兽本身就是一种生产行为，一方面除害兽主要是以保障农业生产为根本目的的，它伴随着农业生产的过程，甚至是农业生产的一项内容；另一方面，除害兽所获取的

---

① 刘松涛：《华北抗日根据地小学的生产劳动教育》，《老解放区教育工作经验片断》第 1 辑，上海：上海教育出版社，1958 年，第 82～83 页。

② 《五年来的边区儿童》，李雪丽、吕奇志编著：《烽火少年》，太原：山西人民出版社，2005 年，第 204 页。

野兽皮毛、肉也是支持抗战的重要产品。

这种认知的直接体现是根据地政府通过举行群英大会和生产品展览会来表彰那些在战斗、生产过程中做出突出贡献的英雄，以及检阅各地工农业、手工业生产的成绩。各类英雄所获取或制造的生产品在展览会上予以展示，以起到宣传和激发广大民众进一步投入生产的作用，而除害兽成绩则是一项重要展示内容。1944 年 12 月 20 日至 1945 年 1 月 30 日，晋察冀边区举行了盛况空前的第二届群英大会。[①] 边区行政委员会指出，展览会的内容以生产为第一位，但不是单纯的生产品展览，而是围绕着战争、生产、教育三大中心任务的各项工作展览。其中，农业生产品展览的对象有"作物病虫害、害鸟、害兽（白发病、黄疸、黑疸、花媳妇、蝼蛄、稻蚕、稻包虫、枣步曲、蝗螟、狼、狐、獾等），捕杀害虫、害鸟、害兽的用具和药剂（包括各地使用著有成效的杀死害虫、害鸟、害兽的土药剂和工具）"[②]。1945 年 1 月，晋察冀边区又举行首届战斗生产展览会。展览会设有野兽馆，主要展示各地军民除害兽运动中所获的物品。《晋察冀日报》记者参观展览会后指出："盂平除害兽成绩最大，计打死：豹二只、狼十二只、狐狸十四只、兔二百余、狐狸、松鼠等两万零九百多。除害兽造成了群众运动。"[③]

2. 劳武结合：生产与练兵

在敌后抗战中，根据地建设主要有两件大事要抓：战斗和生产。战争要保卫生产，生产又要支持战争。1943 年 9 月召开的晋绥边区群众工作会议上，林枫提出了劳力与武力相结合的方针，确定民兵活动必须以不脱离生产为原则，即劳武结合。[④] 除害兽是民兵生产的重要内容，但清除大型

---

① 谢忠厚、肖银成主编：《晋察冀抗日根据地史》，第 534 页。

② 《晋察冀边区行政委员会关于召开第二届群英大会及生产品展览会的决定》，武衡主编：《抗日战争时期解放区科学技术发展史资料》第 3 辑，北京：中国学术出版社，1984 年，第 59 页。

③ 《检阅战斗生产胜利成果边区举行首届展览会》，《晋察冀日报》1945 年 2 月 17 日，第 2、4 版。

④ 吕正操：《吕正操回忆录》，北京：解放军出版社，2007 年，第 334~335 页。

野兽不仅需要胆量，也需要技艺——对野兽习性的了解和精湛的射击技术，于是各地民兵利用除害兽来进行射击和体能的训练，将生产与练兵结合起来。

在晋察冀边区，曲阳县民兵团长李殿冰带领群众将生产与战斗结合起来，利用土枪打猎，驱除害兽、害鸟，被认为不仅保护生产、增加了收入，又提高了民兵的射击技术。① 晋冀鲁豫边区太行区各地民兵则将打狼与生产、练兵结合起来，根据自愿原则展开了练武自学运动，以提高射击和投弹技术。平顺县三、四区的打狼队、打圪狖②队，全年打狼 2 只、小狼 15 只、松鼠 2352 只、兔子 31 只、害鸟 258 只。群众认为："民兵自学就是好，给咱保住了庄稼果木。"全县民兵在练武自学中，普遍开展用土枪打狼、打松鼠运动，至 8 月 10 日，已打死松鼠 642 只、害鸟 250 余只、狼 17 只，"兔子及其他损害庄稼的野兽甚多"。③

晋绥边区山林广大，各地民兵根据地方具体情况结合除害兽运动来积极贯彻边区劳武结合的方针。边区一些地方野猪祸害庄稼，群众叫它"二日本"。一些民兵组织"打山合作社""打山队"开展生产与练兵活动。在当时看来，这种做法除掉经济上的利益，"更加重要的是民兵在打山猪的过程中练了兵，提高了射击技术"④。

我们可以通过交城县段兴玉和韩凤珠的事例来看晋绥边区劳武结合方针在地方上的具体实施情况。段兴玉和韩凤珠都组织了打山合作社，在抗战时期是边区劳武结合的典型代表。韩凤珠 14 岁学习打山，18 岁加入"打山班子"以维持生活，掌握了打猎要领。1944 年，韩凤珠领导的十二人民兵打山合作社，在两个月内"打麝香四付，金钱豹一个，山猪八口和

---

① 朱云生：《生产与战斗结合李殿冰有许多新创造》，《晋察冀日报》1944 年 5 月 11 日，第 1 版。

② 圪狖，又称貉羚、狢狖，为山西、河北一些地方民众对松鼠的称呼。

③ 《练武自学保护生产平顺民兵打狼打松鼠》，《解放日报》1945 年 8 月 10 日，第 2 版。

④ 吕正操：《吕正操回忆录》，第 340 页。

其它零星猎获，共值五十万元"。① 1945 年，边区政府认为韩凤珠的打山合作社"消灭了山猪又练了兵，增加了收入，值得大加提倡"。②

段兴玉更为著名。段兴玉出生于猎户家庭，长期的狩猎生活使他掌握了优良的射击技术。"1940 年，新政权建立，他当了主任代表"，后又作为民兵英雄被推荐参加晋绥边区第四界群英大会。作为优秀的民兵指挥员，段兴玉也善于组织生产。1943 年，边区"山猪特别多，践踏的庄稼很厉害"。段兴玉所在的晋西北八分区"每年遭害庄稼达百分之廿"。③ 在保卫生产的口号下，他提出"敌人来了突击敌人，敌人不来突击山猪"的口号，随后组织成立了打山合作社。打山产品的分配和合作社的组织方式如下：

> 打下山猪大家分，参加打山队的可多分一点，因为他们费鞋袜。同时，为了节省劳力，扩大生产，打山合作社的人，并不出去天天打山，只有一个人专门在早晨上坡踩踪，踩着了，让打山的去打，踩坡和打山的都是变工队内记工。④

至 1944 年 12 月，段兴玉领导的打山合作社"已打下十二只大山猪，卖了六只，用这钱买了两头毛驴，三只母猪，组织冬季生产合作社"⑤。冬季生产合作社分为运输队、豆腐坊、打山队、砍山队，"分红办法是：打山队和砍山队一样，运输队和豆腐坊一样，前者分六份，后者分四份。打山队打不着东西时，每天给豆腐坊背回柴来，柴太多了，把砍山队砍下的橡子扛回来"⑥。这样，段兴玉成了打山生产的卓越领导者和组织者。

---

① 《一年来劳武结合的新发展》，《晋绥根据地资料选编》第 4 集，第 175 页。
② 《晋绥解放区民兵建设胜利和发展》（1945 年 8 月 8 日），中共吕梁地委党史资料征集办公室：《晋绥根据地资料选编》第 2 集，1983 年，第 71 页。
③ 《晋西北八分区防止野兽糟害庄稼段兴玉组织群众打山猪》，《解放日报》1944 年 11 月 1日，第 2 版。
④ 孙谦：《卓越的民兵指挥员——段兴玉》，《晋绥根据地资料选编》第 4 集，第 208 页。
⑤ 吕正操：《吕正操回忆录》，第 340 页。
⑥ 孙谦：《卓越的民兵指挥员——段兴玉》，《晋绥根据地资料选编》第 4 辑，第 208 页。

另一方面，为贯彻劳武结合的方针，段兴玉还将打山与练兵结合起来。民兵与地方群众联系紧密，加之对地理、民情了解深入，在群众工作中能发挥有效的推动作用。段兴玉善于"把群众日常要求，逐渐引导到战争要求上。如他对全村大练兵的发动，开始时并不热烈，他从打山猪保卫庄稼、吃猪肉来引导，发动民兵练兵瞄准"。[①]"冯家庄、康家社的山猪闹得很凶"，段兴玉启发两个村庄的民兵"学瞄准"，给他们画下山猪并涂上弹着点，讲解瞄准的方法和原理。段兴玉领导民兵通过打山猪来练习瞄准，"下死功夫"，提出"一日一练一日工，一日不练十日空"的口号，还发动了村与村、个人与个人之间的竞赛。[②] 组织打山合作社的主要目的本来是为了打野兽，保护田禾，但因为收入可观，也可以作为民兵生产的一种好办法，这种合作社被认为是练兵打敌人的很好形式。

三、以生产为中心：解放战争时期的除害兽运动

解放战争时期，各大根据地灾荒更趋严重，各地兽害频发。由于革命对象转变、运动战取代了游击战，这一时期除害兽运动不再强调对民兵的军事训练，而是以生产为中心，以保护生产、扩大生产、支持解放战争为根本目的。其主要特点有三个方面：首先，政府提倡除害兽以保护农业生产，通过发动民兵、群众和宣传除害英雄以推动除害兽运动。其次，除害兽也是一种生产活动，是冬季副业生产、防止来年春荒的重要手段。最后，为更大规模地保护农业生产，华北各解放区政府颁布了明确的奖励办法，并开展围山打猎运动，以及注重推广和交流除害经验、技术。

（一）除害兽与保护生产

1. 继续发动民兵、群众除害

解放战争以来，华北解放区各地掀起多打粮食、战胜灾荒的运动。以保护生产、渡过灾荒为中心，各地继续推进除害兽运动，从山地到平原全

---

① 《民兵英雄段兴玉路玉小发展了劳武结合》，《抗战日报》1944年12月17日，第1版。

② 孙谦：《卓越的民兵指挥员——段兴玉》，《晋绥根据地资料选编》第4集，第209页。

面推行。山地以大型兽类豹、狼、野猪为除害对象，平原地区则以清除飞鸟和小型动物如狐狸、獾、兔、鼠等为主。

　　在山区，晋察冀边区盂县五区池盆水村半月打住"扫猫"388 个、"搬仓鼠"48 个、松鼠284 个、野猪 1 只，"计算约能少糟害粮食十四石"。大水头村 42 个儿童打麻雀 34 个。徐峪、腰道湾民兵将打猎与练武结合，"打山猪两口、狼三只"。曲阳县长兴村靠近山林，野猪常糟蹋庄稼，仅1946 年就有山药八十亩、谷五亩、玉米四亩、豆类二十余亩被糟蹋。该村召开群众大会，决心打野猪，半月中打死山猪 17 只。群众说："除了害不说，还能赚下粮食卖下白洋，比种五十亩地都强，真是一举两得的好事。"① 晋冀鲁豫邢台西部村庄为了保护人畜和庄稼，"把民兵组织起来打狼九个，狐子二十六个，獾十八个，狢狲五百六十九个。算起来，共避免损失粮食七十二石多"②。解放战争后期，各地工作的重点主要是支持战争、赢得战争。上级部门给地方民兵的指示是"努力生产，维护交通，积极支援全国战争"，而山区民兵努力生产的重要内容就是"打狼、打獾、打野猪"。③ 晋绥边区则发出"打山护粮"的号召，"各地群众开展打猎，并涌现'打山英雄'"。④

　　平原地区以小型动物、飞禽对农业生产危害最大，各地继续发动儿童除害兽、害鸟。冀中深泽县西北留村的完全小学为纪念"四四"儿童节，于 1948 年 4 月发动小学生"捉害鸟害兽运动"，"在下课以后和黑夜，有的用大老鼠夹子捉老鼠，有的到地里去挖野鼠，有的上树上掏老鸹蛋，有的在黑夜使灯照家雀。三天的工夫就捉了老鼠六十二个，家雀三十八个，雀蛋七个，还得到全村群众夸奖"⑤。一些儿童为响应上级号召，制定了明

---

①　《多打粮食好度荒盂阳掀起除害运动》，《冀晋日报》1947 年 9 月 3 日，第 2 版。

②　席凤洲：《怎样战胜"天"灾》，华北新华书店，1948 年，第 17～18 页。

③　《太岳军区关于人民武装工作的指示》（1949 年 7 月 7 日），山西省史志研究院编：《太岳革命根据地人民武装斗争史料选编》，太原：山西人民出版社，2003 年，第 567～568 页。

④　《晋绥打山护粮》，《新华日报》（华中版）1948 年 5 月 26 日，第 2 版。

⑤　《西北留组织儿童捕捉害鸟害兽》，《冀中导报》1948 年 4 月 15 日，第 3 版。

确的学习、生产、除害鸟计划。学生上午到校学习，下午下地生产除害兽、害鸟。1948 年 2 月，冀中蠡县荆邱小学学生"为生产除害鸟"，上完课分组捅老鸹窝。[①]

同一政区内若兼具山地、平原多种地貌，民众在除害兽运动中会分别确立除害对象。1947 年春季以来，晋察冀曲阳县青联号召全县儿童趁三害（害虫、害鸟、害兽）繁殖活动的季节，开展除三害运动。曲阳山地、平原儿童分别投入到该运动之中，平原儿童捕捉蝼蛄、老鼠、兔子、麻雀、鸽子、老鸹，山地儿童打扫猫。四月，全县统计捉害鸟 27003 只、老鼠 2017 只、蝼蛄 30000 余条、兔子 102 只、扫猫 80 只。盂县五区上社村儿童，五月间共计捅雀窝 452 个。[②]

2. 宣传除害英雄

并非所有的人都敢于向危害人畜、生产的野生动物发起挑战，除害兽一般始于猎户的狩猎行为。在人民战争这一时代洪流影响下，有的猎户因长期致力于打山除害活动，也成为党和政府在除害兽运动中表彰的英雄。在解放战争时期，华北根据地政府不仅注重发动广大群众开展除害兽运动，也积极宣传地方上的打山英雄，推广其除害经验，表彰其除害功绩。

晋绥边区的打山英雄王景成在解放战争时期最为著名，《晋绥日报》《新华日报（华中版）》有多篇文章对其事迹加以报道。通过这些报道我们不仅可以获悉野兽在当时为害农业生产的具体情况，也能考察党和政府对民间猎户及其打山行为的态度。

王景成（又名王金成），隰县水头镇（今交口县城关镇水头村）人，贫农。在抗战之前，王景成依靠开荒和打山猪生活。1933 年，因土枪爆炸伤其手指，停止上山打猎。抗战胜利后隰县解放，尽管政府对其有所帮助，但其生活仍然困难，于是政府又借给他一支枪，让他继续打山。这一方面是为帮助其生活，另一方面则是希望他为民除害。野猪对当地农业的

---

① 《荆邱村小学除害鸟捅了十三个老鸹窝》，《冀中群众报》1948 年 4 月 13 日，第 4 版。
② 《曲阳盂县儿童除三害》，《冀晋日报》1947 年 7 月 19 日，第 2 版。

危害是这样的：

> 这里山猪对老百姓的害处是不可想象的。一个山猪每夜吃不到一斗粮，却要糟踏五斗粮。这里老百姓都说："宁肯缴一百石公粮，也不愿被山猪损害。"水头行政村一共有十六个自然村，就有十个自然村直接受到山猪威胁。王家庄种了二亩地，一黑价就被山猪吃光了。据粗浅统计：每年这个行政村要损失五百余石粮，约占总收入的三分之一。这里老百姓，从春到夏，每晚彻夜不眠，燃火响锣，与山猪作斗争。①

隰县地处吕梁山南麓，农业生产条件并不优越。野猪属于杂食性动物，喜居林地和灌丛，其危害农作物的地点主要在农业生态系统和自然生态系统的交错地带。显然，在抗战之后，野猪取代了日寇成为水头村地方民众的主要威胁。从 1947 年 10 月至 1948 年 2 月，四个月中，王景成打死大小山猪 33 只，2 头豹子，狼和狐狸各 1 只。② 1948 年 3 月，王景成委托隰县土改工作团高鲁、王凤岐二人给晋绥军分区司令员贺龙送去豹皮一张。4 月 18 日，收到贺龙亲自回信。

在战争年代，保护生产，维护人的生命安全，就是支持抗战、支持解放。无论是普通民众还是地方干部，都认为清除野生动物是为民除害。王景成也被称为"打山英雄"。通过贺龙的回信，我们能进一步看到边区领导人对于除害兽的态度和立场。贺龙指出：

> 对当地群众说来，你为大家除了害，立了功，这实在是值得大加

---

① 《贺司令员号召学习打山英雄王景成努力消灭为害群众生产的野兽飞禽害虫》，《晋绥日报》1948 年 4 月 21 日，第 1 版。

② 《贺司令员号召学习打山英雄王景成努力消灭为害群众生产的野兽飞禽害虫》，《晋绥日报》1948 年 4 月 21 日，第 1 版。

表扬的。神枪手或打山英雄对于你确是当之无愧。在咱们边区，野兽对于群众生产的为害的确很大，因此边区行署在最近公布的"农业生产奖励办法"中在副业项内特规定了打山的奖励办法："打山猪一口，奖米一斗（公粮斗），打狼一只，奖米四斗（由各县村粮内开支）。"这就是明白标示打山对于我边区发展生产上具有重大意义，而你在这方面已作了很有价值的贡献。这种贡献对于改善人民生活、支援战争也都是分不开的。①

在当时看来，除害兽能为民除害，也可以保护生产，还是发展生产的重要方式，有改善人民生活、支援战争的作用。因此，无论是地方民众的生产、生活，还是上升到边区的政治、经济、军事层面，除害兽在当时来说都被认为具有重大的现实意义。贺龙进一步强调，军分区支持成立打山合作社，"只要你们成立起来，我即将发给一些枪支持你们，并从各方面支持你们"，"消灭一切危害群众生产的野兽以及一切飞禽和各种害虫"。在此影响下，边区其他地区民众也纷纷效仿，"方山、保德、兴县、崞县等地农民亦积极打山，仅兴县贫农李仁信七天内即打死七只大野猪"。②

（二）除害兽：副业生产与备荒的重要手段

1. 副业生产

为支持战争，农业之外的副业生产也受到各大解放区的重视，打猎、除害兽是重要副业生产手段。晋冀鲁豫解放区太行行署 1947 年 2 月制定了当年农、副、工业生产计划，其中副业生产计划要求各地依据地方特点，开展养蚕、养蜂、采药、打猎等生产活动。③ 一些地区还以除害收入入股合作社。太岳区翼城县张志高合作社领导群众互助合作，专门有打猎组负

---

① 《贺司令员号召学习打山英雄王景成努力消灭为害群众生产的野兽飞禽害虫》，《晋绥日报》1948 年 4 月 21 日，第 1 版。

② 《各地开展打山护粮并涌现打山英雄》，《冀热辽导报》1948 年 5 月 29 日，第 2 版。

③ 《太行太岳订定生产计划争取实现耕三余一》，《人民日报》1947 年 3 月 1 日，第 2 版。

责打猎获取资金入股，帮助群众解决现金缺乏问题："打猎组打了七只山猪五只麋鹿，也来入股给合作社代售，得洋七万元，做了股金。"① 晋绥边区离石县委在 1948 年 5 月关于该县生产的报告中指出，打山是一种副业，"与养蚕、喂鸡、贩草等活动并列"②。

尤其是在冬季种植业生产停顿的时期，各级政府鼓励民众因地制宜地开展其他方面的冬季生产，除害兽成为冬季重要的副业生产活动。晋绥边区大宁县 1948 年 10 月 22 日县、区、村干部、积极分子扩大会议上，详细研究了冬季打山生产问题。会议指出，该县"一、二区山猪很多，可发动和组织群众去打，有干部领导的，政府可借给枪支，打下的肉皮，完全归群众。每只山猪，公家奖小米一斗"③。石楼县二区民兵"韦光兴、贺清礼二人，从九月十三日到十月十二日一个月期间，在该区十里山一带，打死山猪十口，大狼一只。除每口猪政府奖米一大斗，一只狼奖米四大斗外，他们已将三只猪换成一石多玉粮，其余卖了肉，皮子还可卖钱"。政府认为这不但解决了打山者自己的生活问题，而且给群众除了害，"真是一举两得"④。而乡宁、隰县则组织民众打獾，其中乡宁八区 1 个行政村 18 个自然村有 216 人组成了 33 个打獾小组。⑤

2. 备荒

冬季除害兽还有一个重要目的——除害、增收以备春荒。解放战争后期，尽管战争形势逐渐向好，华北各地春荒却不时发生。在灾荒环境下，解放区民众在春季更易青黄不接。1948 年 11 月 10 日，华北人民政府发出关于冬季生产的指示，明确指出各地要进一步有组织地开展冬季生产，预

① 《张志高合作社》，《人民日报》1946 年 6 月 4 日，第 2 版。
② 《离石县委关于生产问题的报告》（1948 年 5 月 10 日），晋绥边区财政经济史编写组等编：《晋绥边区财政经济史资料选编·农业编》，第 624 页。
③ 《大宁冬季生产中发动砍柴割草打山挖药》，《临汾人民报》1948 年 11 月 19 日，第 2 版。
④ 《打山真合算能吃肉能卖钱又给群众除了害》，《临汾人民报》1948 年 11 月 5 日，第 2 版。
⑤ 《打山真合算能吃肉能卖钱又给群众除了害》，《临汾人民报》1948 年 11 月 5 日，第 2 版。

防春荒，副业要因地制宜，山区可实行围山打猎，为民除害。① 晋察冀北岳区各分区生产推进社特制定高价以收购猎物，从而刺激了群众打猎情绪。行唐、阜平、灵寿三县群众，自 1948 年 10 月 25 日至 1949 年 1 月 5 日，用挖陷狼坑、垒石棺子、装狐夹子以及枪射、棒打、狗追等方法，猎取狼 26 只、狐狸 323 只、獾 37 只。所获猎物全部由推进社收购，群众共得米 18880 斤。"这样既消除了兽害，并以其收入解决了春耕期间的困难，避免了春荒威胁。"② 1949 年 2 月，华北人民政府再次号召各地区继续发动群众开展冬季副业生产，防止春荒。③

（三）扩大规模

1. 政府制定奖励办法

与抗战时期不同，解放战争以来，华北根据地各地政府相继出台了除害兽奖励办法，对除害人员进行现金或以粮食为主的物质奖励。

在晋冀鲁豫边区，冀南涉县 1947 年以来全县各地狼患日益增多。为保障人民群众生命安全，县政府发出通令，在全县开展打狼运动，彻底消除狼患，为民除害，并规定"打小狼一只奖洋 3000 元，大狼一只 5000 元，豹子一只 8000 元"④。1948 年，安阳解放区人民政府号召解放区的民兵开展打狼运动，为民除害。政府特规定了奖励办法：每打死一只狼奖励 100 斤小米，"依据是狼皮和村委会的证明信"⑤。在太岳区，太岳行署、武委会鉴于 1948 年灾荒发生以来济源、安泽、沁源、浮山等县狼害严重，在当年 8 月组织并鼓励群众打狼，除了指示闹狼县召集猎户会议，交流打狼经验和转卖打狼所需火药、铁砂，特制定打狼奖励办法以鼓励群众打狼：

---

① 《华北人民政府关于冬季生产的指示》，《人民日报》1948 年 11 月 16 日，第 1 版。

② 《行唐等县群众猎狐三百》，《人民日报》1949 年 3 月 23 日，第 2 版。

③ 《争取今年农业生产长一寸华北各地准备春耕增产》，《人民日报》1949 年 2 月 13 日，第 1 版。

④ 涉县档案馆编：《涉县大事记（1937—1985）》，第 48 页。

⑤ 王怀筠：《解放区组织民兵打豺狼》，中国人民政治协商会议河南省安阳县委员会文史资料委员会编：《安阳县文史资料》第 7 辑，第 173 页。

"打住一只狼奖五斗小米；刨出狼窝的，大狼一只奖米五斗，小狼奖米二斗半。打死五只狼以上的个人，另由政府奖给打狼英雄的荣誉，并另给重奖。集体打死十只狼以上者，亦由政府赠给打狼模范小组的荣誉，并另给重奖。组织打狼成绩卓著之各级干部，由各级政府分别予以奖励。"①

晋绥边区除了继续鼓励军民打山，政府同样颁布奖励办法，鼓励边区广大民众继续打山除害。上述贺龙给王景成回信中提及的"农业生产奖励办法"即为1948年4月7日晋绥边区政府颁布的《晋绥边区行政公署农业生产奖励办法公告》。公告指出，副业生产奖励办法包括："打山猪一口，奖米一斗（公粮斗），打狼一只，奖米四斗（由各县村粮内开支）。"②总体来看，各地打狼奖额要高于打野猪奖额，原因是狼危害人的生命且不易获取，这也表明了解放区政府对民众生命安全的重视。各地奖励政策的相继出台，表明解放战争时期华北解放区兽害的发生更为频繁而严重。通过奖励，各解放区政府也有效调动了各地民众除害兽的积极性，从而进一步提升了除害兽运动的规模和成绩。

2. 围山打猎

生态危机的大环境作用下，1947年以来，华北解放区"野兽及山禽特别猖獗，山岳地区虎狼吃人，时有所闻，某些地区竟至单人不敢外出，猪、羊、鸡甚至驴、牛等家畜被伤害者更不时发生"。据1948年不完全统计，平定县一、六、八区共被野兽咬伤62人，咬死34人。"一只狐狸或獾往往一夜咬玉蜀黍花生半亩以上，每只貉狇（松鼠类）、麻雀等，一年吃粮得三五升。如将这些数字合计起来，全华北区所遭损失就很惊人了。""为了保护人畜安全，发展生产，减免损失，增加山地副业收入"，华北人民政府农业部号召兽害发生地区于1948年冬至1949年春开展围山打猎运

---

① 《太岳行署奖励打狼》，《人民日报》1948年9月12日，第1版。
② 《晋绥边区行政公署农业生产奖励办法公告》（1948年4月7日），晋绥边区财政经济史编写组等编：《晋绥边区财政经济史资料选编·农业编》，第543页。

动。① 围山打猎运动是华北人民政府对兽害持续发展下的认识和应对，也反映了这一时期人与野生动物关系的进一步紧张。此后，围山打猎运动在华北大部全面推行，除害兽的规模得以扩大。当然，在当时看来围山打猎的主要目的仍在于保障人的生产、生活稳定和生命安全。

而且，与以往相比，政府对此次围山打猎运动的开展做了更为详细的指示。华北农业部强调，开展这场运动时要注意解决下列几个问题：（1）深入领导，组织群众，规定奖励办法，提高信心，造成群众性打猎运动。（2）要具体解决打猎中的困难，准许群众在打猎期间购买火枪、火药，为群众打猎期间获得毒药、狼夹子等提供方便，使群众取得工具，充分施展打猎技术。（3）打猎所得完全归猎者所有，公营商店要收买兽皮。如果组织起来捕打，应民主讨论按劳力、技术分益。（4）打猎可与打柴、整地埝相结合，以免顾此失彼。（5）发动儿童及妇女参加捕捉鸽子、麻雀、松鼠、老鼠等小动物。（6）克服对猎人的轻视态度。打猎可增加生产，且为民除害，应多奖励。

1949 年 3 月 9 日，华北人民政府鉴于土改完成后人民生产热情高涨，为保证"军需民食，供给工业原料"，又制订了 1949 年华北解放区农业生产计划，其中第四条有"除防病虫鸟兽为害"，再次号召华北解放区民众利用农闲捕捉鸟兽、围山打猎，以保障农业生产、作物收获。② 围山打猎运动使得除害兽在规模上超过了以往分散的"打山合作社""打山队"，在群众动员上更进一步，造成了群众性、集体化的除害兽运动。其原因除了保护各地人畜生命安全、农业生产，也更倾向于在土改后保障农业生产、增加收入，为支持解放战争的最后胜利做贡献。

3. 推广和交流除害经验、技术

为进一步提高除害兽的效果，各地也重视除害经验、技术、方法的推

---

① 《华北政府农业部号召开展围山打猎运动》，《人民日报》1948 年 11 月 30 日，第 2 版。

② 《华北政府为保证军需民食工业原料订出今年农业生产计划》，《人民日报》1949 年 3 月 9 日，第 1 版。

介和交流。1947 年 8 月，晋冀鲁豫解放区太行二专区农林局召开和顺、左权、武乡、襄垣等五县农场长会议，研究老区秋收准备工作，提出秋收前的重要工作是防害，即防害虫、害鸟、害兽。害兽以松鼠、山猪为主，在除害过程中注意及时交流群众防害办法。① 华北人民政府农业部在号召各地开展围山打猎运动时，也指示各地应"召开座谈会，交流经验，交流技术"。《人民日报》于 1948 年 11 月 30 日特刊载一位作者搜集的各地群众围山打猎的经验予以推介。全文 2300 余字，对狼、豹、狐狸、獐、獾、野狸、黄鼠狼、松鼠、兔等野生动物的习性、猎法都有详细的介绍，以便于群众开展不同形式的打猎运动。②

　　此外，严重的兽害成了与水、旱、虫、雹等灾害并列的天灾，华北解放区的农业科技工作者也通过编写相关著作，为群众战胜天灾提供经验和技术指导。1948 年，席凤洲编著了《怎样战胜"天"灾》一书，该书文字通俗易懂，辅以插图，"代表了农林工作的新方向"，便于农村工作人员帮助群众应对天灾问题。书中鸟害、兽害单列一章，详细阐明除鸟害、兽害的原因和方法。该书指出，除鸟害、兽害的根本原因是鸟、兽吃庄稼，为害生产："每年辛辛苦苦种的粮食，等到快熟的时候，常有鸟、兽乱吃乱咬。如今年潞城三区魏家庄村边的九亩多谷子，就被小麻雀快吃完，减少了产量十五石多。乌鸦、鸽子每年危害庄稼也很怕人。野兽中的獾、狐、兔、松鼠、地老鼠等都是庄稼的大害，一夜之中，就会吃坏好几亩。如左权申家峧村，每年松鼠、老鼠为害青苗所受到的损失，算起来比出公粮的数目还要大。今年小苗刚锄过头遍时，松鼠、老鼠成群结队吃青苗，一天就能吃半亩到一亩。如在内丘邢家峪村，在二十一亩地中，就被狐子拔吃了玉茭一千二百四十九棵。松鼠、地老鼠吃坏青苗十几亩，山猪也吃山药蛋好几亩。"③ 随后，作者重点介绍了黎城、左权、南宫、邢台、内

---

① 《太行二专区农林局布置收秋选种》，《人民日报》1947 年 9 月 18 日，第 2 版。
② 治农整理：《围山打猎的经验介绍》，《人民日报》1948 年 11 月 30 日，第 2 版。
③ 席凤洲：《怎样战胜"天"灾》，第 16 页。

丘、景县等地群众除害兽的经验方法，以提示各地民众仿效。

小　结

将野生动物视为资源通过打山加以利用和发动除害兽运动，表明华北根据地时期人与野生动物关系一直处于紧张状态，尤其是在除害兽运动时期。这是当时人与自然竞争、斗争结果的外化表现，具有特殊的时空尺度特性。在构建历史上人与自然关系的客观史实过程中，应从当时的历史环境和社会需要出发加以理解和评判。将历史上自然生态的变化视为衰退、破坏是一个极为复杂的问题，这要面临多种因素的考量。正如环境史家所说："把所有变化看成衰退的批评都忽视了一个根本问题，即不论在什么经济或意识形态体系下，人类生存都具有合法性。"① 华北根据地人与野生动物关系的持续紧张是在战争状态下人类面对严重生存危机的背景下发生的，打山和除害兽运动既造成了生态后果，又产生了社会效益。一方面造成地方大型兽类减退，生物多样性降低；另一方面又使得人畜生命和农业生产得到保障，一定程度上也破除了迷信，提高了政府威望。

我们知道，中华人民共和国的建立并不能割裂中共党史的内在脉络和有机联系，中华人民共和国成立之初党治国理政的各项制度、政策以及一些思想实际上在新中国成立之前就已经形成了，尤其是在华北根据地时期。以除害兽为例，有研究者指出，征服自然、改造自然是 20 世纪五六十年代的主流价值取向，因而对于山区的农民和粮食部门来说，"保粮除害"不仅是农业生产环境塑造的产物，也是时代所赋予的价值。② 笔者认同这

---

① ［英］威廉·贝特纳等著，包茂红译：《环境与历史：美国和南非驯化自然的比较》，第 3 页。

② 姜鸿：《川陕地区野生动物资源的利用与保护（1949—1962）》，《中共党史研究》2020 年第 2 期。

一判断。不过，孤立地选取较小时空尺度来考察这一价值取向，无法为我们揭示历史的来龙去脉，以及思考长时段人与自然关系发展的内在逻辑。

综合本书及以往研究来看，华北根据地时期党领导各阶层一方面与自然竞争、斗争，另一方面又采取措施加大对自然环境的治理力度，如植树造林、兴修水利、防灾减灾等。这些看似矛盾的历史事实，实则表明对人与自然关系的认识、思考和实践是一个不断探索的过程，每个阶段都有特殊的历史背景，总体来说是一个与时俱进、臻于完善的历史过程。罗尔斯顿认为："无论是从生物学的还是物质需要的角度看，没有一个充满资源的世界，没有生态系统，就不可能有人的生命。……人们不可能脱离他们的环境而自由，而只能在他们的环境中获得自由。除非人们能时时地遵循大自然，否则他们将失去大自然的许多精美绝伦的价值。"① 因此，探索不同时期人对自然认识、利用和改造以实现其价值的史实，让自然"走进"历史，并为保障自然完整、和谐、美丽贡献历史借鉴，应是当代环境历史研究者的职责。

---

① ［美］霍尔姆斯·罗尔斯顿著，杨通进译：《环境伦理学——大自然的价值以及人对大自然的义务》，北京：中国社会科学出版社，2000 年，第 454 页。

结论与展望

一、华北根据地时期人与自然互动的主要媒介

环境史研究的核心问题是历史时期人与自然的互动关系，包括互动的过程、特点和影响等，自然"走入"历史，历史"囊括"自然，从而纠正或补阙以往历史研究的内容和书写方式。环境包含的因素较为广泛，环境史研究者一般会选择环境构成因素的主要部分，且在某一时空尺度上具有代表性的环境因素，来开展人与自然互动的分析与讨论。本书关注的环境因素主要包括土地、水、植被、病菌、地貌、野生动物等自然要素，主要考察这些自然环境因素在华北根据地时期与人的相互作用与发展过程，进而探讨这种作用与过程可能对历史的影响，以及人的认识和采取的措施。总的来说，华北根据地时期人与自然相互作用的主要媒介是战争、生产和生活。

必须看到，华北根据地时期在近代中国历史上占有举足轻重的重要地位，是中国共产党由掌握局部政权到取得全国性政权的关键时期。这一时期在内外势力的压迫、干预下，根据地总体上处于长期的战争状态。根据地本身因战争而产生，其发展又逐步推进了革命战争的胜利。在华北根据地，战争成为人与自然互动的重要媒介，这主要体现在以下两个方面：

首先，战争直接加剧了自然环境的脆弱性。由于承继前代气候变迁和人为扰动的影响，华北根据地大部分地区植被稀疏、西部黄土高原水土流失严重，灾害频仍，自然环境已较为脆弱。在战争环境下，敌对力量从四个方面对自然环境施加影响：一是直接砍伐、焚烧植被；二是破坏河道，引发洪灾；三是改造地貌；四是施放病毒、细菌等。抗战时期，日军为修筑工事、控制占领区、遏制根据地力量等大量砍伐、焚烧树木，所到之处，几成焦土；为辅助侵略，日军在华北平原汛期大量开掘河堤，造成冀中、冀南等根据地连年水灾；为加强侵略和控制占领区，日军在华北地区大量挖掘封锁沟、兴建碉堡和封锁墙，使得华北地区沟、墙林立，沟道纵横，地貌已非旧观。此外，日军通过直接杀害和施放病毒、细菌以辅助杀害等方式，造成华北根据地人口大量伤亡，进而诱发疫灾流行。敌对力量的军事进攻，在自然灾害的叠加作用下，造成各根据地灾荒不断。在此影响下，根据地民众流离失所，为获取更多的生存能量，四处奔波，大量消耗可资利用的自然资源。例如，在鲁南地区，"1942年后，敌人对各地区进行封锁、蚕食、抢掠、焚烧、压榨、勒索亦空前残酷，造成严重饥荒，人民普遍吃草根树叶。沂源县（原沂水县的西北部）南麻鲁村一带村庄树叶完全吃光"[1]。

其次，在战争环境下，人为了生产、发展需要，对自然的扰动、索取力度和广度又较常态下更为明显而激烈，间接加剧了自然环境的脆弱状态和退化。革命力量是以根据地为依托与敌进行斗争的。杨尚昆说："什么是根据地？它的作用在那里？根据地是一块大的或小的区域，在这区域上，我们的抗日武装作成它进行战争的依靠。依靠它消耗、驱逐和消灭敌人，这是一方面；另外一方面依靠它保存、发展和壮大自己。凡是能起这种作用的都叫做根据地。"[2] 根据地不仅能在军事斗争中提供战略支点，也能为革命力量的生存和发展提供必要的自然资源。华北根据地处于多省交

---

① 《鲁南地区八年战争损失概况》，山东省档案馆馆藏档案，档案号 G008-01-0015。

② 杨尚昆：《论华北抗日根据地的建立与巩固》（1940年），中国人民解放军国防大学党史党建政工教研室：《中共党史参考资料》第16册，（内部资料）1986年，第342页。

界地带，囊括高原、山地、丘陵、河谷、平原等多种地貌，根据地之间和内部都具有自然生态的差异性且囊括多种生态边缘地带。尽管面临外部强敌的压迫，华北根据地内部的这种自然生态特征还是为根据地的生存与发展提供了多种可能。不过，在战争环境下，为抗击敌人和赢得战争，根据地军民直接向自然进军，对自然索取的力度和广度不断加大，如大量开荒，获取林木、野生动物资源等，从而突破了自然生态为根据地生存与发展"设置"的限度，最终造成植被减退、水土流失加剧、灾害频发、兽害大量发生等生态危机。

战争是变动的，而根据地则是相对稳定的，从而为根据地人群生产、生活提供相对安定、和平的外部环境。在一定时期内，华北根据地人群主要在根据地内从事生产和生活活动，因此这两大活动也就成为华北根据地时期人与自然互动的主要媒介。

首先，华北根据地工业生产落后，各根据地开展以农业生产为主的生产活动。农业生产一方面受到自然环境的影响和限制，另一方面又给自然环境施加影响。由于华北根据地在较长时期主要囊括高原、山地、丘陵、沟谷，在这些地貌条件下，自然生态本就脆弱，农业生产对自然环境的影响也就尤为明显。概而言之，这一时期根据地人群为满足生产和发展需要，在阶级关系改变、政策方针引领等推动下，农业生产的规模较以往显著加大；在空间分布上，农业生产从平地、沟谷到山地、高原全方位拓展。一些适宜的黄土沟谷地带出现了立体化的农业生产布局，"平原种嘉禾，斜坡播黄麦"[①]。农业生产规模的扩大和空间拓展也引发了山地、高原植被减退，水土流失加剧，造成水灾频发；滩地开发与水争地，挤占自然河道行洪空间，滩地和平原水灾不断。

其次，华北根据地人群的副业生产和日常生活也是人与自然互动的媒介。副业生产一方面补充了农业生产的不足并与之共同受到自然环境的作

---

① 吴玉章：《和朱总司令游南泥湾》（1942年），《十老诗选》，北京：中国青年出版社，1979年，第120页。

用，另一方面又对自然环境施加影响。各根据地开展的春季生产和冬季生产中，副业生产是重要部分，尤其在冬季更是以副业生产活动为主。副业生产中的烧炭、伐木、打山等对自然环境影响最大，进而加剧了动植物资源的减退和消亡，而根据地人群日常生活中的打柴、割草对此也起到了助力作用。此外，城乡居民日常生活中的不卫生行为也给环境卫生带来不利影响，诱发疾疫流行。

最后，在战争环境下，华北根据地人群生产、生活对自然环境的影响，应放置于当时的历史环境下去分析。在抗日战争和解放战争时期，华北根据地军民始终要面对的现实问题是如何能生存下去，然后发展壮大。正如王恩茂忆述："当时，陕甘宁边区只有一百四五十万人口，又是土瘠地薄的高原山区，经济落后，加上日军的不断进攻和国民党顽固派的包围封锁，我们数万名干部战士以及全国不断奔赴延安的青年学生的吃穿住用，实在成了一个大问题。在一段时间里，我们财政经济极其困难，几乎没有衣穿，没有鞋袜，没有菜吃，没有油吃，吃粮也很困难。"[①] 因此，生存问题是根据地军民在当时历史环境下最大的现实主义问题。那么，根据地如何保障自我生存？至少需要三个途径：武装斗争、生产和生活。武装斗争是打击外部敌人有生力量，是保障自我生存的根本途径，是外向的；而生产、生活则是内向的，主要是以经济活动为中心的资源获取、加工行为，以保障根据地人群自身的体力和生存所需的能量。以陕甘宁边区为例，党中央和边区政府根据边区的实际情况，"运用马克思主义的基本原理制定出一整套新民主主义的经济方针和政策。它的基本点是贯彻抗日民族统一战线的经济纲领，实事求是，一切从实际出发，依靠和发动群众，立足自力更生。边区经济建设的总方针是，发展经济，保障供给，改善人民生活，争取抗战的最后胜利"[②]。从自然界的能量转换角度来说，生产和生活正是华北根据地人与自然环境完成能量转换的关键途径，即将自然界

---

① 王恩茂：《忆南泥湾大生产》，《八路军·回忆史料·5》，第 144 页。
② 吴志渊：《西北根据地的历史地位》，长沙：湖南人民出版社，1991 年，第 255 页。

的物质能量，通过生产、生活两大人类活动转化为自身的能量，从而保障自身的延续。随着外部压力的加剧，这个能量转化的过程给自然环境带来的扰动愈来愈大，进而带来消极影响。

在较长时间内，生产活动的核心是农业生产，因为根据地一旦粮食短缺，对军队战斗力和根据地人群的生存都将造成致命打击。于是，提高粮食产量与消灭敌人有生力量同等重要。当时，提高粮食产量的方式包括扩大耕地面积、增加土壤肥料补给、改良农作品种和技术等，尤以扩大耕地面积最为实用而"见效快"，扩大耕地面积对荒野生态的影响也就愈发明显。总之，华北根据地军民的生产、生活活动是在为了生存的现实主义背景下开展的，这一背景也就是我们考察华北根据地环境史的基本前提，是当时的客观历史环境，撇开这一"实事"，去"求"华北根据地环境史之"是"都是空洞而无力的。

二、华北根据地时期中国共产党的环境治理思想

因自然环境自身的演化和战争影响，加之人的生产、生活活动的不断扰动，华北根据地面临一系列环境问题，自然环境给人带来的挑战愈发明显。不过，在看到华北根据地时期人对自然环境影响的同时，还应注意这一时期中国共产党领导下的环境治理举措和思想。

（一）中共中央对自然环境的认识与政策分析

中共中央对于自然环境的认识早在南方根据地时期就已有表露，其主要表现一方面是要管理自然环境，并加以相应的"建设"，目的在于便利群众的使用。1931 年 12 月 1 日，毛泽东等签署的《中华苏维埃共和国土地法》明确说："一切水利、江河、湖、溪、森林、牧场、大山林，由苏维埃管理，建设便利于贫农、中农的公共使用。"各地方苏维埃政权在环境允许条件下应开垦荒田、培植森林等。① 既然森林等自然环境需要建设，

---

① 《中华苏维埃共和国土地法》（1931 年 12 月 1 日），《红旗周报》第 47 期，1932 年 8 月 10 日，第 70 页。

那么保护自然环境也就成为题中之义，于是另一方面中央又强调自然环境尤其是森林的重要作用，号召广大群众加以保护并开展植树造林运动。如第四章所示，1932 年 3 月 16 日，毛泽东与项英、张国焘又联名发布《中华苏维埃共和国临时中央政府人民委员会对于植树运动的决议案》，强调森林在保护河坝、道路，防止水旱灾害等方面的重要作用。上述中央对自然环境的认识与实践，其核心在于保障群众利益，利于根据地建设。根据地经济建设的核心是农业生产，于是这一时期党对自然环境的管理、建设和保护等举措都是以利于农业生产为中心的，正如《中华苏维埃共和国临时中央政府人民委员会对于植树运动的决议案》开篇所说的，"为了保障田地生产，不受水旱灾祸之摧残，以减低农村生产，影响群众生活起见，最便利而有力的方法，只有广植树木……"①

应该说，在国共对峙的政治军事环境下，南方根据地时期留下的党中央及各根据地有关环境保护和治理的文献并不意味着这些保护、治理举措得到了很好的执行，而只能作为考察和归纳这一时期党中央对自然环境的认识和思想的依据。

到了华北根据地时期，由中共中央发布的有关环境保护或环境治理的文献尚未发现。不过，因各地自然禀赋限制，灾荒不断，中央领导人和各根据地政府领导干部也不断思考如何应对自然环境变化带来的挑战。客观来说，这种思考伴随着农业生产的进程及其所带来的环境问题而逐渐清晰。这一时期，党中央延续着南方根据地时期的根据地经济建设思想——以农业生产为中心。中央认为"农业是财政经济的最主要部门"。② 于是，如何提高农业生产的产量和水平，改善农业生产的外部生态环境以保障农业生产的稳定，也就成为中央对自然环境的认识进而采取治理政策的基础

---

① 《临时中央政府文告人民委员会对于植树运动的决议案》（1932 年 3 月 16 日），《红色中华》1932 年 3 月 23 日，第 7 版。

② 《中共中央书记处关于财经工作的指示》（1940 年 2 月 1 日），中共中央文献研究室中央档案馆编：《建党以来重要文献选编（1921—1949）》第 17 册，北京：中央文献出版社，2011 年，第 116 页。

和源头。

一方面，党中央积极动员各根据地群众努力生产、积极垦荒，向自然要收获。1937 年 8 月 25 日，中央发布《中国共产党抗日救国十大纲领》，其中第 6 条 "战时的财政经济建设" 提到整顿和扩大国防生产，发展农村经济，保证战时农产品的自给，从而强调了加强农业生产的必要性。第 7 条 "改良人民生活" 提到 "赈济灾荒"。① 另一方面，为缓解农业生产对自然环境的压力，保障农业生产的稳定和改善农业生产的外部生态环境，党中央领导各根据地又积极开展植树造林等环境治理。1942 年 2 月 3 日，中央书记处对各根据地开展春耕运动的指示强调，开展春耕运动是各抗日根据地 "当前最中心最重大最关系全局的任务"。中央强调，"根据地经济建设，其基本重心应放在发展农业，私人生产上面"，春耕运动中 "必须对兴修水利，消灭熟荒开生荒，预防害虫，奖励生产，植树，改良种子，改良耕种技术，增加产量，发展副业……都有具体的计划"。②

中央有意将陕甘宁边区打造为模范根据地，因而边区的施政纲领也就代表中央的意志。1939 年 4 月 4 日，陕甘宁边区政府公布《陕甘宁边区抗战时期施政纲领》，其中 "民生主义" 第十九条为 "开垦荒地，兴修水利，改良耕种，增加农业生产，组织春耕秋收运动"③。1941 年，经陕甘宁边区中央局提出，中央政治局批准的《陕甘宁边区施政纲领》公布，纲领共计 21 条，其中第 9 条为 "发展农业生产，实行春耕秋收的群众动员，解决贫苦农民耕牛农具肥料种子的困难，今年开荒六十万亩，增加粮食产量四

---

①　《中国共产党抗日救国十大纲领》（1937 年 8 月 25 日），中共中央文献研究室中央档案馆编：《建党以来重要文献选编（1921—1949）》第 14 册，北京：中央文献出版社，2011 年，第 476~477 页。

②　《中央书记处关于开展春耕运动的指示》（1942 年 2 月 3 日），《中共中央文件选集》第 13 册，第 290~291 页。

③　陕西省档案馆、陕西省社会科学院编：《陕甘宁边区政府文件选编》第 1 辑，西安：陕西人民教育出版社，2013 年，第 141 页。

十万担，奖励外来移民"。① 4 月 27 日，中共中央指出，《陕甘宁边区施政纲领》的发布"具有严重政治意义"，除了令边区党以此加强教育并且切实遵照实施，在国民党区域、日本占领区域及海外侨胞中，须广泛散布此纲领，在华北、华中各根据地八路军、新四军中须与当地已经发布之纲领一并加以讨论。② 因此，可以说，中央着力将陕甘宁边区施政纲领作为党领导各地工作的模范样本而加以对外宣传，陕甘宁边区农业生产与环境政策也自然代表着中央的政策。而陕甘宁边区农业生产与环境政策的主要内容正是上述的两个方面：一是积极垦荒，扩大农业生产；二是防灾减灾，植树造林，保护和治理生态环境。

由此来看，中央一方面强调要消灭熟荒、开生荒以扩大农业生产，提高农业产量，另一方面也积极领导各根据地防灾减灾、兴修水利、植树造林以改善生态环境。以垦荒为中心的农业生产会加剧植被衰退，引发一系列环境问题，而植树造林等环境治理举措又是应对这些环境问题的适应举措，这一对看似矛盾的政策皆统合于农业生产这个各根据地经济建设的中心工作之中。不扩大农业生产，各根据地就无法发展，无法坚持；若扩大农业生产，则会间接加剧生态环境压力，因而必须加以治理。在发展中治理环境的根本目的是保障农业生产，保持根据地的生存和发展，这虽是战争环境下的现实主义选择，但又蕴含着特殊时期人与自然互动关系下的合理性，即通过农业生产的发展来保障人的生存、生命的延续所需的能量是人的基本权利和合理要求，在技术落后、社会环境不稳定的条件下，开展以垦荒为中心的农业生产也是人的理性选择，这种选择会引发环境问题，在执行这种选择的过程中必须加强环境治理和环境保护。

---

① 《陕甘宁边区施政纲领》（1941 年），陕西省档案馆、陕西省社会科学院编：《陕甘宁边区政府文件选编》第 5 辑，西安：陕西人民教育出版社，2015 年，第 2 页。

② 《中共中央关于发布〈陕甘宁边区施政纲领〉的指示》（1941 年 4 月 27 日），中共中央文献研究室中央档案馆编：《建党以来重要文献选编（1921—1949）》第 18 册，北京：中央文献出版社，2011 年，第 231 页。

（二）华北根据地时期中国共产党环境治理思想的主要内容

中共中央和陕甘宁边区对自然环境的认识与治理举措也得到了中央各分局及其领导下的各根据地政府的切实执行。例如，1940 年 8 月 13 日，中共中央北方分局公布了《晋察冀边区目前施政纲领》，其中第 10 条为："发展农业，积极垦荒，防止新荒，扩大耕地面积；……有计划地凿井、开渠、修堤、改良土壤……发展林业、牧畜业及家庭副业。"[①] 1941 年 9 月 1 日，晋冀鲁豫边区临时参议会参照中共中央北方分局对边区目前建设的 15 项主张制定了《晋冀鲁豫边区政府施政纲领》，其中经济建设方面第 4 条为：发展农业生产，扩大耕地面积，开发水利，改良种子、肥料、农具，开办农业试验场，提高生产技术，提倡农村副业。[②] 总体来说，华北根据地时期中国共产党对自然环境的认识、保护和治理实践，主要有两个方面：一是自然环境是农业生产的宝贵资源，要积极鼓励群众大力开发利用；二是在以农业生产为中心的自然资源开发过程中，为应对各种灾害的发生，党中央和各地领导干部产生了环境保护意识和环境治理思想，进而付诸具体实践。

在此基础上，我们可以将华北根据地时期中国共产党环境治理的思想总体概括为"以农业生产为中心，在根据地发展中治理生态环境"。各根据地、解放区环境治理的举措反映了这一环境治理思想的具体内容，归纳起来主要有以下几个方面：

1. 森林具有重要的生态功能，植树造林是应对生态环境危机的重要举措，需要长期而持续性地推行下去。进入陕北地区不久，中国共产党即已提倡植树造林。从那时起，在陕甘宁边区植树造林的引领之下，各根据地在发布植树造林运动的指示中不断强调森林在防灾减灾、调节气候、保持

[①] 晋察冀边区阜平县红色档案丛书编委会编：《晋察冀边区法律法规文件汇编（上）》，北京：中共党史出版社，2017 年，第 5 页。

[②] 吴永主编：《延安时期党的社会建设文献与研究·文献卷（下）》，西安：陕西旅游出版社，2018 年，第 27 页。

水土等方面的重要作用，而且越往后期各根据地对这种作用的阐述越是完整而清晰。华北根据地开展的植树造林运动并不是一场临时性的举措，它贯穿于整个抗日战争和解放战争，规模日益扩大，并持续至中华人民共和国成立之后。自抗日战争结束后不久，从中央到地方，中国共产党将植树造林作为根据地乃至国家长期建设的重要组成部分加以考量的认识更加清晰。中国共产党在华北根据地时期的植树造林实践及其思想影响着中华人民共和国成立之后党的林业事业和思想，两个阶段是一脉相承的关系。

2. 环境治理中要推广科学技术知识，提倡科学治理，避免传统农业生产过程中对生态环境破坏的盲目性和主观主义、经验主义错误。华北各根据地基本上都有着不利的生态环境基础，从而制约着边区各项生产事业的发展。遗憾的是，各地民众长期按照旧的生产习惯，不仅"靠天吃饭"，而且盲目开荒、破坏森林，从而进一步加剧了生态环境的衰退。党认识到要对生态环境加以有效治理，如要保障农业生产良好的外部环境，就必须改变旧的生产、生态观念，积极推广科学技术知识，提倡科学治理。传统农业生产技术是广大农村群众长期积累的技术经验，掌握了一部分自然规律，但其缺点是缺少科学知识和科学技术，并且有的还夹杂着反科学的迷信成分在内。于是，各根据地主办的报纸、刊物上大力宣传、推广科学的农业生产技术和生产知识，以帮助广大群众进一步了解自然规律、掌握科学技术。普及推广科学的生产知识、技术对遏制生态环境恶化，改变传统农作方式具有重要作用。

3. 重视环境治理中的组织领导，注意培养基层干部。1935年5月，斯大林提出了"干部决定一切"这句著名口号，中国共产党在领导华北根据地环境治理工作中也逐步认识到干部的重要性。党认识到培养农、林、牧、水利干部对于根据地经济建设具有重要的作用。各地水利、农林事业取得成就基本上都与好的领导干部有关。党认识到要从根本上解决干部问题，必须专门培养，干部培养要教学相长，"往复旋进，川流不息"。基层干部尤其是区级干部是组织农业生产、环境治理的实际负责者、领导者。

基层干部具有科学的知识储备或能科学地组织生产，对于地方农业开发、环境治理工作无疑具有重要作用。党尤其重视和加强区级干部在组织水利建设、防灾防疫、造林护林等环境治理工作上的关键作用。在抗战时期，党强调地方基层干部要及时将地方风、雪、冰雹、霜害等农情、气象情况向上级发通讯或电报，以作为科学治理的根据。① 而在解放战争时期，各地在植树造林运动中也认为基层干部的植树知识和技术对于植树造林的成效有重要影响，"领导植树，生产干部本身必须加强技术知识学习，吸取老农专家的经验，掌握一定的农业技术"。②

4. 重视环境治理中的经济效益，保障群众的切身利益。小农经济的生产方式使得广大农民更注重生产中的实际利益，举凡扩大垦荒规模、种子选择、水利兴修等活动都蕴含着农民的生产理性，这种理性的核心自然是满足自身的生产利益即获取更多的劳动产品。环境治理，如植树造林，虽然也是一种生产活动，但因生产效益的滞后性导致农民长期并不积极主动地从事这项活动，加之各种破坏林木行为的出现，以植树造林为代表的环境治理实践并不能取得较好的成绩。为此，党认真反思，及时调整政策，逐步加大环境治理过程中对群众经济效益和切身利益的保障。例如，在晋察冀边区，除了防洪的公共造林，边区政府还积极提倡私人栽果树。因果树"成活容易，见利早"，民众"从这里慢慢学习植树知识和培养爱林习惯"。③ 林益的分配由政府公布办法，给佃户造林以切实保障，从而提高其造林积极性。

5. 环境治理工作需要开展耐心的环境保护教育和思想教育工作，进而唤醒干部和群众的自觉。以植树造林运动为例，在华北根据地植树造林运动的实施过程中，植树而不成林的问题较为突出。党和政府已认识到环境

---

① 陈凤桐：《北岳区的农业推广》，《解放日报》1944年12月2日，第4版。

② 《定兴植树造林主要缺点是没造成广泛的群众运动》，《北岳日报》1948年12月6日，第4版。

③ 陈凤桐：《北岳区的农业推广》，《解放日报》1944年12月2日，第4版。

保护教育缺失是"森林上最大的问题"。地方干部和群众对于保障植树成活率的问题重视不够，其根源就在于环境保护教育和思想教育工作开展不足，导致一些干部和群众重视完成植树指标任务而忽视植树后的成活情况。"十年树木"，植树造林与其他农业生产不同，其产生的效益具有滞后性，因而一些群众只着眼于眼前利益，而对植树造林的长期生态、经济效益缺乏认识，也就不太关心林木的成活情况。解放战争以后，各根据地逐渐加大植树造林运动中思想教育的重视度，在运动中重视向群众解释植树造林的意义和作用，使群众认识到植树造林的长远利益，植树造林运动的成效逐步改善。

6. 在宏观尺度上，山地、高原土地利用方式影响平原地区生态环境；在流域尺度上，山、水、林、滩（田）处于同一生态系统之中，要认识到不同自然要素之间的相互作用和环境治理中不同地域之间的空间相互作用。综合本书来看，随着生态环境问题的不断出现，中国共产党在华北根据地时期已经注意到山地、高原过度垦荒、植被破坏对平原地区灾害频发造成的影响，进而采取了相应的调适行为，如减少山地、高原生荒开垦，造林护林，增修梯田等。这在晋察冀边区和晋冀鲁豫边区相关文献中表现尤为突出。在冀西流域环境治理的实践过程中，中国共产党已经注意到流域环境的综合治理问题，对于山、水、林、滩（田）之间系统关系的认识逐渐清晰。这就是治滩要治水，治水要治山，治山要造林，不可偏废。通过采取山地禁止开垦陡坡，植树造林，滩地修滩、护滩及加强管理等举措，冀西滩地开发一直保持下去，成为中华人民共和国成立之前流域环境治理和流域农业生产的典型代表。

总之，中国共产党在华北根据地时期面对不断出现的生态环境问题和采取相应环境治理举措的过程中，逐渐形成了一系列环境治理思想。尽管一些思想体现在各根据地的法令和个别知识分子的文章之中，但这些法令反映了党和政府的意志，而相关文章更是刊载于党和政府的机关报上，已非个人之思想，其影响也非一人一时而已。由此，华北根据地时期中国共产党相关环境治理思想理应纳入中国共产党生态文明思想发展史中加以定位和系统阐释。

三、华北根据地环境史研究的展望

1935 年以来，华北各大根据地的建立和发展对于中国共产党乃至近代中国的重要性毋庸置疑，学界已有研究的持续投入及其取得的丰硕成果也说明了这一点。综合来看，这些研究主要集中于华北根据地时期的政权建设、财政经济、组织领导、文艺宣传、社会生活、军事斗争、卫生防疫等方面。在环境史视角下，自然不再是历史发展中可有可无的背景"材料"，而成为参与历史过程，甚至影响历史进程的重要角色。近年来，"新革命史""革命生活史"等研究视角的提出与学术实践，为进一步拓展华北根据地史研究打开了新的局面，其所强调的重要一环是"眼光向下"或"自下而上"地从社会、经济、生活、心理等方面研究革命问题，以使革命史研究之宏观与微观结合，具有整体史研究的特点。不过，这些视角与研究实践对自然环境的考量和关注似有不足，抛开革命活动开展的"自然舞台"去谈革命史是不完整的革命史。

本书只是初步"搭建"了华北根据地环境史研究的框架，仍有大量问题需要思考和展开。华北根据地环境史研究不仅能拓宽近代中国环境史研究的时空范围，而且能突破旧有革命史研究的范式和理路，进而推进和深化中共党史的研究。笔者不揣浅陋，认为进一步开展华北根据地环境史研究应注意以下几个方面：

第一，从环境变迁研究向环境治理研究转变。以往涉及华北根据地环境问题的研究主要采取的是"生产开发—环境破坏"的环境变迁研究理路。这些研究对于华北根据地部分地区环境变迁的原因、结果等方面的探讨已很成熟，但当前研究不应继续重复和停留在这一阶段，而应在此基础上分析和总结这一时期的环境意识、环境思想，最终探讨这一时期的环境治理问题。因为，作为具有主观能动性的人，对自然环境的破坏及其影响不可能无动于衷，治理环境成为必由之路。更何况保护环境和治理环境的思想、实践在华北根据地时期已经存在，研究者应加以系统研究，以便总结华北根据地发展、壮大背后的“环境治理因素”。

第二，提升环境史研究史料搜集的广度和力度。以往研究中公开出版的政府档案、官方文件利用率最高。今后除了利用这些史料，还应继续细绎未刊档案、报刊、日记、回忆录、文集、口述史料和域外文献中蕴含的环境史研究信息。尤其是各根据地出版的报刊中蕴含着大量环境史研究的史料和“素材”，亟待整理研究。此外，环境史研究主要考察历史上人与自然的互动关系，这个“人”理应是最广大的、“活生生”的人。因此，研究者对搜集到的史料还应加强“社会史”的分析，即应将眼光向下，关注这一时期人与自然关系演变过程中的基层和民众体验、声音，以及不同阶层对相关政策的认知、执行情况。

第三，注意这一时期环境史研究内容、概念的“在地化”。当前环境史研究如火如荼，国外环境史研究成果中的一些思想、认识、概念渐呈一种“全球化”推广趋势和研究范式，深刻影响着国内环境史研究。但是，思考符合本土实际的环境史研究框架和分析工具，从海量史料中构建本土化的环境史话语体系应是国内环境史研究者亟应思考的问题。作为中华民国时期的独特政权区域，华北根据地的环境史研究应在充分挖掘和分析涉及当时环境问题的“地方性知识”基础上，总结出符合华北根据地实际的环境史研究内容框架、概念词汇和话语体系，从而避免环境史研究体系的“同质化”，以助力具有本土特色的环境史研究成果的出现。

第四，要注意从长时段思考华北根据地时期中国共产党环境治理思想、实践形成、发展的来龙去脉及时代影响。这就是说，一方面我们要梳理南方根据地时期中国共产党对自然环境的认识及环境治理思想、实践在华北根据地时期的延续、影响和发展问题；另一方面，也要思考华北根据地时期中国共产党环境治理思想、实践对1949年后的中国的影响。由此，通过将中华人民共和国成立前后中国共产党环境治理思想形成、发展与实践的历史贯通衔接，最终有助于构建中国共产党生态文明思想形成、发展、演变历史完整而系统的时空序列。

第五，在研究中力避历史虚无主义，坚持正确的历史观。研究者应认识到华北根据地时期人与自然关系及其演变的特殊性——具有新民主主义革命战争时期的时空尺度特性。我们既不能回避革命战争时期人为了生存、发展而对环境造成影响的事实，也不能一味坚持生态中心主义，而应在客观分析影响人与自然关系及其演变的各种因素和事实基础上，总结历史经验，为当代环境治理提供反思。

参考文献

一、民国报纸

《北岳日报》

《长市导报》

《大公报》（重庆版）

《解放日报》

《冀晋日报》

《冀中导报》

《冀中群众报》

《冀南日报》

《冀热察导报》

《晋绥日报》

《晋察冀日报》

《抗战日报》

《临汾人民报》

《人民日报》（1946—1949）

《太岳日报》

《新中华报》

《新华日报》（太行版）

《新华日报》（华北版）

《新华日报》（重庆版）

《新华日报》（华中版）

二、民国期刊

《八年来晋察冀怎样战胜了敌祸天灾》，《北方文化》第 2 卷第 3 期，
1946 年 7 月 1 日。

陈钦：《凹沟"抗日沟"战术的几个基本原则》，《清河军人》1942 年
第 11 期。

侯过：《抗战与森林》，《农声月刊》1938 年第 215 期。

《黄河的复堤与堵口（冀鲁豫边区通讯)》，《群众》第 11 卷第 5 期，
1946 年 6 月 3 日。

捷夫：《黄河——进攻冀鲁豫边区的四十师大军》，《时代文摘》1947
年第 1 卷第 6 期。

晋察冀边区自然科学界协会：《自然科学界》创刊号，1942 年 6 月。

李亮恭：《山西生产事业概况》，《实业统计》1934 年第 2 卷第 4 期。

李小民：《阜平县农村素描》，《农村经济》1935 年第 2 卷第 4 期。

李英武：《冀中平原的交通战》，《八路军军政杂志》第 3 卷第 9 期，
1941 年 9 月 25 日。

刘锡彤：《平山县水利事业调查报告》，《华北水利月刊》1936 年第 9
卷第 1~2 期合刊。

潞生：《平山县之水利事业》，《河北月刊》1934 年第 2 卷第 1 期、第
3 期。

罗光达主编：《晋察冀画报》影印集（上、下），沈阳：辽宁美术出版
社，1990 年。

王殿芳：《平山县王家窑村概况调查》，《津南农声》1936 年第 1 卷第

3~4 期。

佚名：《河北省阜平县地方实际情况调查报告》，《冀察调查统计丛刊》1937 年第 2 卷第 2 期。

张玉珂：《滹沱河上游水稻区之耕作概况》，《世界农村月刊》1948 年第 2 卷第 3 期。

三、档案、调查统计、史料汇编

《渤海区八年战争损失调查报告》（1946 年 6 月 6 日），山东省档案馆馆藏档案，档案号 G034-01-0151。

《日寇八年来对灵寿各种建设的破坏》（1946 年），河北省档案馆藏民国档案，档案号 236-1-14-7。

《胶东区抗战以来损失初步调查》（1946 年上半年），山东省档案馆藏档案，档案号 G031-01-0343。

艾绍润、高海深主编：《陕甘宁边区法律法规汇编》，西安：陕西人民出版社，2007 年。

《北支经济资料》第 26 辑，"南满洲铁路株式会社天津事务所调查课"，1936 年。

北京军区后勤部党史资料征集办公室编：《晋察冀军区抗战时期后勤工作史料选编》，北京：军事学院出版社，1985 年。

常连霆主编：《山东党的革命历史文献选编 1920—1949》第 3 卷，济南：山东人民出版社，2015 年。

甘肃省社会科学院历史研究所编：《陕甘宁革命根据地史料选辑》第 3 辑，兰州：甘肃人民出版社，1983 年。

邯郸市档案馆编：《邯郸市档案史料选编 1945—1949 年（下）》，石家庄：河北人民出版社，1990 年。

河南省财政厅等编：《晋冀鲁豫抗日根据地财经史料选编（河南部分，1)》，北京：档案出版社，1985 年。

河南省财政厅等编：《晋冀鲁豫抗日根据地财经史料选编（河南部分，2)》，北京：档案出版社，1985 年。

华北人民政府农业部编：《华北农业生产统计资料（1)》，华北人民政府农业部，1949 年。

华北解放区财政经济史资料选编编辑组等编：《华北解放区财政经济史资料选编》第 1 辑，北京：中国财政经济出版社，1996 年。

河北省档案馆编：《地道战档案史料选编》，石家庄：河北人民出版社，1987 年。

河北省档案馆等编：《晋察冀抗日根据地史料选编》，石家庄：河北人民出版社，1983 年。

河北省档案馆编：《西柏坡档案》第 5 卷，石家庄：河北人民出版社，2017 年。

晋绥边区财政经济史编写组：《晋绥边区财政经济史资料选编·总论编》，太原：山西人民出版社，1986 年。

晋绥边区财政经济史编写组等编：《晋绥边区财政经济史资料选编·农业编》，太原：山西人民出版社，1986 年。

晋察冀人民抗日斗争史编辑部编：《晋察冀人民翻身记》，（内部资料）1982 年。

魏宏运主编：《抗日战争时期晋察冀边区财政经济史资料选编》第 1 编《总论》，天津：南开大学出版社，1984 年。

魏宏运主编：《抗日战争时期晋察冀边区财政经济史资料选编》第 2 编《农业》，天津：南开大学出版社，1984 年。

晋察冀边区北岳区妇女抗日斗争史料编辑组编：《晋察冀边区妇女抗日斗争史料》，北京：中国妇女出版社，1989 年。

晋冀鲁豫边区财政经济史编辑组等编：《抗日战争时期晋冀鲁豫边区财政经济史资料选编》第 1 辑，北京：中国财政经济出版社，1990 年。

晋冀鲁豫边区财政经济史编辑组等编：《抗日战争时期晋冀鲁豫边区

财政经济史资料选编》第 2 辑，北京：中国财政经济出版社，1990 年。

晋察冀边区阜平县红色档案丛书编委会编：《晋察冀边区法律法规文件汇编（上）》，北京：中共党史出版社，2017 年。

晋察冀边区阜平县红色档案丛书编委会编：《晋察冀边区法律法规文件汇编（下）》，北京：中共党史出版社，2017 年。

冀中人民抗日斗争史资料研究会编：《冀中人民抗日斗争文集》第 5卷，北京：航空工业出版社，2015 年。

李长远主编：《太岳革命根据地农业资料选编》，太原：山西科学教育出版社，1991 年。

李景汉编著：《定县社会概况调查》，上海：上海人民出版社，2005年。

刘增杰等编：《抗日战争时期延安及各抗日民主根据地文学运动资料（上）》，太原：山西人民出版社，1983 年。

彭真：《关于晋察冀边区党的工作和具体政策报告》，北京：中共中央党校出版社，1997 年。

日本防卫厅战史室编：《华北治安战（上）》，天津：天津人民出版社，1982 年。

日本防卫厅战史室编：《华北治安战（下）》，天津：天津人民出版社，1982 年。

史敬棠：《中国农业合作化运动史料（上册）》，北京：生活·读书·新知三联书店，1957 年。

山东省档案馆等编：《山东革命历史档案资料选编》第 8 辑，济南：山东人民出版社，1983 年。

山东省档案馆等编：《山东革命历史档案资料选编》第 10 辑，济南：山东人民出版社，1983 年。

山东省档案馆等编：《山东革命历史档案资料选编》第 15 辑，山东人民出版社，1984 年。

山东省档案馆等编：《山东革命历史档案资料选编》第 16 辑，济南：山东人民出版社，1984 年。

山东省档案馆等编：《山东革命历史档案资料选编》第 18 辑，济南：山东人民出版社，1985 年。

山东省档案馆等编：《山东革命历史档案资料选编》第 20 辑，济南：山东人民出版社，1986 年。

山东省档案馆等编：《山东革命历史档案资料选编》第 22 辑，济南：山东人民出版社，1986 年。

山东省档案馆等编：《山东革命历史档案资料选编》第 23 辑，济南：山东人民出版社，1986 年。

《山东省农业合作化史》编辑委员会编：《山东省农业合作化史料集》（续编），济南：山东人民出版社，1991 年。

山东省委党史研究室编：《山东省抗日战争时期人口伤亡和财产损失》，北京：中共党史出版社，2017 年。

山西省工商行政管理局编：《晋绥边区工商行政管理史料选编》，太原：山西省工商行政管理局，1985 年。

山西省档案馆编：《太行党史资料汇编》第 4 卷，太原：山西人民出版社，2000 年。

山西省史志研究院编：《太岳革命根据地人民武装斗争史料选编》，太原：山西人民出版社，2003 年。

陕甘宁边区财政经济史编写组：《抗日战争时期陕甘宁边区财政经济史料摘编》第 1 编《总论》，西安：陕西人民出版社，1981 年。

陕甘宁边区财政经济史编写组：《抗日战争时期陕甘宁边区财政经济史料摘编》第 2 编《农业》，西安：陕西人民出版社，1981 年。

陕甘宁边区财政经济史编写组：《抗日战争时期陕甘宁边区财政经济史料摘编》第 8 编《生产自给》，西安：陕西人民出版社，1981 年。

陕甘宁边区财政经济史编写组：《抗日战争时期陕甘宁边区财政经济

史料摘编》第 9 编《人民生活》，西安：陕西人民出版社，1981 年。

　　陕西省档案馆编：《陕甘宁边区政府文件选编》第 2 辑，北京：档案出版社，1991 年。

　　陕西省档案馆编：《陕甘宁边区政府文件选编》第 3 辑，北京：档案出版社，1991 年。

　　陕西省档案馆编：《陕甘宁边区政府文件选编》第 5 辑，北京：档案出版社，1991 年。

　　陕西省档案馆编：《陕甘宁边区政府文件汇编》第 6 辑，北京：档案出版社，1991 年。

　　陕西省档案馆编：《陕甘宁边区政府文件选编》第 9 辑，北京：档案出版社，1991 年。

　　陕西省档案馆编：《陕甘宁边区政府文件选编》第 10 辑，北京：档案出版社，1991 年。

　　陕西省档案馆编：《陕甘宁边区政府文件选编》第 11 辑，北京：档案出版社，1991 年。

　　陕西省档案馆编：《陕甘宁边区政府文件选编》第 13 辑，北京：档案出版社，1991 年。

　　陕西省档案馆编：《陕甘宁边区政府文件选编》第 14 辑，北京：档案出版社，1991 年。

　　邓辰西：《财政经济建设（上、下册）》，太原：山西人民出版社，1987 年。

　　太行革命根据地史总编委会编：《文化事业》，太原：山西人民出版社，1989 年。

　　田苏苏等主编：《日本侵略华北罪行档案·1·损失调查》，石家庄：河北人民出版社，2005 年。

　　谢忠厚主编：《日本侵略华北罪行档案·5·细菌战》，石家庄：河北人民出版社，2005 年。

王念基、张辉主编，中国共产党沧州地委党史资料征集编审委员会编印：《冀中八分区抗日斗争史资料选编》上册，1987 年。

杨德寿主编：《中国供销合作社史料选编》第 2 辑，北京：中国财政经济出版社，1990 年。

中共吕梁地委党史资料征集办公室编：《晋绥根据地资料选编》第 1 集，1983 年。

中共吕梁地委党史资料征集办公室编：《晋绥根据地资料选编》第 2 集，1983 年。

中共吕梁地委党史资料征集办公室编：《晋绥根据地资料选编》第 4 集，1984 年。

中国社会科学院经济研究所中国现代经济史组编：《革命根据地经济史料选编（中）》，南昌：江西人民出版社，1986 年。

中共山西省委党史研究室等编：《太岳革命根据地财经史料选编》，山西：山西经济出版社，1990 年。

中央档案馆编：《中共中央文件选集》第 13 册，北京：中共中央党校出版社，1991 年。

中央档案馆编：《中共中央文件选集》第 17 册，北京：中共中央党校出版社，1992 年。

中央档案馆等编：《中共中央西北局文件汇集·1943 年（一）》，北京：中央档案馆，1994 年。

中共河北省委党史研究室编：《冀中抗日政权工作七项五年总结（1937.7—1942.5）》，北京：中共党史出版社，1994 年。

中共贵州省委党史办公室冀鲁豫小组编印：《冀鲁豫党史资料选编》第 13 集，1989 年。

中国人民解放军历史资料丛书编审委员会编：《八路军·文献》，北京：解放军出版社，1994 年。

中共河北省委党史研究室编：《冀中历史文献选编》（上），北京：中共党史出版社，1994 年。

中央档案馆：《日本帝国主义侵华档案资料选编·华北治安强化运动》，北京：中华书局，1997 年。

中央档案馆等编：《晋察冀解放区历史文献选编（1945—1949)》，北京：档案出版社，1998 年。

中国第二历史档案馆编：《中华民国史档案资料汇编》第 5 辑第 2 编"军事五"，南京：江苏古籍出版社，1998 年。

中央档案馆编：《共和国雏形——华北人民政府》，北京：西苑出版社，1999 年。

《中共中央北方局》资料丛书编审委员会编：《中共中央北方局：抗日战争时期卷（上册)》，北京：中共党史出版社，1999 年。

《中共中央北方局》资料丛书编审委员会编：《中共中央北方局：抗日战争时期卷（下册)》，北京：中共党史出版社，1999 年。

中共中央文献研究室编：《建党以来重要文献选编（1921—1949)》第 14 册，北京：中央文献出版社，2011 年。

中共中央文献研究室编：《建党以来重要文献选编（1921—1949)》第 15 册，北京：中央文献出版社，2011 年。

中共中央文献研究室编：《建党以来重要文献选编（1921—1949)》第 17 册，北京：中央文献出版社，2011 年。

中共中央文献研究室编：《建党以来重要文献选编（1921—1949)》第 18 册，北京：中央文献出版社，2011 年。

政协陕西省委员会文史和学习委员会编：《陕西抗战史料选编》，西安：三秦出版社，2015 年。

四、文史资料

（清）张廷玉等：《明史》，北京：中华书局，1974 年。

东营市政协文史资料研究委员会：《东营文史》第 9 辑，（内部资料）

2000 年。

广饶县政协文史资料研究委员会：《广饶文史资料选辑》第 8 辑，（内部资料）1990 年。

菏泽市政协文史资料研究委员会：《菏泽文史资料》第 4 辑，（内部资料）1995 年。

巨鹿县政协文史资料研究委员会：《巨鹿文史资料》第 4 辑，（内部资料）1993 年。

垦利县政协文史资料工作委员会：《垦利文史资料》第 4 辑，（内部资料）1991 年。

任丘市政协文史资料研究委员会：《任丘文史资料》第 6 辑，（内部资料）2006 年。

山西省政协文史资料研究委员会：《山西文史资料》第 21 辑，太原：山西人民出版社，1982 年。

王怀筠：《解放区组织民兵打豺狼》，《安阳县文史资料》第 7 辑，（内部资料）1992 年。

延安清凉山新闻出版革命纪念馆：《万众瞩目清凉山：延安时期新闻出版文史资料》第 1 辑，延安：清凉山新闻出版革命纪念馆，1986 年。

政协河南省博爱县文史资料征集研究委员会：《博爱文史资料》第 4 辑，（内部资料）1989 年。

中国人民政治协商会议范县委员会文史资料委员会：《范县文史资料》第 2 辑，（内部资料）1986 年。

中国人民政治协商会议河南省安阳县委员会文史资料委员会：《安阳县文史资料》第 7 辑，（内部资料）1996 年。

中国人民政治协商会议河南省濮阳市委员会文史资料委员会：《濮阳文史资料》第 10 辑，（内部资料）1996 年。

中国人民政治协商会议河南省委员会文史资料研究委员会：《河南文史资料》第 1 辑，（内部资料）1979 年。

中国人民政治协商会议鄄城县委员会文史资料研究委员会：《鄄城文史资料》第 2 辑，（内部资料）1987 年。

四川省卫生厅：《解放战争时期第二野战军预防医学的实践经验》，（内部资料）1986 年。

中国人民解放军国防大学党史党建政工教研室：《中共党史参考资料》第 16 册，（内部资料）1986 年。

淄博市临淄区政协文史资料委员会：《临淄文史资料》第 9 辑，（内部资料）1995 年。

五、地方志

崔银峰主编：《馆陶县交通志》，北京：方志出版社，2008 年。

（道光）《清涧县志》，南京：凤凰出版社，2007 年。

（道光）《重修延川县志》，南京：凤凰出版社，2007 年。

高明乡主编，阜平县地方志编纂委员会：《阜平县志》，北京：方志出版社，1999 年。

（光绪）《米脂县志》，南京：凤凰出版社，2007 年。

（光绪）《续修井陉县志》，上海：上海书店出版社，2006 年。

陈朝卿主编，邯郸市地方志编纂委员会编：《邯郸市志》，北京：新华出版社，1992 年。

河北省地方志编纂委员会编：《河北省志·交通志》，石家庄：河北人民出版社，1992 年。

（明）戴铣：《易州志》，天一阁藏明代方志选刊，上海：上海古籍出版社，1981 年。

（明）镇澄：《清凉山志》，太原：山西人民出版社，1989 年。

（民国）《横山县志》，台北：成文出版社，1979 年。

（民国）《井陉县志料》，井陉县史志办公室 1988 年整理重印本。

（民国）《洛川县志》，南京：凤凰出版社，2007 年。

（民国）《平山县志料》，台北：成文出版社，1976 年。

（民国）《完县新志》，上海：上海书店出版社 2006 年影印本。

（乾隆）《阜平县志》，南京：凤凰出版社，2014 年。

（乾隆）《正定府志》，上海：上海书店出版社，2006 年。

山东省地方史志编纂委员会编：《山东省志·农民团体志》，济南：山东人民出版社，1996 年。

山西省地方志编纂委员会编：《山西通志·林业志》，北京：中华书局，1992 年。

山西省史志研究院编：《山西通志·医药志》，北京：中华书局，1998 年。

陕西省地方志编纂委员会编：《陕西省志·民政志》，西安：陕西人民出版社，2003 年。

陕西省地方志编纂委员会编：《陕西省志·卫生志》，西安：陕西人民出版社，1996 年。

陕西省地方志编纂委员会编：《陕西省志·行政建置志》，西安：三秦出版社，1992 年。

史文寿、凌三苟主编：《昔阳县志》，北京：中华书局，1999 年。

（咸丰）《平山县志》，上海：上海书店出版社，2006 年。

延安军事志编纂委员会编：《延安军事志》，西安：陕西人民出版社，2000 年。

延安市志编纂委员会编：《延安市志》，西安：陕西人民出版社，1994 年。

（雍正）《畿辅通志》，《影印文渊阁四库全书》第 505 册，北京：北京出版社，2012 年。

（雍正）《井陉县志》，台北：成文出版社，1976 年。

赵延庆主编：《山东省志·建置志》，济南：山东人民出版社，2003 年。

六、民国与今人著作

［美］埃德加·斯诺著，董乐山译：《西行漫记》，北京：生活·读书·新知三联书店，1979 年。

［美］奥德姆著，陆健健等译：《生态学基础（第 5 版）》，北京：高等教育出版社，2009 年。

包爱芹、田利芳编著：《缚住黄龙：从治理黄河到引黄济青》，济南：山东人民出版社，2006 年。

薄文军等编著：《垦区：山东战略区的稳定后方》，北京：中共党史出版社，2005 年。

蔡勤禹等主编：《中国灾害志·断代卷·民国卷》，北京：中国社会出版社，2018 年。

曾雄生：《水稻在北方：10 世纪至 19 世纪南方稻作技术向北方的传播与接受》，广州：广东人民出版社，2018 年。

常连霆主编：《山东抗战口述史》（上），济南：山东人民出版社，2015 年。

陈凤桐：《陈凤桐文选》，北京：中国农业科技出版社，1997 年。

陈嵘：《中国森林史料》，北京：中国林业出版社，1983 年。

陈文华编：《解放区概况》，上海：联合编译社，1949 年。

陈学昭：《延安访问记》，香港：北极书店，1940 年。

程有为主编：《黄河中下游地区水利史》，郑州：河南人民出版社，2007 年。

邓铁涛主编：《中国防疫史》，南宁：广西科学技术出版社，2006 年。

《冀鲁豫日报史》编委会编，杜文远主编：《冀鲁豫日报史》，贵阳：贵州人民出版社，1993 年。

段君毅：《段君毅纪念文集（上）》，北京：北京出版社，2009 年。

方悴农：《情系三农七十年——方悴农文集》，北京：人民日报出版社，2006 年。

冯崇义、古德曼编：《华北抗日根据地与社会生态》，北京：当代中国出版社，1998 年。

傅林祥、郑宝恒：《中国行政区划通史·中华民国卷》，上海：复旦大学出版社，2017 年。

高耀亭主编：《中国动物志·兽纲》第 8 卷《食肉目》，北京：科学出版社，1987 年。

耿飚：《耿飚回忆录》，北京：解放军出版社，1991 年。

郭松义：《民命所系：清代的农业和农民》，北京：中国农业出版社，2010 年。

［美］哈里逊·福尔曼著，万歌、胡火等译：《中国解放区印象记》，北京：北平认识出版社，1946 年。

何炳棣著，葛剑雄译：《明初以降人口及其相关问题（1368—1953）》，北京：生活·读书·新知三联书店，2000 年。

河北省人大常委会研究室编：《华北临时人民代表大会召开的前前后后》，石家庄：河北人民出版社，2015 年。

河南省民政厅《忆彭雪枫同志》编辑组：《忆彭雪枫同志（续集）》，郑州：河南人民出版社，1981 年。

胡荣桂、刘康主编：《环境生态学》，武汉：华中科技大学出版社，2018 年。

胡新民等编：《陕甘宁边区民政工作史》，西安：西北大学出版社，1995 年。

黄河水利委员会等编：《黄河水土保持大事记》，西安：陕西人民出版社，1996 年。

黄河水利委员会黄河志总编辑室编：《黄河志》，郑州：河南人民出版社，2017 年。

黄文主等编：《抗日根据地军民大生产运动》，北京：军事谊文出版社，1993 年。

[美] 黄宗智著，叶汉明译：《华北的小农经济与社会变迁》，北京：中华书局，2000 年。

[美] 霍尔姆斯·罗尔斯顿著，杨通进译：《环境伦理学——大自然的价值以及人对大自然的义务》，北京：中国社会科学出版社，2000 年。

环境保护部科技标准司、中国环境科学学会主编：《环境管理知识问答》，北京：中国环境出版集团，2018 年。

冀中人民抗日斗争史资料研究会编：《冀中人民抗日斗争文集》第 7 卷，北京：航空工业出版社，2015 年。

教育阵地社编：《新教育论文选集》，教育阵地社，1944 年。

晋绥边区财政经济史编写组：《晋绥边区财政经济史资料选编·财政编》，太原：山西人民出版社，1986 年。

景晓村：《景晓村文集》，北京：中共党史出版社，1995 年。

[美] J. 唐纳德·休斯著，赵长凤等译：《世界环境史：人类在地球生命中的角色转变》，北京：电子工业出版社，2014 年。

康克清：《康克清回忆录》，北京：中国妇女出版社，2011 年。

柯蓝：《柯蓝文集（5）》，石家庄：河北人民出版社，1996 年。

黎原：《黎原回忆录》，北京：解放军出版社，2009 年。

李成燕：《清代雍正时期的京畿水利营田》，北京：中央民族大学出版社，2011 年。

李公朴：《华北敌后——晋察冀》，北京：生活·读书·新知三联书店，1979 年。

李吉生口述，史文元整理：《世纪沧桑话今昔：一个红军老战士的自述》，乌鲁木齐：新疆人民出版社，2010 年。

[美] 李明珠著，石涛等译：《华北的饥荒：国家、市场与环境退化（1690—1949)》，北京：人民出版社，2016 年。

李顺民、赵阿利编著：《陕甘宁边区行政区划变迁》，西安：陕西人民出版社，1994 年。

李维汉：《回忆与研究（下）》，北京：中共党史资料出版社，1986年。

梁希：《梁希文集》，北京：中国林业出版社，1983 年。

梁星亮等主编：《陕甘宁边区史纲》，西安：陕西人民出版社，2012 年。

林贤治编，筱敏主编：《人文随笔·2005·冬之卷》，广州：花城出版社，2006 年。

刘树仁主编：《晋察冀边区交通史》，北京：人民日报出版社，1995年。

刘泽民等主编：《山西通史》卷 8《抗日战争卷》，太原：山西人民出版社，2001 年。

卢希谦、李忠全主编：《陕甘宁边区医药卫生史稿》，西安：陕西人民出版社，1994 年。

［美］罗德里克·弗雷泽·纳什著，侯文蕙、侯钧译：《荒野与美国思想》，北京：中国环境科学出版社，2012 年。

吴永主编：《延安时期党的社会建设文献与研究·研究卷》，西安：陕西旅游出版社，2018 年。

吴永主编：《延安时期党的社会建设文献与研究·文献卷（上、下）》，西安：陕西旅游出版社，2018 年。

吕正操：《冀中回忆录》，北京：解放军出版社，1984 年。

吕正操：《论平原游击战争》，北京：解放军出版社，1987 年。

吕正操：《吕正操回忆录》，北京：解放军出版社，2007 年。

［美］马克·赛尔登著，魏晓明、冯崇义译：《革命中的中国：延安道路》，北京：社会科学文献出版社，2002 年。

［美］马立博（Robert B. Marks）著，王玉茹、关永强译：《虎、米、丝、泥：帝制晚期华南的环境与经济》，南京：江苏人民出版社，2012 年。

［美］马立博（Robert B. Marks）著，关永强、高丽洁译：《中国环境史：从史前到现代》，北京：中国人民大学出版社，2015 年。

毛泽东：《毛泽东选集》第 1 卷，北京：人民出版社，1991 年。

毛泽东：《毛泽东选集》第 2 卷，北京：人民出版社，1991 年。

米晓蓉、刘卫平主编：《陕甘宁边区大生产运动》，西安：陕西师范大学出版总社，2014 年。

［美］穆盛博著，亓民帅、林炫羽译：《洪水与饥荒：1938 至 1950 年河南黄泛区的战争与生态》，北京：九州出版社，2021 年。

穆欣：《晋绥解放区鸟瞰》，兴县：吕梁文化教育出版社，1946 年。

Norman Shaw, *Chinese Forest Trees and Timber Supply.* London, UK: T. Fisher Unwin, 1914.

南开大学历史系中国近现代史教研室编：《中外学者论抗日根据地——南开大学第二届中国抗日根据地史国际学术讨论会论文集》，北京：档案出版社，1993 年。

农林部林业专刊：《中国之林业》，农林部林业司，1947 年。

欧阳平：《敌后战歌：四十年前日记诗抄》，中共山东省委党史资料征集研究委员会征集室，1982 年。

［美］裴宜理著，池子华等译：《华北的叛乱者与革命者（1845—1945)》，北京：商务印书馆，2007 年。

［美］彭慕兰著，马俊亚译：《腹地的构建：华北内地的国家、社会和经济（1853—1937)》，上海：上海人民出版社，2017 年。

齐武：《一个革命根据地的成长：抗日战争和解放战争时期的晋冀鲁豫边区概况》，北京：人民出版社，1957 年。

钱信忠：《钱信忠文集》，北京：人民卫生出版社，2004 年。

秦燕、胡红安：《清代以来的陕北宗族与社会变迁》，西安：西北工业大学出版社，2014 年。

饶弘范主编：《南泥湾续集》，长沙：湖南人民出版社，2006 年。

［美］R.J. 约翰斯顿主编，柴彦威等译：《人文地理学词典》，北京：商务印书馆，2005 年。

任美锷：《中国自然地理纲要》，北京：商务印书馆，1992 年。

任勇编著：《南泥湾》，西安：陕西人民出版社，1999 年。

《人民教育》社编：《老解放区教育工作经验片断》第 1 辑，上海：上海教育出版社，1958 年。

齐武：《晋冀鲁豫边区史》，北京：当代中国出版社，1995 年。

日本防卫厅防卫研究所战史室编，田琪之、齐福霖译：《中国事变陆军作战史》第 3 卷第 2 分册，北京：中华书局，1983 年。

戎子和：《晋冀鲁豫边区财政简史》，北京：中国财政经济出版社，1987 年。

山东黄河河务局德州修防处编：《德州地区黄河志（1855—1985）》，（内部资料）1990 年。

山西省地方志办公室编：《太岳革命根据地史》，太原：山西人民出版社，2015 年。

陕西省档案馆编：《陕甘宁边区政府大事记》，北京：档案出版社，1991 年。

陕西师范大学地理系《延安地区地理志》编写组编：《陕西省延安地区地理志》，西安：陕西人民出版社，1983 年。

水利部黄河水利委员会编著：《人民治理黄河六十年》，郑州：黄河水利出版社，2006 年。

四川省卫生厅：《解放战争时期第二野战军预防医学的实践经验》，（内部资料）1986 年。

宋任穷：《宋任穷回忆录》，北京：解放军出版社，1994 年。

宋学民：《太行记忆》，石家庄：河北人民出版社，2017 年。

孙敬之主编：《华北经济地理》，北京：科学出版社，1957 年。

太行革命根据地史总编委会编：《太行革命根据地史稿（1937—

1949)》，太原：山西人民出版社，1987 年。

王传忠、丁龙嘉主编：《黄河归故斗争资料选》，济南：山东大学出版社，1987 年。

王化云：《我的治河实践》，郑州：黄河水利出版社，2017 年。

王建革：《传统社会末期华北的生态与社会》，北京：生活·读书·新知三联书店，2009 年。

［英］威廉·贝纳特等著，包茂红译：《环境与历史：美国和南非驯化自然的比较》，南京：译林出版社，2011 年。

魏宏运主编：《晋察冀抗日根据地财政经济史稿》，北京：档案出版社，1990 年。

魏文建：《在革命的道路上》，北京：海洋出版社，1990 年。

温贵常编著：《山西林业史料》，北京：中国林业出版社，1988 年。

文焕然：《历史时期中国森林地理分布与变迁》，济南：山东科学技术出版社，2019 年。

吴殿尧主编：《朱德年谱·新编本（1886—1976）》（中），北京：中央文献出版社，2016 年。

吴印咸编：《南泥湾摄影集》，西安：陕西人民出版社，1975 年。

吴志渊：《西北根据地的历史地位》，长沙：湖南人民出版社，1991 年。

王利华：《徘徊在人与自然之间——中国生态环境史探索》，天津：天津古籍出版社，2012 年。

王利华编著：《中国环境通史》第 1 卷《史前—秦汉》，北京：中国环境出版集团，2019 年。

武衡主编：《抗日战争时期解放区科学技术发展史资料》第 1 辑，北京：中国学术出版社，1983 年。

武衡主编：《抗日战争时期解放区科学技术发展史资料》第 2 辑，北京：中国学术出版社，1984 年。

武衡主编：《抗日战争时期解放区科学技术发展史资料》第 3 辑，北京：中国学术出版社，1984 年。

武衡主编：《抗日战争时期解放区科学技术发展史资料》第 5 辑，北京：中国学术出版社，1986 年。

武衡主编：《抗日战争时期解放区科学技术发展史资料》第 6 辑，北京：中国学术出版社，1988 年。

席凤洲：《怎样战胜"天"灾》，华北新华书店，1948 年。

向守志：《向守志回忆录》，北京：解放军出版社，2006 年。

新华书店编：《中国敌后解放区概况》，新华书店，1944 年。

《新中国预防医学历史经验》编委会编：《新中国预防医学历史经验（第 1 卷）》，北京：人民卫生出版社，1991 年。

星光等：《抗日战争时期晋冀鲁豫边区财政经济史》，北京：中国财政经济出版社，1995 年。

熊大桐等编著：《中国近代林业史》，北京：中国林业出版社，1989 年。

杨成武：《杨成武回忆录》，北京：解放军出版社，2005 年。

杨焕鹏：《微观视野中的胶东抗日根据地研究》，北京：学习出版社，2017 年。

姚汉源：《黄河水利史研究》，郑州：黄河水利出版社，2003 年。

叶尚志：《九秩续笔》，上海：上海人民出版社，2010 年。

袁德金：《军事家朱德（下）》，北京：中国青年出版社，2013 年。

袁同兴辑：《晋察冀根据地抗日民歌选》，上海：上海文化出版社，1956 年。

岳海鹰、唐致卿：《山东解放区史稿·抗日战争卷》，北京：中国物资出版社，1998 年。

岳谦厚、张玮：《黄土、革命与日本入侵——20 世纪三四十年代的晋西北农村社会》，太原：书海出版社，2005 年。

《延安自然科学院史料》编辑委员会编：《延安自然科学院史料》，北京：中共党史资料出版社，北京工业学院出版社，1986年。

［美］伊懋可著，梅雪芹等译：《大象的退却：一部中国环境史》，南京：江苏人民出版社，2014年。

张根生：《滹沱河风云——回忆安平"五一反扫荡"斗争》，长春：吉林文史出版社，1985年。

张建儒、杨健主编：《陕甘宁边区的创建与发展》，西安：陕西人民出版社，2008年。

张希坡：《革命根据地的经济立法》，长春：吉林大学出版社，1994年。

赵超构：《延安一月》，成都：南京新民报社，1944年。

赵秀山主编，星光等撰稿：《抗日战争时期晋冀鲁豫边区财政经济史》，北京：中国财政经济出版社，1995年。

赵秀山等：《华北解放区财经纪事》，北京：中国档案出版社，2002年。

中共湖南省委宣传部、湖南省南泥湾精神研究会编：《南泥湾》，长沙：湖南出版社，1995年。

中共中央文献研究室编：《毛泽东论林业（新编本）》，北京：中央文献出版社，2003年。

中共中央文献研究室编：《毛泽东文集》第3卷，北京：人民出版社，1996年。

中国科学技术协会编：《中国科学技术专家传略·农学编（综合卷1）》，北京：中国农业科技出版社，1996年。

中国人民解放军六九一九部队政治部编：《战斗在南泥湾》，长沙：湖南人民出版社，1962年。

中共中央文献研究室编：《周恩来年谱（1889—1949）》（下），北京：中央文献出版社，2007年。

中央气象局气象科学研究院主编：《中国近五百年旱涝分布图集》，北京：地图出版社，1981 年。

周恩来：《周恩来选集（上卷）》，北京：人民出版社，1980 年。

周琼主编：《道法自然：中国环境史研究的视角与路径》，北京：中国社会科学出版社，2017 年。

［美］周锡瑞：《义和团运动的起源》，张俊义、王栋译，南京：江苏人民出版社，1995 年。

中共铜山县委党史工作委员会编：《铜山革命史》，北京：中共党史出版社，1996 年。

朱鸿召：《延安曾经是天堂》，西安：陕西人民出版社，2012 年。

竺可桢：《竺可桢文集》，北京：科学出版社，1979 年。

七、今人论文

阿拉坦：《捕鼠记——内蒙古防疫运动中的秩序操练与社会展演（1949—1952）》，《社会学研究》2017 年第 3 期。

鲍梦隐：《阻敌与救灾：黄河掘堤之后国民政府的应对》，《抗日战争研究》2021 年第 4 期。

包茂宏：《唐纳德·沃斯特和美国的环境史研究》，《史学理论研究》2003 年第 4 期。

段建荣、岳谦厚：《晋冀鲁豫边区 1942 年—1943 年抗旱减灾论述》，《中北大学学报（社会科学版)》2009 年第 2 期。

冯斐：《试论陕甘宁边区大生产运动的"双面效应"》，《延安大学学报（社会科学版)》2008 年第 3 期。

傅以君：《日本细菌战对中国环境的污染和破坏》，《江西社会科学》2003 年第 5 期。

高冬梅：《抗日根据地救灾工作述论》，《抗日战争研究》2002 年第 3 期。

韩健夫、杨煜达、满志敏：《公元 1000—2000 年中国北方地区极端干旱事件序列重建与分析》，《古地理学报》2019 年第 4 期。

黄道炫：《垂直和扁平：战时中共的政治构造》，《民国档案》2021 年第 2 期。

黄道炫：《中共抗战持久的"三驾马车"：游击战、根据地、正规军》，《抗日战争研究》2015 年第 2 期。

黄道炫：《敌意：抗战时期冀中地区的地道和地道斗争》，《近代史研究》2015 年第 3 期。

黄正林、栗晓斌：《关于陕甘宁边区森林开发和保护的几个问题》，《中国历史地理论丛》2002 年第 3 辑。

侯甬坚、杨秋萍：《从历史地理学到环境史的关注——侯甬坚教授专访》，《原生态民族文化学刊》2019 年第 1 期。

江心等：《陕甘宁边区林业发展史研究（1937—1950）》，《北京林业大学学报（社会科学版）》2012 年第 1 期。

姜鸿：《川陕地区野生动物资源的利用与保护（1949—1962）》，《中共党史研究》2020 年第 2 期。

J. A. Fisher etc. , "Understanding the Relationships between Ecosystem Services and Poverty Alleviation：A Conceptual Framework", *Ecosystem Services*, No. 7, 2014.

Kathryn Edgerton-Tarpley. "Between War and Water：Farmer, City, and State in China's Yellow River Flood of 1938 – 1947", *Agricultural History*, Vol. 90, No. 1 （Winter 2016）.

Lowdermilk, W. C. "Forestry in Denuded China", *The Annals of the American Academy of Political and Social Science*, Vol. 152 （Nov. 1930）.

乐天宇：《陕甘宁边区森林考察团报告书（1940 年）》，《北京林业大学学报（社会科学版）》2012 年第 1 期。

李春峰：《抗战时期晋察冀边区农田水利建设的历史考察》，《延安大学学报（社会科学版）》2011 年第 3 期。

李芳：《试论陕甘宁边区的农业开发及对生态环境的影响》，《固原师专学报》2003 年第 2 期。

李洪河等：《抗战时期华北根据地的卫生防疫工作述论》，《史学集刊》2012 年第 3 期。

李金铮：《晋察冀边区 1939 年的救灾渡荒工作》，《抗日战争研究》1994 年第 4 期。

李金铮：《抗日战争时期晋察冀边区的农业》，《中共党史研究》1992年第 4 期。

李玉蓉：《从进入山西到立足华北——1937—1940 年八路军的粮饷筹措与军事财政》，《抗日战争研究》2017 年第 4 期。

刘翠溶：《中国环境史研究刍议》，《南开学报》2006 年第 2 期。

路畅：《抗战时期革命歌谣的创作——以山西革命根据地为中心的考察》，《文艺研究》2014 年第 5 期。

马维强、邓宏琴：《抗战时期太行根据地的蝗灾与社会应对》，《中共党史研究》2010 年第 7 期。

梅雪芹：《从环境史角度重读〈英国工人阶级的状况〉》，《史学理论研究》2003 年第 1 期。

倪根金：《中国革命根据地植树造林论述》，《古今农业》1995 年第 3 期。

牛建立：《二十世纪三四十年代中共在华北地区的林业建设》，《中共党史研究》2011 年第 3 期。

牛建立：《论抗战时期华北根据地的垦荒修滩》，《洛阳理工学院学报（社会科学版）》2014 年第 2 期。

秦燕：《陕甘宁边区时期农业开发政策的环境效应》，《开发研究》2006 年第 4 期。

渠长根：《阻敌自卫，功过任评说——1938 年花园口事件研究概览》，

《军事历史研究》2003 年第 2 期。

史行洋：《1938 年黄河南岸大堤决口新探》，《中国历史地理论丛》2021 年第 2 辑。

史行洋：《抗战时期豫东平原的排水困境与地方秩序——以扶沟县双洎河为例》，《中国历史地理论丛》2022 年第 2 辑。

苏新留：《抗战时期黄河花园口决堤对河南乡村生态环境影响研究》，《中州学刊》2012 年第 4 期。

谭虎娃、高尚斌：《陕甘宁边区植树造林与林木保护》，《中共党史研究》2012 年第 10 期。

汪志国：《抗战时期花园口决堤对皖北黄泛区生态环境的影响》，《安徽史学》2013 年第 3 期。

王方中：《解放战争时期西北、华北五大解放区的农业生产》，《中国经济史研究》2010 年第 2 期。

王礼鑫、陈永亮：《〈叫魂〉中的"运动式治理"》，陈明明、刘春荣主编：《保护社会的政治》，上海：上海人民出版社，2015 年。

王利华：《中古华北的鹿类动物与生态环境》，《中国社会科学》2002 年第 3 期。

王利华：《关于中国近代环境史研究的若干思考》，《近代史研究》2022 年第 2 期。

王利华：《从历史的第一个前提出发——中国环境史研究的思想起点、进路和旨归》，《华中师范大学学报（人文社会科学版）》2023 年第 2 期。

魏宏运：《1939 年华北大水灾述评》，《史学月刊》1998 年第 5 期。

温金童、李飞龙：《抗战时期陕甘宁边区的卫生防疫》，《抗日战争研究》2005 年第 3 期。

温震军、赵景波：《"丁戊奇荒"背景下的陕晋地区狼群大聚集与社会影响》，《学术研究》2017 年第 6 期。

吴宏亮：《论人民游击战争是抗日战争最终胜利的重要保证》，《中国高校社会科学》2015 年第 5 期。

　　吴云峰：《华北抗日根据地林业工作研究》，《西南交通大学学报（社会科学版）》2014 年第 5 期。

　　奚庆庆：《抗战时期黄河南泛与豫东黄泛区生态环境的变迁》，《河南大学学报（社会科学版）》2011 年第 2 期。

　　谢忠厚、谢丽丽：《华北（甲）一八五五部队的细菌战犯罪》，《抗日战争研究》2003 年第 4 期。

　　徐畅：《封锁与反封锁：抗战时期鲁西冀南地形改造》，《兰州学刊》2017 年第 5 期。

　　徐有礼、朱兰兰：《略论花园口决堤与泛区生态环境的恶化》，《抗日战争研究》2005 年第 2 期。

　　严艳、吴宏岐：《20 世纪前半期黄土高原生态环境研究——以陕甘宁边区为例》，《西北大学学报（自然科学版）》2004 年第 5 期。

　　严艳、吴宏岐：《抗战时期陕甘宁边区的农业生产与环境保护》，《干旱区资源与环境》2004 年第 3 期。

　　杨东：《抗战时期平原地区凹道战探实》，《平顶山学院学报》2017 年第 4 期。

　　杨念群：《如何从"医疗史"的视角理解现代政治》，常建华主编：《中国社会历史评论》第 8 卷，天津：天津古籍出版社，2007 年。

　　苑书耸：《山东抗日根据地的灾荒与救济》，《中国石油大学学报（社会科学版）》2012 年第 4 期。

　　张聪杰、伏秀平：《改造平原地形——战争史上的奇迹》，《沧州师范专科学校学报》2005 年第 2 期。

　　张水良：《华北抗日根据地的生产救灾斗争》，《历史教学》1982 年第 12 期。

　　张同乐：《1940 年代前期的华北蝗灾与社会动员——以晋冀鲁豫、晋察冀边区与沦陷区为例》，《抗日战争研究》2008 年第 1 期。

张希坡：《革命根据地的森林法规概述》，《法学》1984 年第 3 期。

张汉祥：《国共黄河归故谈判》，《春秋》1996 年第 5 期。

张晓丽：《抗战时期抗日根据地的水利建设初探》，《中国农史》2004 年第 2 期。

张屹：《抗战时期中共领导下的民歌再造与革命动员》，《党的文献》2020 年第 2 期。

赵红卫、齐照华：《平原游击战的创举——广北抗日沟》，《春秋》2014 年第 5 期。

赵海洲：《发现南泥湾的前前后后》，《世纪》1997 年第 5 期。

郑景云、郝志新、葛全胜：《黄河中下游地区过去 300 年降水变化》，《中国科学（D 辑：地球科学）》2005 年第 8 期。

曾磊磊：《动员与效能：1946—1947 年中共黄河复堤运动》，《青海社会科学》2015 年第 6 期。

曾磊磊：《试论 1938—1947 年黄泛区灾民的生产活动》，《兰州学刊》2018 年第 12 期。

朱鸿召：《伐木烧炭的运作机制》，《书城》2007 年第 10 期。

张屹、徐家林：《中共在晋察冀边区的民众组织与动员——以日本文献为中心》，《江西社会科学》2020 年第 4 期。

后　记

　　本书是在我主持的 2017 年国家社科基金西部项目"中国共产党华北根据地环境史研究（1935–1949）"（项目批准号：17XZS033）最终结项成果基础上修改而成的，作为我的第二本小书，它承载着过往岁月的回忆，这里附记一段文字，以作纪念。

　　2011 年 6 月，刚刚博士毕业的我来到西安工业大学马克思主义学院工作。工作之初，深感自己所学的历史地理学知识在工科院校的公共课课堂上毫无用处，如此境地，简直"自废武功"，漫漫长路，落寞彷徨。好在自己天性中有股韧劲，渐觉若不能从内心的泥淖困境中脱离，于公于己均非益事。于是，在工作的第二年，我即思考如何将历史地理学及读书期间所学知识与马克思主义理论、革命史、中共党史结合起来，开始大量阅读党史、革命史方面的史料、论著，并思考党史、革命史中的"地理""空间""环境"等问题，此后陆续写出并发表了几篇论文。2017 年，我以"中国共产党华北根据地环境史研究（1935—1949）"为题申报国家社科基金项目，并最终获批为西部项目，这极大地坚定了我继续探索的信心。表面上，历史地理学"出身"的我与这一研究"八竿子打不着"，但如要强拉硬套似又有"天意"：我已出版的博士论文《明清民国时期直豫晋鲁交界地区地域互动关系研究》是做华北交界地区的研究且其中一节涉及冀鲁交界地区根据地的水利问题，而华北根据地同样属于交界地区，相关地名、地理背景较为熟悉，两项研究似乎并非毫无关联。

2020 年 5 月 7 日，我调入陕西师范大学工作。重回母校，自己由学生变成教职工，曾经的老师成为同事，培养我的单位则成了我的工作单位……凡此种种，都让我产生了恍如隔世的感觉。这本书中的一些内容和思考虽在此前已具雏形，但主要内容实际上是在我调至陕西师范大学工作以后完成的。在当前激烈的人才竞争形势下，一介书生能有一份体面的工作实属不易。俗云"人言可畏"，能回到母校工作，我唯有感激、感恩和感动。三年多来，我不敢懈怠，深怕有负西北历史环境与经济社会发展研究院诸位领导、师长、同事如王社教、马维斌、侯甬坚、周宏伟、李令福、刘景纯、卜风贤、张力仁、肖爱玲、史红帅、张莉、崔建新、张青瑶、高升荣、杜娟、李鹏、薛滨瑞、洪海安、穆兰、丁晓辉等的支持和帮助。尤其要感谢王社教师、侯甬坚师的关怀与指教，侯甬坚师拨冗作序，为拙作增色不少。

环境史在当前几成历史学的显学之一，本书只是尝试对华北根据地时期的环境史问题做了粗浅的探讨，深感相关材料零散而庞杂，仍有大量探讨的余地。限于学力和精力，很多问题的解决恐怕只能留待将来。在项目研究过程中，部分章节的核心内容已作为阶段性成果发表于《近代史研究》《中国历史地理论丛》《中国农史》《农业考古》《黄河文明与可持续发展》等刊物，本书主要在内容上、材料上有所修订和补充，感谢各刊物编辑部老师及匿名评审专家们的建议。感谢中国社会科学院葛夫平，南开大学王利华、李金铮、余新忠诸位先生对我的指教和提携。国家社科基金五位匿名评审专家对我提交的结项材料提出了高屋建瓴的意见；齐鲁书社刘强先生为本书的编辑、出版付出了辛劳；我的同学、上海师范大学刘炳涛教授时常与我切磋，并对本书的内容和结构提出了不少中肯建议，在此一并致谢。

尽管由这本小书来看，目前我尚处于环境史研究的探索阶段，但它实是记录了一个研究者在十二年间的"曲折"探索历程，因而仍坚持出版并献丑于学界，相信知我、护我之师长、友朋能谅解，以此书为起点，我将继续努力前行。最后，谨以此书献给长期坚定支持我的学生们和家人们。

2023 年 9 月 15 日作者识于陕西师范大学雁塔校区家属院